U0210784

中国传统民居系列图册

窑洞民居

侯继尧　任致远
周培南　李传泽

中国建筑工业出版社

总　序

20世纪80年代，《中国传统民居系列图册》丛书出版，它包含了部分省（区）市的乡镇传统民居现存实物调查研究资料，其中文笔描述简炼，照片真实优美，作为初期民居资料丛书出版至今已有三十年了。

回顾当年，正是我国十一届三中全会之后，全国人民意气奋发，斗志昂扬，正掀起社会主义建设高潮。建筑界适应时代潮流，学赶先进，发扬优秀传统，努力创新。出版社正当其时，在全国进行调研传统民居时际，抓紧劳动人民在历史上所创造的优秀民居建筑资料，准备在全国各省（区）市组织出书，但因民居建筑属传统文化范围，当时在全国并不普及，只能在建筑科技教学人员进行调查资料较多的省市地区先行出版，如《浙江民居》、《吉林民居》、《云南民居》、《福建民居》、《窑洞民居》、《广东民居》、《苏州民居》、《上海里弄民居》、《陕西民居》、《新疆民居》等。

民居建筑是我国先民劳动创造最先的建筑类型，历数千年的实践和智慧，与天地斗，与环境斗，从而创造出既实用又经济美观的各族人民所喜爱的传统民居建筑。由于实物资料是各地劳动人民所亲自创造的民居建筑，如各种不同的类型和组合，式样众多，结构简洁，构造合理，形象朴实而丰富。所调查的资料，无论整体和局部，都非常翔实、丰富。插图绘制清晰，照片黑白分明而简朴精美。出版时，由于数量不多，有些省市难于买到。

《中国传统民居系列图册》出版后，引起了建筑界、教育界、学术界的注意和重视。在学校，过去中国古代建筑史教材中，内容偏向于官殿、坛庙、陵寝、苑囿，现在增加了劳动人民创造的民居建筑内容。在学术界，研究建筑的单纯建筑学观念已被打破，调查民居建筑必须与社会、历史、人文学、民族、民俗、考古学、艺术、美学和气象、地理、环境学等学科联系起来，共同进行研究，才能比较全面、深入地理解传统民居的历史、文化、经济和建筑全貌。

其后，传统民居也已从建筑的单体向群体、聚落、村落、街镇、里弄、场所等族群规模更大的范围进行研究。

当前，我国正处于一个伟大的时代，是习近平主席提出的中华民族要实现伟大复兴的中国梦时代。我国社会主义政治、经济、文化建设正在全面发展和提高。建筑事业在总目标下要创造出有国家、民族特色的社会主义新建筑，以满足各族人民的需求。

优秀的建筑是时代的产物，是一个国家、民族在该时代社会、政治、经济、文化的反映。建筑创作表现有国家、民族的特色，这是国家、民族尊严、独立、自信的象征和表现，也是一个国家、一个民族在政治、经济和文化上成熟、富强的标帜。

优秀的建筑创作要表现时代的、先进的技艺，同时，要传承国家、民族的传统文化精华。在建筑中，中国古建筑蕴藏着优秀的文化精华是举世闻名的，但是，各族人民自己创造的民居建筑，同样也是我国民间建筑中不可忽视和宝贵的文化财富。过去已发现民居建筑的价值，如因地制宜、就地取材、合理布局、组合模数化的经验，结合气候、地貌、山水、绿化等自然条件的创作规律与手法。由于自然、人文、资源等基础条件的差异，形成各地民居组成的风貌和特色的不同，把规律、经验总结下来加以归纳整理，为今天建筑创新提供参考和借鉴。

今天在这大好时际，中国建筑工业出版社出版《中国传统民居系列图册》，实属传承优秀建筑文化的一件有益大事。愿为建筑创新贡献一份心意，也为实现中华民族伟大复兴的中国梦贡献一份力量。

陆元鼎

2017 年 7 月

序

欣逢中国建筑学会决定一九八五年于北京召开“生土建筑与人”国际学术会议之际，由中国建筑学会窑洞及生土建筑调研组副组长，侯继尧副教授主笔，任致远、周培南和李传泽建筑师所编著之《窑洞民居》一书，即将由中国建筑工业出版社出版，实为可喜之举也。

据吾所知，我国建筑界中此类专著，尚未曾出版，一则历代“寒窑”不登大雅之堂，古代文人不屑弄墨；二则视土窑为远古遗风，土里土气，不值探究。今侯、任、周、李诸同志，历经几年艰辛著成大作，难能可贵。

侯教授从事于民居研究多年，近几年来又参与窑洞及生土建筑调查研究工作，所涉足各省区窑洞村寨不下百余座，见识颇广。本书经几位同志精心编撰，内容丰富，层次分明，论点精湛，书中实例多为亲自测绘，实为民居建筑丛书中之一佳作也。

吾近年来肩负着窑洞及生土建筑调查研究组的领导责任，虽年愈古稀，尚有“老骥伏枥”之志，誓同有志于此道之学者、专家和广大农村匠师以及亿万窑居者一道，完成此项为民造福之大事。故，欣然受此作序之托，撰此拙文以表祝贺。

任震英

识于新疆乌鲁木齐

一九八四年十月十九日

前　言

窑洞民居在我国具有悠久的历史。特别是，在我国古代人类最早生息聚落的黄河流域，由于自然地理环境、地质地貌、气候条件及经济资源等原因，长期以来发展着大量黄土窑洞民居。直到今日，它仍是我国黄土高原地区广大农村住居的主要建筑类型。

窑洞民居主要分布在黄河中上游的甘肃、陕西、山西、河南、宁夏以及新疆等七个省（区），是我国传统民居中极为独特的民居类型之一。

聚居于黄河中上游的劳动人民在长期的生活实践中，对窑洞的设计和营建积累了丰富的经验。窑洞可以就地取材，因地制宜，巧妙地利用丘陵、坡地、山地而节约良田；施工简单，造价低廉，农民可以自建；冬暖夏凉、居住舒适、节约能源，而且又是保护环境、维持生态平衡理想的建筑类型；建筑布局多样、造型淳厚古朴在建筑艺术上有许多杰作、珍品，值得借鉴。

新中国成立以来，我国的建筑工作者对黄土地区的窑洞民居进行过许多调查研究。现在这些地区的广大农民生活水平不断提高，群众迫切需要改善居住条件，因此对窑洞民居进行研究和革新试验，使之适应现代化的需要，更具有现实意义。

再从国外的学术动态来看，由于世界处于现代超工业时代，能源危机、环境污染、生态平衡失调，高层建筑存在着不可克服的缺点，促使国外建筑学坛回过头来注重研究窑洞及生土建筑，探讨地壳浅层地下空间的开发与利用，发展“现代穴居”——掩土建筑。近年来已有许多志于此道的国外学者，来华考察黄土窑洞建筑，为此中国建筑学会于 1980 年成立了窑洞及生土建筑调查研究组。四年来召开了三次学术讨论会，汇集了百余篇调查报告与专题论文；各省（区）还开展了窑洞建筑科学研究和革新试验工作，积累了相当丰富的资料。为了发掘窑洞民居的传统经验，总结研究成果，中国建筑工业出版社特邀请本书作者们，撰写了这本《窑洞民居》。

本书试图使读者对中国窑洞民居有较全面系统的了解，对窑洞民居产生的自然条件、历史沿革、分布与分类，各省(区)窑洞民居村落规划、建筑布局、单体空间处理，建筑构造与营建、节能和建筑艺术等都分章做了论述。同时，阐明其中存在和亟待改进的主要问题以及今后发展方向。我们希望此书能引起各级负责农村建设的领导部门和从事农村建设的科技人员的重视，并可为国内外学者同行、建筑创作人员和建筑学专业的师生们提供一部参考书。

书中引用的实例都经过作者们的实地考察，插图也都是作者们亲手测绘，有的还是实地写生和速写。本书的主笔为中国建筑学会窑洞及生土建筑调查研究组副组长、西安冶金建筑学院建筑系副教授侯继尧，书中各章的撰写分工是：

第一章窑洞民居产生的自然条件	周培南
第二章窑洞民居的历史沿革	侯继尧
第三章窑洞民居的分布与类型	侯继尧、任致远
第四章陇东窑洞民居	任致远
第五章陕西窑洞民居	侯继尧
第六章晋中南窑洞民居	任致远
第七章洛阳窑洞民居	李传泽
第八章郑州窑洞民居	周培南
第九章建筑艺术	侯继尧
第十章结构计算、施工与构造	侯继尧
第十一章窑洞民居的节能与节地	侯继尧
第十二章窑洞民居的技术改造	侯继尧

协助进行绘图、照片拍摄、洗印工作的还有宋海亮、张鹏迅、侯燕。

我们在调查研究工作中，曾得到陕西、山西及临汾地区有关部门的支持及工程技术人员的协助，在此一并致以诚挚的谢意。

侯继尧

1984年8月于西安

目 录

第一章

窑洞民居产生的自然条件

黄土窑洞，是我国历代劳动人民在长期生活实践中，认识、利用、改造黄土的智慧结晶。黄土窑洞民居主要是适应我国西北部、黄河中下游黄土高原的地质、地貌、气候等自然条件而产生的。

一、中国黄土的分布

世界上黄土基本上分布在较干燥寒冷的中纬度地带。中国黄土的分布主要在我国北方，即北纬33°～47°之间（图1-1）。新疆和东北地区虽然也有零星黄土分布，但面积不大，厚度也小，常在10～20米以下。我国黄河中游，东起太行山西至乌鞘岭，秦岭以北直抵古长城所分布的黄土，发育情况在世界上最为典型。它地跨甘肃、陕西、山西、河南等省，海拔在1000米以上，构成极为广阔的黄土高原，面积为63万平方公里[①]。这里是黄土层最发育的地区，地质均匀，连续延展分布，构成完整统一的地表覆盖层，垂直结构良好。

海拔2000米的黄土，主要分布在黄河中游的六盘山以西地区。六盘山以东的黄土，多在海拔1000～2000米之间。

在兰州以东至六盘山，再向东北至白于山，主要在甘肃省境内，黄土厚度在200～300米之间；六盘山以东至吕梁山西侧，主要在陕北地区，厚度在100～200米之间；伏牛山以北，吕梁山之东到太行山主要在山西省境内以及

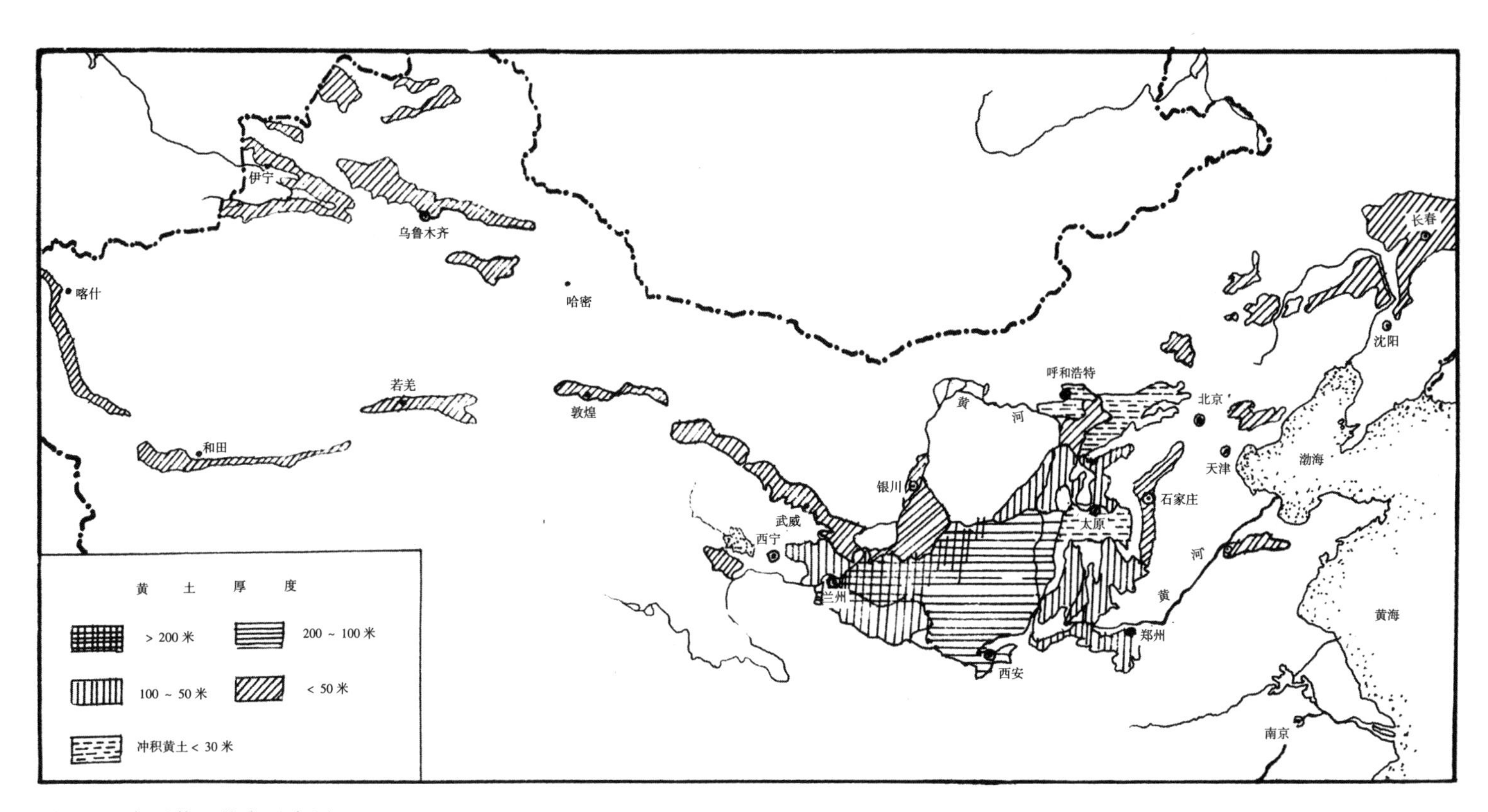

图1-1　中国黄土分布示意图

① 引用《西北黄土的性质》陕西省水利科学院著，陕西人民出版社1959年出版

陕西关中地区、河南的豫西地区，厚度在 50 ~ 100 米左右；其余部分如祁连山、天山及阿尔金山等山系的北麓，黄土厚度均在 50 米以下。华北平原的黄土多与其他冲积层间互沉积，厚度不大。

二、黄土的形成

黄土是指在地质时代中，第四纪早更新世晚期形成的土状堆积物，距今 120 年左右。关于黄土成因问题，国内外学者研究得很多，其中以风成说论据较为符合实际。其主要论据是：

1. 从亚洲大陆向外围区域，戈壁、沙漠、黄土依次成规则的带状排列分布；
2. 距荒漠越远，黄土的颗粒组成越细；
3. 黄土的矿物成分高度一致，却与当地岩石成分极不相似；
4. 在各种地貌类型上，黄土覆盖厚度大致相同；
5. 黄土含有陆生草原性动、植物化石。

无论在中国、欧洲以及南北美洲各地的黄土成因，均可以风成说作统一解释。中国的黄土分布明显地受山系走向的控制。例如，我国秦岭以北当时有广大的干燥草原地区，在草原区边缘有着巨大的基岩裸露的高山和植被缺乏的内陆水系盆地，由于周期性的大风吹袭，使岩屑搬在草原盆地而沉积下来，日久积厚即形成西北黄土高原。同时黄土的形成也与气候条件有关。黄土大都分布在最低气温小于 0℃，有半年无霜期，年平均降水量 250 ~ 600 毫米，年蒸发量在 1000 毫米以上的干旱及半干旱地区。黄河中游的黄土高原就是由其西北荒漠地带的粉砂、尘土等黄土物质（岩屑），被强风吹向外围逐渐堆积形成的。因而在荒漠的六盘山以西地区黄土层最厚，土壤颗粒较为粗重，矿物成分含量也高。依次向东、南至华北平原，黄土厚度则逐渐减薄，土壤颗粒变细，矿物成分含量也降低了。图 1-2 可以说明黄河中游晚更新世马兰黄土的粒度、矿物成分在不同黄土带的差别规律，和大陆由西北至南气候由干燥渐次变得温暖湿润的特点。

图 1-2 中所表示的不同黄土相带的不同粒径含量见表 1-1。

三、黄土的地质划分

根据黄土地层生成年代的久远程度，把黄土划分成平更新世 Q_1 的午城黄土（古黄土）和中更新世 Q_2 的离石黄土（老黄土），其大孔结构多已退化，一般无湿陷性或仅在离石黄土上部有轻微的湿陷性。离石黄土厚度较大，分布也较广泛。

普遍覆盖在上述黄土上部及河谷阶地地带的晚更新世 Q_3 的马兰黄土及全新世 Q_4^1 下部的次生黄土，称为新黄土。其土质均匀，较疏松，大孔发育，具有垂直节理，一般具有湿陷性，其湿陷性有随深度而减少的趋势。

此外，还有新近堆积黄土，为全新世 Q_4 的最新堆积物，多为近几十年至近百年形成的。由于其堆积年代短，力学性能同其他时代的黄土相差甚大。各时代黄土主要地质特征及力学性质见表 1-2。

1. 午城黄土：也称"古黄土"，属早更新世，分布在山西省隰县午城镇，因在其土层内发现长鼻三趾马等早更新世动物化石而得名。午城黄土色暗红，质紧密坚硬，不具大孔，无湿陷性，柱状节理发育，其中古土壤层密集，界限不清，多呈钙质胶结层分布。午城黄土一般构成黄土原，黄土丘陵的中、下部，开挖困难，于其中很少分布窑洞。

2. 离石黄土：属中更新世，也称"老黄土"。因在山

黄河中游马兰黄土的不同粒径颗粒含量　　表 1–1

黄土相带		第一带（沙黄土相）	第二带（黄土相）	第三带（黏黄土相）
不同粒径含量	0.05 毫米	23.6 ~ 72.4	11.1 ~ 31.5	11.4 ~ 21.9
（%）	0.05 毫米	7.0 ~ 20.7	8.1 ~ 30.4	18.0 ~ 27.8

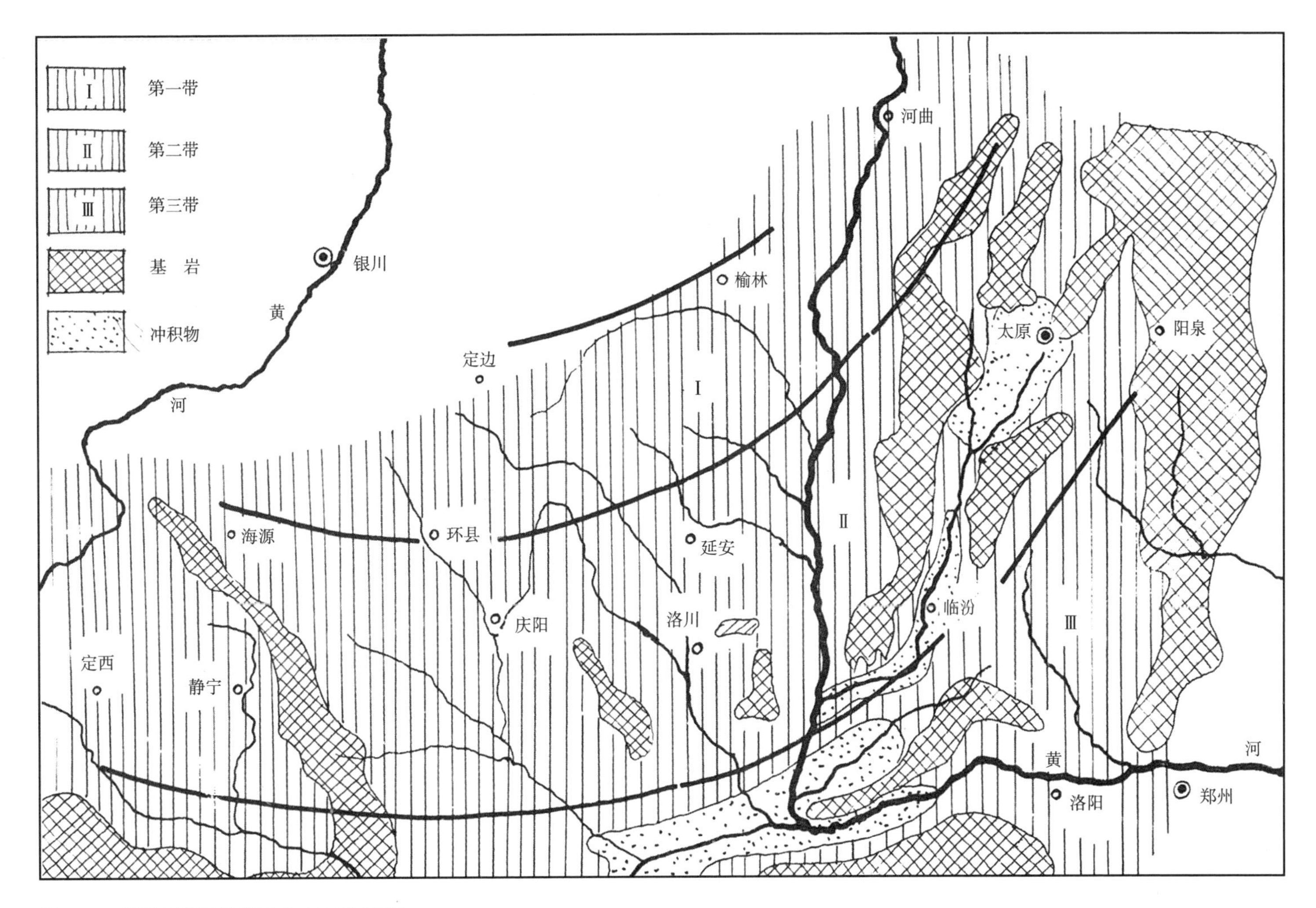

图 1-2 黄河中游马兰黄土分布与分带图

西省离石县陈家崖的100米厚的土层中，发现中更新世动物化石而得名。其间有显著不整合现象，分为上、下两部分。上部黄色，柱状节埋，大孔退化，仅有少量大孔，土质较紧密，有轻微或无湿陷性，其中分布古土壤4 ~ 5层不等，在古土壤下含薄层钙质结核（形似食用生姜，俗称“姜石层”“姜石层”）。下部棕红色，柱状节理，少孔或无孔，土质紧密黏重，无湿陷性，其中分布古土壤10余层不等。钙质结核大而多在古土壤层中。离石黄土层厚度大，是黄河中游黄土构造的主体。此层土质密实，力学性能好，是挖掘黄土窑洞的理想层位。离石黄土分布在山西高原，豫西山前高地、渭北高原、陕甘和陇东高原的梁、峁、丘陵地形深层冲沟的两侧，上部为不厚的马兰黄土覆盖，下部为午城黄土或第三纪红黏土。

3. 马兰黄土：是由研究北京西北丰沙铁路雁翅车站以西23公里的斋堂处马兰阶地的黄土而得名。它是最晚生成的原生黄土，也称“新黄土”，覆盖在老黄土的面层，颜色灰黄，分布广泛而土层较薄，在六盘山以西厚约50米，至东南黄土高原边缘厚不足5米，一般在10 ~ 30米之间

黄土地层的主要地质特征及力学性质简表 表 1-2

黄土名称	地质时代	地层名称	颜色	结构	姜石（钙质结核）	湿陷性	干容重（克/厘米³）	凝聚力（公斤/厘米³）	内摩擦角（度）	无侧限抗压强度（公斤/厘米²）	开挖情况	各地俗名对照（参考）	古土壤
现代黄土	全新世（Q_1）		灰黄浅褐黑灰	多虫孔，最大直径0.5～2厘米，孔壁有虫屎，有植物根，结构松软，似蜂窝状	无姜石，偶有坡积姜石	强烈	1.10～1.25				铁铣挖容易，属Ⅰ级土	淤泥土，卧土、面砂土、白山土、五花土	无
新黄土	上更新世（Q_3）	马兰黄土	浅黄灰黄黄褐	土质软。均匀，大孔发育，具垂直节理 稍密至中密	无	强烈～一般	1.16～1.36	0.21～0.27	26.7～31.5	0.1～1.6	铁镐开挖不困难，属Ⅰ级土	白土，立土、鸡粪土，白子土	偶有埋藏土
老黄土 老黄土上部	中更新世上部（Q_2^2）	离石黄土上层	深黄褐类	大孔退化，仅有少量大孔，较紧密，有柱状节理	姜石小而少零星分布在古土壤下有薄层分布	轻微～无	1.34～1.59	0.35～0.85	22.8～31.6	1.3～2.3	铣镐开挖费劲，属Ⅱ级土	黄土，立土、油光土	有古土壤4～5层，间距3～5米
老黄土 老黄土下部	中更新世下部（Q_2^1）	离石黄土下层	深棕微红	少孔或无孔，土质紧密，有柱状节理	姜石大而多，粒径10～20厘米。古土壤下层分布	无	1.45～1.66	0.49～1.60	24.8～33.4	2.7～6.5	镐开挖费劲，属Ⅲ级土	黄土，红子土，料姜土	可有十余层，顶部有时连续分布，深红色
古黄土	下更新世（Q_1）	午城黄土	微红深棕棕红	不具大孔，土质紧密坚硬，住状节理发育，不见层理	多呈钙质胶结层分布	无	1.50～1.70				镐开挖很困难，属Ⅳ级土	红土，红胶土，红色黄土（卧土）	古土壤层密集但界限不清晰，呈棕红色

变化。它土质均匀，较松软，呈垂直节理，大孔发育，有一定的湿陷性。在吕梁山以西马兰黄土属较厚的地区，有窑洞分布，原区的下沉或窑洞多分布在此层位中。

4. 次生黄土又名黄土状土：是指由冲积、洪积、坡积、残积等成因的粉状沉积物，在黄土分布地区的河流两岸较低的阶地堆积，其中堆积年代最短的称为“新黄土”或“现代黄土”。主要分布在河漫滩、低级阶地、山间洼地的表层、黄土原、梁、峁的坡脚，洪积扇或山前坡积地带，颜色呈灰黄，褐黄、棕褐、常相杂或相间。土质不匀，松散；有的具有轻微层理，层面上含有砂粒：大孔排列杂乱，常混有岩性不一的土块；多虫孔和植物根孔。次生黄土中，常含有机质、斑状或条纹状氧化铁；有的含砂、砾或岩石碎屑，有时含有砖、瓦、陶瓷碎片和朽木等人类活动遗物。其裂隙壁和大孔壁上常有粉末钙质，在深色土中呈菌丝状或条纹状分布，在浅色土中呈星点状分布，其中如含有钙质结核，则分布零星无淋滤和淀积的特征。此层黄土抗压强度低、湿陷性强烈，不宜挖掘无衬砌的黄土窑洞。

5. 黄土中的古土壤：是在黄土堆积的漫长过程中，由于气候条件变化，改变了黄土性质而发育形成，并以埋藏形式出现。这种古土壤以棕红色条带与钙质结核层出现在马兰黄土、离石黄土、午城黄土几个地质时代的黄土剖面中（马兰黄土层内分布较少）。在一个包括几个地质时代的黄土完整剖面里，往往可见到十几层钙质结核层。黄土层无淀积现象，但在古土壤中淋溶层与淀积层十分显著，表明在黄土的形成过程中也曾有过温暖湿润时期。古土壤也有自己的完整发育剖面：淋溶层呈灰黄色，聚集大量碳酸钙，并胶结成大小不等且形态多变的钙质结核层。古土壤改善了黄土地层的力学性质，俗称“薑石棚”（姜石棚）为黄土窑洞的生成和发展创造了有利条件。例如：洛阳葛家岭一个下沉式窑洞入口，上有 1 米多黄土层中夹杂着 40 厘米厚钙质结核层，洞顶经常驰过 4 吨的载重汽车，而土拱仍不受破坏；洛阳还见到挖在姜石层中，拱矢很小的平头黄土拱。

四、黄土的性质与窑洞的关系

黄土的矿物成分有 60 多种，以石英（SiO_2）构成的粉砂为主，占总重量的 50% 左右，因而黄土地层构造质地均匀，抗压与抗剪强度较好，可视为富有潜力的结构整体，在挖掘窑洞之后，仍能保持土体自身的稳定。由于黄河中游黄土地层自西北至东南不同黄土带颗粒细度、矿物成分，各个地质时代的黄土厚度以及温度、湿度、雨量等气候条件差异，从而导致各地黄土的物理性质也各不相同，与黄土窑洞有如下关系：

1. 黄土的生成历史越久远，则越加密实，强度越高。选择开挖窑洞地点时对不同地质时代的黄土层位应慎重考虑，选在离石黄土层位挖窑洞最为有利。

2. 黄土堆积自上而下越深，孔隙度越小，干容重越大，越加密实，强度越高。开挖窑洞应按不同地区黄土的土质状况，选在合适的深度上。例如，在陕北、晋中的许多靠山式窑洞，均建在山腰和山脚下就是这个道理。

3. 古土壤的物理特性对窑洞有利，它的抗压、抗剪强度较之黄土母质层为高。所以将窑洞的土拱顶部选在姜石层下部，会大大提高窑顶的坚固性，从而可以增大窑洞的跨度。民间许多大跨度的古老窑洞，之所以能长期稳定均出于此因。

4. 接近西北荒漠的砂黄土，如长城内外的榆林地区，颗粒粗，相对孔隙度较大，黏度低，黏聚力差，抗剪强度相对较低。东南部的黏黄土（第二带、第三带），颗粒较细，相对孔隙度小，土质黏度高，黏聚力较强，抗剪强度较高，主要是马兰黄土和离石黄土的特性。黄土的抗剪强度与其生成的地质年代和堆积深度的关系更为密切。黄土层愈古老，堆积愈深。黏聚力随之增长，内摩擦角增大。古土壤更是如此。窑洞的安全主要是由土拱肩剪力控制的 . 因而在不同地区的不同黄土层位上挖掘窑洞，除了需按黄土力学性质的变化规律处理窑洞的各部尺寸外，更重要的还是要遵循民间长期实践的经验。

5. 黄土结构是以粗颗粒作为骨架，其间充填了细度小于0.01毫米的细颗粒聚集体，并以较多的孔隙为特征。黄土的颗粒矿物质，由于理化性质稳定，遇水极少变化，在土体内起支撑作用，称为土体的骨架。而其中细颗粒在干燥时对土体起着团聚作用，但细颗粒矿物质一旦遇水极易分解或形成分散体，使黄土强度显著降低。这是黄土湿陷的最初过程。黄土称为大孔性土，在同样压力下，黄土浸水后会被压缩，体积迅减，出现空隙，造成塌陷。随着水的渗流，细颗粒通过孔隙作为通道流失，孔隙不断扩大成为洞穴，称为潜蚀。上述作用虽不完全相同，但遇暴雨季节往往是交织发生的。沿垂直节理更易产生陷穴和洞穴，引起黄土地层各种形式的破坏，所以黄土对水的侵蚀极为敏感。而在一些地面排水流畅和地下水活动很少的地段上，黄土的直立性使陡崖和孤立的黄土柱能屹立上百年而不坠倒。所以维护窑洞安全稳定，必须严格防止水浸、渗漏，此点极为关键。

6. 挖掘窑洞需选择发育稳定的黄土层。要避开已有水侵蚀裂痕，可能引起断裂的地带与滑坡和崩塌严重的山梁。不应在地下水位高的地方挖窑洞。次生黄土和马兰黄土上层皆不宜挖掘黄土窑洞。由于山体滑坡侵埋窑洞的例子屡见不鲜。例如1984年7月陕北子洲县一次滑坡，就有数十户窑洞受灾。

五、黄土高原地貌特征与窑洞民居

在黄河中游可分为黄土高原和山间黄土盆地两大地貌区。黄土高原主要分布在甘肃省中部、东部、宁夏回族自治区南部、陕西省北部、山西省西部；黄土盆地主要分布在晋中南，陕西关中以及其他一些较大的河谷盆地中。这些地区沟壑密布，地形连绵起伏，是风积土堆积覆盖了古地貌形成的连续广阔的黄土覆盖层。从已形成的黄土风貌上分，可分为三大类型。

1. 黄土塬[①]是平坦的古地面经黄土覆盖而形成，它是黄土高原经过现代沟谷分割后留下来的高原面，是侵蚀轻微而平坦的黄土平台，是高原面保留较完整的部分。塬面平均坡度多在5°以内，边缘坡度较大，以破碎塬为主（图1-3）。

2. 黄土梁是长条状分布的黄土岭，其长达数十公里，顶宽仅数十米至数百米，为狭长的平地，梁的两侧为深沟（图1-4）。

a 河南省陕县黄土塬

b 甘肃省镇原黄土塬

图1–3 黄土塬

① 塬字在简化字中与“原”字通用，本书除本节中外，皆用“原”字。

图 1–4　陕北安塞黄土梁

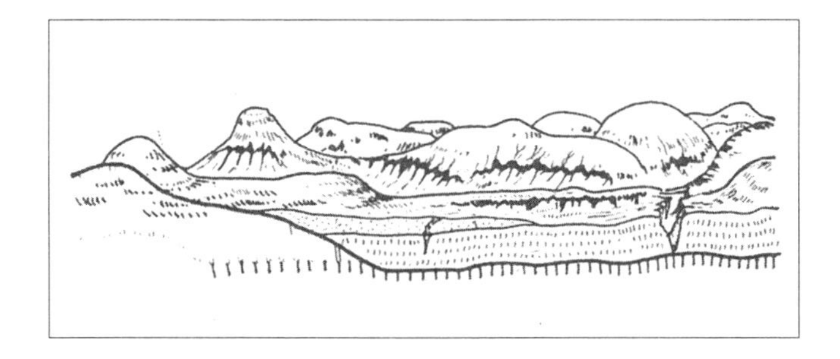

图 1–5　黄土峁图

3. 黄土峁是弯形的黄土丘陵地形，面积大小不一，有圆形和椭圆形多种，多分布于陇西、陇东及陕西北部（图 1-5、图 1-6）。

4. 若干连在一起的峁，称为峁梁。或峁成为梁顶的组成体，称为梁峁。通常梁和峁是联结的，也称黄土丘陵（图 1-7）。

黄土高原形成过程中，承袭了千姿百态的古地貌。再加上流水侵蚀、自身重力剥蚀、风力吹蚀、冻融等外营力作用，使黄土地貌具有特殊的复杂性，称为黄土侵蚀地貌。在疏松的黄土上通过雨水汇集径流的切割作用，随着水土流失而形成切沟，出现完整的陡壁。切沟深可达 10 米以上，其发育初期沟断面呈箱状，后期发育下切沟深度增大，由于雨水沿黄土垂直节理下渗和地下水作用，往往在暴雨之后黄土沟壁失稳、崩塌或滑坡向两侧扩展形成大型冲沟，深达数十米至百米，沟谷宽阔，断面呈梯形（图 1-8 ~ 图 1-10）。

图 1–6　陕西白于山黄土峁

图 1–7　陕西延安黄土梁峁

图 1-8　发育初期冲沟

图 1-9　发育中期冲沟

图 1-10　发育晚期冲沟

图 1-11　陕西洛川较完整的黄土塬

图 1-12　陕西富县鱼骨状冲沟

图 1–13　甘肃合水破碎黄土塬

图 1–14　黄土柱

黄土高原的水系格局，早在黄土堆积之前即已定形，其中的主要河流如黄河、渭河、泾河、洛河、汾河等，以及这些河流的许多支流，形成大型的侵蚀沟。河沟沟谷已切穿整个黄土层，沟层发育在下层基岩上，沟谷曲折宽阔。因此以河谷为主体，与冲沟、切沟形成树枝状、鱼骨状等各种形式的沟谷体系，与黄土原或梁峁交织穿插，将黄土高原分割侵蚀。早期发育的原间冲沟，水土流失轻微，原面平坦完整，俗称“上山不见山”（图 1-11）。水土流失，严重侵蚀的黄土原形成丘陵形态（图 1-12、图 1-13）。在这些冲沟之中可以见到黄土阶地，直立的天然黄土墙、柱和洞穴等。这就是黄河中游黄土高坡千沟万壑、层峦叠嶂的风貌。

图 1-14、图 1-15 是黄土高原几种特殊的自然景观。

我国的窑洞民居，就分布在呈现着多种地貌的黄土地区。在开阔的河沟阶地宽可数公里，多有村镇散居其间。狭窄处陡壁直立，沟壑纵横可伸延百里，在沟崖两侧如串珠般的密布着窑洞山村。由于人口不断发展和种种自然、社会因素，窑洞山村逐步向沟顶、原边缘以及原上扩展。在沿河谷阶地和冲沟两岸多辟为靠崖式窑洞，或靠崖下沉式窑院，在原边缘则以半敞式窑院居多，平坦的丘陵、黄土原因无沟崖利用多为下沉式窑洞（又称地下天井院）。在窑洞分布区，群众一般惯于窑洞和房屋结合的居住方式。

在土质疏松、基岩外露采石方便的地区和产煤多的地区（如陕北榆林、山西的雁北、晋南的浮山等地）群众都喜欢用砖、石或黄土坯砌筑的独立式窑洞建筑。

窑洞民居从史前文化时期的穴居半穴居，继而演变成现代穴居——窑洞。历经了长期的实践考验，经久不衰仍是黄土高原地区广大农村主要的民居类型。随着群众经济状况日益改善，已经涌现出各种新型的窑洞民居。

在当前我国不仅窑洞民居发展迅速，而且出现了学校、图书电视活动室、医疗所、办公室、粮仓、小型工厂等公共、工业用窑洞。所以按我国黄土高原分布在各自不同省区、分别研究总结历史和当前黄土窑洞的营造经验，将为我国窑洞建筑发展的新阶段奠定基础。

图 1–15　黄土洞

第二章

窑洞民居的历史沿革

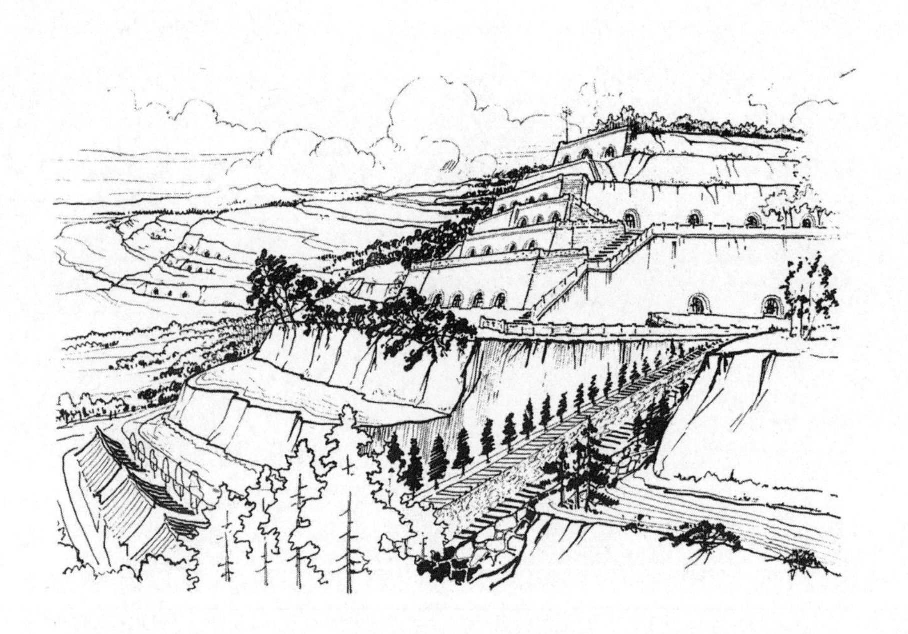

窑洞民居历史悠久，它起源于古猿人脱离巢居而“仿兽穴居”时期，历经了上百万年。考察古人猿居住天然岩洞到人工凿穴的历史，可以追溯到五、六十万年前的陕西蓝田猿人和六千年前的西安半坡村半穴居时代。

在漫长的岁月中，穴居——这种独特的居住原型，伴随着人类文明和社会发展，适应人类居住生活要求，一直沿用至今。

人类的绝大部分历史是在没有文字的石器时代代（史前文化），产生文字之后随着居住方式的演变，穴居逐渐被视为原始、落后，或“远古遗风”在史籍中记载甚少。由于风积黄土材料耐久性受到限制，并且受天灾、战乱影响洞穴民居很难留下可供考证的遗迹。所以，关于人类穴居的历史，只能从考古资料和古籍的片断记载中得到旁证。既属较近期（元、明、清时代）尚存的窑洞民居均为几代相传，有碑记可考者也为数甚微。

一、原始穴居时期

在人类历史长河中，从猿到人经历了上百万年的过程。第四纪冰川期酷寒的气候变化，迫使古猿人脱离巢居而栖居地面。上古人类的居住，首先需避风寒雨雪的袭击，其次是保护群居不受野兽侵扰。因为那时“人民少而禽兽众，人民不胜禽兽虫蛇”（韩非:《五蠹》)。选择什么样的栖居形式足以解决。“避寒”和“兽害”的问题呢？当时唯一可行的办法就是穴居。大约在50万年以前，人类走出丛林，开始是居住天然岩洞。从巢居到穴居，无疑是人类发展史上的又一次飞跃。据《帝王世记》中载：“天地开辟，有天皇氏、地皇氏、人皇氏，或冬穴夏巢，或食鸟兽之肉”。“披榛而游、遇穴而处，男无定居，女无常止”（晋、戴逵《杂义》)。一直到距今六十万年左右的周口店北京猿人，学会把火种保存起来后，才定居在天然洞穴之中。与北京猿人周期前后的山西曲南海峪的洞穴和湖北大冶石龙头的洞穴遗存，均是古人类穴居的证据。

二、人工穴居和半穴居时期

生活在黄河流域的先祖们，出于模拟自然，“仿兽穴居”，在黄河三角洲和黄河中游地区，古地形的基础是中生代各纪的砂岩和页岩，以及新生代的午城黄土。黄土的堆积在一百万年前已有相当的厚度。正是这种特殊的地理环境，使这个地区很少有天然洞穴可供栖居。根据人类的智力、生产力以及生活习性（从游猎采集到定居）等判断，人工穴居的开始期应在旧石器时代晚期。而人工穴居中又很难分清竖穴与横穴出现的先后，应当是两者同时出现又交错发展的。

到了新石器时代，人类由原始群而进入氏族社会，人工穴居成为当时黄河流域人类主要居住原型。这除了黄土有充足的养分繁育植物生产外，更重要的是黄土具有良好的整体性、稳定性和适度的可塑性，使用简单的石器工具即可挖掘成穴。并且黄土层有良好的蓄热性能，（黄土洞穴冬季温度可保持5 ~ 8℃）是古人类最适宜的得以生存和御寒之所。

据考古资料发现，陕西蓝田东距公主岭约二公里的平梁，发现了一件大尖状器。是一种挖掘土的工具。手握厚钝的一端，用尖头挖土，又快又省力，是挖洞穴得心应手的工具。这个石器出现在五、六十万年以前。因此可以推测从那时起古人类就能用石器人工挖掘黄土洞穴了。

距今七、八千年前新石器早期的“磁山文化”、“裴李岗文化”遗存中，竖穴比较普遍。如河北武安磁山遗址中发掘的窖穴，均为圆形、椭圆形和筒形半穴居。一般直径2米左右，深不到1米。穴底有的平整，有的不平。从有的穴居外缘遗留的柱洞和遗物判断，这些穴居大都有圆锥形穴顶。穴顶用木棒支撑，蒙以芦苇再抹一层草泥。入口到穴底设有不规则的坡道与台阶以便出入。穴居遗址有草木灰等用火痕迹[①]。穴内简陋，空间狭窄，不加修饰，防湿性不好。另外，属“裴李岗文化”的河南密县获沟遗址的穴居，形状一般仍为圆形与椭圆形，也都有伸向房外的

① 《河北武安磁山新石器遗址试掘》见《考古》1977.6期。

坡道或阶梯形门道。但穴内居住面平整，填有灰白土或黄土等，用以吸潮，穴壁较光滑，并有各种形状的灶址[①]。

为什么早期的穴居多为圆或椭圆形呢（方形很少）？一是圆形便于石器挖掘；二是圆锥体窝棚（穴顶）的搭扎技术比方椎体容易。

可见，初期的人工穴居，形制简陋只能满足躲避风雨、御寒防兽的基本要求。其剖面形式呈喇叭口（锅形）竖穴；平面也是不规则的圆或椭圆。随着智力的发展和技术的进步，才逐步发展成有规则的圆形或椭圆形、筒形竖穴。

从西安仰韶文化的半坡村遗址的发掘，可以看出穴居条件的改善。这时的居所已进入半穴居。从遗址区可以看出氏族组织结构和聚落的建置状况。一万平方米的发掘区，包括居住区、制陶工场和公共墓葬区三部分。居住区周围设置了一条宽深五、六米的防御大沟，沟北是墓地，东边是烧陶窑址；在住房附近，挖掘了储藏物品的窖穴和修建饲养家畜的圈栏。已发现的 40 余处房基紧密地排列一起，在中心区有一所大房子，是氏族成员集体活动的场所。

仰韶人的半穴居式方形或圆形住所，每个穴居地面中心均有一个灶坑；门道与灶坑之间有一小短隔墙构成的方形门槛或过道，地面和穴壁都用草泥涂抹光滑平整，有的用火烘烤成红色硬面。穴顶用木椽构成，上覆 15 ~ 20 厘米的草泥。这种起源于穴居的半窖式土木混合结构的窝棚，正是以后演变为地上简易房屋的雏形。

人类穴居的另一种类型是袋形竖穴。

袋形竖穴应是圆形竖穴的发展。由于搭扎大口径的穴篷顶技术困难，或取材不便（需用长木料）才缩小了穴口口径，同时将筒形穴壁下部挖凹以蔽风雨，从而增加了居住空间，出入则采用砍伐有脚窝的木柱供升降用。

到了龙山文化晚期，由于向内倾斜的穴壁不便出入，上部易崩塌等原因，最初供人居住的袋穴衰变为储藏物品的窖穴。

在新石器时期，黄河流域的先祖们尽管居住竖穴类型普遍，但横穴类型的穴居也是存在的。因为到了新石器时期早期，人类能运用更有效的方法开采岩石，也必然会在黄土陡崖上挖掘成横向穴居，即类似现在的黄土窑洞。这个推测的根据有二。一是古籍中记载：“地高则穴于地，地下则窟于地上……”（孔颖达疏《礼记》）；二是在裴李岗遗址已发现有横形的原始陶窑，河北磁县下七垣商代早期遗址中有一个迄今最早的横向穴居。

三、窑洞民居的形成

到了青铜器时代，即夏、商、西周时期，人类从原始氏族社会进入了奴隶制的阶级社会。木构架的房屋大量出现，但穴居仍然是众多奴隶的居所。奴隶和奴隶主的居所已经有了明显的差别。河南郑州一代发掘出的炼铜和陶器作坊附近，曾发现有许多长方形的半穴居遗址，显然是从事手工业奴隶的居所；另一方面还发现建在地面上较大的房屋遗址，有版筑墙和夯土基地，显然是奴隶主的住房。

战国后出现了铁农具，生产力长足发展。秦汉以来出现砖瓦，建筑材料生产和建筑技术发展有很大进步。楼阁、宫室的规模更加宏伟。陵墓墓室已由半圆形筒拱结构发展为砖穹隆顶。拱券砌筑技术不断改进，会用一券一伏或多层券砌拱。为以后窑洞民居中采用土坯拱、砖石拱奠定了基础。在古籍中开始出现“凿地为窑”的“窑”字。这是迄今为止最早以“窑”字称横穴的文献[②]。

到了魏晋及南北朝时期，石工技术达到了很高的水平，当时凿窑造石窟寺之风遍及各地。如大同云冈石窟、洛阳龙门石窟等就是此时凿建的。石拱技术也开始用于地下窟室和洞穴及窑洞民居的建造上。“永宁寺其地是三国时魏人曹爽的故宅，经始之日，于寺院西南隅得爽窟室，下入地可丈许，地壁悉垒方石砌之，石作精细，都无所毁”（《水

① 《河南密县获北岗为新石器时代遗址》见《考古集刊》第一期。

② 十六国春秋《前秦录》中记载：“张宗和，中山人也，永嘉之乱隐于泰山。……依崇山幽谷，凿地为窑，弟子亦窑居”。

经注疏》)。

隋、唐时期，是中国封建社会前期发展的高峰，也是中国古代建筑发展成熟时期，已经能建造宏伟的宫殿和庙宇了。这时黄土窑洞已被官府用作粮仓。例如，隋、唐时期的大型粮仓——含嘉仓是与隋代东都同时营建的。这说明古人很早就利用地下窑洞"恒温"可久藏的原理以储存粮食。

我们还可以在府、县志的记载和古迹中知道，这一时期窑洞建筑已在民间使用。宋代的窑洞，在县志上也有记载。如《巩县志》载："曹皇后窑在县西南塬良保，宋皇后曹氏幼产于此，……"。

元、明、清时期中国传统古建筑取得了不少成就。明代砖的生产大量增长，民居中普遍使用了砖瓦。从元代起

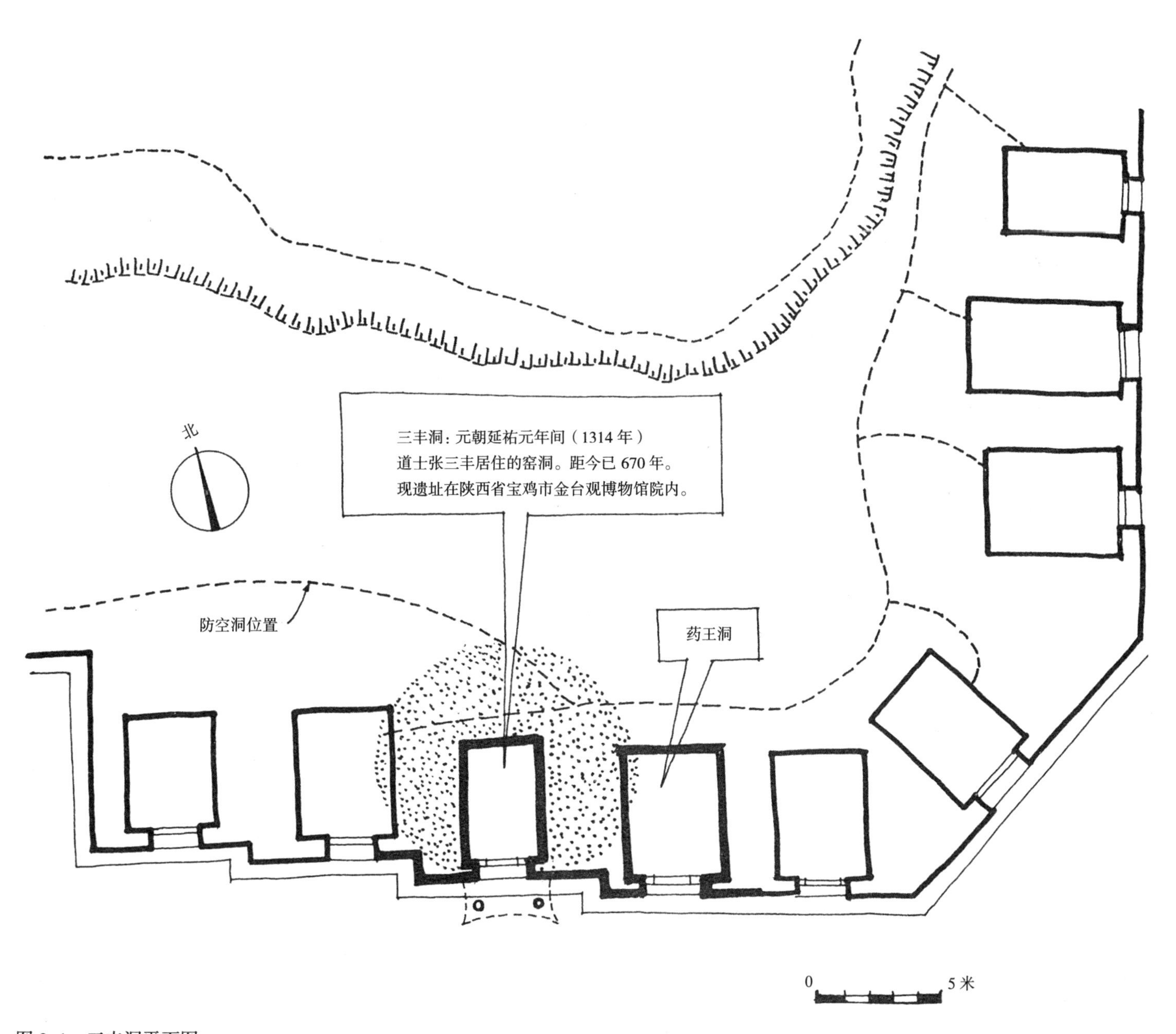

图 2-1　三丰洞平面图

已有一些门用半圆形券和全部用砖券的窑洞了。现陕西省宝鸡市金台观张三丰元代窑洞遗存，是至今发现的最古的窑洞[①]（图 2-1 ~图 2-3）。

根据地理历史学研究，陕北高原由于森林被毁，大片天然植被破坏，水土流失，才形成了沟壑纵横的黄土地貌，从而黄土窑洞民居普遍发展起来。因为窑洞具有“冬暖夏凉”的特点，它不仅为广大劳动人民所喜爱，也为上层的均为至今尚保存完整的优秀传统窑洞民居。一般均为砖石衬砌的窑洞，并有房屋、庭园相配的规模较大的建筑组群。

更多的黄土窑洞民居的形成，应当比这些更早。“凿地为窑”始载于《前秦录》（崔鸿《十六国春秋》），隔了很久以后到了明代才见有窑洞之称。这是由于广大黄土窑洞民居较少保存年记、碑记，且历代相继沿用，不断加以改造，所以朝代特征不甚明显。我们考察中所见到保存较

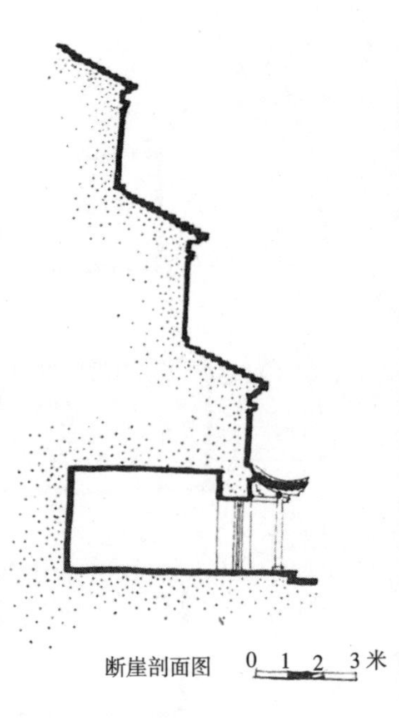

图 2–2　三丰洞剖面图

图 2–3　三丰洞外景

地绅阶级所运用。被清朝慈禧太后赐名为“康百万”的地主庄园即清代所建；陕西省米脂县刘家峁的姜耀祖窑洞庄园，也是建于清光绪甲申年（1884 年）；米脂县城内许多四合院窑洞民居均为几代祖宅，如冯子驹祖宅已建 300 年；米脂县杨家沟“骥村”古寨也是明末清初的窑洞民居。以上古的黄土窑洞民居，还有山西省浮山县，北王村张宅（已相传 17 代人，明末太平天国李自成进京时曾路经此地），距今已有 350 ~ 400 年。

综上所述可以看出从原始天然洞穴，演变成现今的窑洞民居，曾历经了一个漫长的历史过程。

① 侯继尧、赵树德《元代黄土窑洞遗存考》，见《中国建筑学会窑洞生土建筑第三次学术会议论文集》1984 年。

第三章

窑洞民居的分布与类型

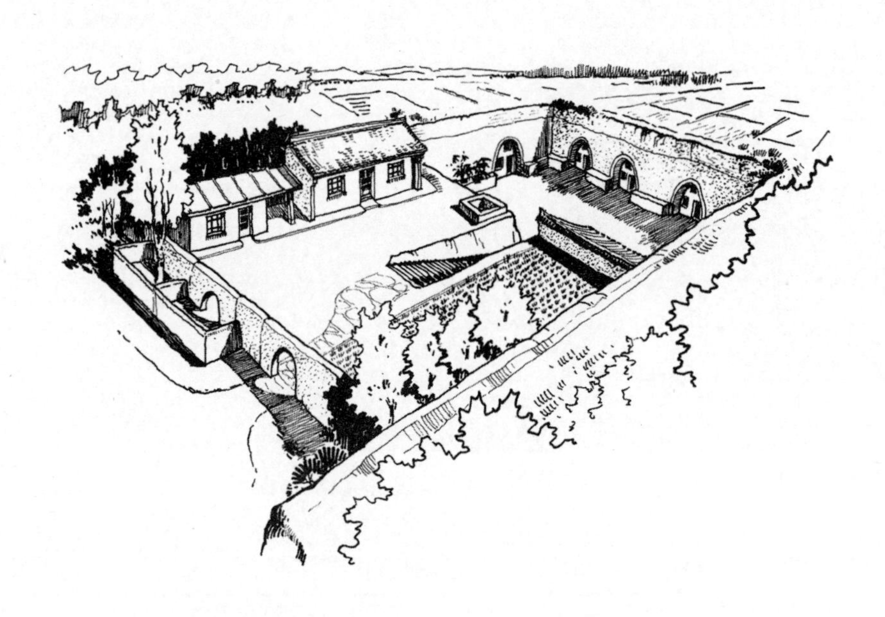

一、中国窑洞民居的分布

我国的窑洞民居，主要分布在甘肃、山西、陕西、河南四省。在河北中部和西部、内蒙古中部也有少量分布。在甘肃省，窑洞大部分在本省的东南部，如庆阳、平凉、天水、定西等地区。庆阳地区的窑洞民居占本地各类房屋建筑总数的83.4%；平凉县占72.9%；崇信县农村竟达93%。此外，兰州地区有榆中北山窑洞和红古区洞子村窑洞。

在陕西省，黄土窑洞分布在秦岭以北的大半个省区，主要分布在延安、铜川、米脂、洛川、黄陵、宜川、绥德、潼关、宝鸡、长武、乾县、淳化、永寿、彬县等地区。乾县的吴店有60%的农户住地下窑洞，乾陵乡韩家堡村约有80%的农户住下沉式窑洞；米脂县农村80% ~ 90%的人家均以窑洞为家；而榆林、神木一带则以砖、石窑洞为多。在宁夏回族自治区，窑洞主要分布在固元、西吉、冈心、隆德、盐池一带。在山西省，则全省均有黄土窑洞。其中，可以晋南的临汾地区、运城地区与太原地区为代表。晋东南地区、晋中地区以及雁北、偏关、临县、离石、蒲县、大冈、保德等地区均有黄土窑洞分布，遍及30多个县。阳曲县、娄烦等地的有80%以上人口住窑洞；平陆县农村的76%以上人口住窑洞；临汾县张店乡则有95%的农户住在下沉式窑洞中；临汾的太平头村和平陆县的槐下村约98%的农户住在窑洞里；永和县和浮山县也有80%以上的农户住窑洞。

在河南省，窑洞分布在郑州以西、伏牛山以北的黄河岸，主要是巩县、偃师、洛阳、新安、荥阳、三门峡、灵宝等地。巩县有50%的农户住窑洞，而居住在下沉式窑洞中的人数约20万；灵宝县各种类型窑洞占住房总数的40%（窑洞15万孔、砖瓦房22万间）；三门峡磁钟乡农房中窑洞与土坯拱窑约占70%。据对洛阳邙山、红山、孙旗屯与白马寺等四个乡及孟津、伊川、新安等县生产大队的调查，当地约有50% ~ 80%的农户住在窑洞中。葛家岭大队第四生产队92%的住户住在窑洞里。荥阳县城关田六黄土窑洞民居是引起建筑界注意的突出实例。此外，在河北省西南部，太行山麓的武安、涉县等地，以及中部和西北部地区，在内蒙古自治区的中部，青海省的东部地区等，也有一定数量的窑洞分布（图3-1）。

二、中国窑洞区的划分

按其所处的地理位置和窑洞分布的密疏，可划为六个窑洞区（图3-2）。

1. 陇东窑洞区。大部分在甘肃省东南部与陕西省接壤的庆阳、平凉、天水地区，陇东黄土高原一带。兰州、定西也有少量窑洞民居。

2. 陕西窑洞区。主要分布在秦岭以北大半个省区。按自然地貌、类型和历史发展形成的因素，还可细分为渭北窑洞、陕北窑洞和延安窑洞。

3. 晋中南窑洞区。分布在山西省太原以南的吕梁山区，其中以介休、闻喜、临汾、霍县、浮山、平陆县等最为密集；雁北大同一带也有的地方有少量的土窑洞分布。

4. 豫西窑洞区。河南省的窑洞大部分分布在郑州以西，优牛山以北黄河两岸范围。窑洞最多的地区是巩县、洛阳、新安、三门峡及灵宝等地。

5. 冀北窑洞区。主要是河北省西南部，太行山区东部的武安、涉县等地区。

6. 宁夏窑洞区。主要是在宁夏回族自治区中东部的固原、西吉和同心县以东的黄土原区。

从窑洞单体形式、窑洞组合、立面造型以及村落布局等问题来研究，这六大窑洞区都有各自的特征，但窑洞建筑类型却是共同的。

三、窑洞的类型

中国窑洞民居由于各个窑洞区所处的自然环境、地貌特征和地方风土的影响，形成纷繁，千姿百态。但从建筑布局和结构形式上划分可归纳以下三种基本类型：（一）带崖式；（二）下沉式（地下天井院）；（三）独立式（图3-3）。

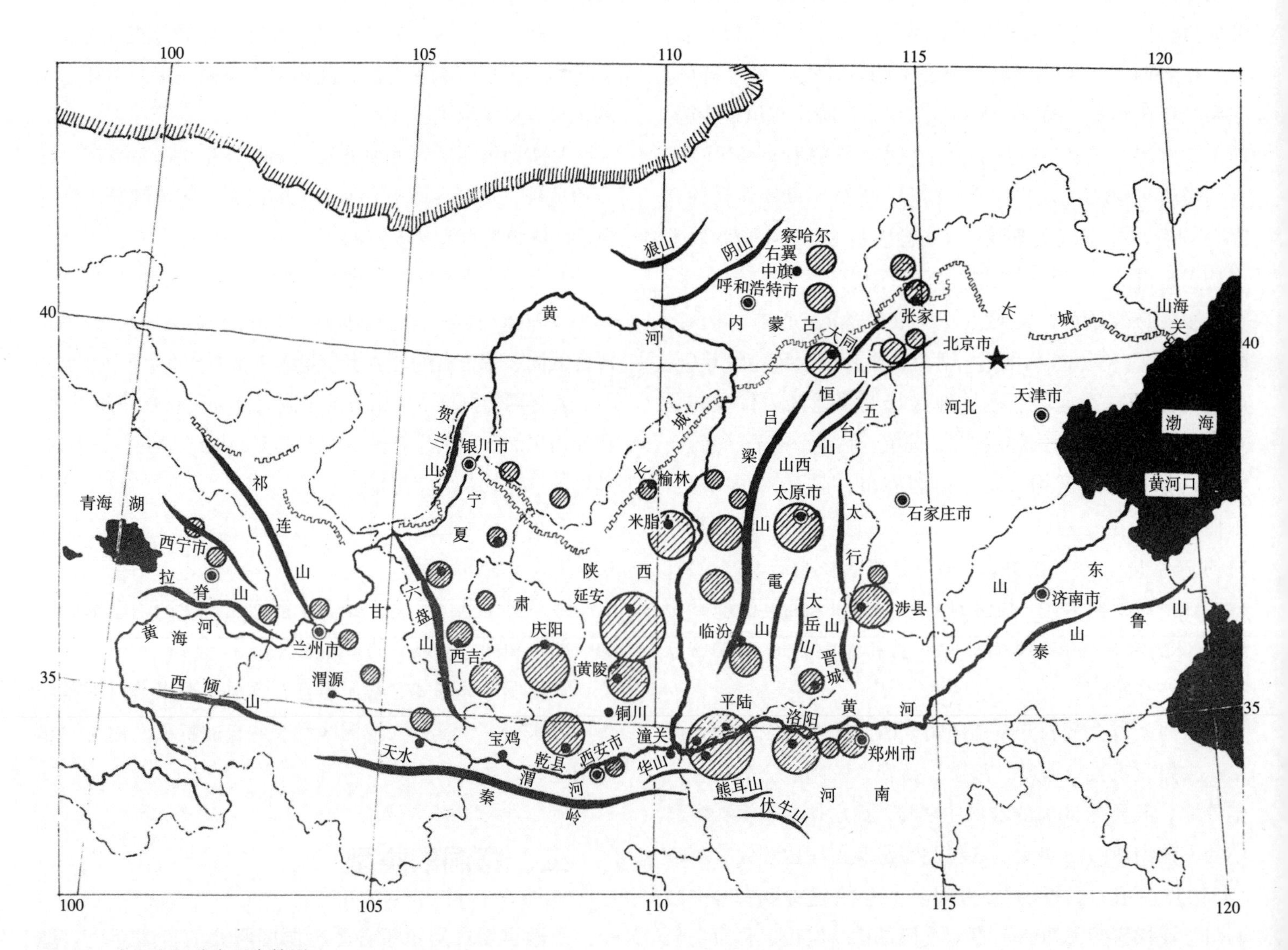

图 3-1　中国窑洞分布示意简图

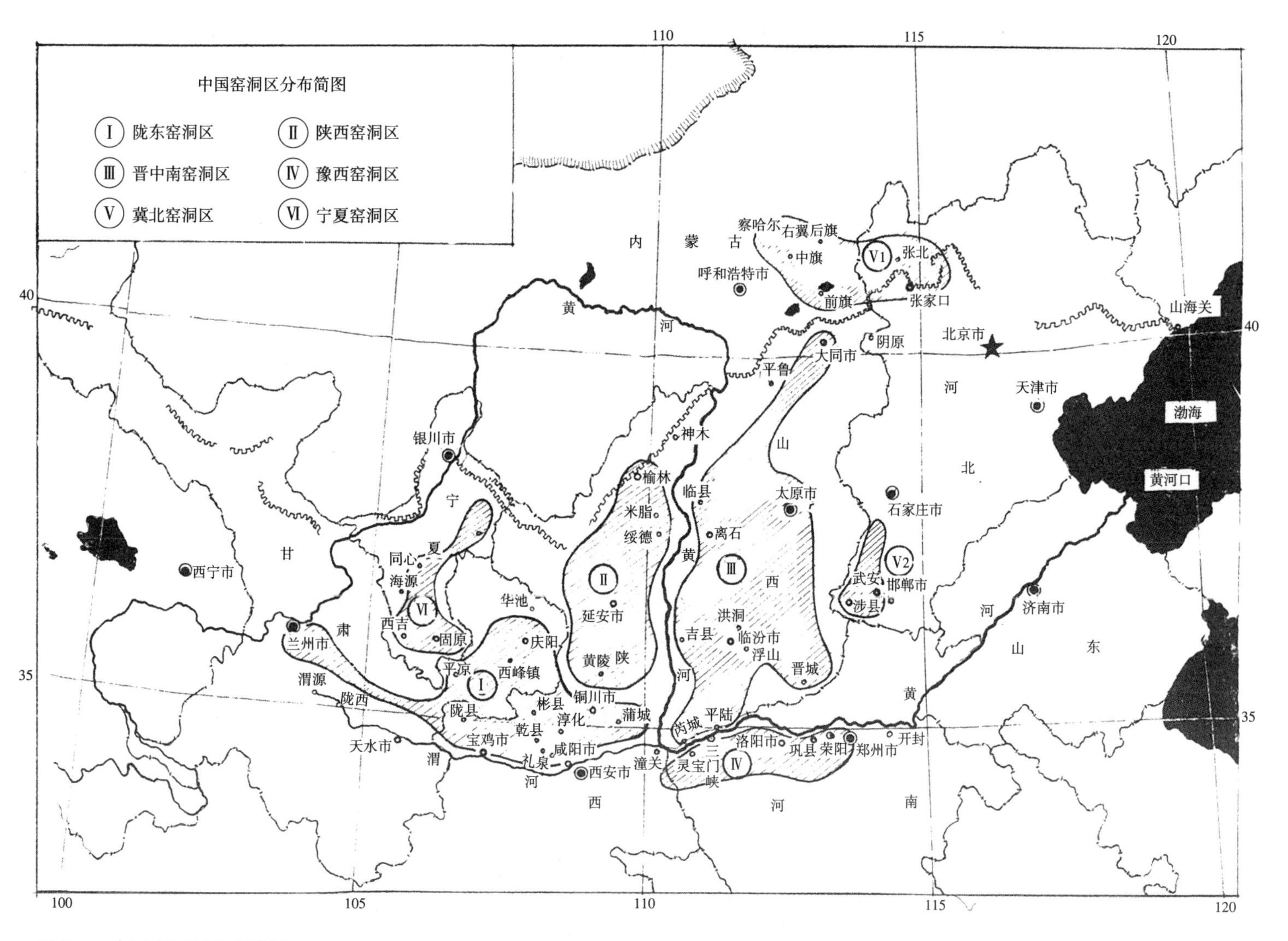

图 3-2 中国窑洞区分布简图

1. 靠崖式窑洞

靠山式窑洞出现在山坡、土塬边缘地区。窑洞边缘靠山崖，前面有较开阔的川地，很像靠背椅的形式（图 3-4）。因为它要依山靠崖必然是随着等高线布置更为合理，所以窑洞常呈现曲线或折线形排列，既减少了土方量又顺于山势，取得谐调美观的建筑艺术效果（图 3-5、图 3-6）。

根据山坡面积的大小和山崖的高度，可以布置几层台梯式的窑洞。为了避免上层窑洞的荷载影响底层窑洞，台梯是层层后退布置的，形成底层的窑顶就是上层窑洞的前庭。很少上、下层重叠的，但也有例外，这是在土体稳定且水平占地面积局促的情况下为了争取空间而产生的。图 3-7 是陕北榆林果园塌赵宅的双层窑洞实例，是赵家祖辈相传的古老的黄土窑洞（已建 300 年，仍完好稳定）。河

图 3-3 窑洞类型示意图

类型		图式	主要分布地区
（一）靠崖式窑洞	1. 靠山式		1. 陕北窑洞区 2. 延安窑洞区 3. 晋中窑洞区 4. 豫西窑洞区
	2. 沿沟式	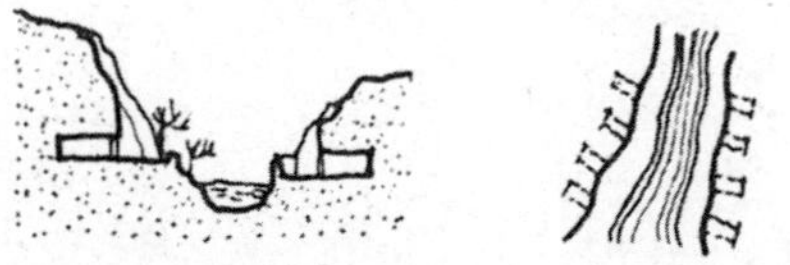	1. 陕北窑洞区 2. 延安窑洞区 3. 豫西窑洞区
（二）下沉式窑洞		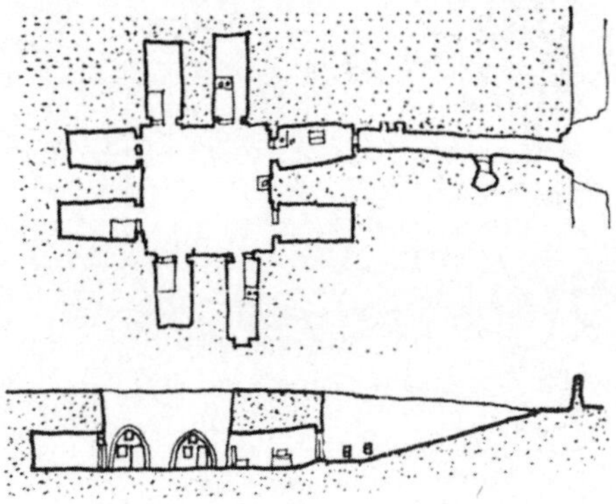	1. 渭北窑洞区 2. 晋南窑洞区 3. 豫西窑洞区
（三）独立式窑洞	1. 砖石窑洞		1. 陕北窑洞区 2. 延安窑洞区 3. 晋中窑洞区
	2. 土基窑洞		1. 陕北窑洞区 2. 晋中南窑洞区
	3. 其他类型		1. 陕北窑洞区 2. 晋南窑洞区

图 3-4*a*　靠山式窑洞实例（米脂县李自成行宫南侧窑洞）

南省也有双层黄土窑洞（俗称“天窑”）。

沿沟窑洞：这是在沿冲沟两岸崖壁基岩上部的黄土层中开挖的窑洞，或就地采石箍石窑洞。同属于靠崖窑洞的类型，但是因为沟谷较窄，不如靠山窑洞开阔，由于对岸狭窄，才有避风沙的优点，太阳辐射较强，可以调节小气候，使冬季较暖。沿沟窑洞地形曲折、聚居的窑洞群规模较小，与自然环境结合得更为密切（图 3-8、图 3-9）。

2. 下沉式窑洞

下沉式窑洞实际上是由地下“穴居”演变而来，也可称为地下窑洞。这是在黄土原区干旱地带，没有山坡、沟壁可利用的条件下，农民巧妙地利用黄土的特性（直立边坡的稳定性），就地挖下一个方形地坑（竖穴），形成四壁闭合的地下四合院（凹庭或称天井院），然后再向四壁挖窑洞（横穴）（图 3-10）。

图 3-4*b*　靠山式窑洞实例（延安枣园山村窑洞）

一般天井院尺寸有 9 米 × 9 米和 9 米 × 6 米的两种，9 米见方的每个壁面挖两孔窑洞，共 8 孔，陕西渭北俗称“八卦地顷窑庄”；9 米 × 6 米长方形的挖 6 孔窑洞。均以其中一孔做门洞，经坡道通往地面。门洞、坡道的布置形式和标高常因地制宜，灵活变化而形成多种类型的入口布置。天井院内设渗井或水窖、鸡舍，牛、羊洞舍等，院子地坪标高一般比原面（窑顶）低 6 ~ 7 米。

这种下沉式窑洞，在各窑洞区民间俗称，不尽相同，如河南称“天井院”，甘肃称“洞子院”，山西称“地阴院”或“地坑院”，陕西渭北俗称“地顷窑庄”。从分布上看：陇东庆阳地区中南部的董志原、早胜原等原区最多；陕西渭北一带的永寿、淳化、乾县等地比较集中；山西主要是在运城地区的平陆县、芮城县分布最多；河南是在巩县、洛阳的邙山地区。如图 3-11 ~ 图 3-22 所示是各区窑洞的典型实例。

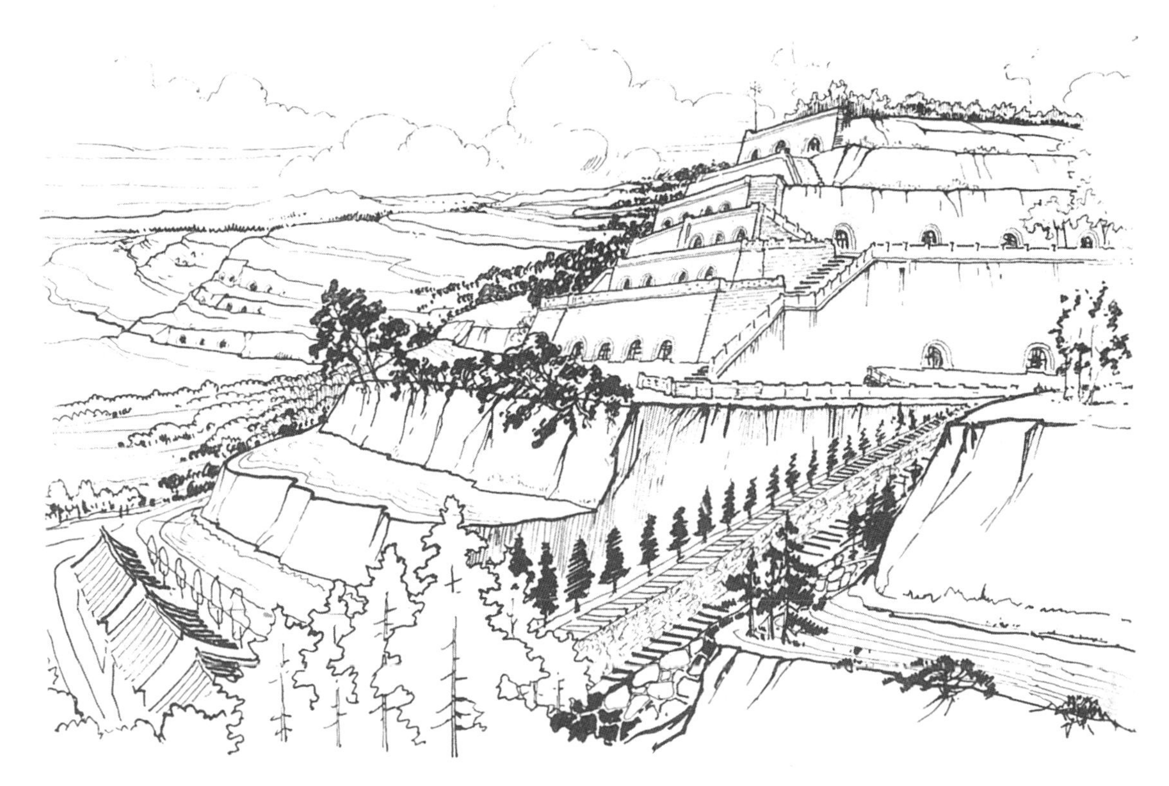

图 3-5　台阶式窑洞实例（陕西礼泉县烽火窑洞）

图 3-6　杨家岭靠山窑洞外景
（延安女子大学旧址）

图 3-7　榆林果园塌赵宅双层窑洞

图 3-8　沿沟窑洞实例（陕西乾县乾陵乡马家坡村）

a　庆阳县沿沟窑洞外景

b　乾县沿沟窑洞外景

图 3-9　沿沟窑洞外景二例（庆阳、乾县）

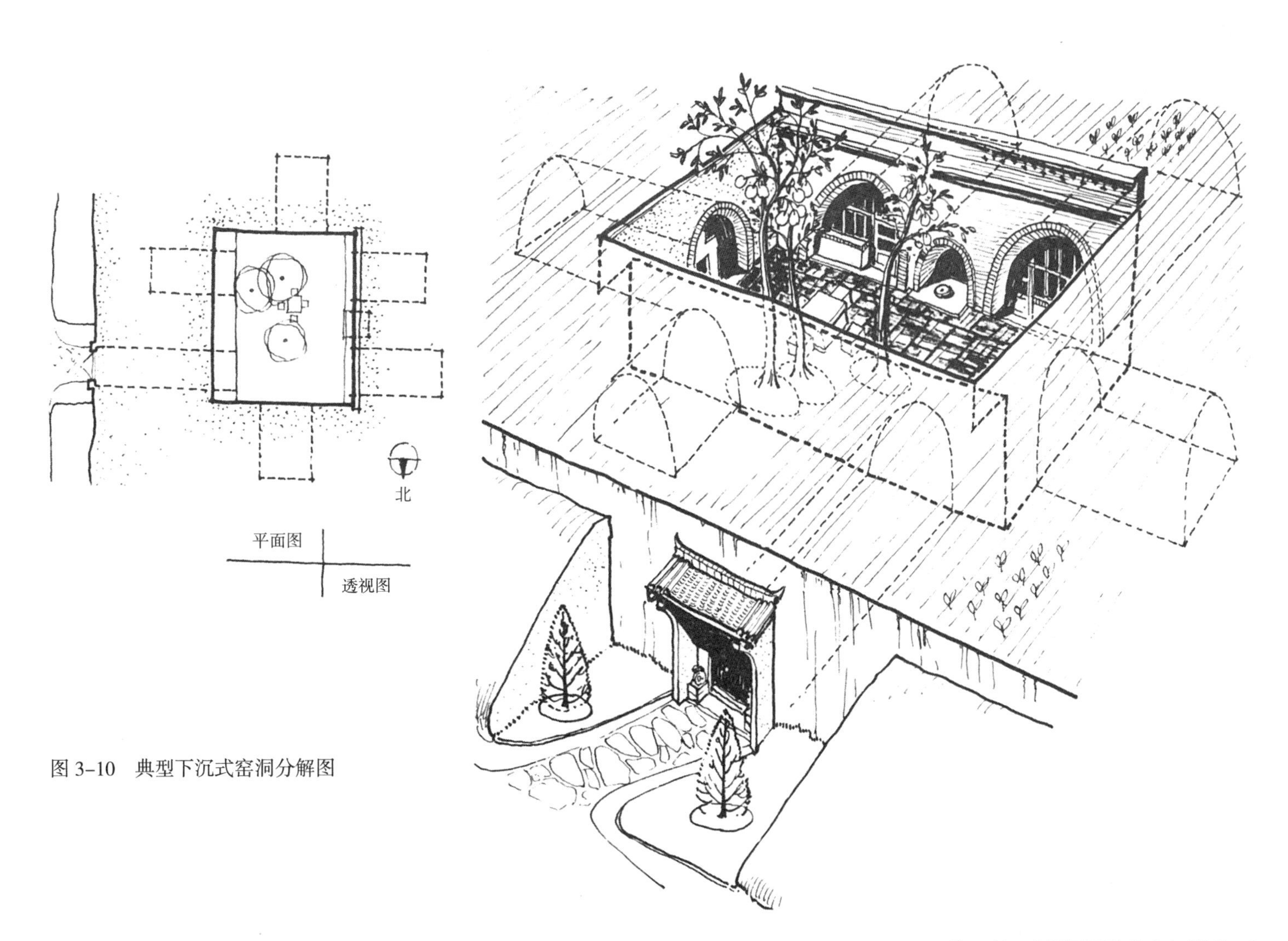

图 3-10　典型下沉式窑洞分解图

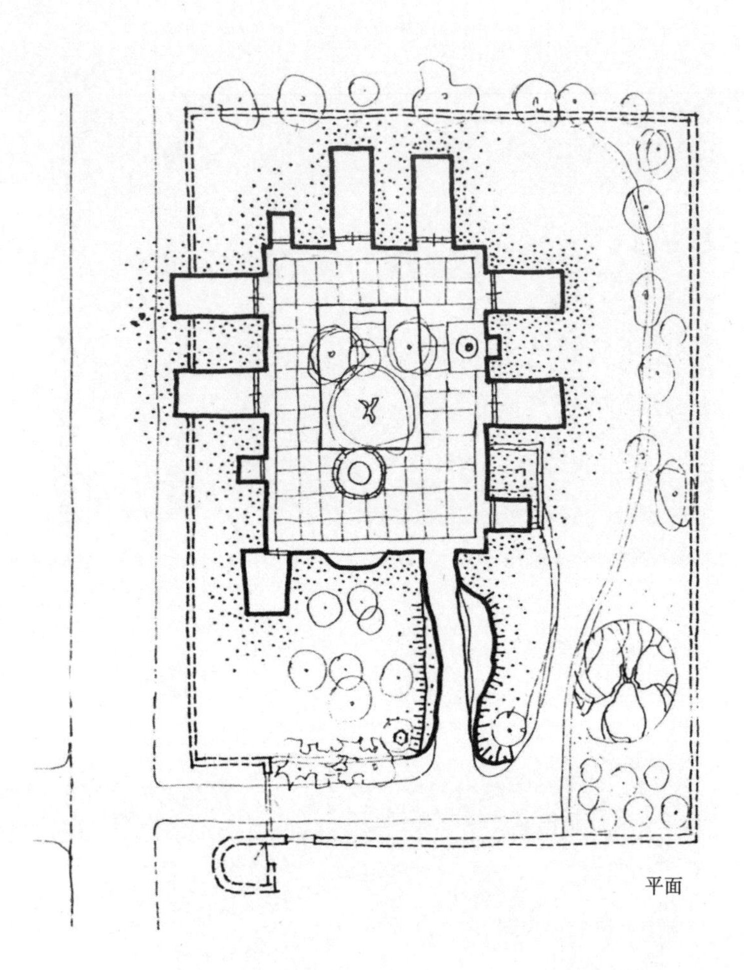

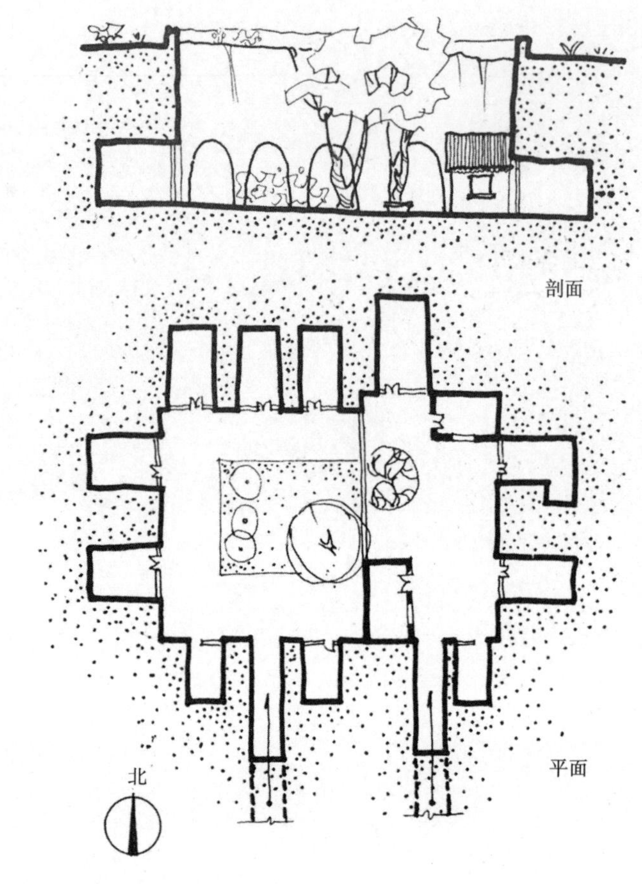

图 3-12 甘肃省庆阳县西峰镇郝家岭两户下沉式窑洞

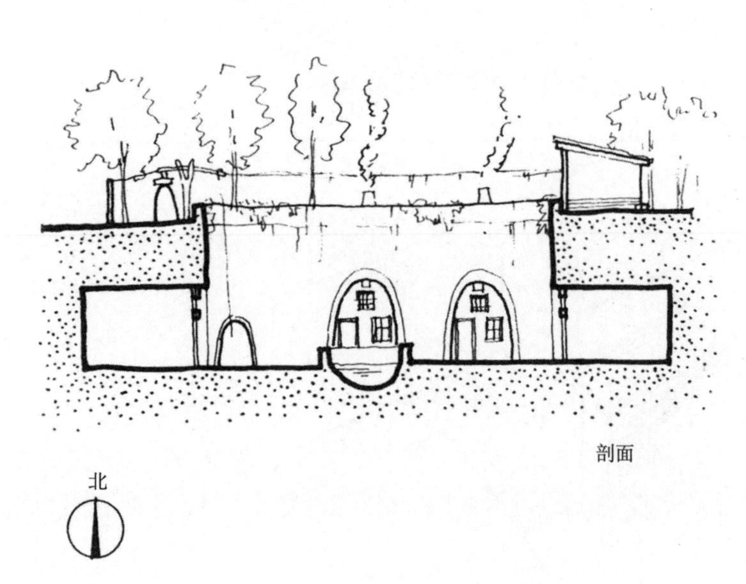

图 3-11 甘肃庆阳东门大队杨均宽宅平面图、剖面图

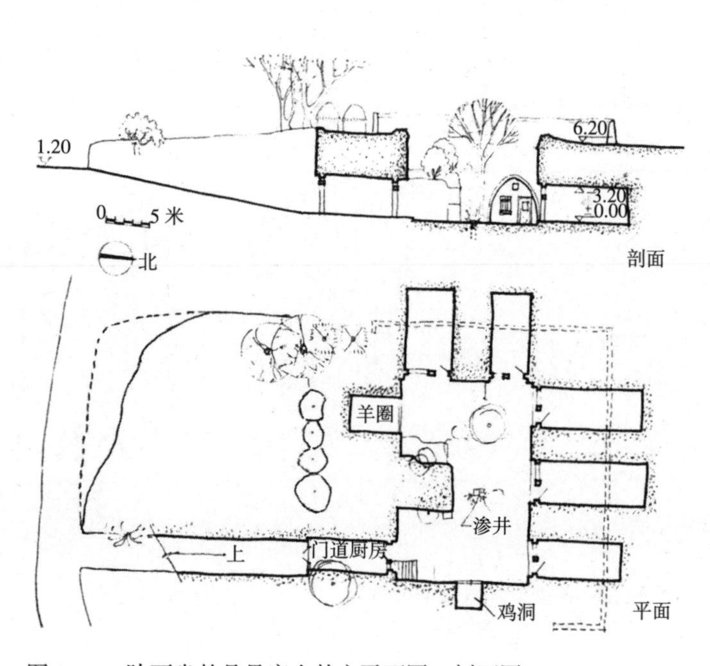

图 3-13 陕西省乾县吴店乡某宅平面图、剖面图

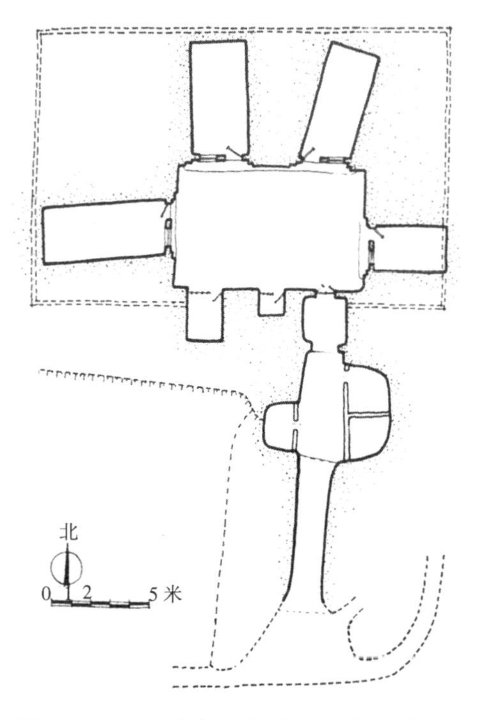

图 3-14　陕西省乾县乾陵乡韩家堡村韩宅平面图

图 3-15　山西省平陆县下槐树知青院外景

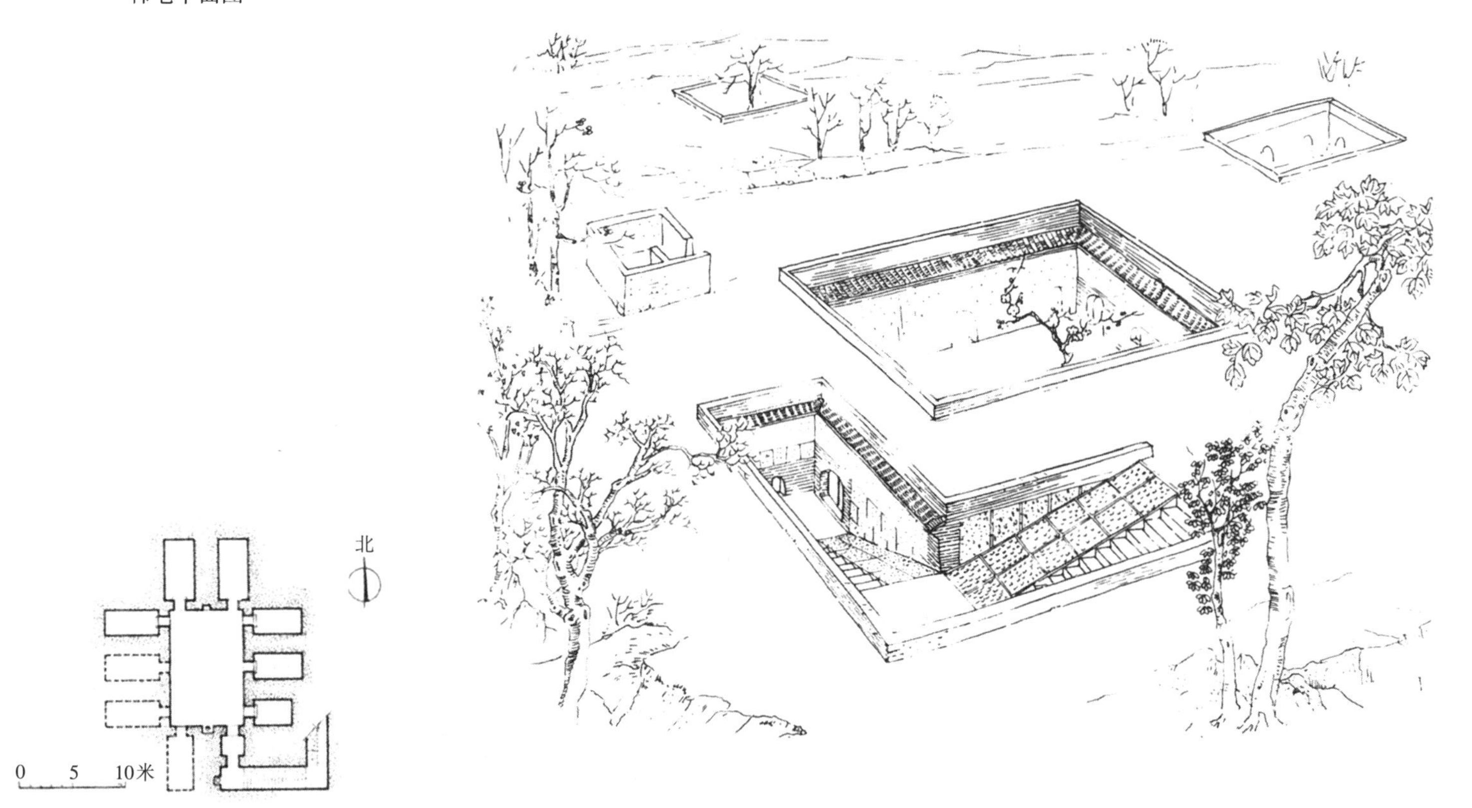

图 3-16　河南省洛阳冢头村刘学诗宅平面、鸟瞰图

图 3-17　下沉式窑洞外景之一（河南洛阳）

图 3-19　下沉式窑洞外景之三（陕西乾县）

图 3-18　下沉式窑洞外景之二（陕西米脂县）

图 3-20　下沉式窑洞外景之四（陕西乾县）

图 3-21　下沉式窑洞外景之五（乾县吴店村）

图 3-22　下沉式窑洞外景之六（河南巩县西村）

挖下沉式窑洞必须选择在干旱、地下水位较深的地区，并且要做好窑顶防水和排水防涝措施。现在农民沿袭传统习惯，将窑顶碾平压光，以利排水，作打谷场用而不敢种植。因而存在着每户窑庄占地多的问题（一般每户将占 0.8 ~ 1.5 亩）。

在地形起伏的粱峁地区，大型住宅中也有砖石窑洞组成的下沉式四合院。窑洞庄园实例，如米脂县刘家峁的姜耀祖窑洞庄园和杨家沟的马家"骥村"古寨，从总体鸟瞰图上看得很明显（图 3-23、图 3-24）。

图 3-23　陕西省米脂县刘家峁姜耀祖窑洞庄园鸟瞰

图 3-24　米脂县杨家沟骥村古寨中带廊檐的下沉式窑院

下沉式窑洞细分，还可分为全下沉型、半下沉型和平地型三种（图 3-25）。

分型	全下沉型	半下沉型	平地型
下沉式窑洞			

图 3-25　下沉式窑洞类型

半下沉型和平地型都是在原面有一定的坡度时产生的，实际上是利用了原面的标高差，改善了入口的陡坡，提高了天井院的地坪标高，更有利于排水。在靠崖式的沿沟窑洞中有许多这种实例，也是靠崖式和下沉式窑洞混合的类型。河南郑州郊区田六的窑洞就是很典型的例子（图3-26、图3-27）。

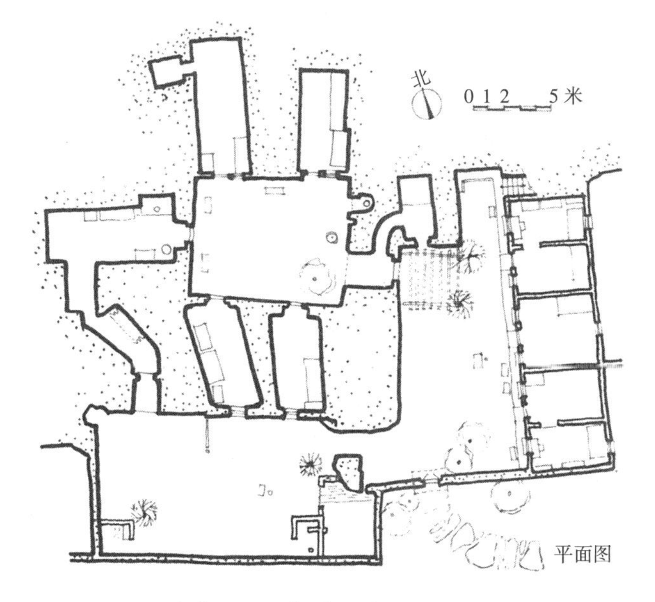

图 3-26　河南荥阳田六宅平面图

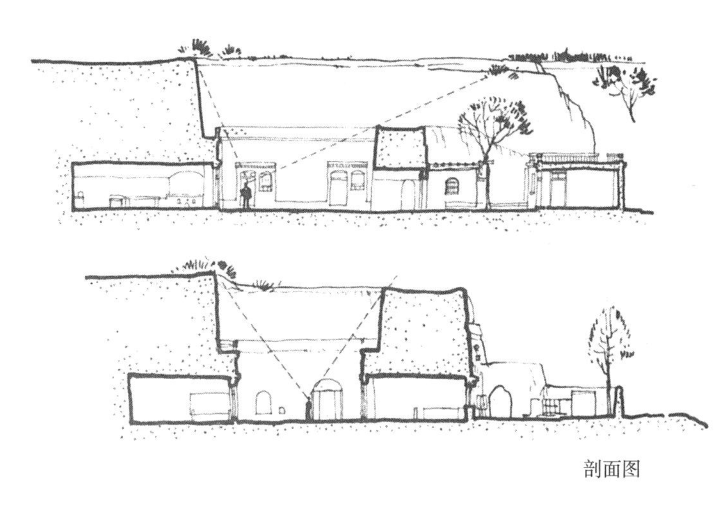

图 3-27　河南荥阳田六宅剖面图

民间匠师总是因地制宜地巧妙利用地形，设计出各种下沉式窑洞入口的布置方式。从平面布置上分有直进形、曲尺形、回转形和雁行形四种；从入口通道和天井院的位置关系分有院外形、跨院形和院内形三种；就入口通道剖面形式分有敞开的沟道形和钻洞的甬道形（图 3-28）。

图 3-28　下沉式窑洞入口布置类型图

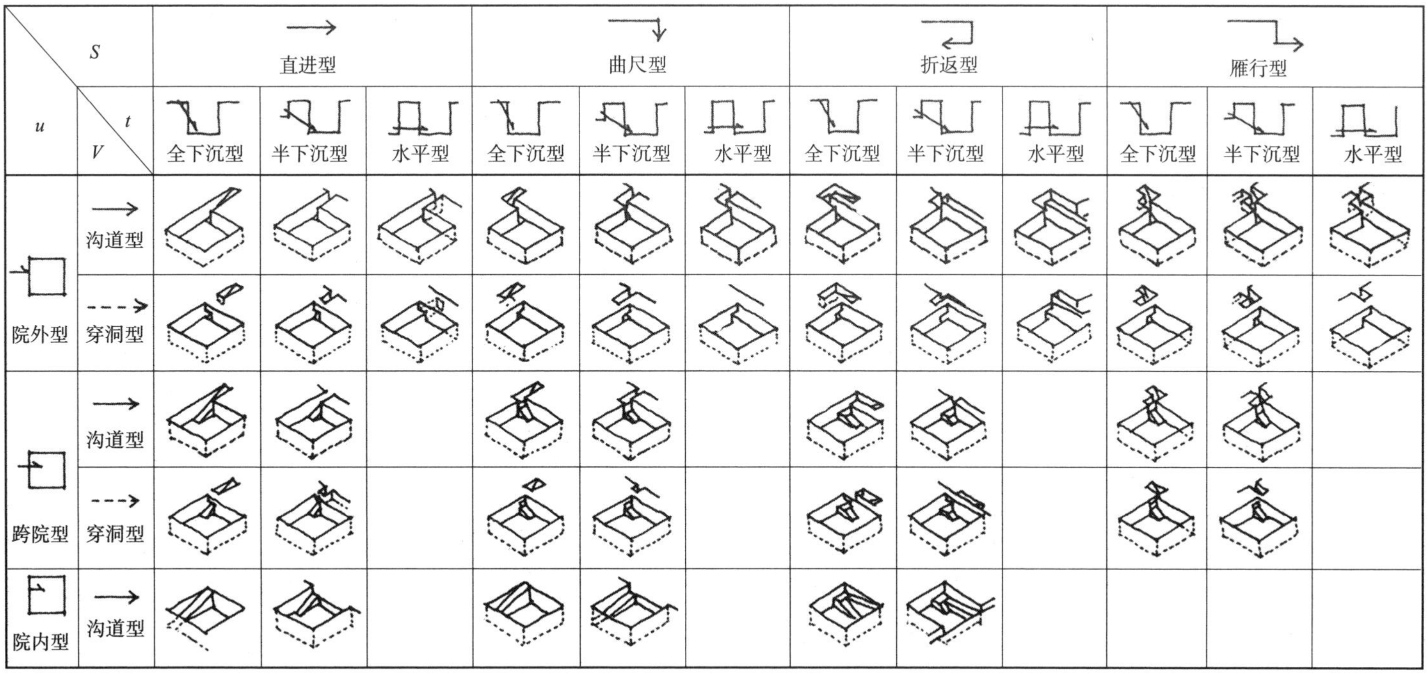

u	S	直进型			曲尺型			折返型			雁行型		
	V　t	全下沉型	半下沉型	水平型	全下沉型	半下沉型	水平型	全下沉型	半下沉型	水平型	全下沉型	半下沉型	水平型
院外型	沟道型												
	穿洞型												
跨院型	沟道型												
	穿洞型												
院内型	沟道型												

S：入口通道的平面形状　t：入口和天井院的高低差　u：入口通道和天井院的位置关系　V：入口通路的剖面形状

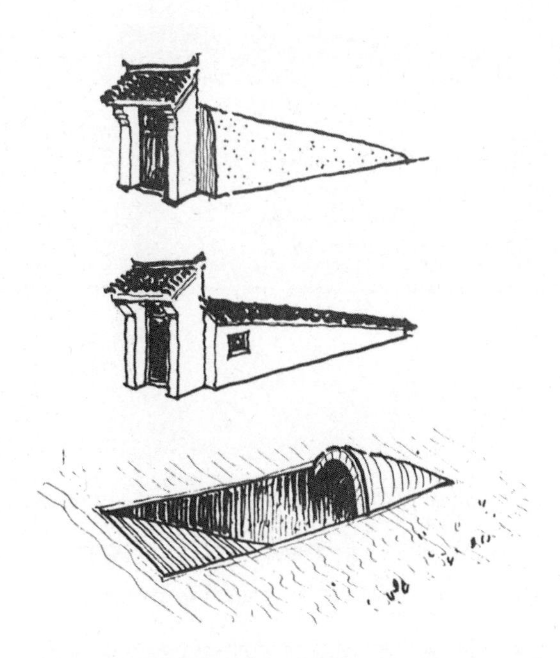

图 3-29　庆阳县西峰镇斜筒拱入口三例

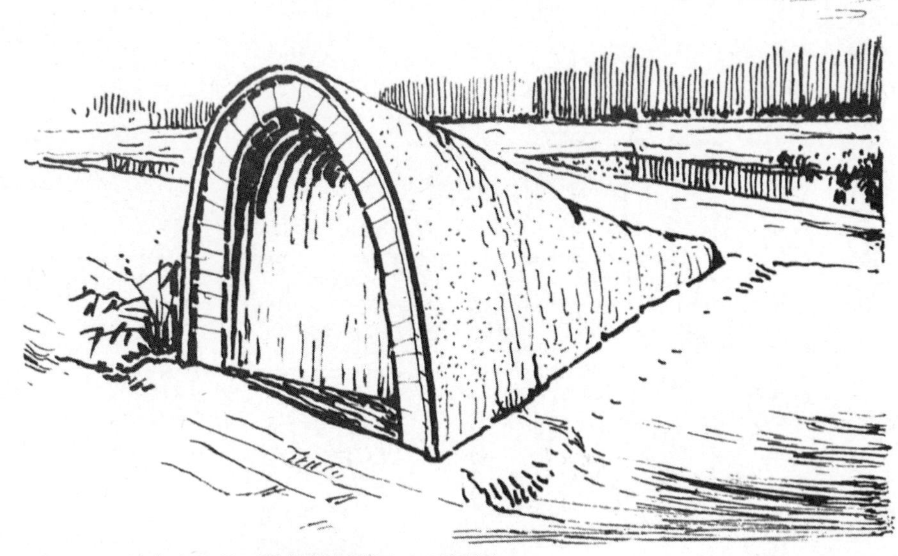

图 3-30　甘肃庆阳县西峰镇斜筒拱入口透视图

图 3-31　下沉式窑洞入口实景（乾县）

在西峰镇还见到在敞开的沟道形入口上加砌土坯拱的实例（图 3-29、图 3-30）。图 3-31 是乾县下沉式窑洞入口实景。

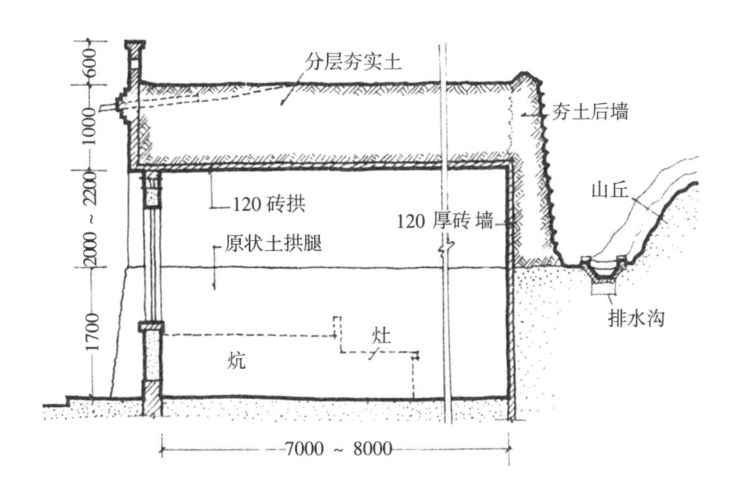

a 土基窑洞横剖面图

b 土基窑洞开挖时保留的原状土窑腿

图 3–32 陕西黄陵县土基砖拱窑洞

3. 独立式窑洞

从建筑和结构形式上分析，实质上是一种掩土的拱形房屋。这是因为在缺乏木材的干旱黄土高原地区，总结黄土窑洞的经验，发展形成的一种窑洞民居类型。

● 土基窑洞。常见的有两种形式：一种是土基土坯拱窑洞；一种是土基砖拱窑洞。在黄土丘陵地带，土崖高度不够，在切割崖壁时保留原状土体作窑腿和拱券模胎，砌半砖厚砖拱后，四周夯筑土墙，窑顶再分层夯土 1 ~ 1.5 米厚。实质上是用人工建造成土堡式窑洞（图 3-32）。这种窑洞除砖拱用少量的砖外，主要材料仍为黄土。此种窑洞类型，很似国外的半地下掩土建筑。

土基土坯拱窑洞，形式做法与土基砖拱窑洞相似，只在掩土厚度和窑顶形式上有变化。一般用楔形坯砌拱，土坯尺寸为 300 毫米 ×350 毫米 ×65 毫米，屋顶形式除掩土夯实做成平屋顶之外，还有在夯土上铺瓦做成双坡四坡或锯齿形屋顶的（图 6-5、图 6-6）。

砖石窑洞。在陕北窑洞区内，由于山坡、河谷的基岩外露，采石方便，当地农民便因地制宜，就地取材，利用石料，建造石拱窑洞。因为其结构体系是砖拱或石拱承重，无需再靠山依崖，即能自身独立，形成一种独立式窑洞。又因为在石拱顶部和四周仍需掩土 1 ~ 1.5 米，故而仍不失窑洞冬暖夏凉的特点。例如，陕西省在全国农房设计竞赛获得三等奖的新窑洞住宅方案，就是属于这种独立式的砖拱窑洞（图 3-33），以及延安市内的许多“旧居”、纪念地的窑洞也是这种类型。图 3-34 是枣园刘少奇、林伯渠同志旧居。

图 3–34 延安枣园刘少奇、林伯渠旧居

图 3-35　延安边区政府大院旧址

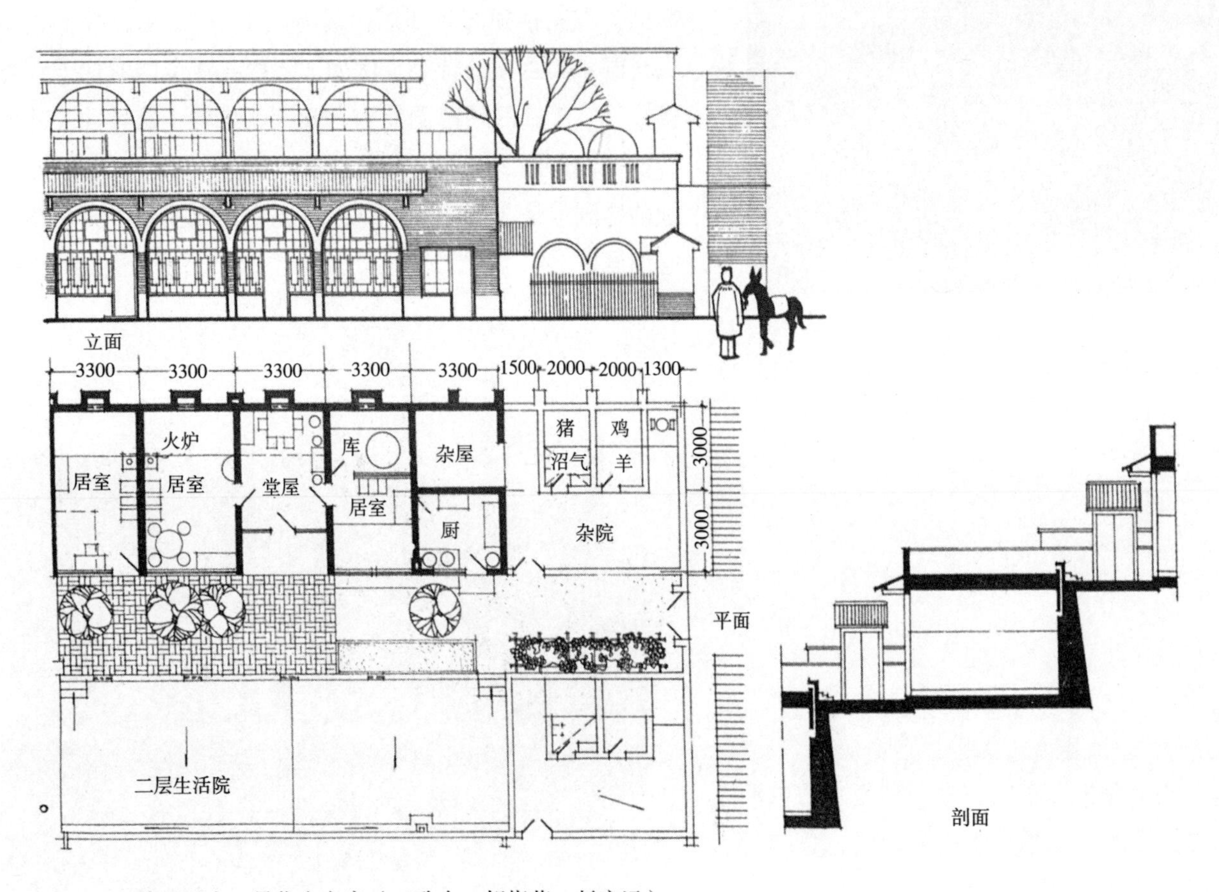

图 3-33　陕西送京 5 号住宅方案（王致中、胡彬茂、彭应运）

图 3-36　王家坪毛泽东主席旧居

因为石窑洞四面临空（俗称四明头窑），可以灵活布置，产生的布置方式也多，还能造窑上房或窑上窑，丁字形的（俗称枕头窑）三合院、四合院的窑洞院落（如延安边区政府旧址，图 3-35）。米脂县城内的四合院窑洞民居；延安王家坪毛主席旧居又是一种别致的类型（图 3-36）。在米脂考察途中的河谷旁，还见有窑洞式河神庙，石窑洞罩覆瓦屋顶（图 3-37）。

在绥德到榆林一带，采石困难，煤多，民居中砖拱窑洞则多。其形式类似石窑洞，也是独立式窑洞。

其他类型：

在许多烧砖、采石困难的地区，如陕北窑洞区，还有大量的土坯窑洞。这种窑洞在建筑布局上也能做到四面临空，当属独立式窑洞类型在前节土基窑洞已述及。到神木、定边一带农民利用川谷红柳枝条，造柳笆草泥拱窑洞（图 3-38）。

四、各区窑洞民居的特征

各窑洞区窑洞民居的特征，受该地区的社会因素和自然条件所影响。由黄河中游的甘、陕、晋、豫四个省从古至今农村的社会经济状况来看，甘肃的庆阳地区比较贫困，陕西关中的渭北较为富庶，陕北人少地多农民生活小康，

图 3-37　河神庙照片

图 3-38　柳条笆草泥拱窑洞

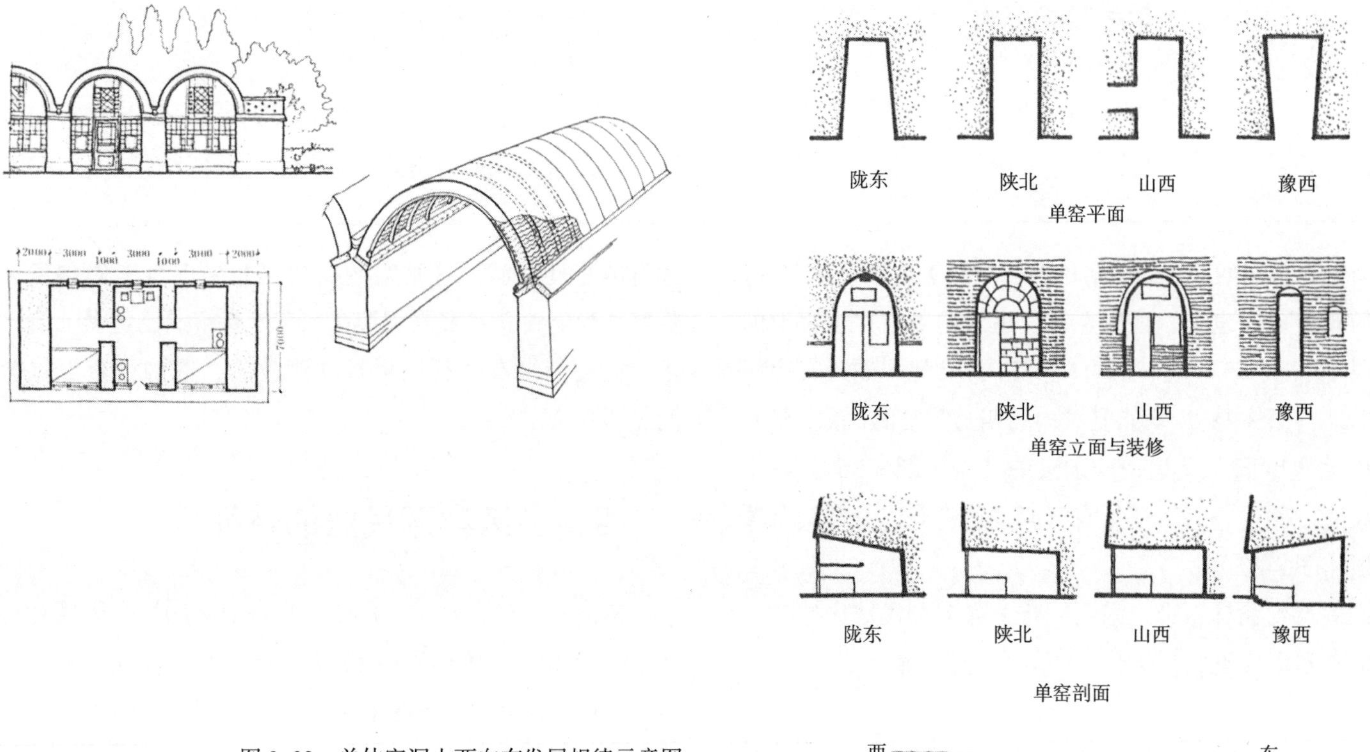

图 3-39　单体窑洞由西向东发展规律示意图

黄土高原部分地区主要自然条件一览表 表 3–1

地区名称（由西向东排列）		海拔（米）	气温			降水量		年平均蒸发量（毫米）	年平均相对湿度（%）	最大风速（米/秒）	黄土最大厚度（米）
			年平均气温（℃）	最高气温（℃）	最低气温（℃）	年平均降水量（毫米）	集中降雨月份与比重（%）				
甘肃省	兰州	1520	9.3	39.1	–23.1	324.85	7 ~ 9 月（61%）	1468.00	58	21.4	15
	西峰	1400	8.3	39.6	–22.6	555.50	7 ~ 9 月	1503.74	67.7	20	150 ~ 250
陕西省	延安	960	9.3	39.7	–25.4	526.20	6 ~ 8 月（54%）	1573	66 ~ 78	16	100
	西安	400	13.3	41.7	–20.6	624.00	7 ~ 9 月	1420	70 ~ 83	19	
山西省	太原	800	9.4	39.4	–25.5	461.80	7 ~ 9 月（63%）	1840.20	60	25	10
	临汾		12.3	38	–10	510—620					40 ~ 50
河南省	洛阳	157	14.5	44.2	–18.2	604.60	7 ~ 9 月	190.8	65	20	
	巩县		14.7	43	–15.4		7 ~ 8 月		60		30

山西的临汾、运城地区土地较宽且人口密度也小，河南的巩县、洛阳人口稠密，历史上战乱较多。反映在窑洞民居上：庆阳窑洞简朴、原始；陕北的窑洞讲究格局、注重装修，一些富家住宅也修窑洞；山西窑洞很注重规划群体，一般的也考虑外形美观；河南窑洞门窗小并都有砖砌窑脸，女儿墙披水和围墙，肯定是受战乱影响，考虑防御要求的原因。

当然，决定各地区窑洞特征和差异的主要因素还是自然条件。

1. 各窑洞区的自然条件

为了便于比较，现将黄土高原地区主要自然条件列入表 3-1。

从表 3-1 中可以看出，由西向东，海拔渐低（兰州地区海拔 1520 米，洛阳地区海拔 157 米），气温渐高（兰州地区年平均气温 9.3℃，巩县地区年平均气温达 14.7℃），降水渐多（兰州地区年平均降水量 324.85 毫米，洛阳地区年平均降水量达 604.6 毫米），湿度渐大（兰州地区年平均相对湿度为 58%，而洛阳地区达 65%，西安地区年平均相对湿度为 71%）。黄土厚度以甘肃庆阳地区和陕西延安地区最大，晋南地区、豫西地区次之。这些有一定规律的自然条件的变化，必将为陇东窑洞、陕北窑洞、晋南窑洞、豫西窑洞带来一定的变异和给予居住者以不同的感觉。比如，居住在陇东地区的窑洞居民，由于该地区蒸发量大，年平均相对湿度稍小、窑洞门窗稍大、通风稍好，并不感到窑洞潮湿阴暗；而居住在豫西窑洞中的居民，由于该地区蒸发量小、年平均相对湿度稍高，窑洞门窗又小，通风差，所以感到住窑洞夏天雨季潮湿阴暗。再如陕西渭北的下沉式窑院许多都不设女儿墙、披水，是因为降水量少，而河南洛阳、巩县的下沉式窑院都需考虑防水，设女儿墙和披水瓦檐。

2. 各地区窑洞民居特点的变化

通过对陇东窑洞、陕北窑洞、山西窑洞、豫西窑洞的现场实地观察，在窑洞单体形式方面，由西向东，不难看出具有下述特征（图 3-39）。

● 单体窑洞形式

陇东窑洞单体平面多呈外大内小（外宽内窄）的梯形平面，一般都比较深（即进深很大），套窑、尾巴窑等比较少；陕北窑洞和山西窑洞单体平面多呈等宽（或称等跨）形式，进深一般都比较浅；而豫西窑洞则多呈外小内大（外窄内宽）的倒梯形平面，带套窑和尾巴窑的情况不少。

陇东窑洞单体立面多为一门一侧窗一高窗（有的以通气孔代替），采光条件尚可。窑洞拱形视土质情况而定，多为土坯前墙，窑脸装饰简单，有一定数量的窑砖脸。陕北窑洞则是大门、大窗，采光充足，多为半圆形拱顶形式，砖砌窑脸。晋南窑洞单体立面亦多为一门一侧窗一高窗，采光条件好，多为砖前墙、砖窑脸。豫西窑洞则迥然不同单体窑洞往往只开一门，从外观上看不出窑洞拱顶形式，或者说是小门小窗，采光条件差，多为砖砌窑脸。

陇东窑洞单体纵剖面多为外高内低呈楔形，不少大窑洞设有两层空间，即有木阁楼层。陕北窑洞与山西窑洞一般呈等高剖面。豫西窑洞则为外低内高的剖面形状，不少窑洞的室内地坪都低于室外（院子）地坪。

黄土高原上窑洞民居的室内外装修，由西向东表现为由粗犷到精细，由比较简单到有所装饰。陇东窑洞多为土崖面、土窑脸，原土内墙抹白灰。陕北、山西、豫西窑洞多为砖窑脸，草泥白灰粉内墙，室内外装饰水平有了提高。晋南窑洞与豫西窑洞普遍都是砖砌崖面，并有装饰性崖檐口处理。豫西下沉窑洞中的出入口坡道往往是砖铺斜坡道或者是礓石礤礤，比陇东地区下沉式窑洞中的土斜坡道的处理水平有了很大的提高。从单体窑洞装饰由西向东的变化可以看出，它是与农村经济水平自西向东约逐渐提高相一致的。

● 窑洞组合

陇东窑洞平面组合比较简单，多数为单孔窑形式，也有两孔窑呈直角形式组合的。山西窑洞的组合则比较复杂，既有单孔窑形式，又有两孔并联（有一孔通道窑联结）和三孔并联（有两孔通道窑联接）的形式，以三孔并联最为常见，称为“一明两暗”窑洞，也叫“一堂两卧。”在平陆县与芮城县，我们还看到呈直角组合的窑洞形式（图 3-40）。“一明两暗”窑洞在山西较为普遍，这与当地的传

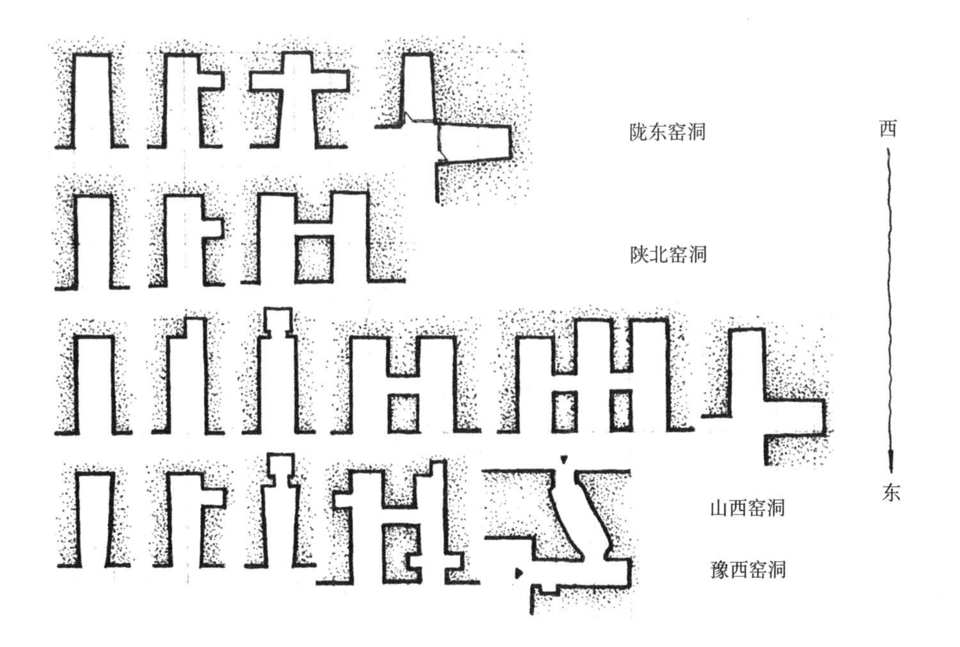

图 3-40　各地区黄土窑洞组合平面示意图

统生活方式与风俗习惯有关。

至于窑洞的空间组合，各地都有两层窑洞出现，在陇东称为“高窑子”，在河南称为“天窑”。这上、下两孔窑，有修在同一条垂直轴线上的，也有错开轴线的。这两孔上下窑的垂直联系，有室外踏步或木梯联系的，也有室内用梯子联系的，因具体情况而异。两层窑洞形式，往往是上面的窑洞小，下面的窑洞大，这在河南比较多见。

● 窑洞尺寸

由于各地区自然条件不同，兰州、陇东地区少雨干旱，而豫西一带则相对而言多雨潮湿，再加上土质条件也不同，另外还有地震条件的不同，使得各地区的单窑尺寸与窑洞组合时的尺寸不尽相同（表 3-2）。

● 窑洞跨度

陇东地区的传统做法为“窑宽一丈”，即 3.33 米。据对陇西地区 114 个窑洞的调查，统计结果一般跨度为 2.7 ～ 3.4 米，最大的为 4.2 米。对庆阳地区 100 多个窑洞进行调查，统计结果一般跨度为 3 ～ 4 米，最大的为 6 米。

陕北地区的传统做法也是“窑宽一丈”。大凡民居窑洞跨度多为 2.4 米、3.3 米、3.6 米、3.8 米几种尺寸，而一丈三以上跨度的窑洞均非窑洞民居。据对陕北 74 个窑洞的调查，宽度为 3 ～ 4 米的占调查总数的 59% 以上。

在山西省，晋北窑洞跨度较小，如五台一带为 2 ～ 2.5 米，而晋中与晋南的窑洞较大些。据我们对晋南 40 多孔窑洞的调查多在 2.5 ～ 3.5 米之间，以 3 米左右最为普遍。另外，也有“窑宽一丈”之说，如太原、浮山、隰县、临汾窑洞为 3 ～ 4 米，芮城窑洞 3 ～ 5 米，最大的可达 7 ～ 8 米。

河南窑洞传统作法有三种，即“八五窑”（0.85 丈）为 2.8 米，“九五窑”（0.95 丈）即 3.2 米，“一丈另五窑”（1.05 丈）即 3.5 米。据对河南巩县一个自然村 225 孔窑洞的调查，2.5 ～ 3.5 米跨度的窑洞占窑洞总数的 78%，最大的为 4.2 米。

● 窑洞深度

陇东黄土窑洞深度一般为 5 ～ 9 米，我们看到的最深的为 27 米。陕北窑洞深度一般为 7.9 ～ 9.9 米，最深的有 20 多米的。山西窑洞深度为 7 ～ 8 米，有“窑深二丈”之说。芮城县最深窑洞可达 30 米。河南窑洞深度在洛阳地区为 4 ～ 8 米，在巩县地区为 6 ～ 12 米。各地较深的窑洞中设内隔墙，把窑洞居室划分为内、外间（内间作贮藏用）。

● 窑洞高度

陇东黄土窑洞高度传统做法为“窑高丈一”，即 3.6 ～ 3.7 米高，一般为 3 ～ 4 米高。我们看到的最高窑洞高度为 6.7 米。陕北窑洞为 3 ~ 4.2 米高。晋南窑洞为 3.2 ~ 3.6 米高，也有“窑高丈一”和“窑高丈五”之说。芮城县有高达 7 米的大窑洞。河南洛阳窑洞高度为 3.4 ~ 4 米，室内外地坪高差为 30 ~ 45 厘米。巩县窑洞高度为 2.5 ~ 3.6 米。

● 窑洞高宽比

窑洞高宽比，即窑洞高度（H）与窑洞宽度（B）之比，亦称窑洞高跨比。窑洞高宽比（H∶B）或（H / B），受着使用要求与土质条件的影响。从窑洞土体稳定的角度来分析，凡是土质差，窑洞的高宽比（H / B）应比较大。甘肃陇西地区的窑洞高宽比为 0.94 ~ 1.1，庆阳地区为 1.0 ~ 1.3，米脂地区为 0.71 ~ 1.15。山西省晋南地区窑洞高宽比为 0.9 ~ 1.3。河南省窑洞高宽比洛阳地区为 0.9 ~ 1.3，巩县地区为 1.0 ~ 1.1。

● 覆土厚度

覆土厚度，即窑顶高度，是保持窑洞拱顶土体稳定的主要指标。甘肃省陇西地区窑洞的覆土厚度为 5 ~ 16 米，最小为 3 米。在庆阳地区常为 3 ~ 6 米左右，相当于窑洞宽度的 0.7 ~ 1.5 倍，（即 0.7B ~ 1.5B）；陕西省宝鸡地区窑洞覆土厚度一般大于 5 米（2B）。米脂地区窑洞覆土厚度一般为 5 ~ 8 米，延安地区窑洞覆土厚度为 1.0 ~ 1.3B。民间有“窑洞多高，窑顶土就有多厚”之说。一般窑顶土层都在 3 米以上。山西省太原郊区窑洞覆土厚度 5 ~ 7 米，晋南地区为 3 ~ 6 米。在河南巩县根据民间经验窑洞覆土厚度宜大于 5 米，而洛阳、郑州一般作法均在 3 以上。当然也有例外，如甘肃陇东地区就有覆土厚 1.5 米的，洛阳地区也有覆土仅 2 米的（拱顶挖在礓石层下部）。

● 窑腿宽度

相邻的两孔窑洞之间的土墙体，称为“窑腿”。窑腿宽度适宜与否，是保证窑洞群体稳定性的重要因素。陇东地区有窑宽一丈，窑深二丈，窑高一丈，窑腿九尺”之说，即窑腿宽度通常为 3 米左右。而在陕西、山西地区，窑腿宽度多为 1.5 ~ 3 米，以 2.5 ~ 3 米者为数居多。河南洛阳地区窑腿宽度在 1.7 ~ 4 米之间，以 2 ~ 2.8 米者居多。巩县地区，白土土层内窑腿宽度为 2.7 ~ 3.3 米，黄土、姜黄土土体为 2.5 ~ 3 米，有钙质结核的硬土质内窑腿宽度为 1.5 ~ 2.5 米。

窑腿宽度，亦称窑腿厚度，主要与相邻两孔窑洞的跨度有关，可列 b = K（B + B ）÷ 2 关系式。其中 b 为窑腿宽度，B_1、B_2 为相邻两孔窑洞的跨度，K 为窑腿系数也可以称为“腿跨比”。调查表明，各地区的窑腿系数 K 值大都在 0.6 ~ 1.2 之间波动。甘肃庆阳地区 K = 0.5 ~ 1.2（常用 0.9），陕西宝鸡地区 K = 0.8 ~ 1.19，延安地区 K = 0.65 ~ 0.91，河南洛阳地区 K = 0.7 ~ 1.13，巩县地区 K = 0.7 ~ 1.0，黄土、姜黄土质中 K = 0.8 ~ 0.95，有钙质结核的硬土质中 K = 0.53 ~ 0.8，郑州地区 K = 0.6 ~ 1.25。

● 推荐尺寸

根据对各地区窑洞与窑洞组合尺寸的初步调查分析（表 3-2），结合各地区的土质情况，考虑使各地窑洞能够保持较长时期的稳定与安全，加以一定的安全系数，可以提出如表 3-3 所示的各地区黄土窑洞建筑推荐尺寸。

● 窑洞院落

纵观陇东窑洞、陕北窑洞、晋南窑洞与豫西窑洞院落组成与布局，就靠山崖窑而言是大同小异的。一般都是因山坡或沿沟的地势而建，或一层，或两层，或多层，组成开敞院，二合院、三合院、四合院，或筑围墙，或与平房相结合，因各家各户的经济条件而异。下沉式窑洞院落却各有特点（图 3-41）。陇东的下沉式窑洞院落占地较大，最常见的是窑洞数目呈 3-3-3-3 的四合院。阴面有一个斜坡通道窑作为上下出入口。不少独户院子又分为上下两个院落，上面为麦场院或房院，下面为下沉窑洞院。还有不少下沉大院落，住二户、四户、六户，直至十几户，即在大地坑中又分为若干院子。庆阳地区宁县早胜大队北街大队窦家壕子李姓十户下沉院落已形成一个地下街坊，实际上是多年崖壁塌陷削崖维修形成的。陕西长武、乾县一带。下沉窑洞院占地稍小，约 9 米见方，以 2-2-2-2 窑洞组合的四合院为多，陕西群众称之为“八挂地坑窑庄子”。山西晋南则常见到 3-2-3-2 窑洞组合的四合院。在平陆、芮城一带，尚有不少串联式下沉窑洞院（俗称串洞院），有两院串联，也有三院串联的，类似传统民居中的两进院、三进院形式。在河南洛阳邙山地区所见，3-3-3-3 窑洞组合

各地区黄土窑洞建筑尺寸调查表 **表 3-2**

地区名称		单体窑洞				窑洞组合			备注
		窑洞宽度 B（米）	窑洞深度（米）	窑洞高度 H（米）	高宽比（H/B）	覆土厚度（米）	窑腿宽度（米）	窑腿系数（K）	
陇东窑洞	陇西地区	2.7 ~ 3.4			0.94 ~ 1.1	5 ~ 16			（1）陇西地区与宝鸡地区纳入陇东窑洞的范畴。太原地区纳入晋南窑洞的范畴。（2）本表引用了《中国的黄土地层与窑洞结构》一文中的有关资料。（3）窑腿系数公式：$K=\frac{2b}{B_1+B_2}$
	陇东地区	3 ~ 4	5 ~ 9	3 ~ 4	1.0 ~ 1.3	3 ~ 6	3	0.9	
	宝鸡地区				0.8 ~ 1.21	>5		0.8 ~ 1.19	
陕北窑洞	延安地区	3 ~ 4	7.9 ~ 9.9	3 ~ 4.2	1.0 ~ 1.3	>3	2.5 ~ 3	0.65 ~ 0.91	
	米脂地区				0.71 ~ 1.15	5 ~ 8			
晋南窑洞	太原地区	2.5 ~ 3.5	7 ~ 8	3 ~ 4		5 ~ 7	2.5 ~ 3	0.8 ~ 1.0	
	晋南地区	3 ~ 4	8 ~ 10	3.2 ~ 3.6	0.9 ~ 1.3	3 ~ 6	2.5 ~ 3		
豫西窑洞	洛阳地区	2.8 ~ 3.5	4 ~ 8	3.4 ~ 4	0.9 ~ 1.3	>3	2 ~ 2.8	0.7 ~ 1.3	
	巩县地区	2.5 ~ 3.5	6 ~ 12	2.5 ~ 3.6	1.0 ~ 1.1	>5	1.5 ~ 3.3	0.7 ~ 1.0	
	郑州地区	2.8 ~ 3	6 ~ 10	2.8 ~ 3.5		>3	3	0.6 ~ 1.25	

各地区黄土窑洞建筑推荐尺寸一览表 **表 3–3**

地区 \ 项目 \ 地震烈度 \ 地层		新黄土（上更新世 Q_3）			老黄土（中更新世 Q_2）			古黄土上部（下更新世地层上部 Q_1）			说明
		七	八	九	七	八	九	七	八	九	
陕西中部 山西中南部 河南西部	窑洞最大跨度 maxB	3.5m	3.4m	3.3m	3.7m	3.5m	3.4m	4.0m	3.6m	3.5m	1. 本尺寸供窑洞建筑规划设计时用，实际施工时要根据地层情况进行调整 2. 本表适用于稳定、无裂隙、厚层的原生黄土地层。 3. 窑洞开挖后，须在内表面抹草泥，防止风化
	最小覆土厚度 mimG	4.0m	4.0m	4.0m	3.5m	3.5m	3.5m	3.5m	3.5m	3.5m	
	最小窑腿系数 mimK	0.9	0.95	1.00	0.85	0.95	1.0	0.80	0.9	1.0	
	窑洞高宽比 H / B	0.9	—	1.3	0.8	—	1.2	0.8	—	1.2	
陕西北部 山西西北部 甘肃东南部	窑洞最大跨度 maxB	3.4m	3.3m	3.2m	3.6m	3.4m	3.3m	3.8m	3.5m	3.4m	
	最小覆土厚度 mimG	4.5m	4.5m	4.5m	4.0m	4.0m	4.0m	3.5m	3.5m	3.5m	
	最小窑腿系数 mimK	0.95	1.0	1.1	0.9	1.0	1.1	0.8	0.8	1.0	
	窑洞高宽比 H / B	0.9	—	1.3	0.8	—	1.2	0.8	—	1.2	
宁夏南部 甘肃中部	窑洞最大跨度 maxB	3.3m	3.2m	3.1m	3.4m	3.3m	3.2m	3.5m	3.4m	3.3m	
	最小覆土厚度 minG	5.0m	5.0m	5.0m	4.5m	4.5m	4.5m	4.0m	4.0m	4.0m	
	最小窑腿系数 minK	1.0	1.1	1.1	0.95	1.1	1.1	0.9	1.1	1.1	
	窑洞高宽比 H / B	1	—	1.3	0.9	—	1.2	0.9	—	1.2	

的四合院居多，上下出入口均是敞开式的曲尺形平面，用礓石或砖筑成礓磋斜坡道。而巩县则是矩形的下沉式窑洞四合院，呈 4-2-4-2 窑洞组合形式，当然 3-3-3-3 窑洞组合形式的下沉院落也很多。

● 窑洞村落布局

各地的靠崖窑洞村落布局方式很相似。一般多随山就势，或沿沟分布形成带状村落。窑洞与平房建筑相结合，已成为普遍的趋势。庆阳地区西峰镇附近有长达 1.3 公里的靠崖村落。陕西长武县城关南关二队集中居住有 70 多户的沿沟式崖窑。延安枣园窑洞山村，多层次的窑洞群，组成十分壮观的村景，夜观枣园灯光，真是星光、灯光共夜色。太原地区娄烦县城关河家庄村，一面临河，一面靠山，滩地盖瓦房，崖坡打窑洞，全村 110 户有 70 多户人家住在黄土窑洞中，形成一个房窑相结合的窑洞山村。河

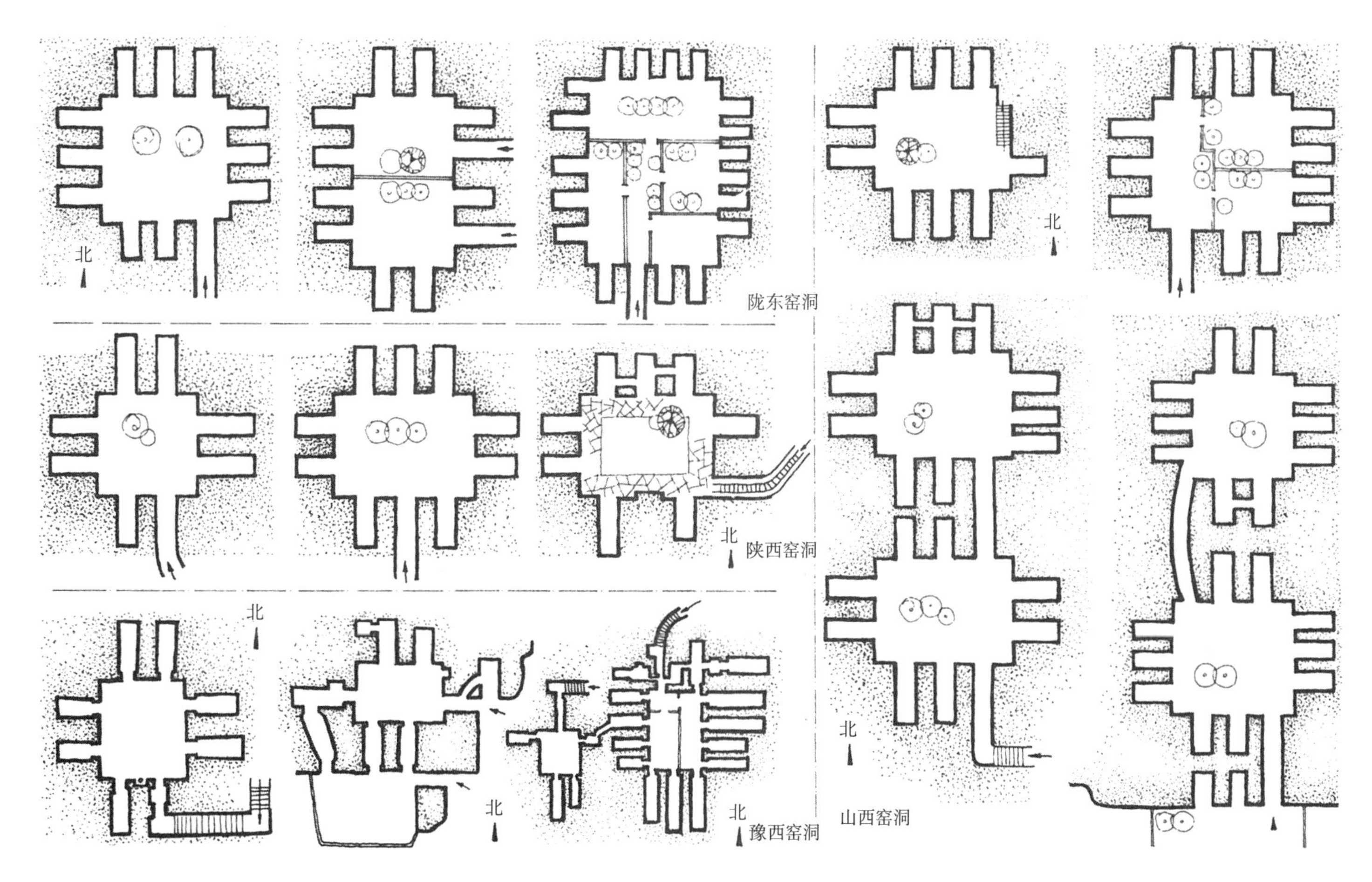

图 3–41　各地区下沉式窑洞院落示意图

南荥阳县竹川分户多层窑洞山村，同样反映了山区窑洞村落的布局特点。崖窑村落,有集中布局的,也有分散布局的,各有其状。对于下沉式窑洞村落来说，各地的村落布局则各有特点（图 3-42）。陇东地区的下沉式窑院多呈星座状分布。我们在宁县中村和早胜乡见过不少这样成片出现的下沉式窑洞村落。在陕西淳化县梁家庄乡有 173 户下沉式窑院的村落，在乾县吴店乡也有由 12 个下沉院组成下沉式窑洞村落的实例。在山西平陆县槐下村还有经过规划的 15 个下沉院整齐排列组成窑洞村落。在河南巩县孝北大队十九生产队有由 20 多个并列的下沉院组成的窑洞村落，而在洛阳邙山塚头大队约有 200 多个下沉院组成的窑洞村落，或星座状布置，或成排成行布置，配以古树新村，环境十分幽美。

对于不同形式的窑洞分布来看，靠山式崖窑主要分布在陇东地西北部山区、陕北山区和山西的吕梁山区、太行山区，以及豫西山区。而下沉式窑洞主要分布在陇东地区南部黄土高原上，陕西渭北的乾县、永寿、淳化、长武、彬县一带，潼关地区，山西的运城地区南部的石陆、芮城和河南的灵宝，三门峡、洛阳、巩县一带。在不同的地区以不同的黄土窑洞型式，组成了不同形式的窑洞村落，主要是崖窑村落、下沉式窑洞村落和拱窑村落，它们分别表现了各自的特点。

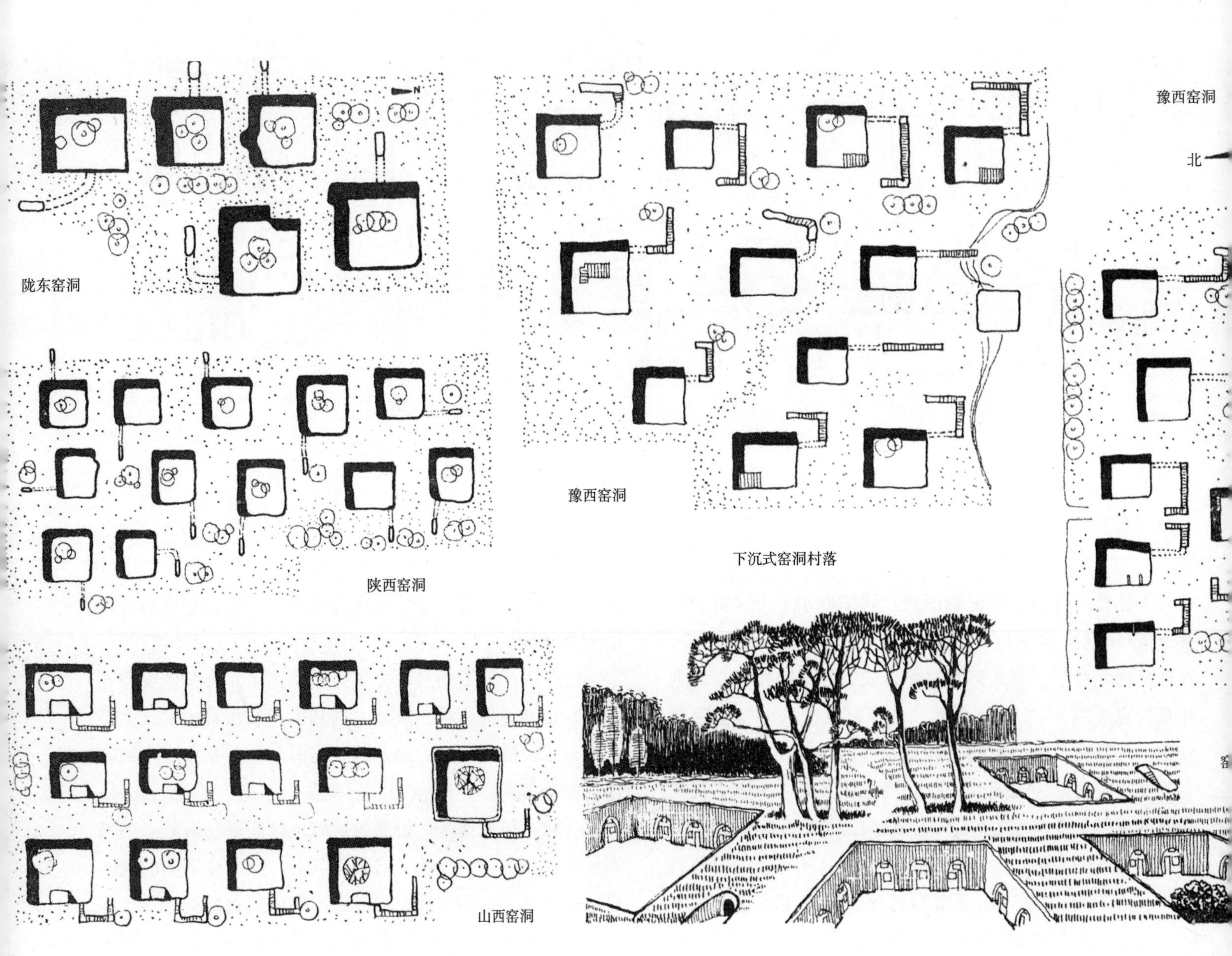

图 3–42　各地区下沉式黄土窑洞村落布局示意图

第四章

陇东窑洞民居

陇东地区，位于甘肃省东部，东有子午岭，西有六盘山，东南部与陕西省为邻，西北面与宁夏回族自治区接壤，西南角与天水地区相连接，在农业区划中，称之为陇东南黄土高原农林牧区。该区包括庆阳地区的庆阳、镇原、宁县、合水、正宁、环县、华池与平凉地区的平凉、泾川、灵台、崇信、华亭等12个县。土地面积3.46万平方公里，即5190万亩，总人口281.58万人，其中农业人口255.13万人，占总人口的90.6%。约有60%以上的农业人口居住在黄土窑洞里，它是甘肃省黄土窑洞分布最集中最典型的地区（表4-1）。

陇东窑洞民居与其相邻的陕西省渭北窑洞区的长武县、乾县以及永寿、淳化等县的黄土窑洞民居十分相似。

甘肃省黄土窑洞分布情况一览表　　表4-1

地区名称	在本地区各类房屋建筑中黄土窑洞所占的比重（%）
庆阳	83.4
平凉	41.8
兰州	6.4
定西	5.6
天水	2.2
临夏	1.6
张掖	0.6
武都	0.3
甘南	—
武威	—
酒泉	—

一、自然条件

1. 地形地貌

陇东地区，地起黄河中游，是西北黄土高原丘陵沟壑区的一个重要组成部分。马岭以南泾河以北的中部为黄土沟壑区，海拔1200～1500米，有保存比较完整的董志，早胜等较大的黄土原。著名的董志原，南北长87公里，东西宽36.5公里，总面积2369平方公里，坡度不到5°，原边为3°～8°，宛如平川。泾河水来自西北向东南流贯全境，泾河干流以南为山、川、原相间地貌。川地海拔1000～1200米，山地1200～1500米。这一带的黄土覆盖厚达100米以上。

2. 气象条件

本区属暖温带气候型。南部河川区气候温暖，原区气候温和，大部分地区雨量较多，日照较长，利于作物生长。年平均气温7～10℃，最冷日（一日）一般在零下4～8℃，最热日平均气温20～23℃。夏季气温较高，最高可达28.3℃，多暴雨，秋季多阴雨，冬季冷而长，最低气温可达-20℃，春旱严重。全区年降水量为300～650毫米。降水量由南向北逐渐减少，至环县西北角为350毫米左右。雨量大多集中在7、8、9三个月，年降雨量变率最大，历年最多降雨量为最少降雨量的2～2.5倍，年蒸发量为1400毫米。年平均日照时数为2300～2690小时，次于河西地区（2600～3300小时）。

本区林业用地面积约1701万亩，但有林地面积为415万亩，仅占林业用地面积的24.4%。东部子午岑和西部的六盘山，山岑绵亘，有大片次生林，是陕甘两省和泾河的水源涵养林，是陇东重要的水土保持和防护林区。两处林区面积约240万亩，由于乱砍滥伐，毁林开荒，林区面积不断减少。

历史上的西周时期，黄土高原上森林覆盖率可达57%，其余是一望无际的草原。后来由于战争、垦荒造田等原因，森林、草原不断受到破坏。到了明、清时代，人口剧增，便开始了无节制的扩大耕地面积，把农田逐渐由川、原区扩展到山坡地，致使大片森林被砍伐，草原遭滥垦，植被覆盖率日趋偏小，光山秃岭不断出现。清末时，已变成“千里陇原，一片赤地”了。

水源主要靠泾河干流和汭河等支流，七至十月份径流量占全年径流量的 60 % 左右。在地下水方面，陇东是一个大的自然水盆地（深层水），仅庆阳地区地下水静储量可达 40 多亿立方米。原区和川区的浅水层也较丰富，原区机井每口出水量可达千立方米，井深 60 ~ 120 米，川区井深一般为 20 ~ 50 米。

二、陇东窑洞的演变及其特点

人类的发展史，是一个不断地认识自然、利用自然和改造自然的过程，陇东黄土窑洞民居的产生和发展同样与客观存在的自然条件息息相关。

人类居住天然洞穴，后来又从自然的黄土洞穴中得到启示，在黄土层中掏掘成横穴，于是人工的窑洞出现了。

今天在陇东黄土高原的古老窑洞，绝大多数建于明、清时代，因为此时连年的战争和滥采滥伐使林木越来越稀，平民百姓无处伐木又无力烧砖瓦，而黄土沟崖与原地提供了建窑条件，于是窑洞便因时因地大量发展起来。《庆阳府志》中有“少女怜无一寸袆”、“土窟三冬火作衣”之句，反映了当时劳动人民住“寒窑”的贫苦生涯。陇东地区流传着“我家住着无瓦房，冬天暖和夏天凉”的民谚。宁县早胜乡 21 个生产大队 6300 户 31000 人，有 90% 的人住窑洞。1981 年批准 490 户农民盖房，绝大多数是建窑洞。黄土窑洞，仍为陇东地区农村的主要建筑类型之一。

三、单体窑洞

构成与构造

● 窑洞构成

主体部分，主要由窑顶、窑墙、窑脸、前墙（隔墙）

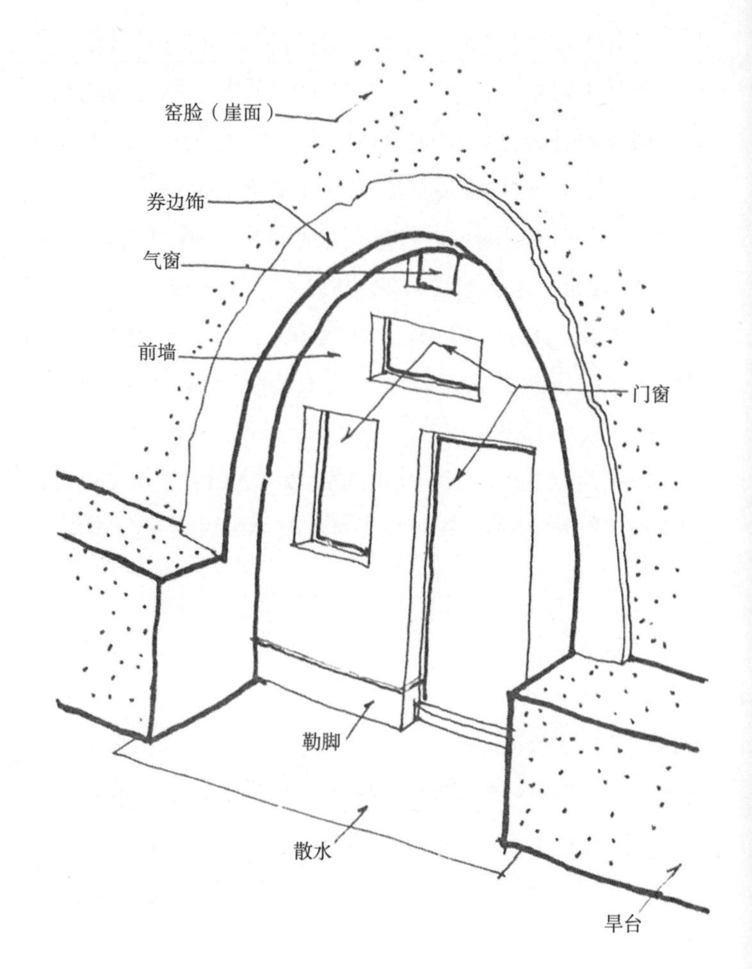

图 4–1　单窑构成示意图

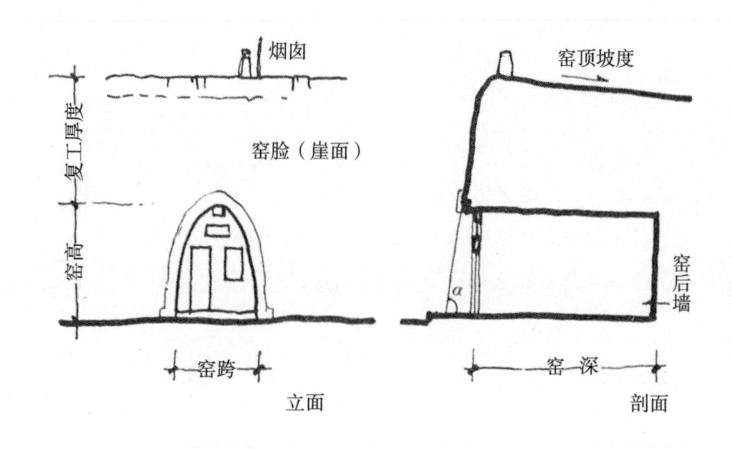

图 4–2　单体窑洞剖面、立面示意图

与后墙（窑底面）组成。

辅助构件主要有隔墙（多为土坯墙或砖墙）上的通风窗（洞）、门、窗、勒脚等，有的窑洞窑脸坡脚设“旱台”（窑腿外部为了加强稳定，削崖壁时保留一个 1 米高 40 厘米宽的土壁垛，俗称“旱台”）。极个别的窑洞还铺有散水，另外，还有火炕与烟道等。

单体窑洞的大小相差很大，规格不一。一般来讲，窑顶高度为 3 ~ 4 米。我们看到的最高窑高为 6.7 米，此窑位于宁县中村乡乔家四队杨宅。一般窑跨为 3 ~ 4 米，我们看到的最宽窑跨为 6 米（窑脸部分的开间尺寸），此窑位于宁县早胜乡李家大队勾宅。一般窑深为 5 ~ 9 米，我们看到的最深的窑深为 27 米，此窑位于西峰温泉乡王家湾，可容纳 250 人在里面开会。窑脸倾斜角一般多在 75° ~ 85° 之间；窑顶厚度视土质情况与降雨量而定，多在 3 ~ 5 米左右。窑顶太薄，雨季易被地表水渗透，窑顶（背）坡度一般大于 5%以利于排水。

单窑的构成详见图 4-1 与图 4-2 所示。

● 具体构造

黄土窑洞是向黄土层凿出的空间，无需修筑基础，一般为土地面夯实，也有采用砖铺地面的。

窑洞的墙体就是黄土本身，一般都有窑腿，有的窑洞还设有旱台，旱台起增大勒角的作用，旱台上还可以晾晒东西或摆盆花。

陇东窑洞的拱形曲线主要是三心圆拱尖拱，拱的矢高一般均在 0.5 倍窑跨左右。

门一般为 2.1 ~ 2.5 米高，0.9 ~ 1.2 米宽，多为双扇木门。一般设有一个高窗、一个侧窗，高窗与侧窗尺寸多为 60 ~ 90 厘米见方。

我们看到的多为土窑脸或草泥抹面，也有砖窑脸与水泥抹面的（图 4-3），具体实例详见图 4-4 照片所示。但是前墙多为土坯砖筑，草泥抹面或麻刀白灰抹面，只看到个别的窑洞为砖砌前墙。几乎每个窑洞都有火炕，火炕尺寸一般为 1500 ~ 2000 毫米。火炕部分的窑墙内部空间均稍有扩大。烟囱分为出山式、壁垛式与独立式三种，以出山式窑顶排烟道最多（图 4-5）。

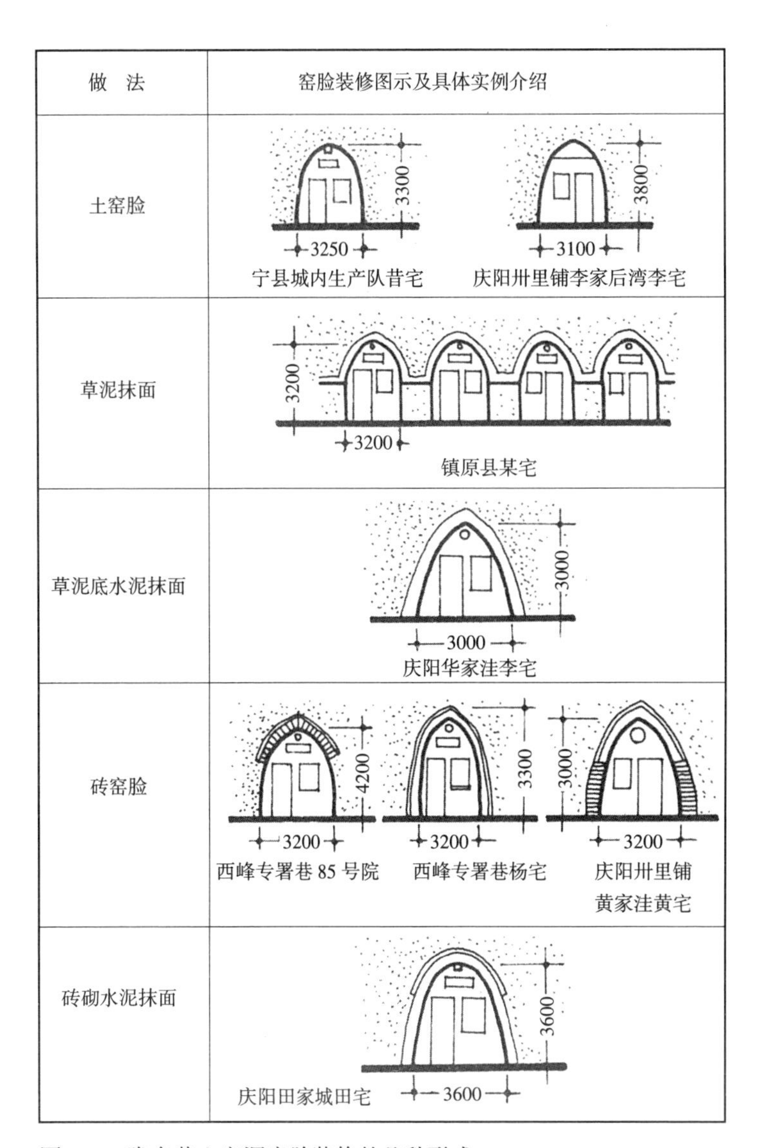

图 4-3　陇东黄土窑洞窑脸装修的几种形式

2. 建筑布局

● 平面形式

单窑的平面形式有带耳室（侧洞）与不带耳室两种。不带耳室的主要有一字形平面和凸字形平面，带耳室的主

土窑脸

草泥抹面

草泥抹面

砖窑脸

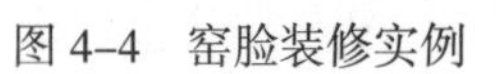

图 4-4　窑脸装修实例

要有ㄏ字形平面、丁字形平面和十字形平面等（图 4-6），陇东地区以一字形平面为最多。

●立面造型

单窑的立面形式，可分三类。以拱的形状分，有尖拱、抛物线拱、三心圆拱等；以门窗形式分，有独门无窗、一门一窗、一门两窗等；以层数分，则有一层式、两层式与错层式等形式（图 4-7）。以一层一门一窗形式为最多。

图 4-5　烟道的几种形式

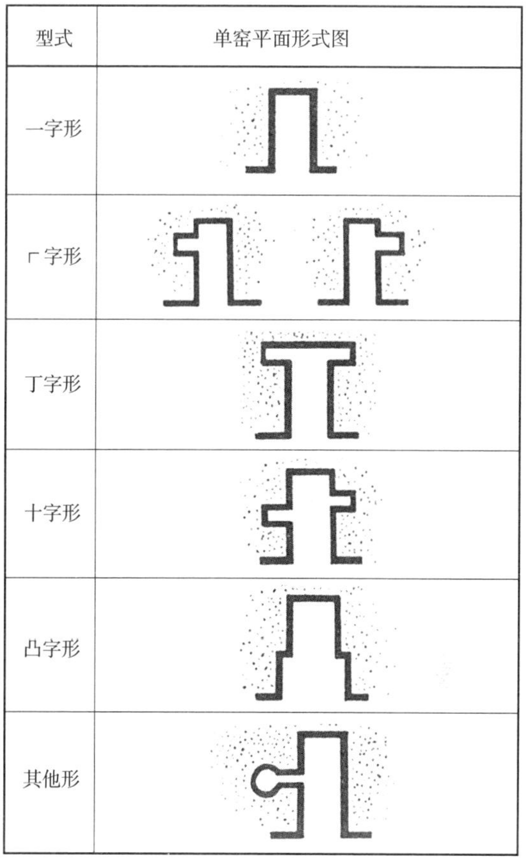

型式	单窑平面形式图
一字形	
ㄏ字形	
丁字形	
十字形	
凸字形	
其他形	

图 4-6　单体窑洞平面形式示意图

●剖面形式

单窑的剖面形式主要有无吊顶，有吊顶和带橱楼等三种形式（图 4-8），以无吊顶（无侧洞）的形式为最多。

四、窑洞院落

在陇东地区，黄土窑洞院落有两种。一是城市型的窑洞院落，一般分布在城镇近郊区。院子里有两户以上的家庭共同生活，如庆阳地区西峰镇的某宅。另一是乡村型的窑洞院落，一个院落一户人家。每家的院落均有居室、厨房、仓库、厕所、院门、猪圈、牲畜厩等组成，有的院落内还有羊圈、井窑、蜂窝、兔窝、鸡窝、磨窑等。根据每户人家的生产与生活的功能要求，最小的院落有三个以上的窑洞组成，即夫妻居室、厨房（或厨房与仓库）和子女居室或老人居室。每个院落占地面积均在 100 平方米以上。

1. 窑洞组合

院子中的窑洞组合形式主要有三种方式，单间并列式、套间式和串联式，以单间并列式最为普遍（图 4-9）。同时也有两个窑洞呈直角组合的形式，如庆阳县二十里铺李家后湾李宅（图 4-10）和田家城庄背后田宅窑洞等就是这样的例子。

2. 院落分类

●下沉院

下沉式窑洞院落的面积大小视窑洞的数目和庭院所需

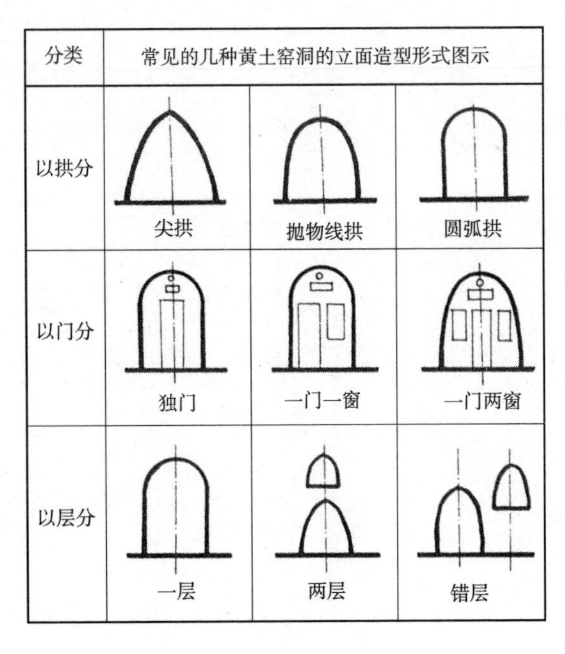

图 4-7　单窑立面形式示意图

剖面名称	实　例	图　示
无吊顶	有侧洞无吊顶者——庆阳南大街 86 号张宅大窑洞	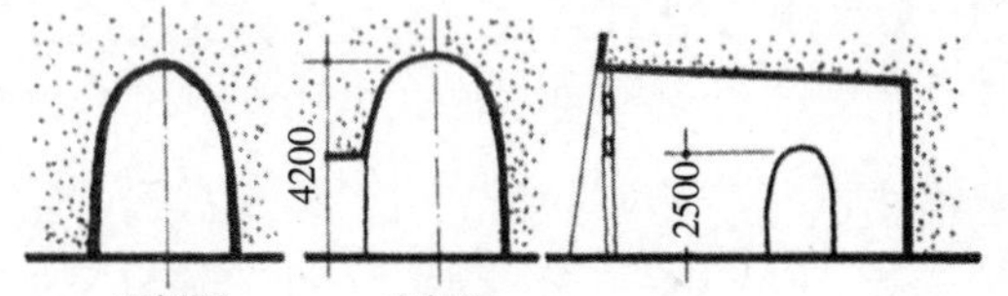 4200　2500 无侧洞　有侧洞
有吊顶	西峰专署巷 85 号纸吊顶 西峰西大街镇原巷范宅	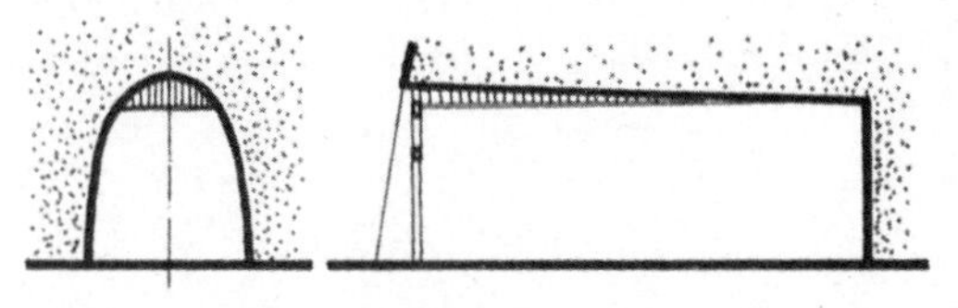
带阁楼	宁县庙咀子生产队王宅阁楼	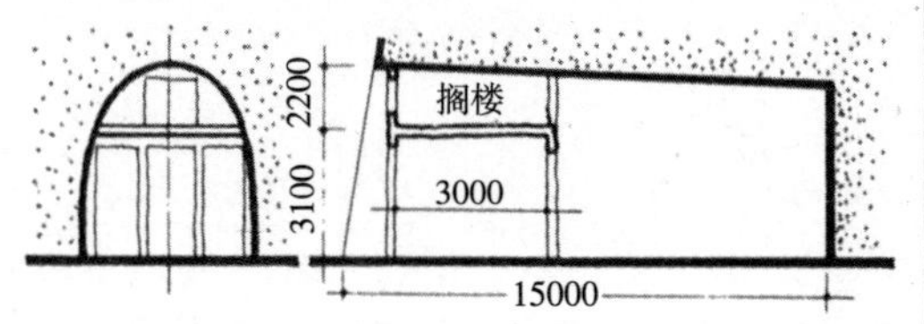 2200　3100　搁楼　3000　15000

图 4-8　单窑剖面形式图

型式	单间并列式	套间式	串联式
图示	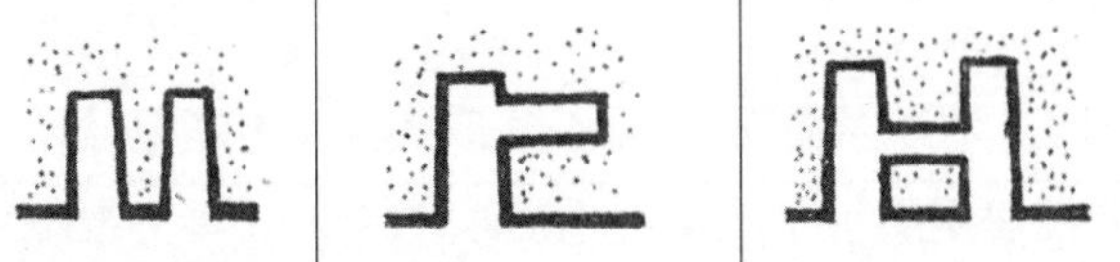		

图 4-9　窑洞组合的几种平面形式

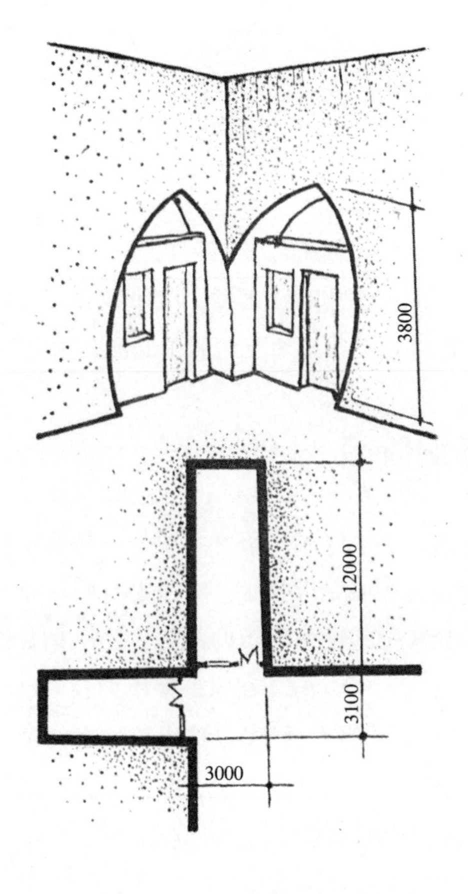

图 4-10　窑洞直角组合实例

要的面积大小而定。庭院内可以栽种花草树木，并挖有渗井。特别是，必须挖一条坡道（斜坡通道窑）通向地表面，作为下沉院落的出入口。

陇东地区下沉式窑洞院落的平面形式是多种多样的。主要有正方形、长方形、椭圆形（或圆形）、三角形和曲尺形等（图 4-11）。也有凹字形平面形式的下沉。

下沉式窑洞院落实景详见图 4-12 所示。

下沉式窑洞院落的出入口，即斜坡通道窑，一般有平行式、垂直式和自由式三种平面形式（图 4-13）；有突出地面（图 4-14）和不突出地面（图 4-15）两种立面形式。

图 4-12　下沉式院落实景

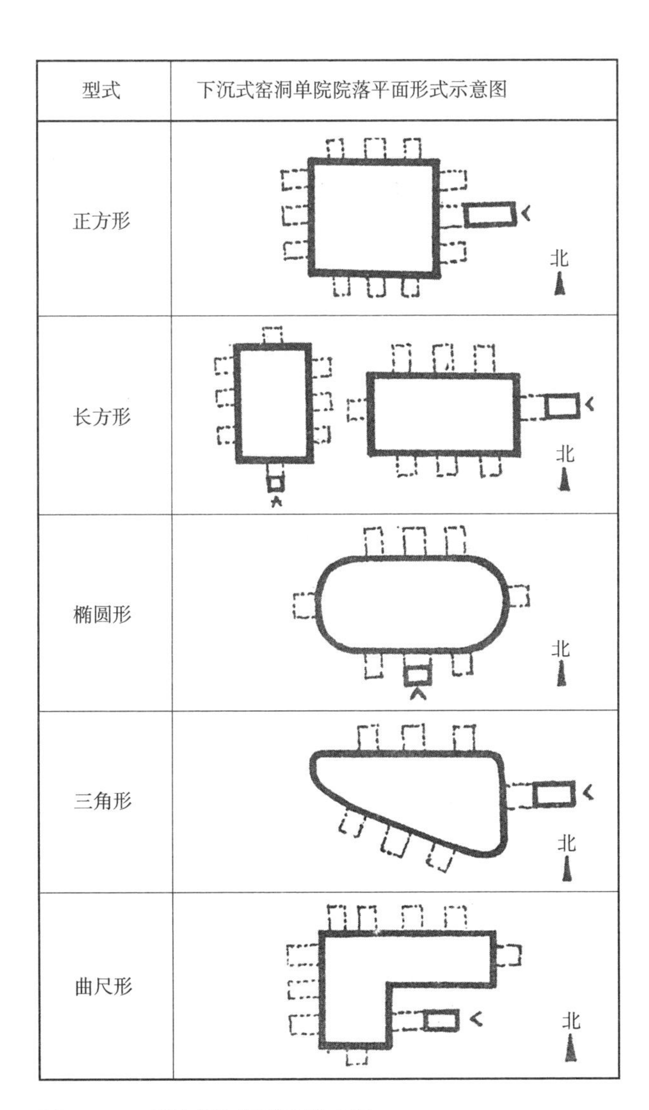

图 4-11　下沉式院落平面形式图

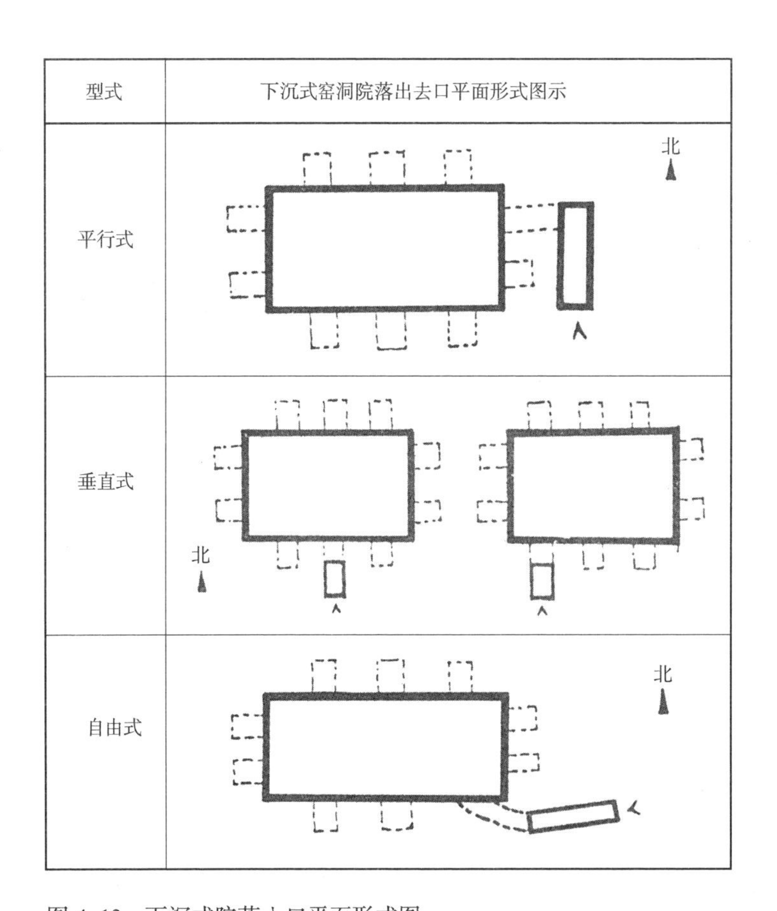

图 4-13　下沉式院落入口平面形式图

在庆阳和平凉地区通道窑一般主要作为下沉院的出入口使用，有的院落在通道窑壁设有鸡窝和兔窝等，以充分利用空间。在陕西省乾县吴店乡的下沉院中，往往在通道窑的下方部分，夏天用来作厨房，既是出入口，又是开敞式的厨房。乾县夏季很热，只有一个方向开口的窑洞厨房通风不良，而两个方向开口的通道窑厨房就会获得在做饭时比较凉快舒适的效果。

图 4-14　凸起型出入口实例

图 4–15　潜掩型出入口实例

一般的下沉式窑洞院落只是一个坑院，但我们看到过不少有上下两层院落的形式，在地下有地坑院，在地上围着地坑又有一个院落，组成上下层院落。例如，西峰镇彭原乡鄢旗峁大队刘宅（图 4-16）、平凉地区桫椤乡胡家洼大队张宅（图 4-17），以及西峰镇东巷 36 号王宅（图 4-18）都是这方面的例子。

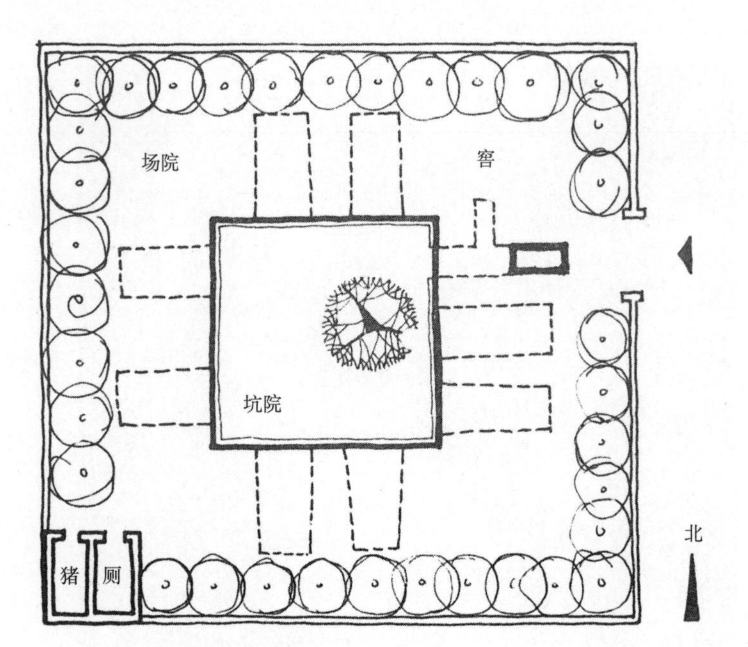

图 4-16　西峰镇彭原乡鄢旗峭大队刘宅

图 4-17　平凉枻椤乡胡家洼大队张宅

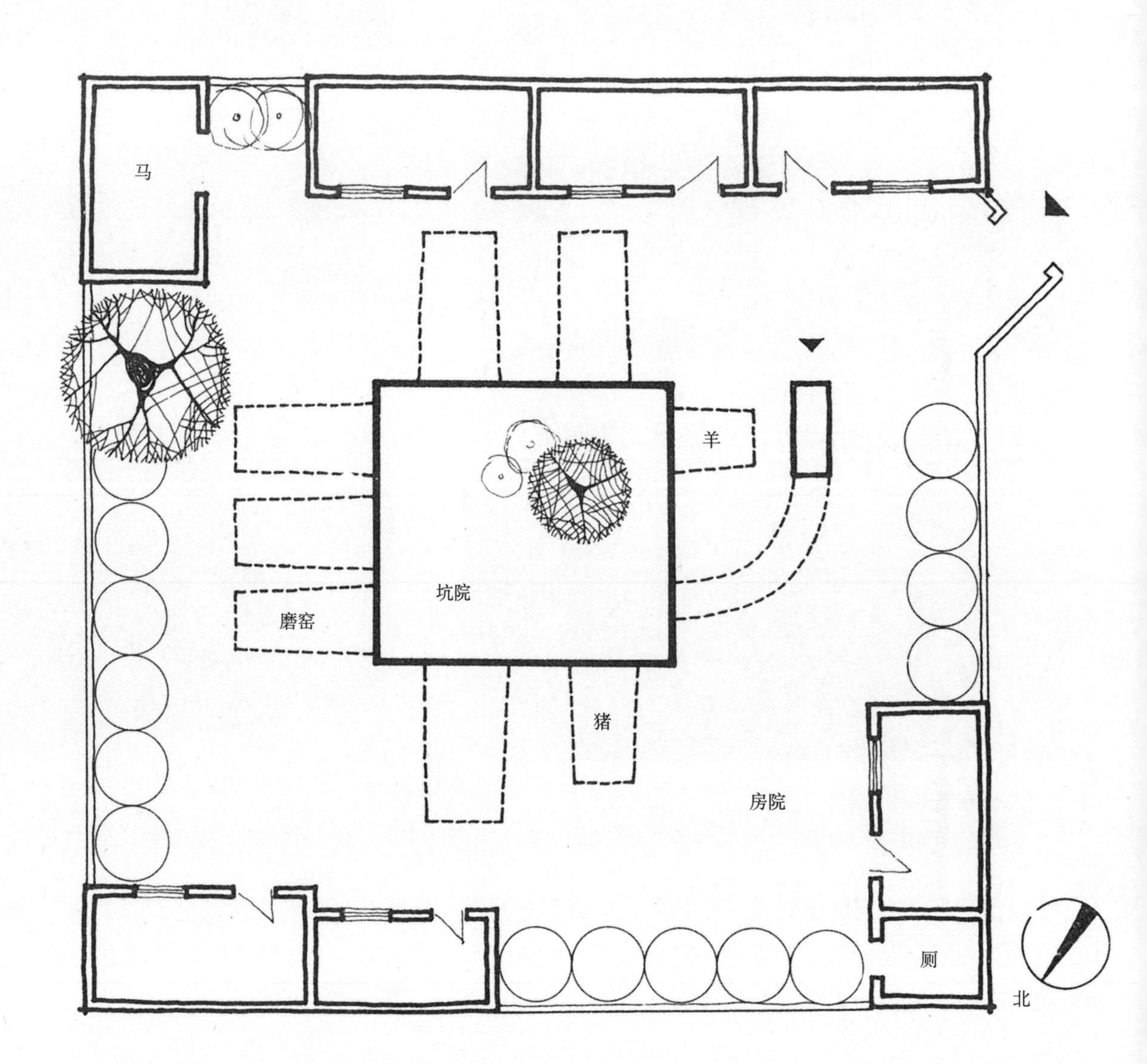

● 靠崖窑院

沿沟式窑洞院落是在被沟谷深切的黄土崖边或土坡上，经人工削坡后再开挖窑洞所形成的一面、两面或三面靠崖的开敞式院落。陇东地区的崖窑院落形式主要有单院、二合院、三合院等，这主要取因窑洞崖面的平面形式而异。崖面的平面形式主要有直线形、Γ 线形、Ⅱ线形、折线形、凹弧形和凸弧形等几种形式（图 4-19）。直线形崖面必然形成单院，Γ 线形崖面必然形成二合院、Ⅱ线形崖面则形成三合院，而折线形与凹弧形崖面便可能形成弧形院落。西峰镇专署巷 85 号李宅（图 4-20）、庆阳县北关西壕何宅、宁县早胜乡十里铺孙宅（图 4-21）就是单院、二合院、三合院的具体例子。庆阳县南大街 83 ~ 86 号张宅就是一个弧形院落（图 4-22）的典型实例。

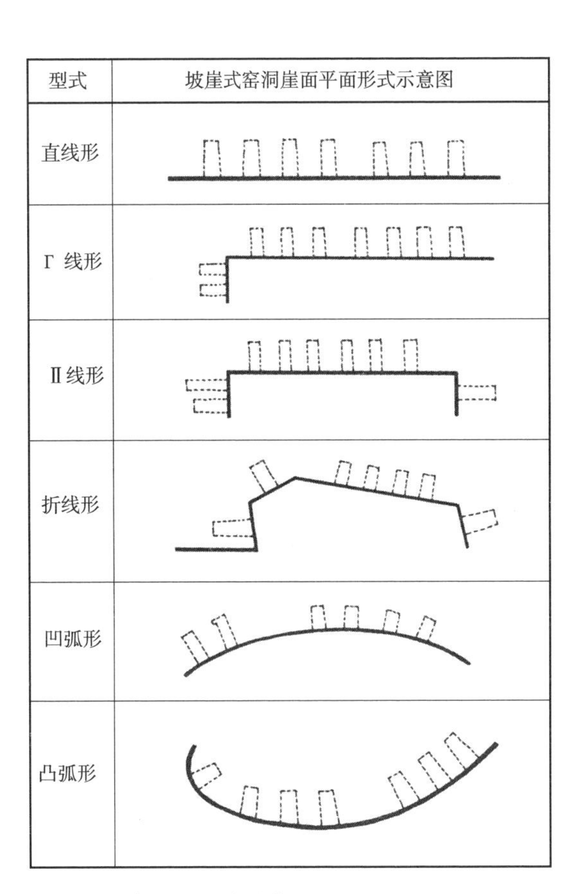

图 4-19　崖面的几种形式

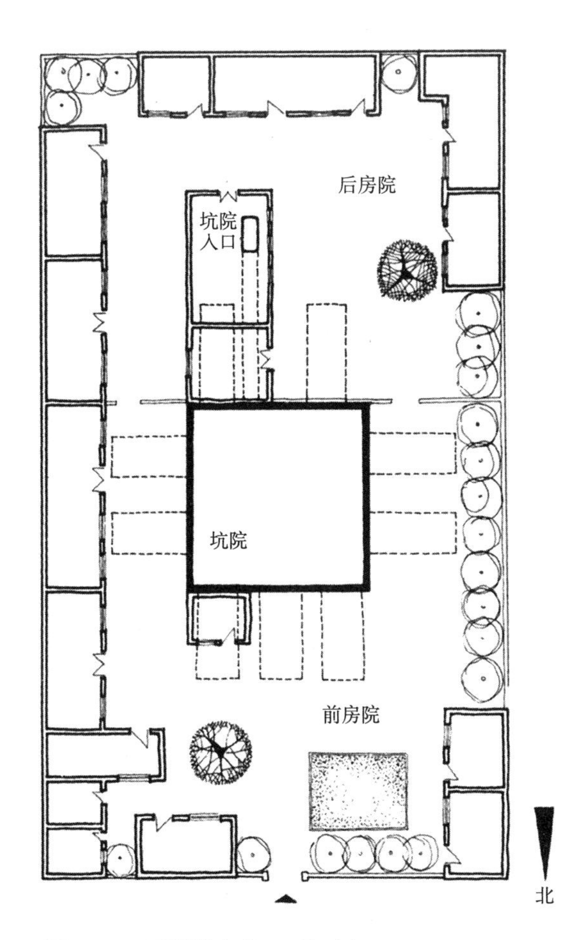

图 4-18　西峰镇东巷 36 号王宅

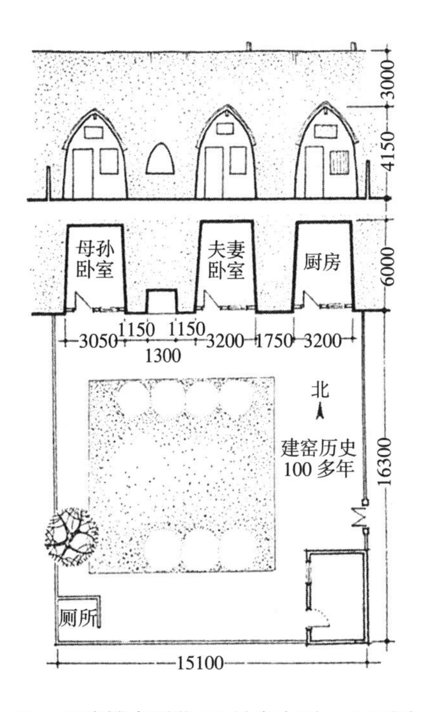

图 4-20　西峰镇专署巷 85 号李宅平、立面图

图 4–21　早胜十里铺孙宅平、立面图

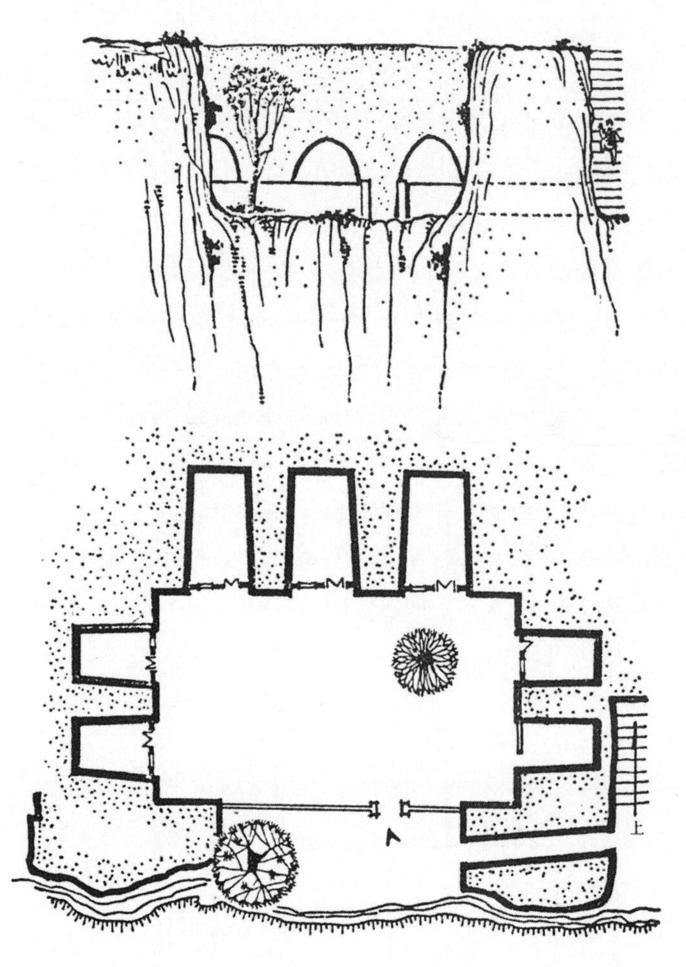

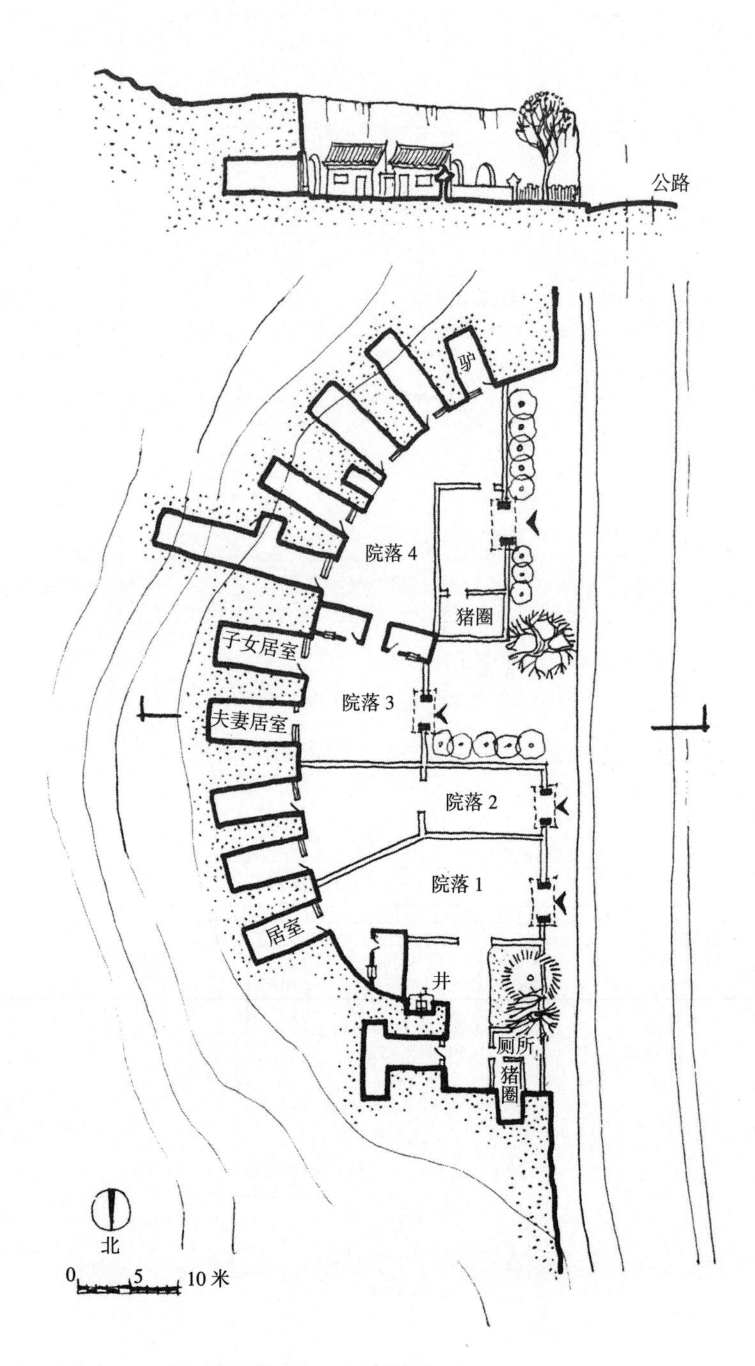

图 4–22　庆阳南大街 83 ～ 86 号张宅

崖面的不同平面形式为组成不同形式的崖窑院落奠定了基础，见图 4-23 双层窑洞（高窑子）实例。

在崖窑院子中，我们还看到不少双层窑洞类型，即在崖面上有两层窑洞，当地群众把第二层窑洞（一般都比底层窑洞要小）称为高窑子，可住人或作为仓库使用（图 4-23）。上下两层窑洞，有共一条轴线的，也有轴线错开的，宁县城关镇城内生产队昔宅（图 4-24、图 4-25）和宁县庙嘴子生产队淳宅（图 4-26），分别属于这两种情况。另外，上下两层窑洞，有在同一个崖面上开挖的，也有不在同一个崖面上开挖的，将上层崖面与下层崖面削成台阶状，再分别开挖窑洞，于是下层窑洞的顶面自然成为上层窑洞的通道或院落。

a 上下层轴线错开

b 上下层共一轴线

c 上下两层窑洞群

图 4–23 双层窑洞实例

图 4–24 宁县城关镇城内生产队昔宅透视图

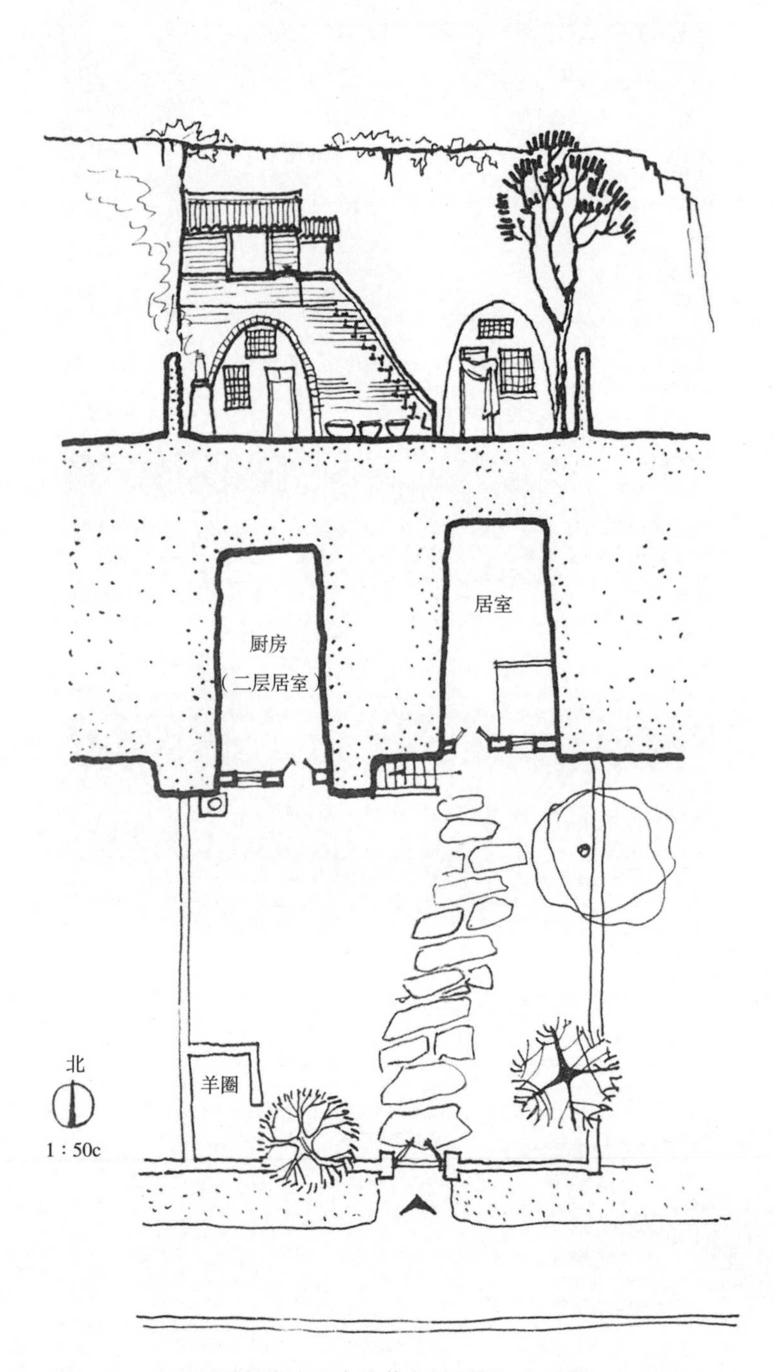

图 4–25　宁县城关镇城内生产队昔宅平面图、立面图

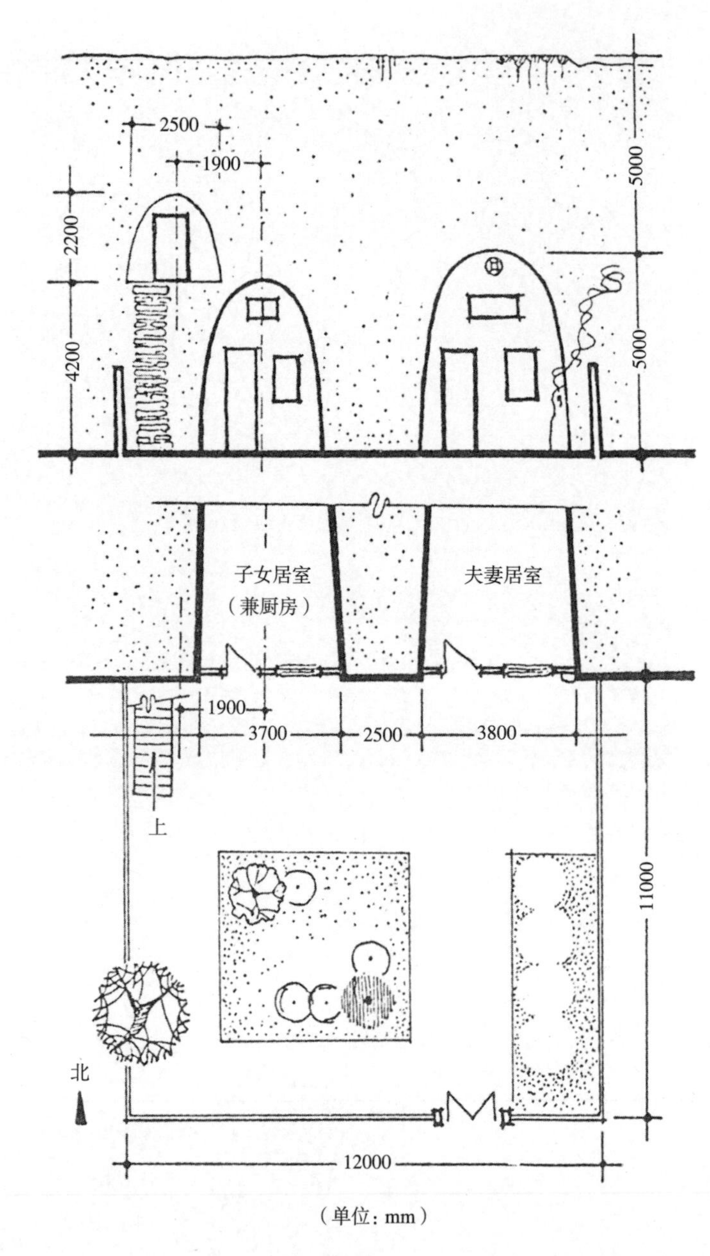

图 4–26　宁县庙嘴子生产队淳宅

● 半敞院

半敞式窑洞院落是下沉式窑洞院落的一面或两面半敞开，形成具有深院和浅院两层院落的窑洞院落。宁县早胜乡北街九队刘宅（图 4-27）、西峰镇董志乡南面大队李胡冈生产队辛宅（图 4-28）、西峰镇后官寨新民大队郝家岭李宅（图 4-29）等都属于这种院落形式。

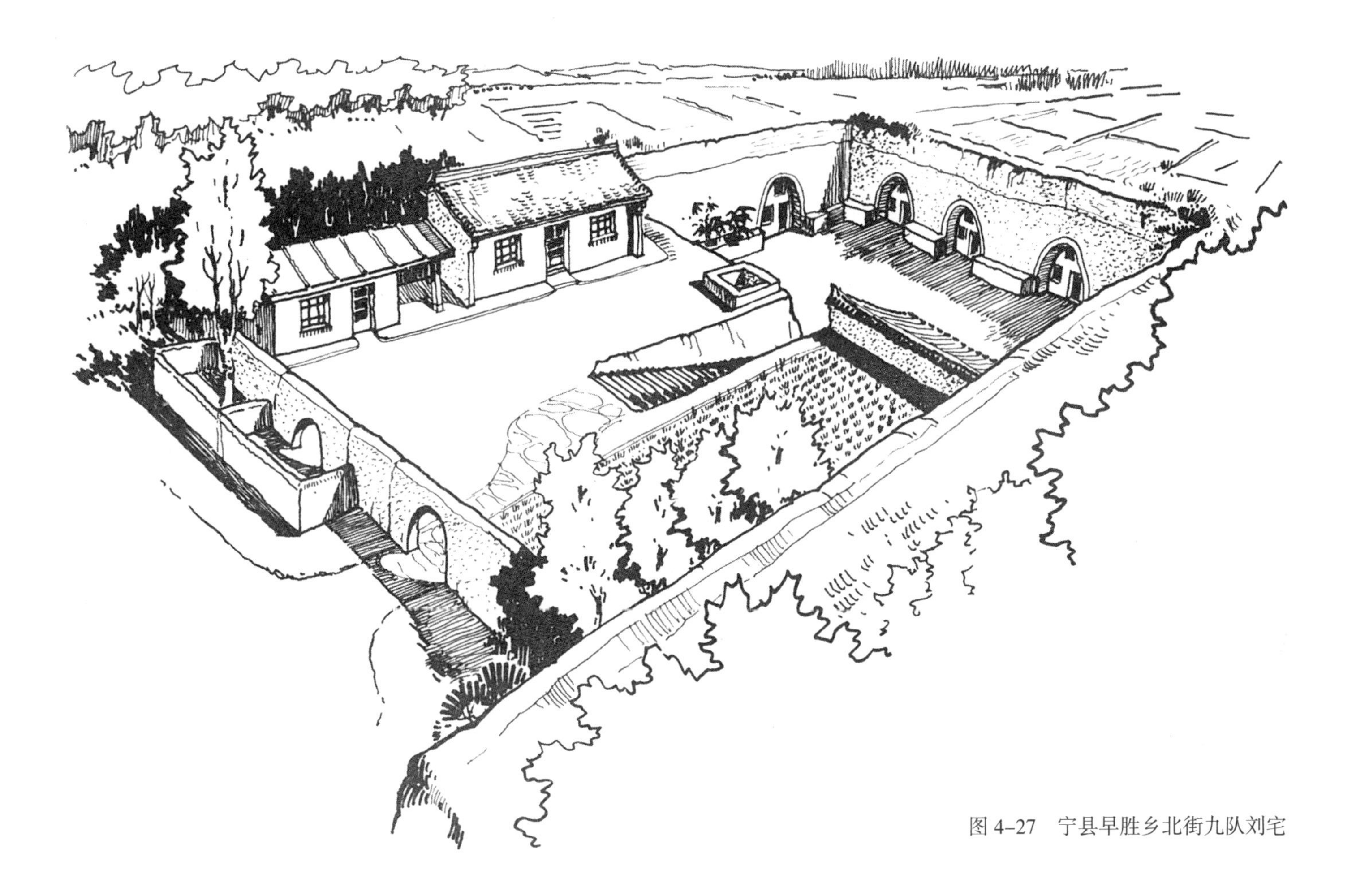

图 4-27　宁县早胜乡北街九队刘宅

型式	下沉式窑院	坡崖式窑院
独立式		
毗邻式		
胡同式		

图 4-30　院落组合的几种平面形式

3. 院落组合

在陇东地区，黄土窑洞院落的组合大致有三种情况：一是独立式院落，二是毗邻式院落，三是胡同式院落（图 4-30）。独立式院落较多，下沉式的独立式院落为最多。

以下沉式窑洞院落为例，所谓独立式院落就是一坑一院、一院一户，宁县早胜乡寺低二队秦宅（图 4-31）就是一例。所谓毗邻式院落就是一坑两院，庆阳地区西峰镇后官寨郝家岭郝氏两兄弟宅就是一例（图 4-32）。

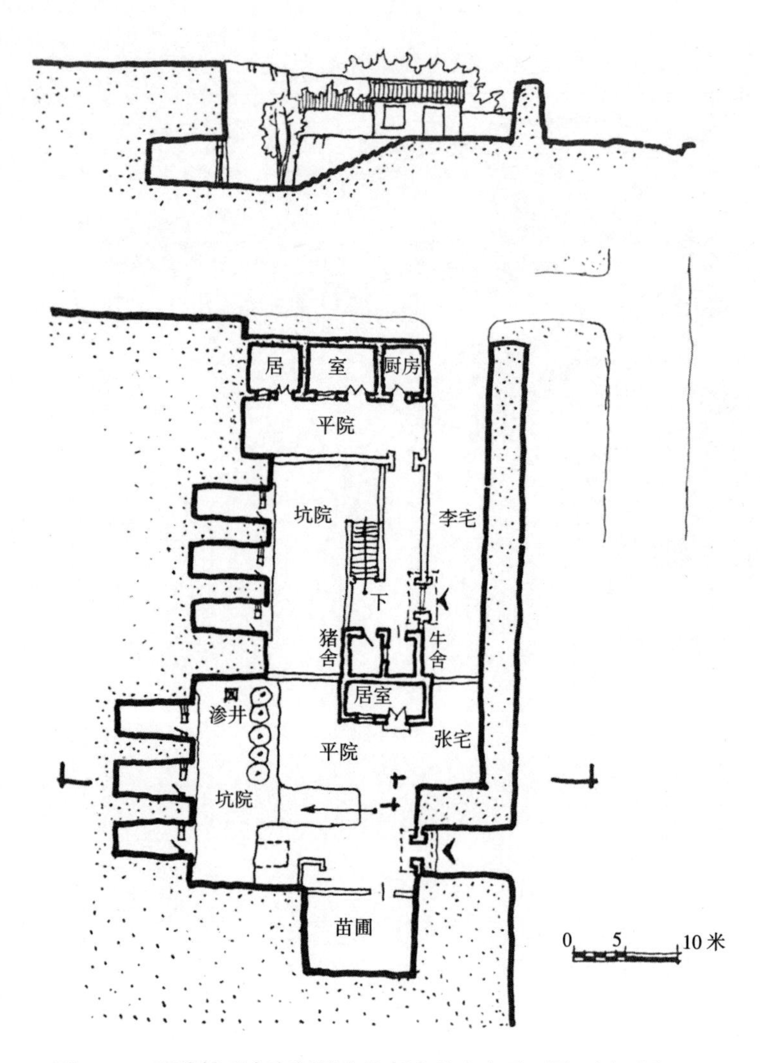

图 4–29　西峰镇后官寨新民大队郝家岭李宅平面图、剖面图

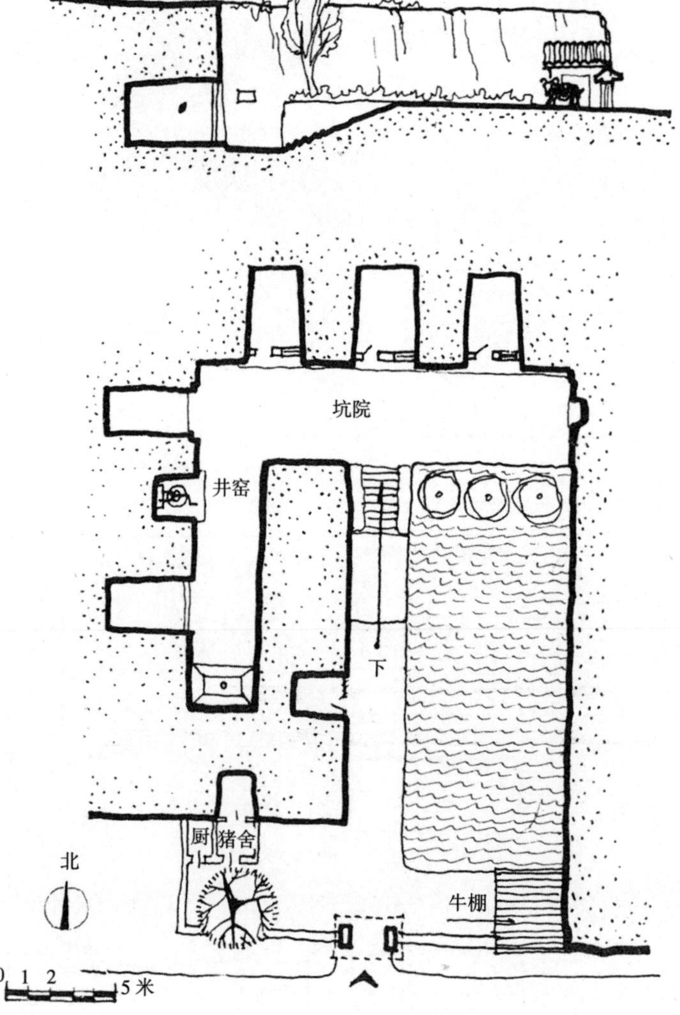

图 4–28　西峰镇董志乡南面大队李胡冈生产队辛宅平面图、剖面图

所谓胡同式院落，就是一坑多院，坑内形成短胡同或长胡同。例如，一坑四院的宁县早胜乡寺低二队徐氏四兄弟宅，就是短胡同式院落，(图 4-33)。一个长方形大地坑拥有十户院落的早胜乡北街大队窦家壕子李姓宅，就是长胡同式院落(图 4-34)实际已成为地下街巷。对于崖窑院来说，例如宁县早胜乡二家梁吕宅两院、西峰镇专署巷 118 号三个院子(回族与汉族毗邻的三个院)、庆阳南大街 83 ~ 86 号张宅四个院落毗邻,同样是院落组合的典型实例。

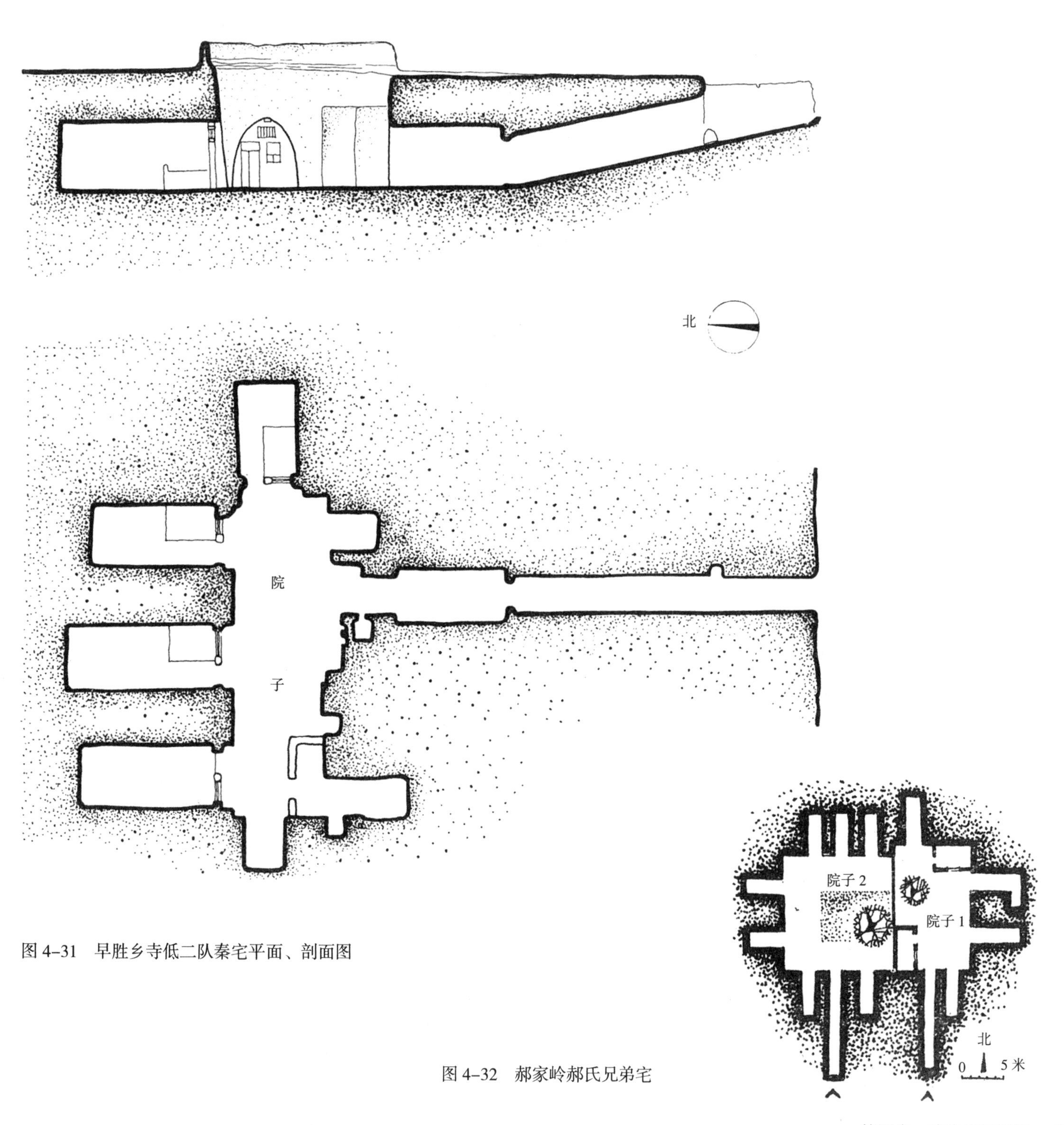

图 4-31　早胜乡寺低二队秦宅平面、剖面图

图 4-32　郝家岭郝氏兄弟宅

五、窑洞村落

陇东地区是甘肃省居民点比较集中的地区之一，均为定居式农村，分布于黄土原、沟壑地带和山区之中。以庆阳地区为例，泾河上游各支流区域的波状黄土原地区的居民点比较集中；庆阳县、华池县、环县等地区的居民点比较稀疏。黄土原上的村落规模较大，大多数由50户人家以上组成村落，而山区的村落规模较小，一般在20户左右则为一个村落，也有10户左右的比较零散的居民点。

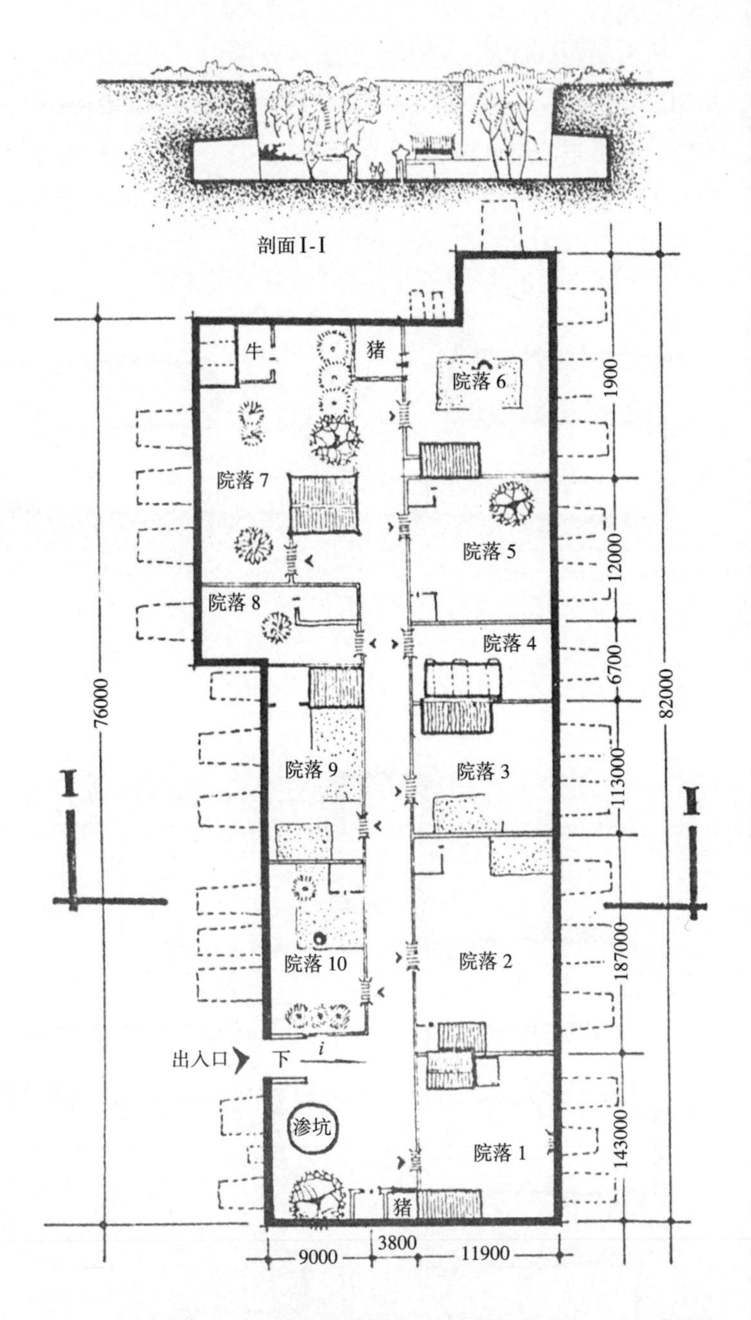

图4–34　宁县早胜乡北街大队窦家壕子李宅胡同式院落平面、剖面图

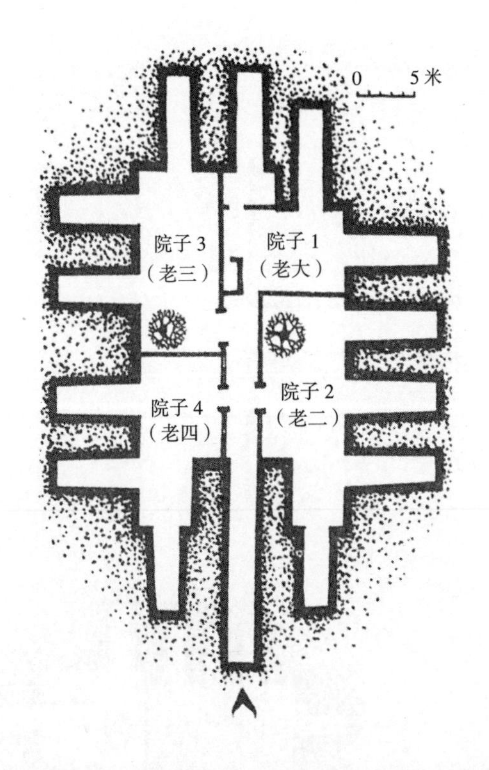

图4–33　早胜乡寺低二队徐氏四兄弟宅平面图

陇东黄土窑洞村落的布局大致可以分为两类，一类是分散式村落，一类是集中式村落。分散式村落散见于庆阳县、华池县、环县等地。黄土原上也有分散式村落，其窑洞村落的组合特征是居民户数少，而且各户院落之间的相隔距离较大。集中式村落多见于黄土原上、县镇及县镇周围地区与乡所在地，其组合特征是居民户数多，而且居住的比较集中，如下沉式窑洞村落，往往是一个地坑一个地坑成群布局。少则 5 ~ 10 个下沉式院为一组，多则几十个下沉院相邻在一起，我们在宁县早胜乡和中村乡看到过这种情况。就靠崖式窑洞村落而论，则是靠崖或沿沟布局，形成一条街。西峰镇专署巷和郑家巷窑洞村落（图 4-35）就是典型的集中式村落。专署巷窑洞街（村），全长近一公里，是一条沿沟两边都建有密集的靠崖窑院的长街。如果从大范围来观察，这是一个长达千米的下沉式窑洞街。随着社会发展，今天已成为一条窑洞与平房建筑相结合的民居村落。郑家巷窑洞村落，位于庆阳一中以东，呈 1 字形布局，是一条长达 1.3 公里的靠崖窑洞长街，也是一条窑洞与平房相结合而以窑洞为主的居民点。

六、室内布置

黄土窑洞所形成的建筑内部空间，同普通房屋的房间一样，能够满足居民生活的各种使用要求，可以进行多种多样的室内布置。

居室布置，一般有火炕、桌子、五斗柜、缝纫机之类，部分人家有大立柜、沙发等，少数人家有落地式收音机、电唱机、录音机、电视机等。居室布置可分为城市型与乡村型两种。乡村型窑洞居室，布置比较简单、朴实，乡土气息很浓。城市型窑洞居室则布置得比较复杂，火炕旁边的灶台大多拆除。有的人家对火炕进行了革新，加上了钢丝、床架等，家具种类很多，样式也比较新颖。图 4-36 与图 4-37 是居室布置实例，图 4-38 所示是经过革新后的窑洞火炕。

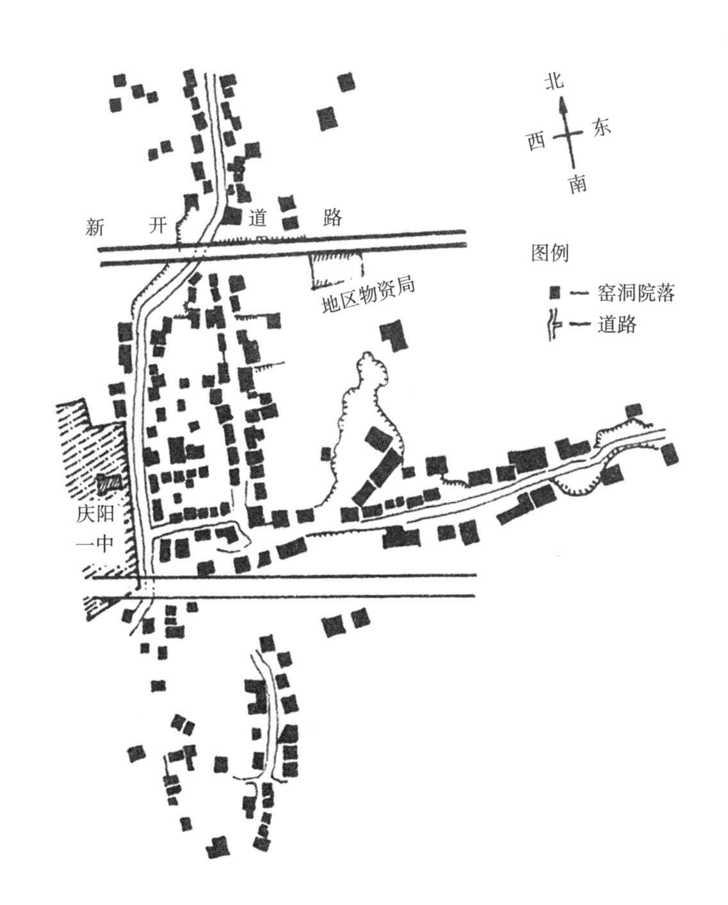

图 4–35　西峰镇郑家巷窑洞村落

图 4–36　居室布局实例

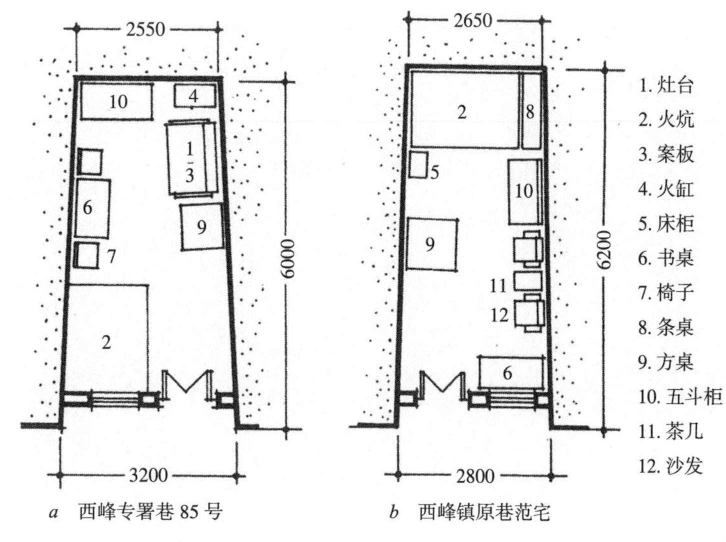

图 4–37　居室平面布置二例

图 4–38　床式火炕实景

厨房布置，一般有火炕、灶台、风箱、水缸、条桌、案板、碗柜（或碗架）等，有的人家在厨房里还放置粮食之类或吊挂一些肉类，个别人家还掏挖有小贮藏窑洞。厨房的室内具体布置详如图 4-39 与图 4-40 所示。

图 4–39　厨房布置实例

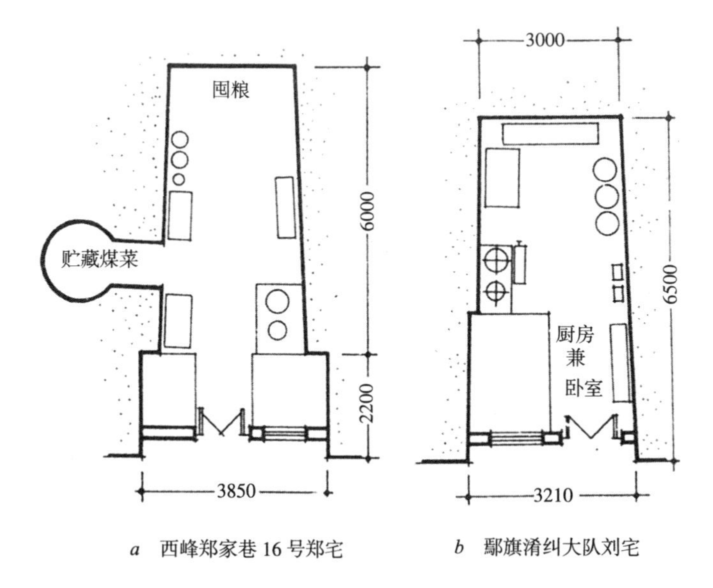

图 4–40　厨房平面布置图二例

七、窑洞发展情况

陇东地区是我国黄土窑洞民居比较集中的地区之一。陇东窑洞民居，曾在历史上为人类的生存与发展做出过重要的贡献。它是经过历史上长期的沿袭与发展而流传下来的传统民居之一，其形式之多样，内容之丰富，适应性之强，地方彩色之浓厚，在我国的窑洞体系中是独具一格的。新中国成立以后，“寒窑”逢春，黄土窑洞民居在陇东地区又有了新的发展，出现了不少新的下沉式窑洞、崖窑院和窑洞村院落。三十多年来，随着社会的发展和科学技术事业的不断进步，尤其是农村经济水平的显著提高，陇东农村生活水平随之提高，今天窑洞建筑的发展又出现了如下的趋势。

1. 下沉式窑洞与地面建筑相结合

一俟经济条件允许，人们除了在地坑院内盖平房外，更多的是在地面窑顶的范围内修建土木房屋，形成上、下两个院落。平凉地区桫椤乡胡家洼大队张宅、西峰镇东巷 36 号王宅和宁早胜乡北街大队窦家壕子李姓十户大地坑院等都是这方面的实例。

2. 坡崖式窑洞与平房建筑相结合

庆阳农村为改善居住条件，出现了窑房混合型的院落，有窑有房，扬长避短。董志乡南面大队李胡同生产队陈宅就是一个典型的例子，南向为窑洞，东、西向为平房，北向为过街式平房，一面崖窑窑洞，三面平房建筑，围成了一个窑洞与平房相结合的四合院。再如，西峰镇专署巷和郑家巷窑洞街，同样是崖窑窑洞与平房建筑相结合的窑洞村落。

3. 地面独立式窑洞正在取代下沉式窑洞

下沉式窑洞院落，如果以最小的规模计算，约需占地近一亩，如果按窑洞七孔（正三侧二）院计算，约占地 2.2 亩。位于董志原的后官寨乡郝家巷生产队，现有人口 242 人，共有 42 个庄院，占用土地 85 亩，其中 5 个庄院不是

图 4–41　甘肃陇东土坯拱房透视图、剖面图

下沉院，扣除这 5 户，平均每个下沉窑院占地 2.2 亩，平均每人占地 0.38 亩。董志原上，其村落多由下沉式窑院组成，最小的下沉窑院现状占地 1.5 亩，而大的竟达 3 ~ 4 亩之多。这在陇东中部和南部产粮地区，人均耕地只有 3.5 亩的情况下，在人口多而耕地少的今天，耕地越来越宝贵，节约每一寸土地是非常重要的，因而再开挖下沉式窑洞就受限制了。由于广大农村群众经济水平和生活水平的不断提高，以及人口的不断增加，建造新宅的农户与日俱增，于是建窑占地与节约耕地产生了尖锐的矛盾。当地政府对新建庄院的占地面积指标严加控制，每户新建庄院宅基地限额，在黄土原上新建庄院，每户不得超过 0.4 亩地。因此，近几年出现大量建造土坯窑的情况（图 4-41）。

地面独立式拱窑有青石拱窑、砖拱窑，土坯拱窑之分，在陇东地区，主要是采用土坯拱窑，其建筑材料同样取自到处都有的黄土，只要人工夯打便可获得。拱窑的保温、隔热性能也很好，同样有冬暖夏凉之好处。土坯起拱，施工简单，工期短，当年可住，造价低廉（表 4-2），唯抗震性能差，尚需要采取一定的措施。更主要的是，拱窑院落可以少占用土地，于是，土坯拱窑便在当时经济还不富裕的陇东地区的黄土原上被视为较受欢迎的建筑类型。看起来，如果不对下沉式窑洞进行行之有效的改革，随着人多地少局面的日益加剧和农村生活水平、技术水平的不断提高，土坯拱窑有取代地坑窑洞的趋势，实质上，土坯拱窑已经正在取代着下沉式窑洞。

陇东地区土坯房、拱窑、窑洞造价比较表　　**表 4–2**

项目	尺寸及构造	每间造价	每平方米造价
土坯房	木屋盖 5 柃 40 椽小青瓦顶 3.2 米 ×5.0 米	400 ~ 500 元	25.0 ~ 31.3 元
拱窑	小青瓦顶加出檐 3.0 米 ×4.0 米	150 ~ 200 元	12.5 ~ 16.7 元
窑洞	包括坑院取土窑脸整修 1.1 丈 ×2.5 丈	100 ~ 150 元	3.6 ~ 5.4 元

第五章

陕西窑洞民居

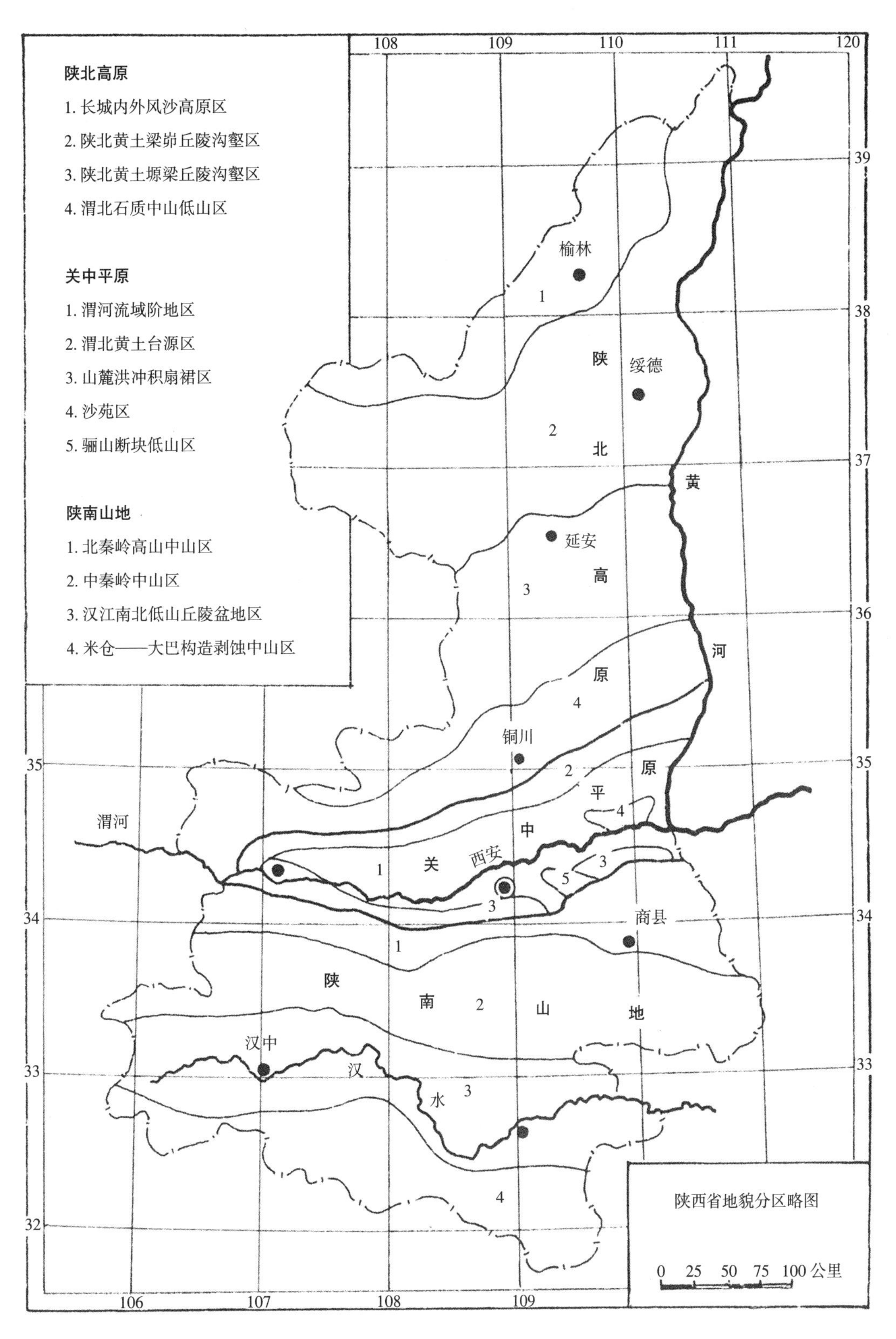

图 5-1　陕西地貌分区略示意图

一、自然条件

1. 陕西黄土地貌分区

陕西处于北纬 31° 43′ ~ 39° 34′ 与东经 105° 29′ ~ 111° 11′ 之间，跨纬度 7° 51′，经度 5° 45′。总面积 168 万平方公里，全省 60% 的面积属于黄河中游地区。由于全省南北延伸达 800 公里以上，因而境内南北气候区域差异很大，地貌类型复杂多样，地貌分区明显。自北而南显然可以划出陕北高原、关中盆地、陕南山地三个地貌区（图 5-1）。陕北高原和关中盆地是我国陕甘黄土高原的典型地区（表 5-1）。

2. 陕西黄土高原的气候

黄土地貌的特殊性，一方面和地理位置、地质构造有关，另一方面更和这一地区的气候有密切关系。从黄土形

陕西的地貌分区表　　表 5–1

地貌区名称	陕 北 高 原	关 中 盆 地	陕 南 山 地
地 面 物 质	黄土丘陵和黄土高原上以中生代砂页岩为基础，上复第三系红土，第四系黄土	以冲击层为主	秦岭以变质岩系及花岗岩为主。大巴山地以结晶灰岩、灰岩为主
地 质 基 础	鄂尔多斯台向斜南部，地层平坦，缓斜	汾河内陆断陷	伏牛—大别台背斜，秦岭古生地槽褶皱带和大巴山断褶越起
新构造运动	大面积简单中度隆起	相对沉降	中度隆起
主要外营力	沟谷侵蚀严重，坡面侵蚀亦烈。崩塌与泻溜作用显著，地为破碎，并多陷穴，伏流等小地形	以冲积作用为主	流水侵蚀，曾受第四纪冰川作用
地 势	平均海拔 800 ~ 1300 米，个别山地海拔，1900 米，黄土丘陵与黄土塬的切割深度一般 100 ~ 160 米，深者 200 米以上	平均海拔 335 ~ 700 米	秦岭海拔一般 1500 ~ 2500 米，大巴山地海拔一般 1000 ~ 2000 米，高度 500 ~ 600 米
主要地貌类型与特征	沟谷深切的黄土塬；梁状峁状丘陵；侵蚀剥蚀岩质山地		受第四纪冰川作用的中山，具有山间盆地的变质岩中山，喀斯特灰岩中山与峡谷并有冰川地貌遗迹

成的第四纪来看，黄土高原地区气候发生过很大的变化，如形成古土壤时的那种气候就很特殊，但到了形成典型黄土时的气候条件，则同现代黄土地区的气候环境相似。要研究黄土地区窑洞民居的形成，则必须了解其气候特征。

陕西大部分地区属于中纬度的温带区域，偏居内陆，东距我国沿海较远，这种海陆相关位置，虽使气候上仍具有东亚季风气候的性质和特点，但气候的大陆性却较东南沿海一带显著，所以陕北和关中各地的大陆纬度均≥ 60°，与东部各省同纬度地方相比，气候偏冷、偏旱，变化比较剧烈。冬季，延安比青岛冷 4℃；夏季，延安、西安比青岛、徐州平均气温略低；但极端最高温却略高。陕西的年降水量比同纬度地区少 200 毫米左右。

地貌条件反过来对陕西气候变化也起着重要作用，最显著的是地貌的复杂性导致气候的复杂性。长城沿线流沙的存在和不断南侵，改变了当地辐射和水分条件，使气候的大陆性增强。平均海拔高度 800 ~ 1300 米的陕北高原，地势起伏，导致了梁、原、峁、沟小气候因地而异。

另一方面，也应看到我国东部一系列华夏向山地及青藏高原对陕西气候的影响。北东走向的太行、吕梁山地和山西高原、豫西山地，对夏季湿热气团向陕西境内的水分输送，显然起着一定的阻滞作用，增加了陕西，特别是关中、陕北气候的干旱性。

以平均气温、最冷月均温、≥ 10℃积温、年平均降水量和干燥度为主要指标，将陕西省划为五个气候区[①]（图 5-2）。

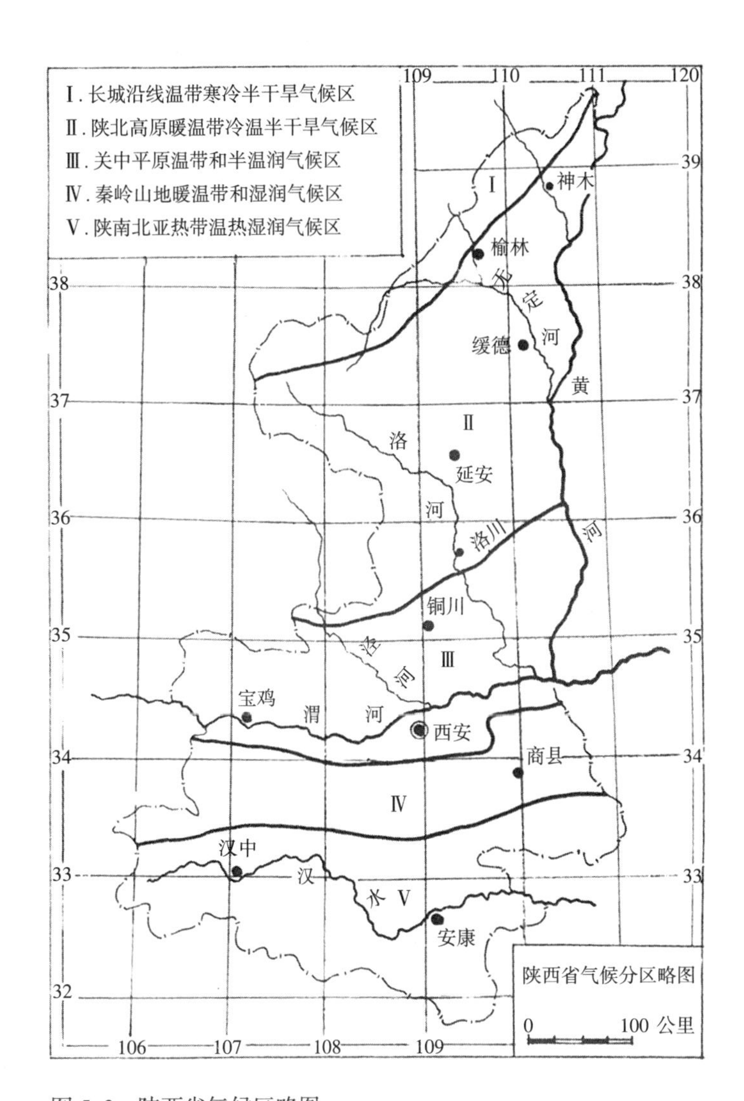

图 5-2　陕西省气候区略图

● 气温

陕西四季来临之期的地区特点，总的规律是，春夏两季来临之期是先南后北，秋冬两季是先北后南。这种四季分配上的区域差异，说明热量条件愈北愈差。也是陕北窑洞民居多的气候条件之一。

平均气温

平均气温包括年平均气温及四季平均气温，基本情况如表 5-2 和图 5-3。

① 引自聂树人著《陕西自然地理》第 112 页，陕西人民出版社，1981 年出版。

从图表可以看出如下事实：

全省年平均气温 5.9℃ ~ 15.7℃。平均温和季均温从北向南、自东向西渐增，这反映着纬度、高度和秦岭屏障作用的综合影响。

在纬度和季风环流影响下，陕西气候四季分明，一年中气温随时间的变化是连续而有规律的。各地年气温的变化曲线都呈单峰型。1 月平均气温最低，7 月最高，表现着冬冷夏热的特点。

气温较差及年际变化

陕西气温年较差的分布一般是随纬度的增高而增大，随高度的升高而减小，表现着从北向南递减的规律性。总的看来，各地气温年较差均大，各地平均年较差都在 23℃以上。陕北各地平均年较差均超出 29℃，最北的榆林为 33.4℃，最南的宜君为 25.5℃。关中各地均在 26℃以上，其中东部在 28℃以上，略高于西部。陕西有明显的冬季和夏季，因而气温绝对振幅较大。极端最高温出现在 7 月，极端最低温在 1 月，各地极端年较差几乎均在 50℃以上（表 5-3）。

陕西气温日较差的分布是北大南小。榆林日较差的平均达 14.3℃，极端值达 28.8℃，较差大于 15℃的日数 177 天，大于 20℃的 45 天，冬春变差大平均在 15℃以上。西安年平均日较差 11.5℃，以 3 ~ 6 月最大。

将陕西气温较差与其以东同纬度地区相比，发现：陕西极端年较差一般偏大。如榆林极端年较差比同纬度的石

陕西四季与年平均气温　　表 5-2

月份 / ℃ / 站名	一月	四月	七月	十月	全年	记录年代
榆　林	-9.9	10.1	23.5	8.9	8.9	1951 ~ 1970
定　边	-8.8	9.9	22.3	8.5	7.9	1957 ~ 1970
延　安	-6.7	11.2	22.9	9.6	9.3	1951 ~ 1970
西　安	-1.3	14.0	26.7	13.6	13.3	1951 ~ 1970
华　山	-7.0	6.3	17.7	6.5	5.9	1953 ~ 1970
大　荔	-1.6	14.3	27.1	13.7	13.4	1956 ~ 1970
宝　鸡	-1.0	13.5	25.5	12.9	12.8	1953 ~ 1970
长　武	-5.1	10.3	22.4	9.4	9.1	1957 ~ 1970
商　县	-0.1	13.4	25.1	13.1	12.9	1954 ~ 1970
汉　中	2.0	15.0	25.9	14.8	14.3	1951 ~ 1970
安　康	3.1	16.0	27.7	16.0	15.7	1953 ~ 1970

注：陕北长城沿线风沙区、子午岭及秦岭中高山区成为陕西的两个冷区，年平均气温 6 ~ 8℃，是陕西境内热量条件最差的地方。

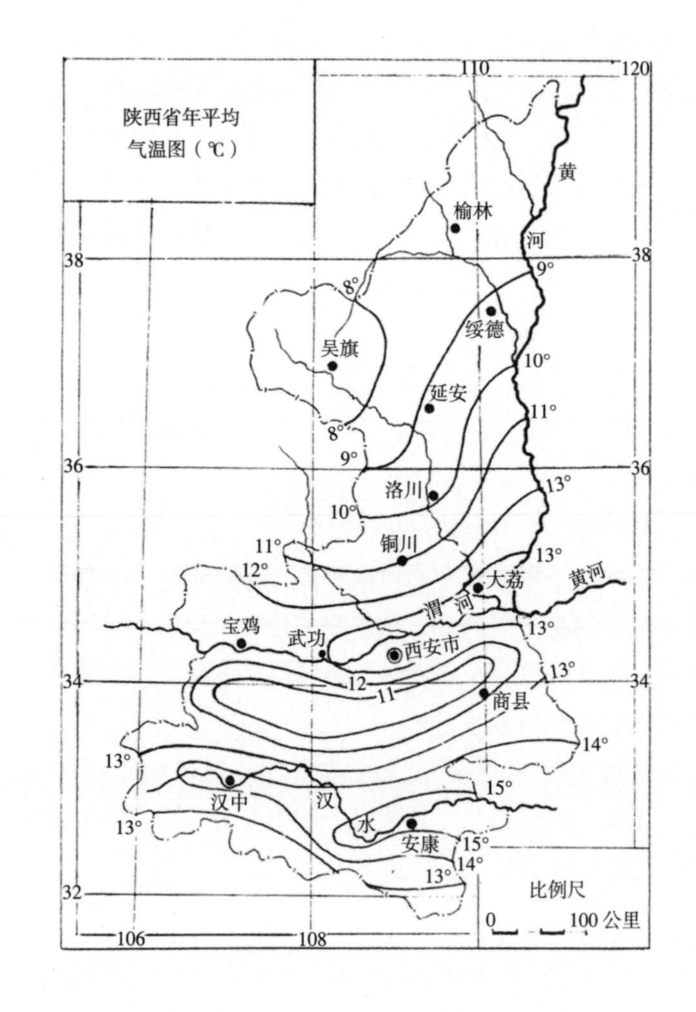

图 5-3　陕西的年平均气温图

陕西的年平均较差及极端气温 表 5-3

温别 ℃ 站名	年平均较差	极端最高气温		极端最低气温		极端较差
		最高值	日期	最低值	日期	
榆林	33.4	38.6	1953.7.8	–32.7	1954.12.28	71.3
延安	29.6	39.7	1952.7.29	–25.4	1956.1.23	65.1
西安	28.0	41.7	1966.6.19	–20.6	1955.1.11	62.3
宝鸡	25.6	41.4	1966.6.19	–16.7	1955.1.1	58.1
大荔	28.7	42.8	1966.6.21	–16.2	1967.1.16	59.0
华山	24.7	27.7	1966.6.20	–25.3	1956.1.8	53.0
商县	25.2	39.8	1966.6.21	–14.8	1967.1.16	54.6
汉中	23.9	38.0	1953.8.18	–10.1	1957.1.14	48.1
安康	24.6	41.7	1966.7.20	–9.5	1967.1.16	51.2

家庄大 8.8℃，延安比同纬度的济南大 15.1℃，西安比同纬度的开封大 6.0℃。其次是陕西日较差大于 15℃的平均出现日数多，极端最大日较差大。如西安日较差大于 15℃的日数比开封多 9 天，大于 20℃的多 10 天，极端日较差比开封多 2.9℃。可见陕西气候的大陆性比其以东同纬度地区更加显著。

●降水

全省 1954 ~ 1970 年平均降水量约 674.4 毫米，比全国平均降水量 630 毫米偏多 44.4 毫米；全省多年平均降水总量约 1390 亿立方米，相当于全国 60320 亿立方米的 2.3%。地域分布基本规律是南部最多，越向北越少。南北年平均降水量相差 3 倍以上。陕北北部年平均降水量在 500 毫米以下，定边一带更不及 350 毫米。所以，陕北是年平均降水量最少的区域，所谓是冬季干冷，夏季炎热的干旱地区，干旱是发展黄土窑洞的先决条件之一。关中地区介于 550 ~ 700 毫米，渭河北岸少于南岸。

图 5-4，是陕西的年降水量曲线图。

表 5-4，示出陕西关中陕北地区降水量和蒸发量。

●湿度

陕西年平均相对湿度约 53% ~ 80%，南大北小。长城沿线一带最小，约 60% 以下，汉中盆地和大巴山区最大，约 75% 左右。

对榆林、西安、汉中等地的温度、湿度变化曲线进行对比，发现绝对湿度的季节变化与温度的季节变化基本一致。相对湿度季节变化则决定于绝对湿度的大小和温度的变化。关中和陕南大部地区一年中最大相对湿度均发生在9月，陕北集中在8月。月最大相对湿度陕北为66% ~ 78%，关中70% ~ 83%，陕南一般达80% ~ 85%。月最小相对湿度介于45% ~ 60%之间，陕北北部多出现于5月，陕北南部、渭北及秦岭山区在1月，关中及陕南其他地方在6月，说明陕西相对湿度具有夏秋大、冬春小的特色。这也是为什么陕西窑洞民居夏季潮湿的原因所在。

● 日照

了解陕西日照的特点对我们在窑洞民居中组织利用太阳能是非常需要的。

越往北日照时数越长。陕北南部日照时数2500小时左右，北部近3000小时。关中2000小时左右，东部略多于西部。汉江谷地一般在1800小时左右。全省南北相差1100多小时。

日照时数的四季分配中，夏季日照时数多，冬季最少。春秋居中。这与陕西夏季太阳入射高度角大，白昼时间长有关。夏季，陕北和关中的日照时数的占29% ~ 32%左右，

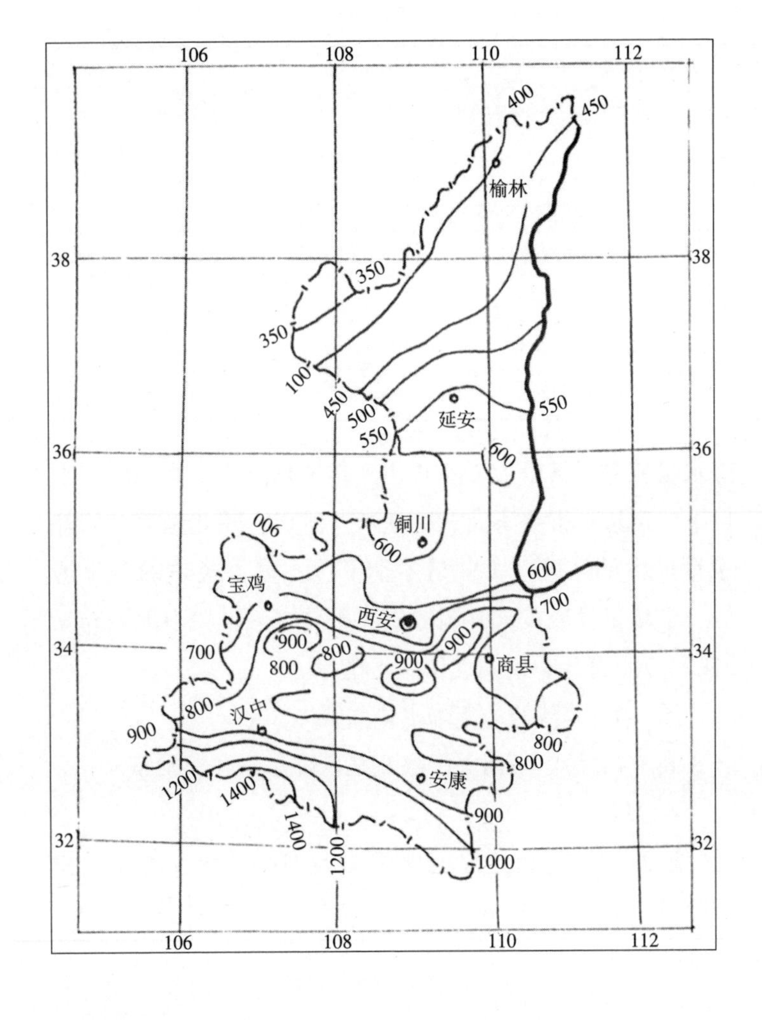

图5-4 陕西的年降水量图（毫米）

陕西关中、陕北地区降水量 表5-4

地名＼平均降水量	全年总量（毫米）	6 ~ 9月降水量（毫米）	占全年总量（%）	蒸发量（毫米）
绥　德	442	306	69	1.816
延　安	526	351	67	1.573
西　安	578	330	57	1.420
宝　鸡	754	493	65	1.390

陕西各地日照时数（小时） 表 5-5

时数 \ 站名	全年日照数	春季		夏季		秋季		冬季	
		时数	占全年（%）	时数	占全年（%）	时数	占全年 %	时数	占全年 %
榆 林	2928.7	768.6	26.6	826.7	28.7	689.8	23.2	643.6	21.5
延 安	2339.9	619.2	25.5	694.4	29.5	544.9	23.3	481.4	21.7
西 安	2065.1	520.5	25.0	690.6	31.3	437.0	22.2	417.3	21.5
宝 鸡	1978.9	508.3	25.1	621.8	31.5	406.8	20.5	442.0	22.9
商 县	2145.4	534.8	25.0	688.1	32.0	457.0	21.3	465.2	21.7
汉 中	1776.4	446.8	26.0	647.1	36.0	343.7	19.6	338.5	18.4
安 康	1789.6	447.4	26.0	639.1	36.0	368.0	20.0	345.1	18.0

陕南占 36% 左右，冬季占 18% ~ 22%（表 5-5）。

从日照时数最大、最小月份看，陕南以 8 月份的日照时数最多，关中和陕北则以 6 月份最多。陕北以 11 月或 12 月最少，关中东部以 2 月份最少，西部以 9 月份最少。

日照百分率的地域分配与年日照时数的分配相似，仍然是北大南小。陕北的百分率高达 55% ~ 66%，关中次之，达 45% ~ 46%，汉江谷地最低，仅 40% ~ 44%。夏季比率最高，比率最高月份出现在 6 月或 8 月（表 5-6）。

二、陕西窑洞区的划分

地处黄河中游两岸的陕西、山西两省区，是我国黄土高原的中心地带，除秦岭以南的陕南地区外，陕西全省遍布窑洞民居。以自然地貌上分还可细划为三个窑洞区。

1. 渭北窑洞区。是指渭河以北，泾河两岸至铜川的黄土原区，原面平坦广阔，无冲沟和土山坡利用。如乾县、永寿、淳化、麟游、陇县到彬县的广大农村所见的下沉式（地下天井院）窑洞民居，很能代表这一窑洞区的特色，与陇东窑洞的形式非常相近。

2. 陕北窑洞区。是指铜川以北至古长城边的神木，府谷县的狭长地带，应包括黄陵、洛川、延安、绥德、米脂、榆林等县的大半个省区。延安以北的黄土高原，由于长期遭到水土流失和沟谷切割，形成千沟万壑，梁、峁连绵的地貌特征。因此，靠山、就崖、沿沟的窑洞最多。更由于基岩外露，采石方便，就地取石，所以石窑洞居多。

3. 延安窑洞区。延安窑洞由于其特殊的历史、政治原因而蜚名中外。从自然地貌上看它同属于陕北窑洞区范围之内。但是之所以常以延安窑洞代表陕北窑洞，是因为延安窑洞有着特殊的历史经历。

在延安市郊区13个县，居住窑洞的人口占90%以上。在延安市区，65%以上的城市人口以窑洞为家。常言延安是一个窑洞城，是一个窑洞民居密集之地。这也是因为延安的自然地理条件更适于发展窑洞的结果，如沟壑纵横、黄土层深厚、直立性好，并有丰富的灰砂岩资源可利用。当地人民因地制宜，建造窑洞的历史悠久，并具有传统的技艺。

三、建筑布局

陕西窑洞民居的建筑布局手法和经验，是适应当地人民生活、风土民俗和自然环境，逐步发展形成的。这些民居都是民间匠师和农民自己动手完成的，堪称"没有建筑师的建筑"的典型。

1. 单体窑洞

陕西窑洞主体部分，主要由窑顶（窑背）、窑脸（崖面）、檐墙（前墙）与后墙（窑底）、窑壁（侧墙）所组成。

其他构件，门窗、窗口、檐口、火炕与烟囱等也是单体窑洞构成的附属部分，只是在构造做法和形式上渭北和陕北窑洞略有区别。渭北窑洞受陇东窑洞影响，门窗分设，有檐墙，檐口处理较简易；而陕北窑洞都是满堂门窗，檐口、烟囱的构造也较讲究（图5-5、图5-6）。

单体窑洞的平面和剖面（洞跨、洞深和洞高）尺寸见表5-7。

单体窑洞的尺寸模数，受下列诸因素影响：

受选择自然土体的物理力学性能的影响，如选在中更新世 Q_2，离石黄土层中挖窑洞（俗称红胶土、礓石层），洞跨即可大些，在陕西有4 ~ 5米跨度的黄土窑洞；

陕西各地日照百分率（%）　　表5–6

站名 \ % \ 季节	春季	夏季	秋季	冬季	全年
榆林	64.3	63.5	68.4	71.3	66.0
延安	51.7	54.0	53.3	63.3	55.0
西安	43.7	53.7	42.7	45.3	46.0
宝鸡	42.7	47.2	43.4	48.0	45.0
汉中	37.3	51.0	33.0	36.0	41.0
安康	37.7	50.3	34.3	37.0	40.0

结构类型和财力的影响；

受建筑功能、适用要求的影响，如：民居、营房（驻军）、粮仓、洞库、集会、寺庙及办公等使用性质、功能的变异影响着窑洞的规模、面积。大凡古老的大跨度，原开挖的目的均非居住。例如，枣园蔡老伯家原是红军警卫二连的营房（1935 年）；南泥湾金庄的大跨度（4.9 米）黄土窑洞是昔日的寺庙，以后红军 359 旅又曾住过；原延安红军女子大学，现党校图书阅览室，虽跨度一般，洞深竟达 20 多米，原为当时红军女大学生宿舍。

受营建接术、财力和施工期限影响。

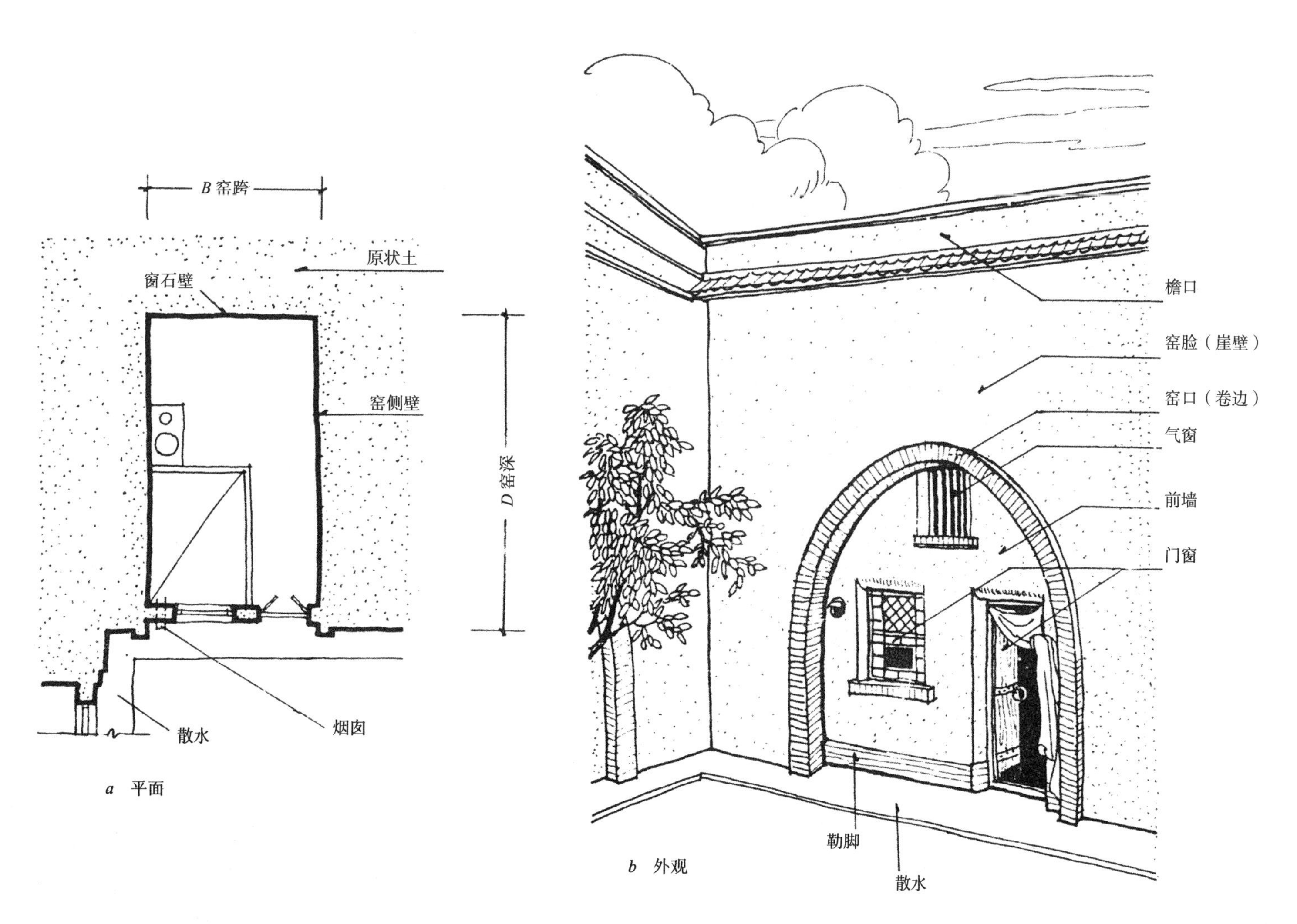

图 5-5 渭北窑洞单体构成

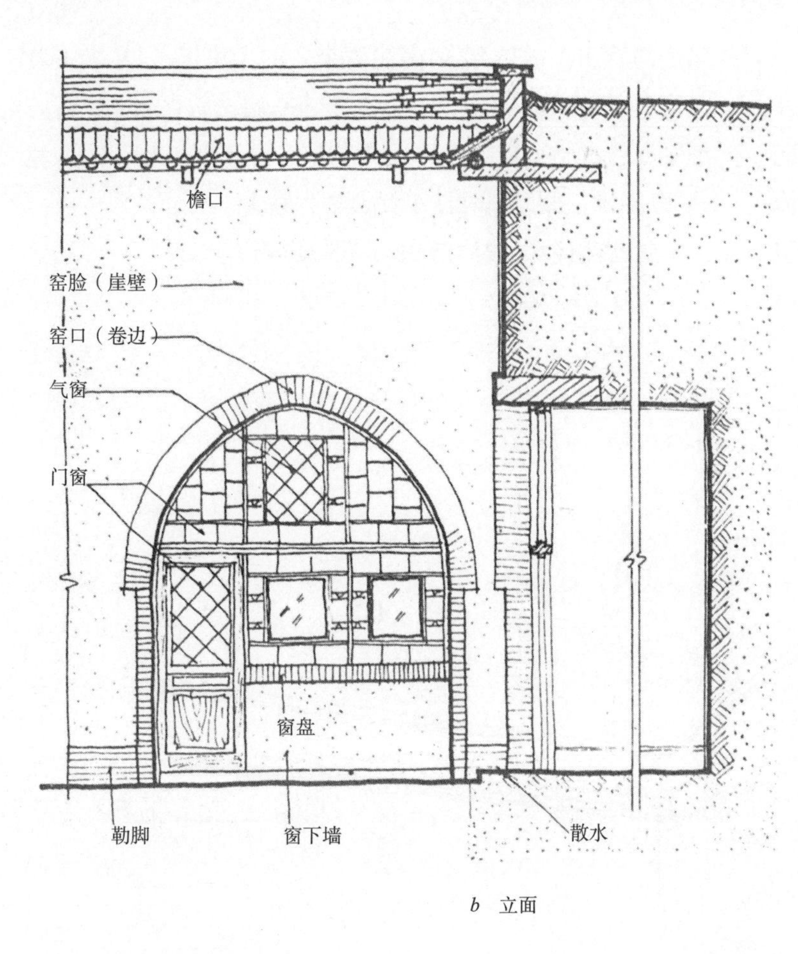

b 立面

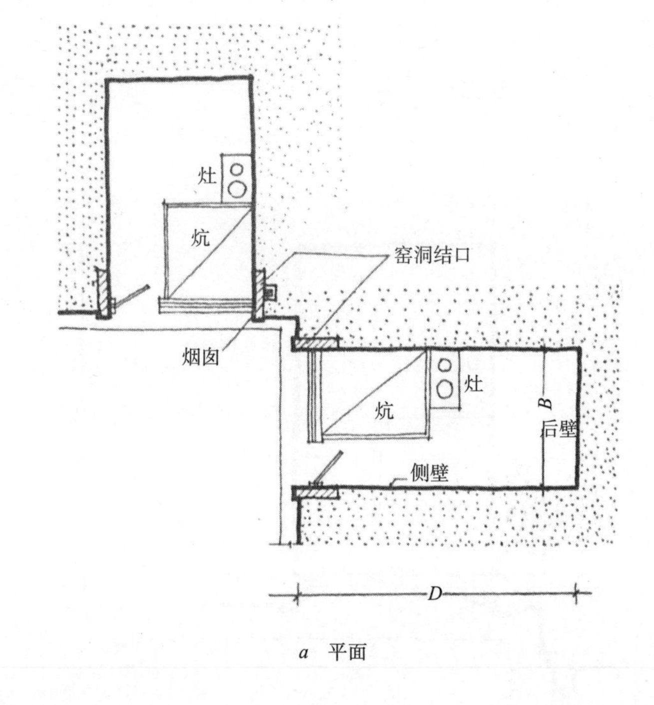

a 平面

图 5-6　陕北窑洞单体构成

单体窑洞由于依山靠崖，还要考虑拱形结构的特点，其主要的平面布置是一字形。根据各地的风俗又产生大口窑、锁口窑（小口）和斜窑；有时为了扩大使用空间，则向侧壁挖耳室（壁龛），形成 1 形和十字形（图 5-7）。

陕西窑洞常见的洞跨（B）、洞深（1）及高跨比　　表 5-7

结构类型	洞　跨 B （m）	洞　深 1 （m）	洞拱顶高度 H 与洞跨比	窑顶土层厚度 H_3 与拱洞高之比	备　注
中小型黄土窑洞 （包括结口窑）	2.4，3.3 3.6，3.8	7.9 ~ 9.9	$H_1=1.0\sim1.3B$	$H_3\geqslant H_1$	
大型黄土窑洞	4.2 ~ 4.9	12 ~ 16.5 ~ 20.0	$H_1=1.0\sim1.3B$	$H_3=1.5\sim2.0H_1$	
砖、石拱窑洞			$H_1=1.0\sim1.3B$	覆土厚度： 1.0 ~ 1.5m	

单体窑洞的剖面，显现出的拱形曲线可以归纳为五种（图 5-8 ）。

窑洞的纵剖面一般如图 5-9 所示。图中 a 所示是前口高后墙低，呈喇叭形，俗称大口窑，排气、排烟好，有利采光；b 是最普通的平直形；c 是楔形，俗称锁口窑，保温效果好，对采光通风不利；d 是在拱顶上下变化，可称为台阶形，多数是因在维修时扩大洞深而成；e 是二层重叠的黄土窑洞。

2. 窑洞的组合

窑洞的平面组合是指每户居室窑洞间数和它们之间的联系。常见的有：单孔窑、双孔窑（洞内相通者称为双孔套窑）、3 ~ 5 孔以至 5 ~ 7 孔毗连窑。规模大的还有 9 ~ 11 孔的大窑洞。每孔窑洞的入口一般都在正面作“门联窗”或一门一窗。门多偏向一边以便窗口下盘炕，也有居中开门的。双孔套窑多为一阴一暗，三孔却常布置为单孔加

平面 窑口	一字形	1字形	十字形
筒形			
敞口			
镇口			
凸形			
斜口			

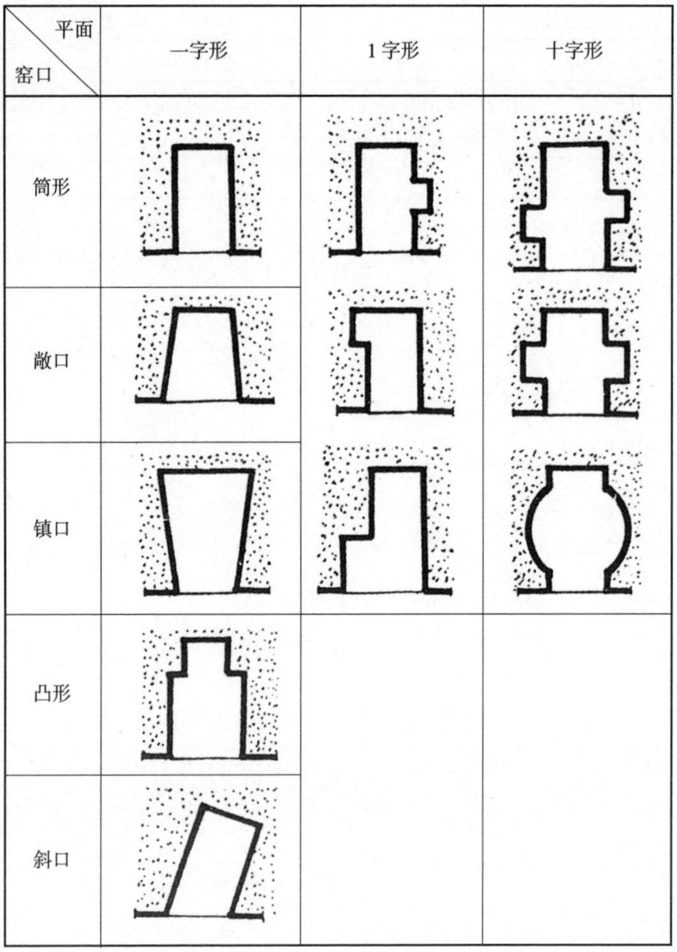

图 5-7　单体窑洞平面类型图

一明一暗。渭北窑洞多为一明两暗，5 孔以上则根据功能要求灵活布置（图 5-10、图 5-11）。

3. 室内布置

室内都使用古朴的木器家具，镶嵌着黄铜的小五金，更显得具有浓郁的风土气息。一般家具有：书柜、立橱、小炕桌、小灶柜、衣橱、大联橱、箱子、大床、箱架、条桌等，另外还有缸、瓮等（图 5-12）。

在陕北高原寒冷地区和渭北原区，冬季采暖时间较长（4 ~ 5个月）。窑洞民居中主要采暖方式是靠火炕，为了节能绝大多数农家是，锅灶连通火炕利用烧饭的余热采暖，俗称“一把火”。因此，炕的布置则影响到烟囱和灶台的

图 5-8　拱形曲线图

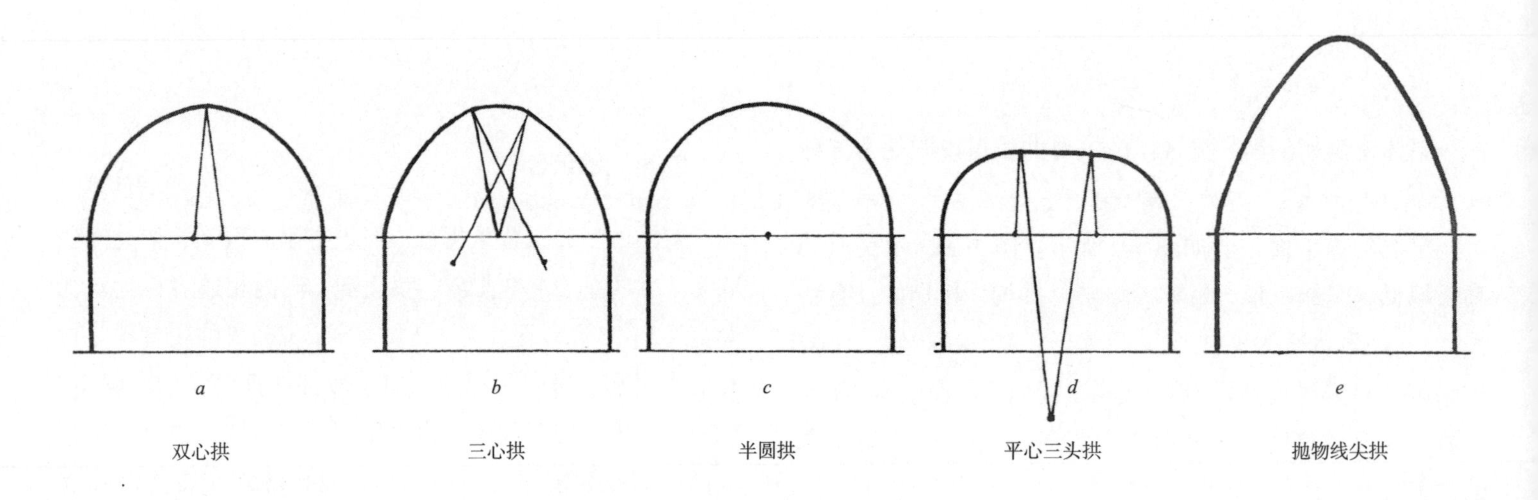

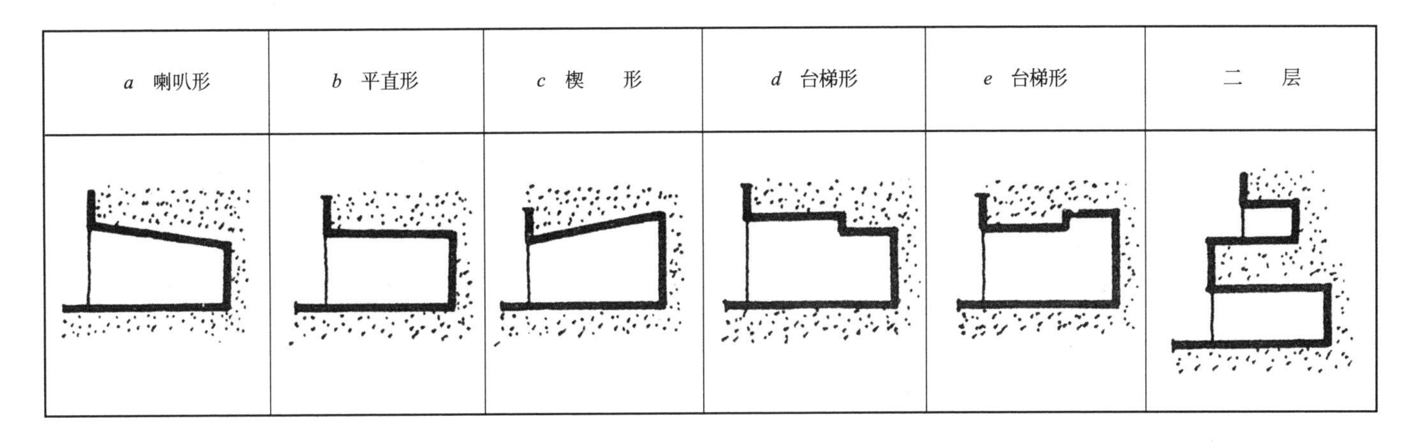

图 5–9 窑洞纵剖面类形图

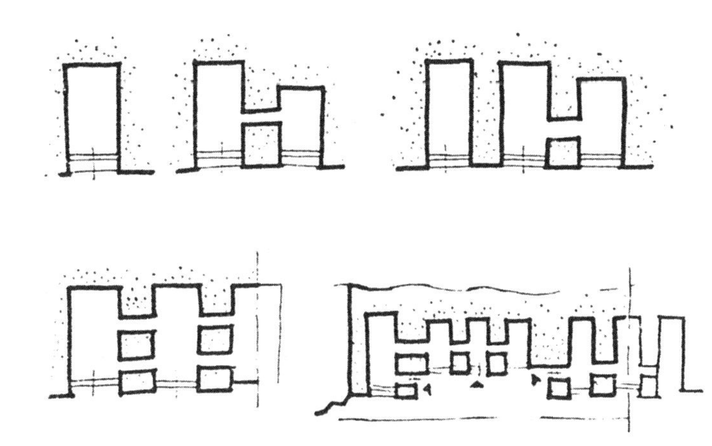

图 5–10 窑洞平面组合示意图之一

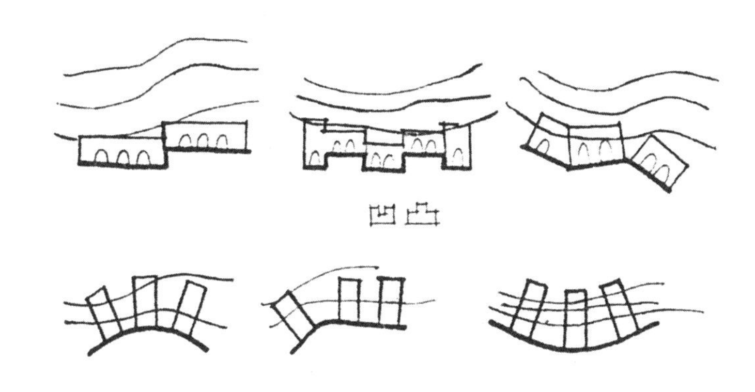

图 5–11 窑洞平面组合示意图之二

位置，一般有下列几种情况（如图 5-13）。

同时还要影响门窗的开设，只有在暗窑内才能靠窗台下满开间砌炕，明窑的炕在窗下必需留出门的宽度，有时限于窑的跨度（B）尺寸大小，炕只能做成抹角，延安杨家岭朱德旧居就是例证（图 5-14）。

图 5-14 所示临窗口置炕是农家最常见的布置方式，妇女在炕上做针线活，全家在炕桌上进餐、待客都亮堂，冬季太阳又可以直接照在炕面上；烟囱靠近崖面，只要在窑脸一面砌上附垛式烟道即可，从图中可以看出崖面前缘比崖顶高度低，因此烟囱也可以低些。

靠窑洞深部后壁布置火炕，更适于大户或机关单位。其优点是窗口处可以布置书桌，入口处宽敞便于室内布置家具。延安女子大学，现党校广播员宿舍就是一个实例。还可将窑洞深处用玻璃隔断或用家具分割成内外二室，增加了使用空间。农家在进深大的窑洞也将后部间隔成后窑，用作贮藏杂物农具。缺点是在崖顶太高的情况下，烟囱也要加高，施工困难。

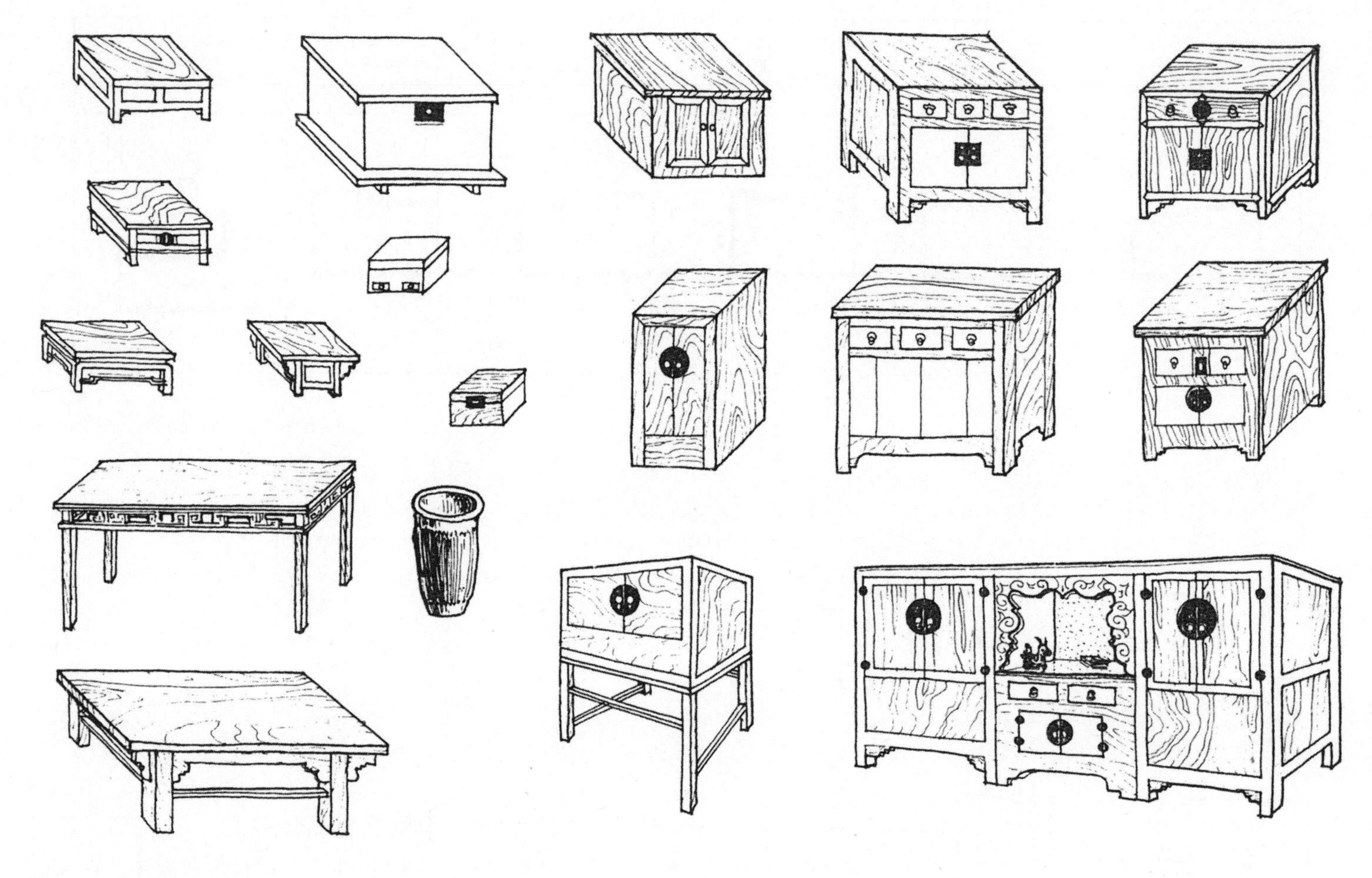

图 5-12　家具图式

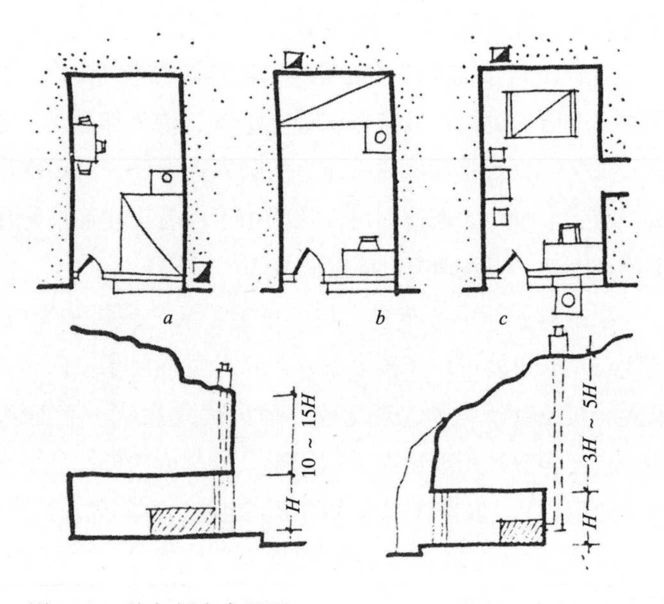

图 5-13　炕与烟囱布置图

图 5-13 所示火地采暖，将窑洞地坪砌成火炕或水平烟道，在窗口外设地坑或烧火口。室内另设木床，造价较高，民居很少采用。

烧炕的热源主要靠与锅灶串通，利用烧饭的余热以达到节能的效益。但现在农家窑洞深处无通风洞口，只靠单面窗洞通气，往往排烟换气不畅，造成洞室内空气污染，不卫生，急待改进。

在黄土窑洞的侧壁上，在不破坏整体稳定的允许范围内可以开挖小洞口。这就为打通比邻窑洞之间的通道和挖壁龛提供了方便条件。一般民居中横向通道宽度为0.8 ~ 1.2米，壁柜式的洞龛也控制在这个尺寸内，沿纵深方向挖的箱子壁龛因无损拱脚侧墙，不受尺寸限制，视需要而定。还有在主洞侧壁挖耳洞作菜窖者。

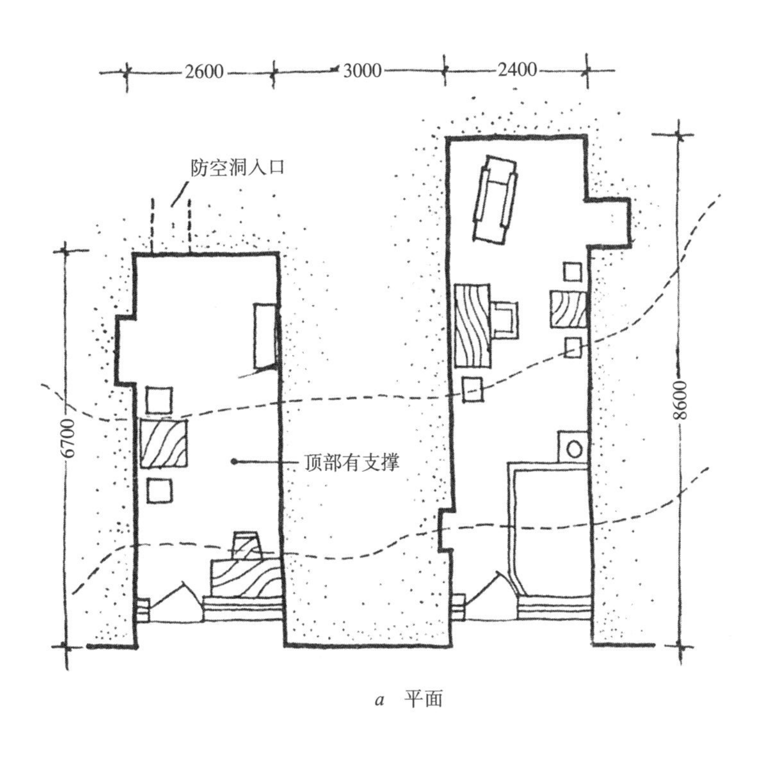

a 平面

图 5-14　杨家岭朱德旧居

b 外观

土窑洞还有其极大的优越性，就是充分利用黄土的可塑性，可以自由地向洞深方向开挖隧道和人防掩体。延安许多革命旧址都设有人防隧道贯通，充分发挥了平战结合的防御功能。

各类窑洞室内布置举例见图 5-15 ~图 5-17。

四、院落布置

1. 院落组成内容

陕西窑洞民居，一般一个院落一户人家。对农户来说院落除供居住活动外还兼作生产活动场所。其组成内容有：居室（居住用窑洞）；厨房、室外灶台或披屋；杂物棚或玉米仓；牲畜窑洞；厕所；猪舍及鸡兔窝；渗井或水窖；碾子。

图 5-16　一明两暗窑洞平面布置实例之一

图 5-15　一明一暗窑洞平面图、透视图

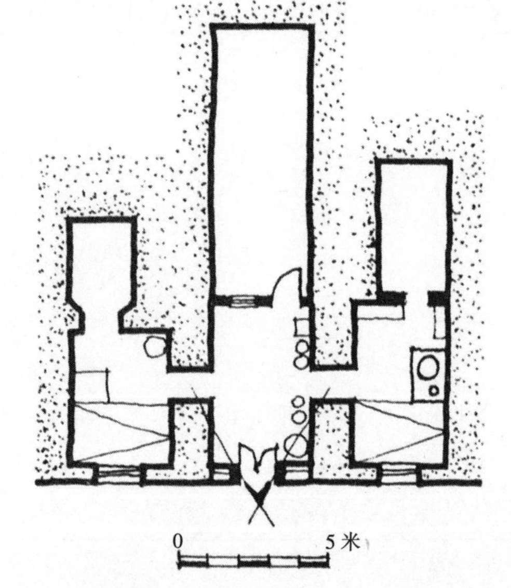

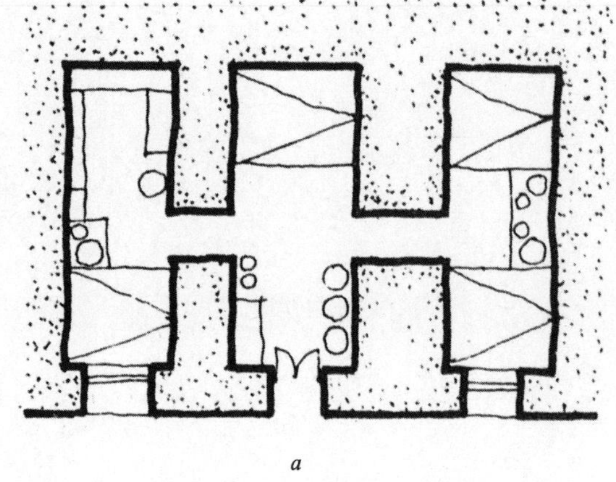

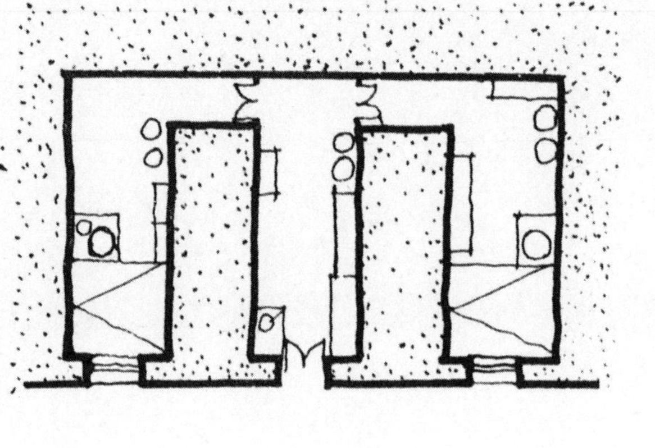

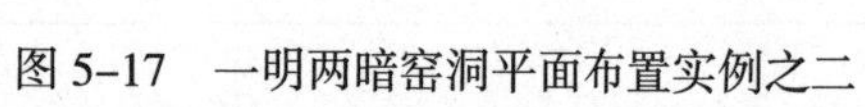

图 5-17　一明两暗窑洞平面布置实例之二

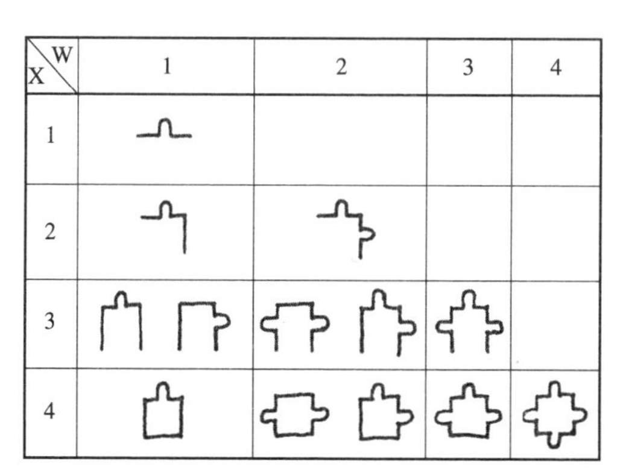

以崖面数和有无窑洞分的类型

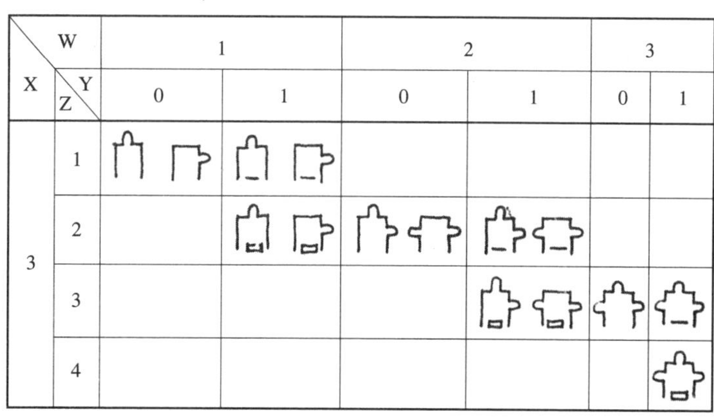

设有围墙和房屋围合的院落类型 （X=3）

X	W	1					
	Z \ Y	0	1		2		3
1	1						
	2						
	3						
	4						

设有围墙和房屋的院落类型 （X=1）

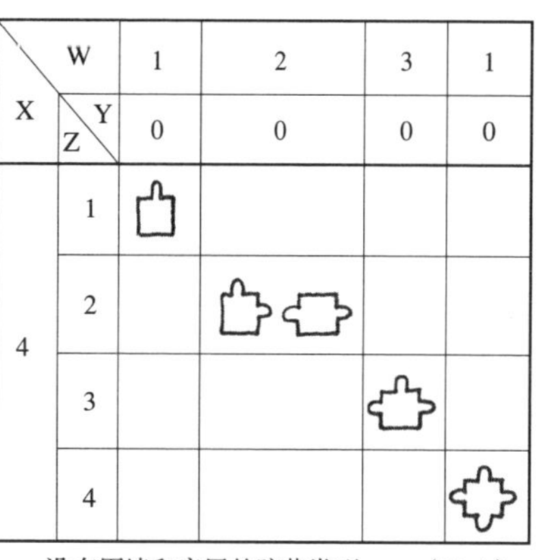

设有围墙和房屋的院落类型 （X=4）

X	W	1			2		
	Z \ Y	0	1	2	0	1	2
2	1						
	2						
	3						
	4						

设有围墙和房屋的院落类型 （X=2）

窑洞
墙垣
房屋
W：窑洞数
X：崖面数
Y：围合数
Z：1. 一字形　2. 两合院型
3. 三合字型　4. 四合院型

图 5-18　窑洞民居的院落布置图[①]

① 引自日本东京工业大学青木志郎、茶谷正洋等：《中国黄河流域窑洞民家研究》第一次考察报告。

最小的靠崖式院落为 2 ～ 3 孔窑洞，院落占地 100 ～ 120 平方米。下沉式院落在渭北窑洞区最常见的有两种：正方形下沉式院落 9 米 ×9 米和长方形下沉式院落，6 米 × 9 米挖 6 孔窑洞。

2. 院落布置形式

●靠崖式。下沉式窑洞的院落要依靠崖壁挖窑洞，因此必然随地貌特征而布置，常随崖势形状、所占的崖面数量而定；院落形式并受配房和围垣位置的影响。其布置形式可归纳为：一字形，1 形、Ⅱ字形，口字形四种，各种类型所具备的特点，参见图 5-18 所示。

●独立式窑洞的院落布置。独立式窑洞主要是砖、石窑洞，因其结构自身可以脱离崖面而独立，故其院落布置形式不受崖势，崖面数量的制约却深受中国传统民居的影响。一般的农家窑洞多为一字形加围垣大门，院落内设置必要的生活辅助设施即可。较富裕的人家，则要布置成三合院、四合院或二进四合院，其宅基占地面积很大，现已分为多户居住（图 5-19）。

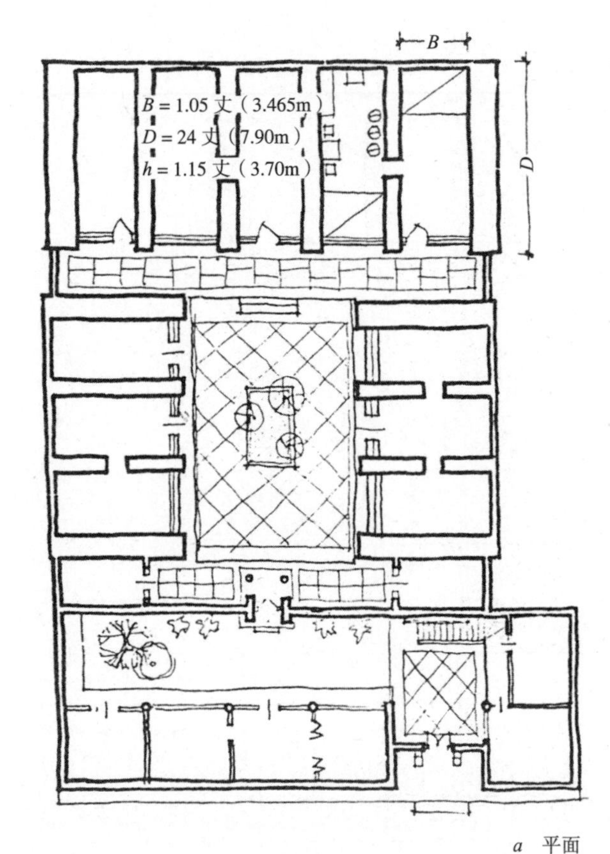

a 平面

b 外观

图 5–19 米脂冯宅二进院、四合院

图 5-20、图 5-21 是独立式窑洞院落布置的几个实例。

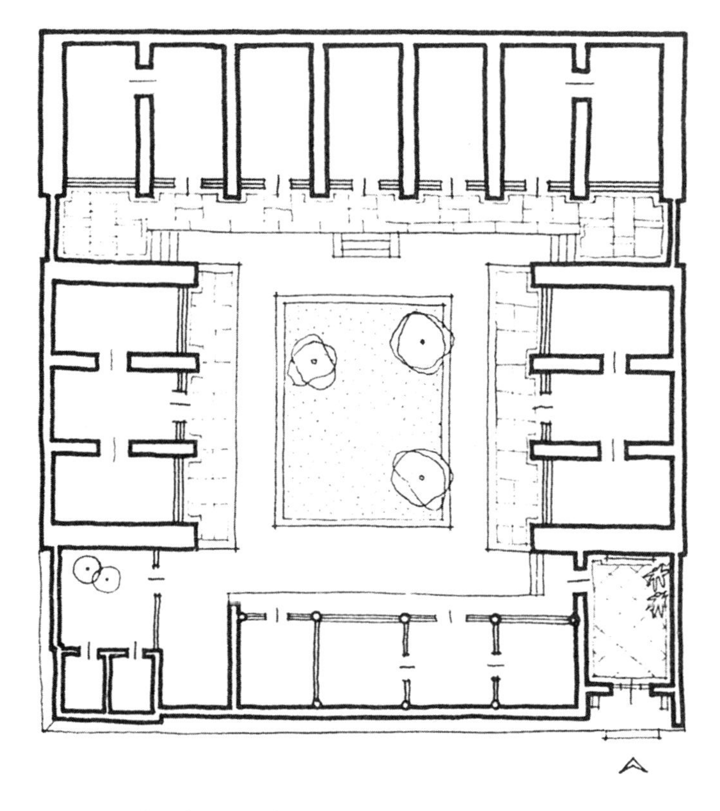

图 5-20　明五暗二三配窑

3. 生活辅助设施

窑洞民居的生活辅助用设施，一般都充分利用窑洞空间。另辟一孔窑洞作厨房，通过院子与居室窑洞联系，这种布置比较卫生、合理。也有许多不设单独厨房，就在居窑炕的端部安设锅灶，利用烧饭的余热取暖，取得节能效果。夏季在院子里设灶或在披屋内做饭。这种居窑与厨房兼用的布置有碍居窑卫生，需要改进（如适当分隔，加强排烟除尘措施等）。

贮藏问题一般有三种解决办法，一种是在窑洞深部的后窨（特别是黄土窑洞进深可以自由挖深）作贮藏。再一种是单独利用一孔窑或杂物棚子作贮藏室。后窨作贮藏由于通风不畅，终年阴暗潮湿，粮食、衣物容易发霉，不如单窑贮藏好。

陕北农民每户都有一个架空的玉米棒笼仓（用柳条笆和木椽搭成的谷仓，有圆形的、方形的），用以贮存一年的玉米棒。

图 5-21　11 孔大窑院落

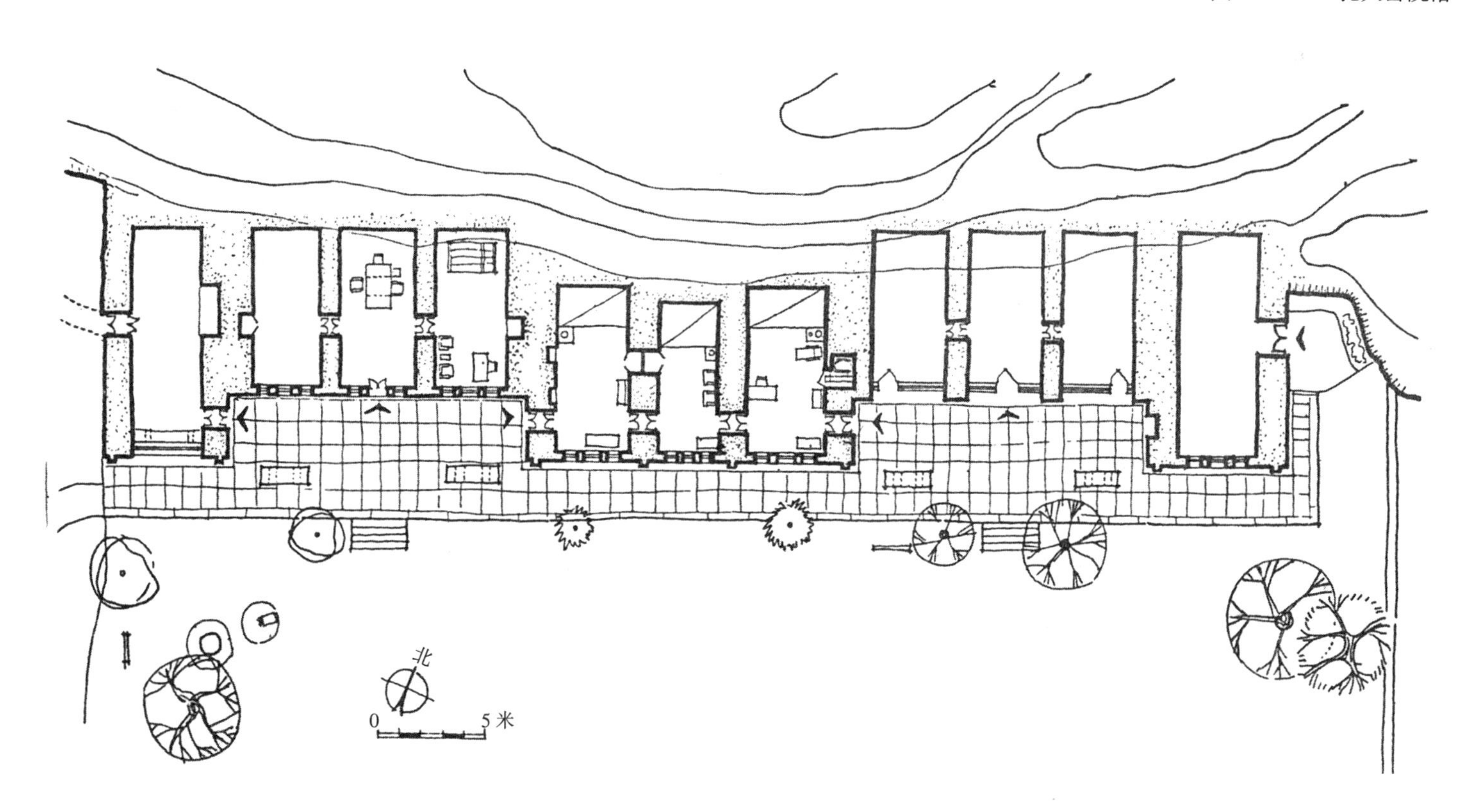

窑洞农家饲养家畜家禽非常方便，在院内或通道的崖壁上掏几个小窑洞，加设木栅或铁丝网，小门就是鸡、兔最舒适的栖舍。民谚有："鸡兔住窑窝，寿长毛密蛋又多"。山西临汾地区调查有 8 ~ 15 龄的母鸡产蛋一直不衰。这也证明"冬暖夏凉"的窑窝也是禽畜的舒适居所。

猪圈、羊圈多设在靠近厕所的地方，猪舍也多利用窑洞。在山西临汾地区浮山县还见有微型下沉式窑洞猪圈（图 5-22、图 5-23），既方便又卫生。据说猪住窑洞也能缩短催肥时间。

窑家厕所由于地处旱原地区（渭北地区），因缺水都是旱厕，填土积肥。露天茅厕较多。陕北米脂、绥德山村石材较多的地方也有石砌粪窖贮存粪尿的水厕，用木桶往田间担水肥。以上两种厕所布置的位置，多从运肥积肥考虑，如下沉式窑洞的厕所在地面上的很多，米脂县山村（刘家峁）厕所大多布置在路边。

目前陕西窑洞民居几乎每户院落都有磨子或碾子，大部分露天设置，条件好的也有设公用的碾房窑洞者（图 5-24）。

图 5-22　微型下沉式猪圈外观

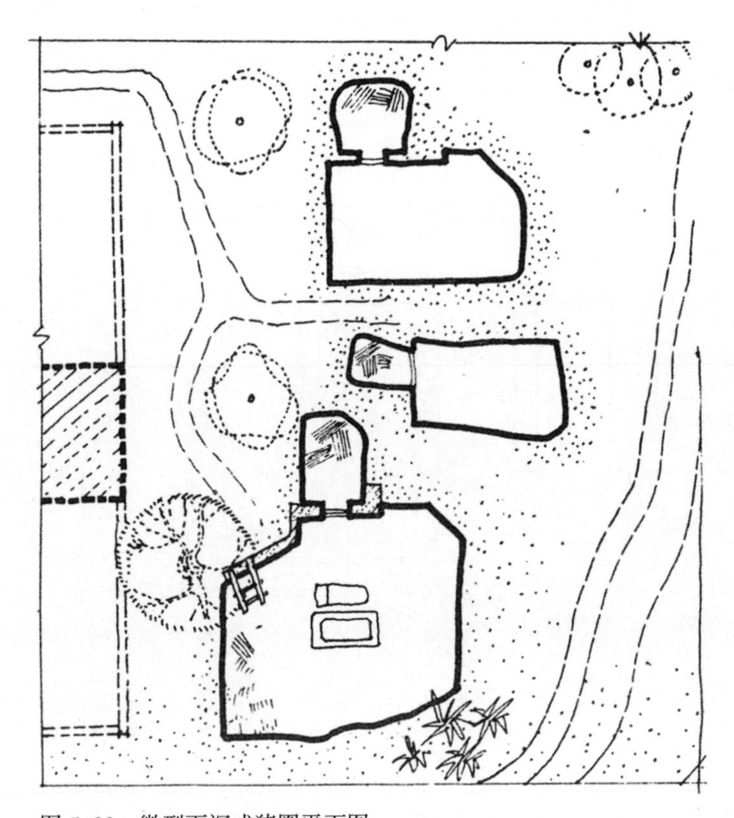

图 5-23　微型下沉式猪圈平面图

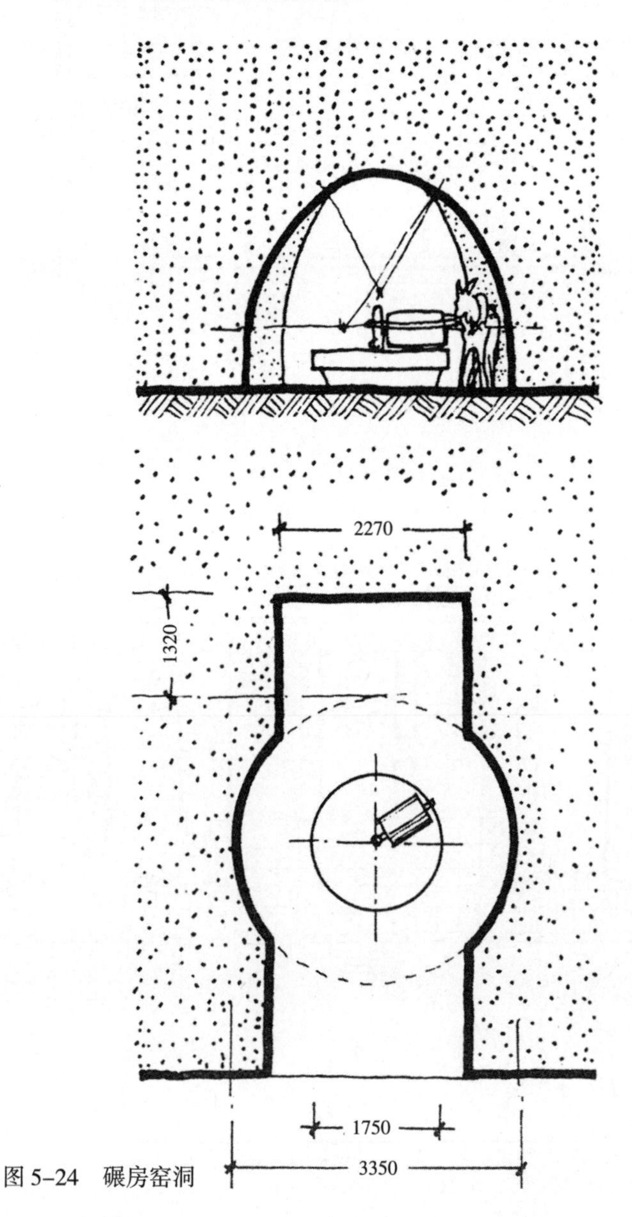

图 5-24　碾房窑洞

总之，上述生活辅助设施都有陕西窑洞民居的地方特色。它们是劳动人民长期生活实践中形成的，具有功能合理、营建方便、简易经济等优点，但也存在着不够科学之处，很需用现代技术加以发展与改进！

五、村落规划

发展到现今的窑洞民居是经历了长期的历史考验。不难看出，我们的祖先在村镇选址、总体规划思想方面颇有独到之处。民俗称作观“风水”。“风”应当释为自然风貌、“水”则应理解为水土、水源，也就是村镇的聚落，首先要结合，山、水、塬、沟、峁等自然条件，依山就势，因地制宜地选择与规划居民点。参见几组延安、绥德、米脂、乾县窑洞村落远景照片，如图 5-25 ~ 图 5-28。

窑洞村落的规划虽然是历史上自然形成的，代代相传，因袭传统，而其中都包含着许多符合现代村镇规划理论原则。

1. 窑洞村落的规划原则

● 依山近水。考察陕西许多农村，凡是形成较大的居民点，必有饮泉或溪水。这也是现代村镇选址的首要条件之一。如延安枣园村就有两处饮泉；米脂县内的深沟古壑中之所以发展了杨家沟和刘家峁地主窑洞庄园古寨，也是因为处处有甘泉之故。

● 精于选土。在窑洞民居的规划上，选择稳定安全的土质也是重要的。关于此点在第六章窑洞的营造与技术中还要详述，这里仅就有关规划方面谈几点：

图 5-25　延安窑洞村落

图 5-26　米脂窑洞村落

图 5-27　绥德窑洞村落

图 5-28　乾县窑洞村落

注意沟谷、山崖的稳定性，冲沟下游、断面成“U”形，纵坡度小的，地质构造已长期稳定者最好。

土层密实均匀，有足够厚度。如在黄土原上挖下沉式窑洞，则要选地下水位低，干燥的土层。成层厚度较大、坚固密实、抗压强度高、垂直节理好的马兰黄土，或分布均匀的礓石层对洞顶稳定十分有利。

注意周围环境不稳定的因素，如滑坡、塌陷、溶洞及断裂等不良地段。排水不畅，有洪水威胁的地区不宜挖窑洞。

● 重于靠田，农家生活靠近耕田是基本原则，一个村落总是因为有耕田才能发展的。居住地到耕作地的距离取决于耕作技术与工具以及上下工往返的时间，一般以20 ~ 30分钟徒步的距离称作耕作半径。在陕北窑洞村落窑洞建在山腰上而不设在近水的崖边，这也是重于靠田的例子。农民往往宁肯下山汲水路远些，却换来了每日三次往返上山耕作的方便（图 5-29）。

● 良好方位。避风、向阳、日照都属于选择良好方位有关的问题。我们见到的村镇、窑洞群都建在向阳的坡面。南、东南、西南方向最好。正东、正西方向的也有，一般在高原高寒区不避西晒，但向北的阴坡是极少建窑的。在个体窑洞人家的方位选定时，民俗风水讲：“民宅忌讳沿子午线布置”，所以许多民家窑洞或门楼总要偏斜 10° ~ 15° 左右。这种偏斜的门楼在米脂很普遍，据说避开子午线（正南北）的偏斜方位是吉祥之意。其中虽有迷信色彩，从科学上分析居窑偏向东南或西南方向，是接受日照最长的好方位。

● 四乡开路。凡有村落聚居的地方，总有大车路或简易公路与四乡或集镇相通。路以沿沟谷的为多，有时也要翻山做盘山路。上山耕作的盘山小径则四通八达极为方便。

因为过境交通量较少，一般的大路都穿越村落。在集镇地方往往大路（或公路）两旁逢集市时，则立刻变为热闹非凡的商业街，为寂静的山村增添了生气。但这将要随着现代交通工具的发达，机动车的穿越，同时会为宁静的山村带来对居住环境的污染和干扰。

自然村落的商业网点和文化福利设施（小学、中学、俱乐部等）也是随着历史发展自然形成。

2. 窑洞村落的规划类型

虽然窑洞村落绝大多数是历史上自然形成的，正是由于有着顺乎自然的规划思想才取得了融于自然，与自然和谐的良好效果。因此由于自然地貌的不同而形成了以下几种规划类型：

● 长条形。主要指靠山坡形成的村落，沿山崖陡壁比连布局，由于崖壁长窑洞也跟着延伸。有的崖壁较高或坡度较缓，则顺势开挖双层或数层台梯式窑洞群。延安枣园村就属于此种类型（图 5-30）。

● 弯曲形。多是在沿沟、河谷两岸的断崖上布置村落，因为河道弯曲，窑洞群也随着弯曲而形成弯曲的布局类型。有时在河叉转折处会出现脉络式的布局形式（图 5-31）。

● 弧圈形。这是一种集群式布局，窑洞集中在一个广阔的大沟塘周围或弧圈形崖壁上，窑洞群都向心地布置在崖壁上，呈弧圈形。乾县的李家堡就是这种类型（图 5-32）。

● 潜掩型的散点布局。这是在黄土原区的下沉式窑洞村落中常见的形式。因为这种窑洞不受地形限制，只需保持户与户之间相隔一定的距离（14 ~ 20 米），所以形成了散点式布局类型，在地面上看不见村落，形成潜掩型状况（图 5-33）。“村村农舍土中掩”就是对这种类型的描述。

还应指出由于自然地貌的繁杂，所以大部分村落，常利用不同的地貌营建各种类型的窑洞居民点，因而出现综合型规划。因山顺势，因地制宜与自然环境巧妙结合，使整个村落的规划和布局很有特点（图 5-34）。

3. 自然窑洞村落存在的问题

不可讳言，由于自然窑洞村是经历了自由发展逐步形成的长期历史过程，很难有预先的总体规划，因此必然存在一些问题：

居民点较分散，一般的自然村均在 40 ~ 50 户左右，

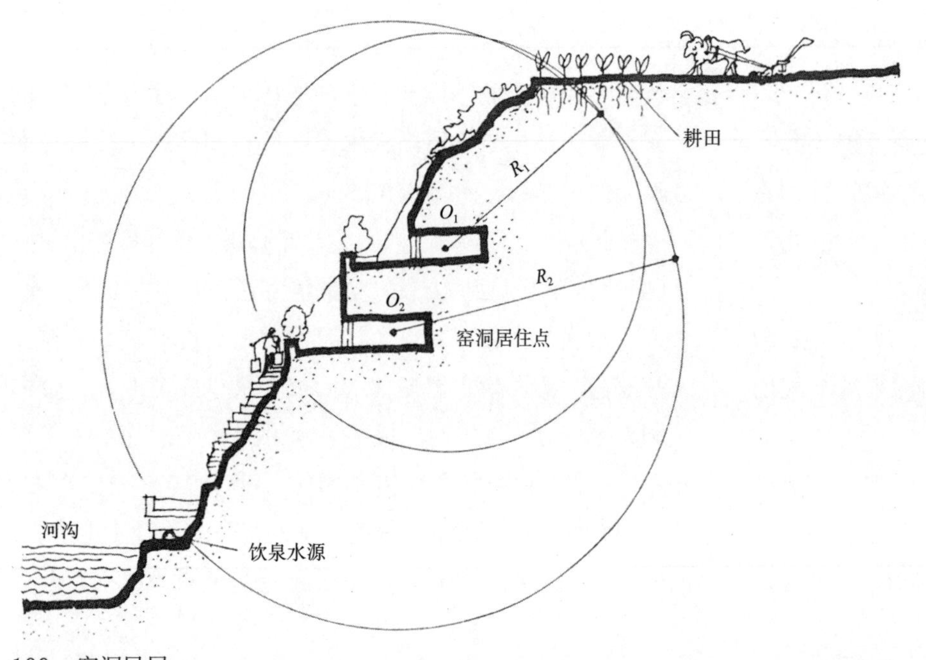

图 5–29　耕作、汲水比较图

而且因沿沟、靠崖往往形成长条形或带状村落，不易组织公共设施（如小学生上学太远）；

自然村除自然形成的外，无有组织有规划的道路网，各户的窑庄布置零乱；

全村缺乏统一的排水排污系统和有效的防洪措施，并且缺乏全面的供水规划；

由于人口增长和常年窑脸受雨水冲刷，经常切土维修，因而下沉式的天井院不断扩大，蚕食耕地；

开荒垦田，破坏植被，造成水土流失破坏了生态平衡；

全村没有明确的功能分区规划，人畜混杂，有碍居住环境的卫生等等。

这就需要我们认真研究，加以改进。

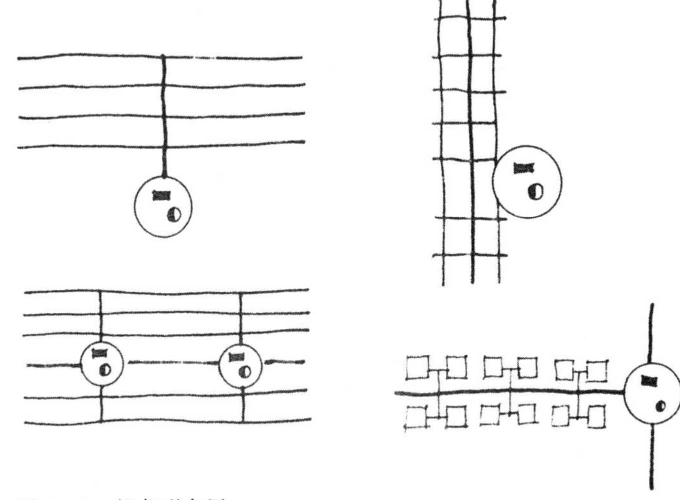

图 5-30　长条形布局

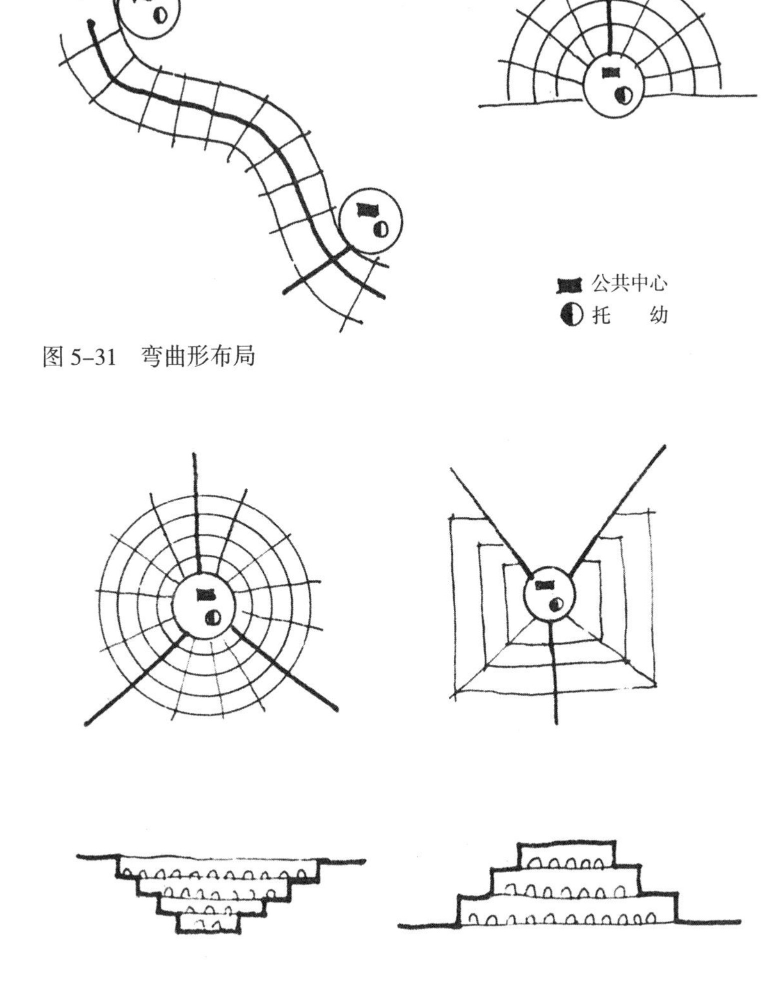

图 5-31　弯曲形布局

图 5-32　弧圈形布局

六、实例

1. 实例一

陕西渭北窑洞区，淳化县十里原乡梁家庄村是一个古老的窑洞村，坐落在渭北黄土高原，东临宽广的冲沟（俗称小花沟）。因位于丰厚的老黄土层位上，并兼气候干旱，夏热冬冷，雨量稀少，历年平均降水量为537.9毫米，最少年为264.9毫米。全村人口1446人，300户，宅基276

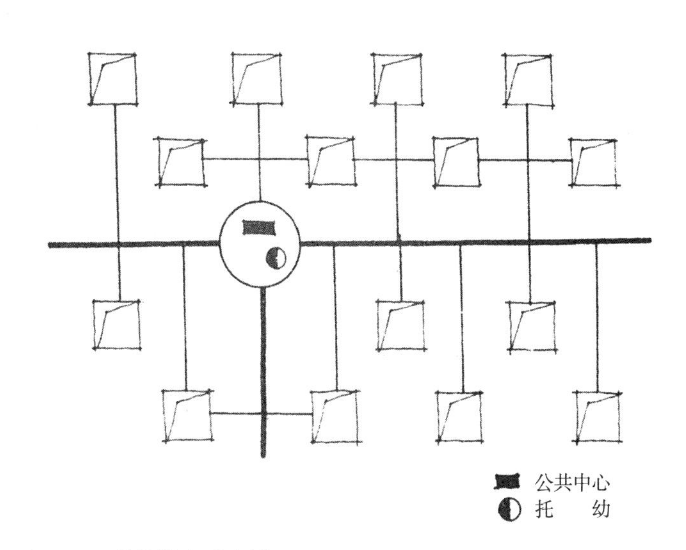

图 5-33　潜掩散点式布局

个其中下沉式窑院 173 个，占 62.8%，靠崖窑院 52 个，占 18.5%，房庄院 51 个，占 18.9 %，总共住窑洞的户数占总户数的 80.8%。

窑洞的类型非常丰富，它们都因地制宜，根据自然地形巧妙地布置自家的窑院，有的在院落布局和建筑艺术处理上卓有创造。是窑洞村落中罕见的实例之一（图 5-35）。

2. 实例二

陕西乾县乾陵乡张家堡村韩家堡第四生产队，是一个规模较小的自然村。全村人口 190 人，有耕地 483 亩，共 34 户。1981 年时有 32 户都住窑洞，占 94.1%，只有 2 户住房。近两年来农民经济收入增加，有些人则弃窑盖房，现住房户数已增加到 11 户，占 32 %。究其原因，一是下沉式窑洞本身尚存在着怕渗雨塌陷、上下不方便和占地面积大的缺点；一是社会心理上的原因，认为窑洞落后。

按该村所处的地理位置，自然条件和社会条件是完全可 以发展窑洞村落的。

乾县地处渭北黄土高原的南缘，在基岩上覆盖着 $Q_1 \sim Q_3$ 黄土层；气候为干旱半干旱地区，历年平均降水量不足 640 毫米，群众称为“干县”。年平均气温 12.7℃，七月份平均气温 26.1℃，一月份平均气温 -1.7℃。极端最高温度 41℃（1966 年 6 月 19 日），极端最低温度 -17.4℃:（1969 年 2 月 1 日）。这是发展地下黄土窑洞村极为有利的自然条件。

乾陵是唐高宗李治和女皇武则天的合葬墓，距该村只 3 公里，新开发的懿德太子墓就在本村内北端。这又是发展窑洞村的社会条件。

韩家堡村东临稳定的冲沟，已布满了 9 户靠崖式窑洞。北面是四级公路与西兰公路相通。就在村中心离开冲沟，小公路以南的土塬上，已有下沉式窑洞 8 户，其中有几户的窑龄已相传百余年之久（图 5-36）。有几户的窑洞建筑布局和空间艺术效果，对我们很有启示。

3. 实例三

西安邵平店村，位于西安东郊去临潼的公路南边 2 公里的土塬上，有一个 35 户的窑洞村，绝大部分都是下沉式窑院。图 5-37 是一个典型实例，曲弧形坡道联结着两户（同族兄弟），中庭以厨房和土墙划分，院内植果木树，坡道崖头长满了茂密的灌木丛，在阳光的沐浴下显得格外宁静。

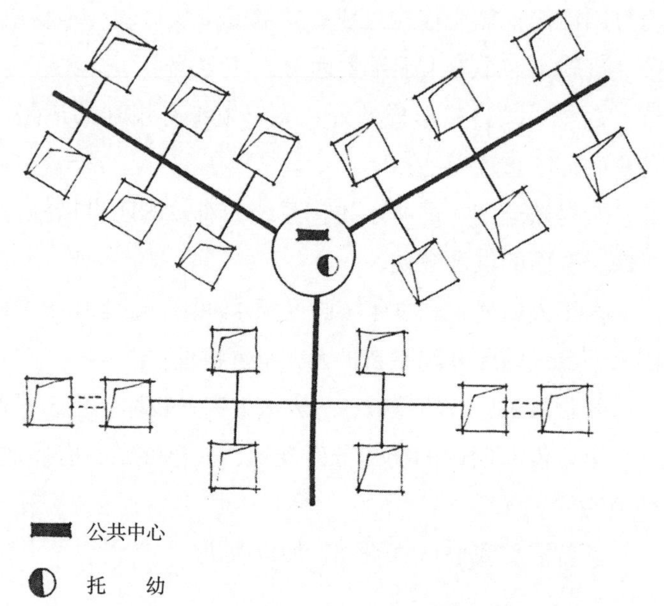

图 5-33　潜掩散点式布局（续）

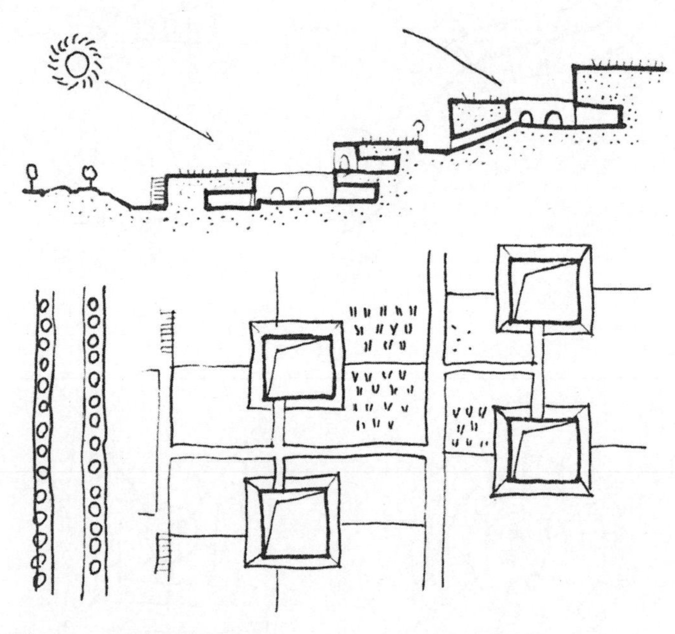

图 5-34　综合型规划布局

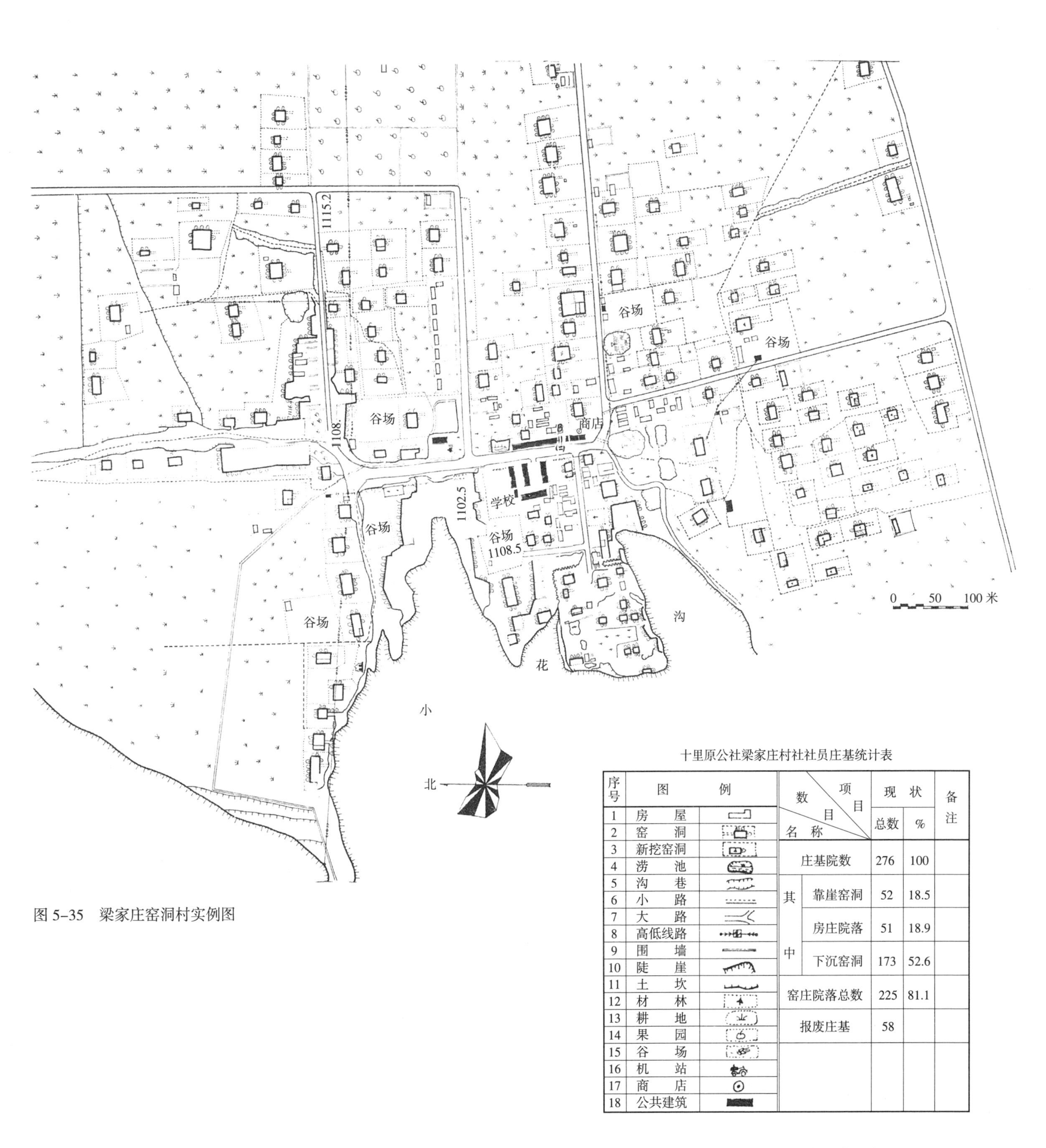

十里原公社梁家庄村社社员庄基统计表

序号	图例
1	房屋
2	窑洞
3	新挖窑洞
4	涝池
5	沟巷
6	小路
7	大路
8	高低线路
9	围墙
10	陡崖
11	土坎
12	材林
13	耕地
14	果园
15	谷场
16	机站
17	商店
18	公共建筑

项目 / 数目 / 名称		现状 总数	现状 %	备注
庄基院数		276	100	
其中	靠崖窑洞	52	18.5	
	房庄院落	51	18.9	
	下沉窑洞	173	52.6	
窑庄院落总数		225	81.1	
报废庄基		58		

图 5-35　梁家庄窑洞村实例图

可惜现在该村受城市工业地下水管的污染、侵害，已大部分被毁。

4. 实例四

乾县吴店乡吴店村的吴宅。吴店是乾县最北部的一个乡，北接永寿县边界，是窑洞最多的地方。吴宅很能代表渭北窑洞的特点，标准的“八挂窑庄”（9 米 ×9 米的下沉式天井院四面崖壁，每壁面挖 2 孔窑洞），居窑、厨房和柴窑主次分明，各得其所。长长的坡道两侧安排着兔窝、鸡舍。平面布局紧凑在功能上完全满足了农家的需要，在立面处理上采用赭黄色草泥窑面，抛物线形的曲形拱洞，镶嵌着格子窗棂和漆黑的房门，挂上雪白的门帘，很有些材料质感对比、色彩对比的效果，给人以质朴深沉的美感（图 5-38、图 5-39）。

5. 实例五

乾县韩家堡村党宅。从图 5-40 和图 5-41 中可以看出，这是具有三个下沉式窑院的串院型窑院，窑龄较长。居住者原来是 15 口人的大家庭，为了子女分居又挖成北边的院子。南边的两进院子只在朝南的布置居窑，朝北的窑洞小，安排厨房杂用、功能合理。可惜由于年久失修南边的老窑洞已遭破坏。

6. 实例六

乾县韩家堡韩文新宅。这是一个布置紧凑、修葺整洁的小康农家。方方的中庭嵌砌着灰砖的护崖檐。长长的坡道，中间设置着经过修饰的洞门。坡道崖头挂着蔓生树丛。两侧高大的阔叶紫梧树影洒满土坡，真如同一幅田园风景画（图 5-42、图 5-43）。

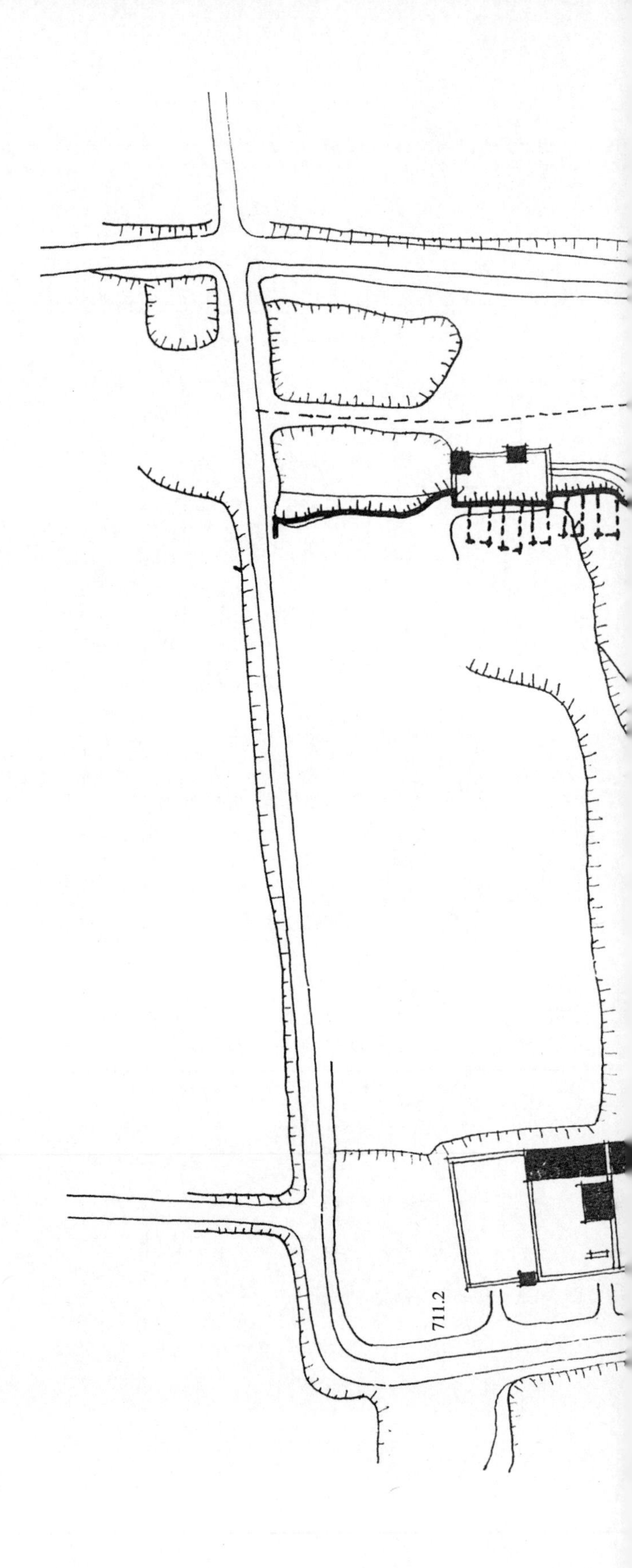

图 5–36　韩家堡自然村测绘图

705.2
706.0
711.0
710.0
韩万成宅
北
709.0
0
10
20
50 米
姬兴周宅
711.0
韩子文宅
马光德宅
韩文新宅
709
708.4
710.5
709.5
韩老汉宅
708.7

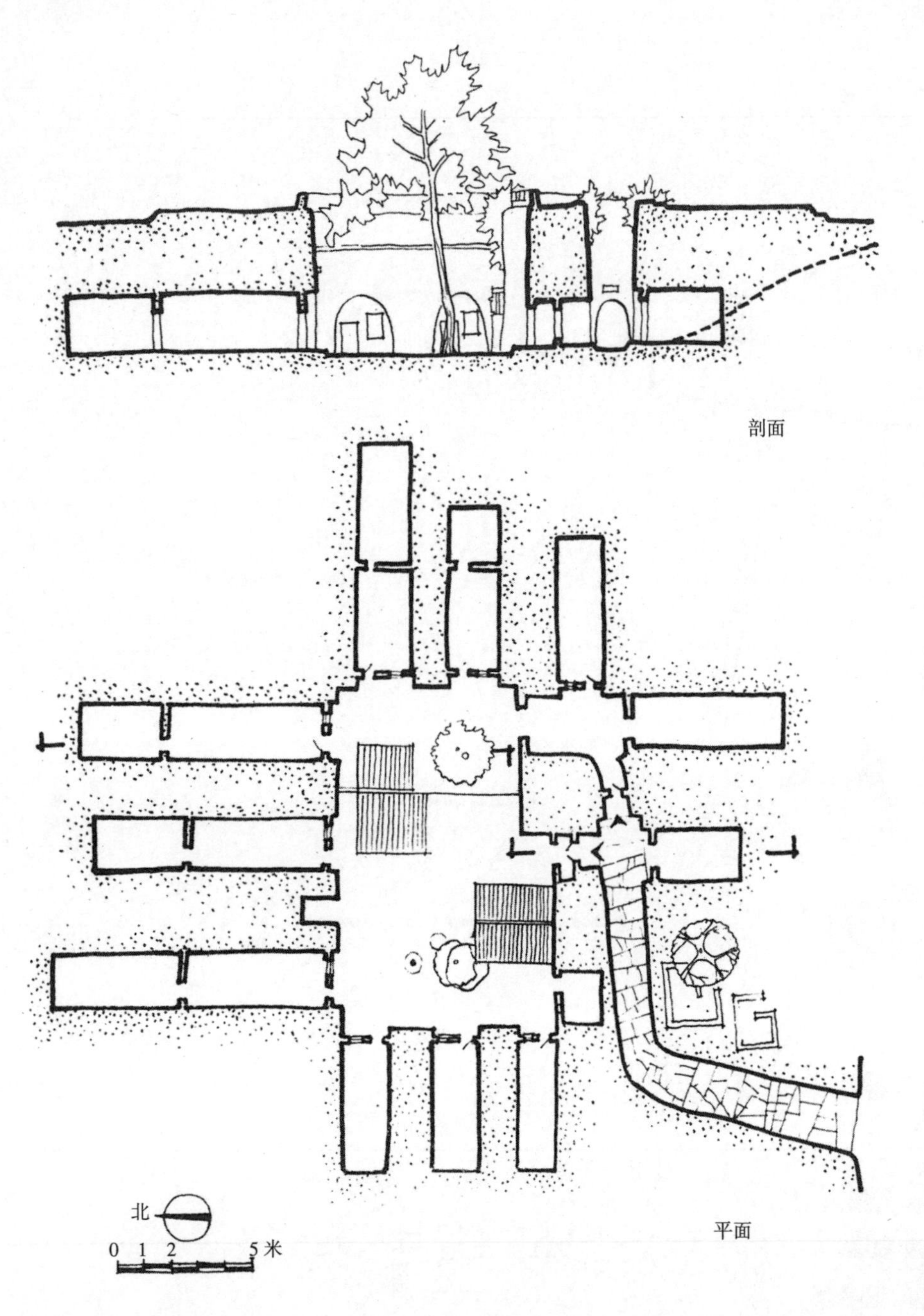

图 5-37　西安邵平店张宅

图 5-38　乾县吴店村吴宅平面图

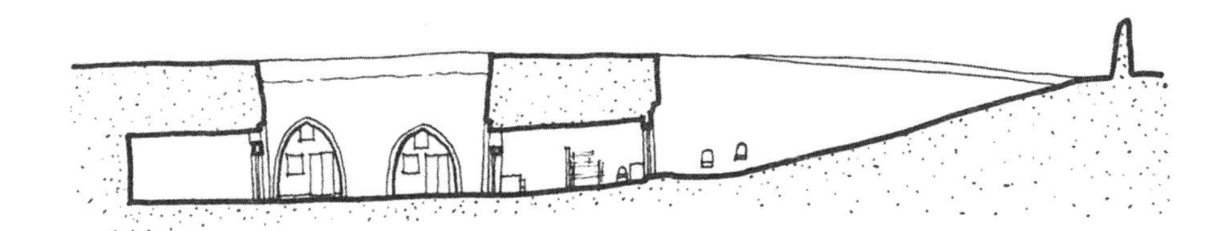

图 5-39　乾县吴店村吴宅剖面图

图 5-40　乾县韩家堡村党宅剖面图

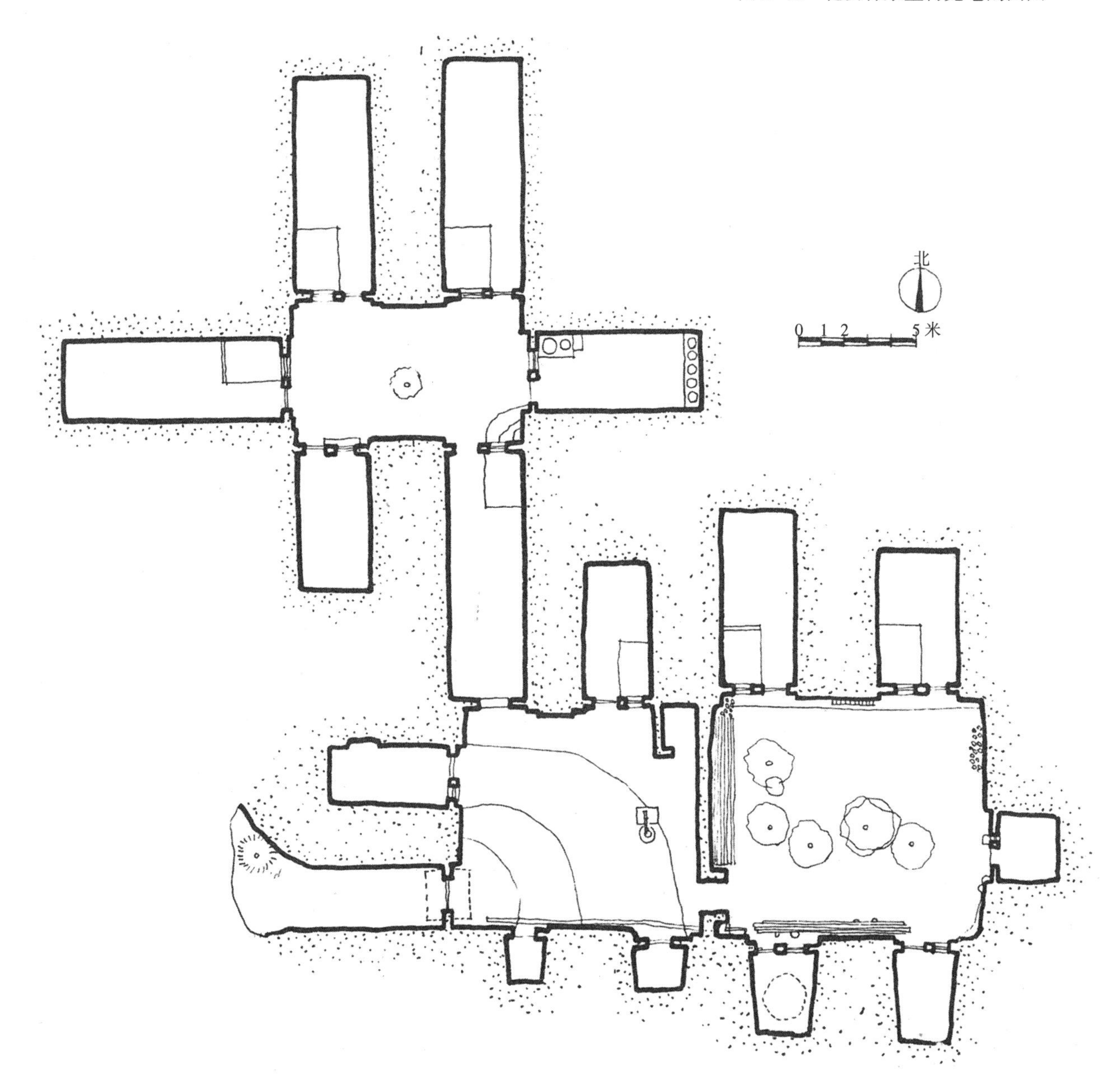

图 5-41　乾县韩家堡村党宅剖面图

图 5-42　韩文新宅平面图

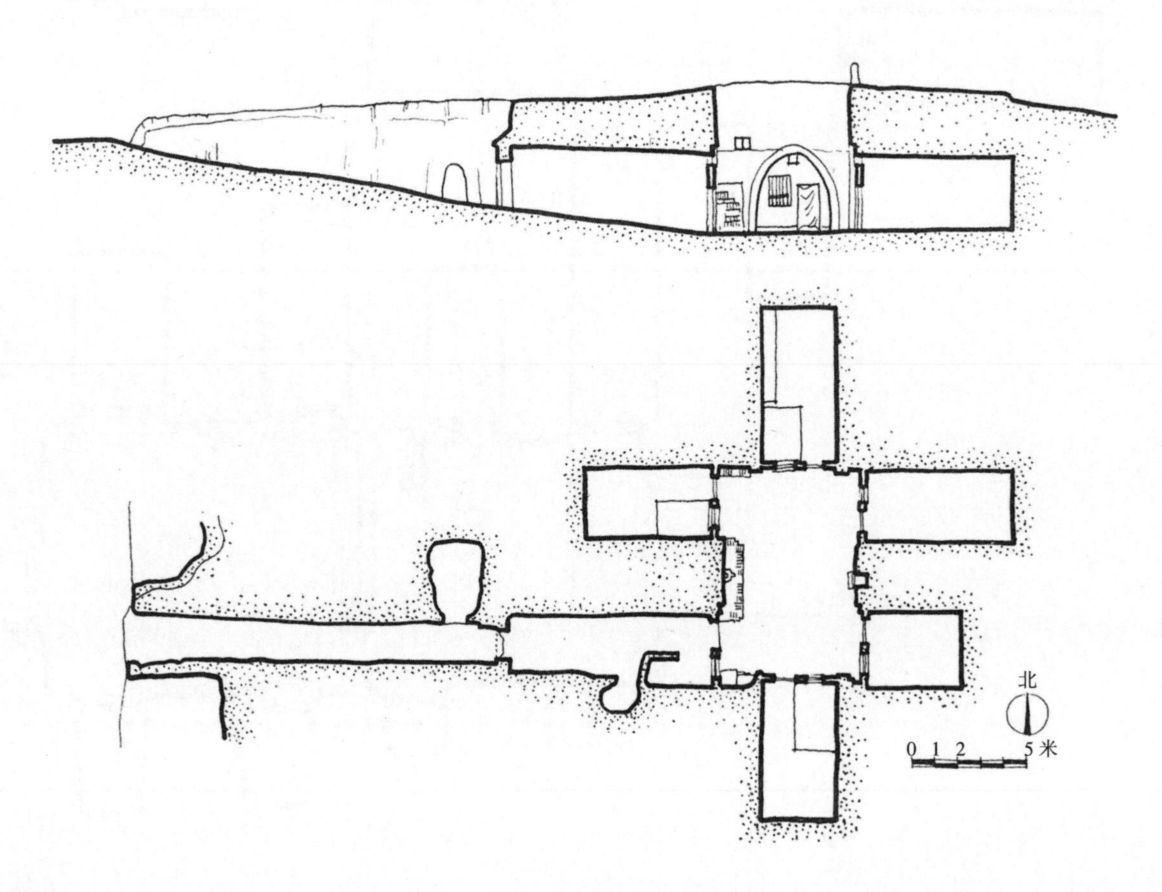

图 5-43　韩文新宅门楼速写

7. 实例七

乾县韩家堡村，沿沟窑与下沉式混合型一例。

这是靠崖窑洞扩展形成的，也是家庭成员增长需分居而构成的，这种形式的布局克服了独立下沉式窑院上下坡道的麻烦，仍能保持其宁静的优点（图 5-44、图 5-45）。

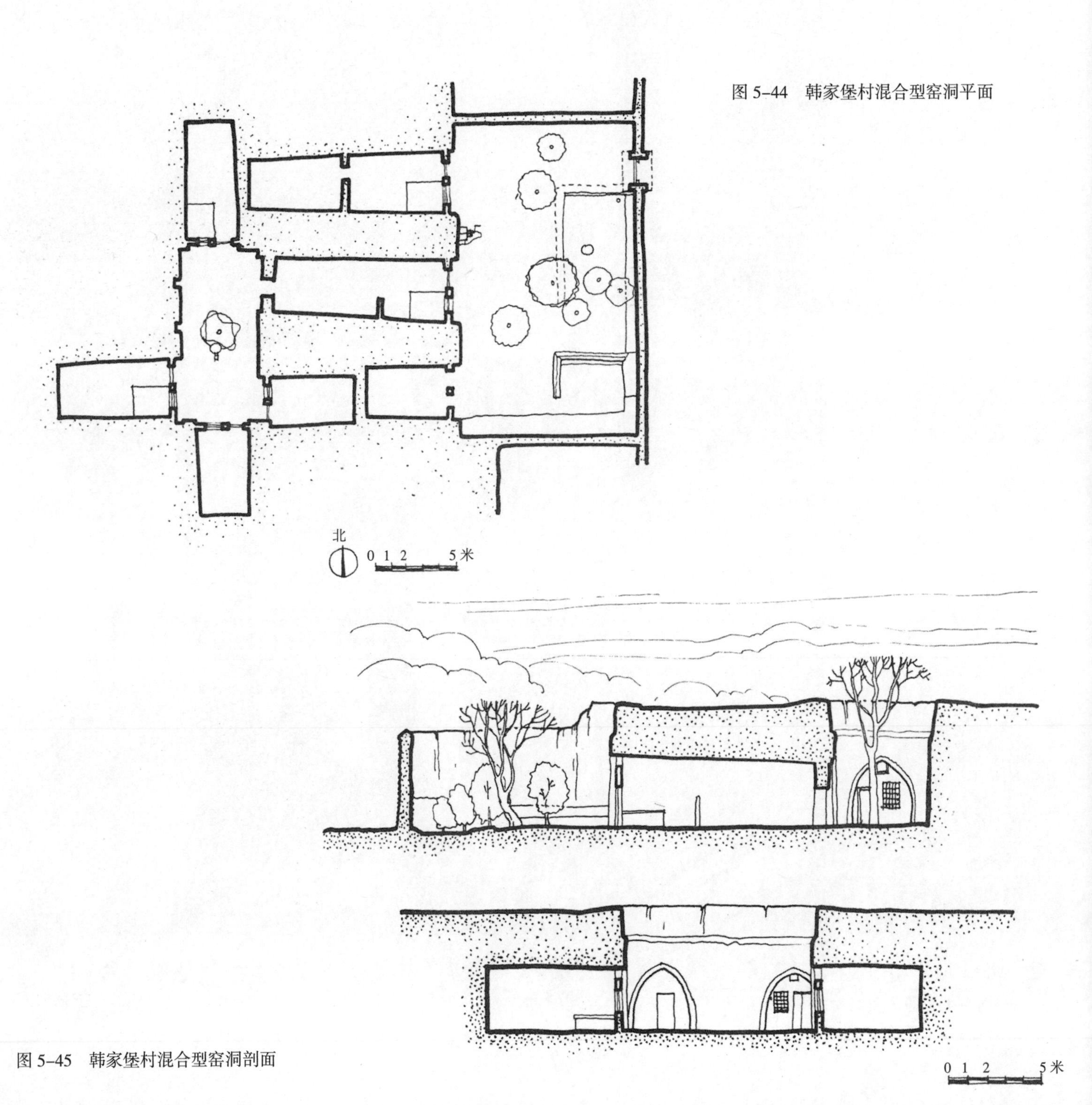

图 5–44　韩家堡村混合型窑洞平面

图 5–45　韩家堡村混合型窑洞剖面

8. 实例八

陕西礼泉县烽火乡烽火村窑洞学校。这是渭北原区，合理地利用原坡荒沟，依山就势，挖高填低，向黄土地层争取建筑空间约用地的典型实例（图 5-46）。

这一群靠崖式窑洞群所形成的主体空间，在建筑艺术构图上给人以古朴的美感（图 5-47）。

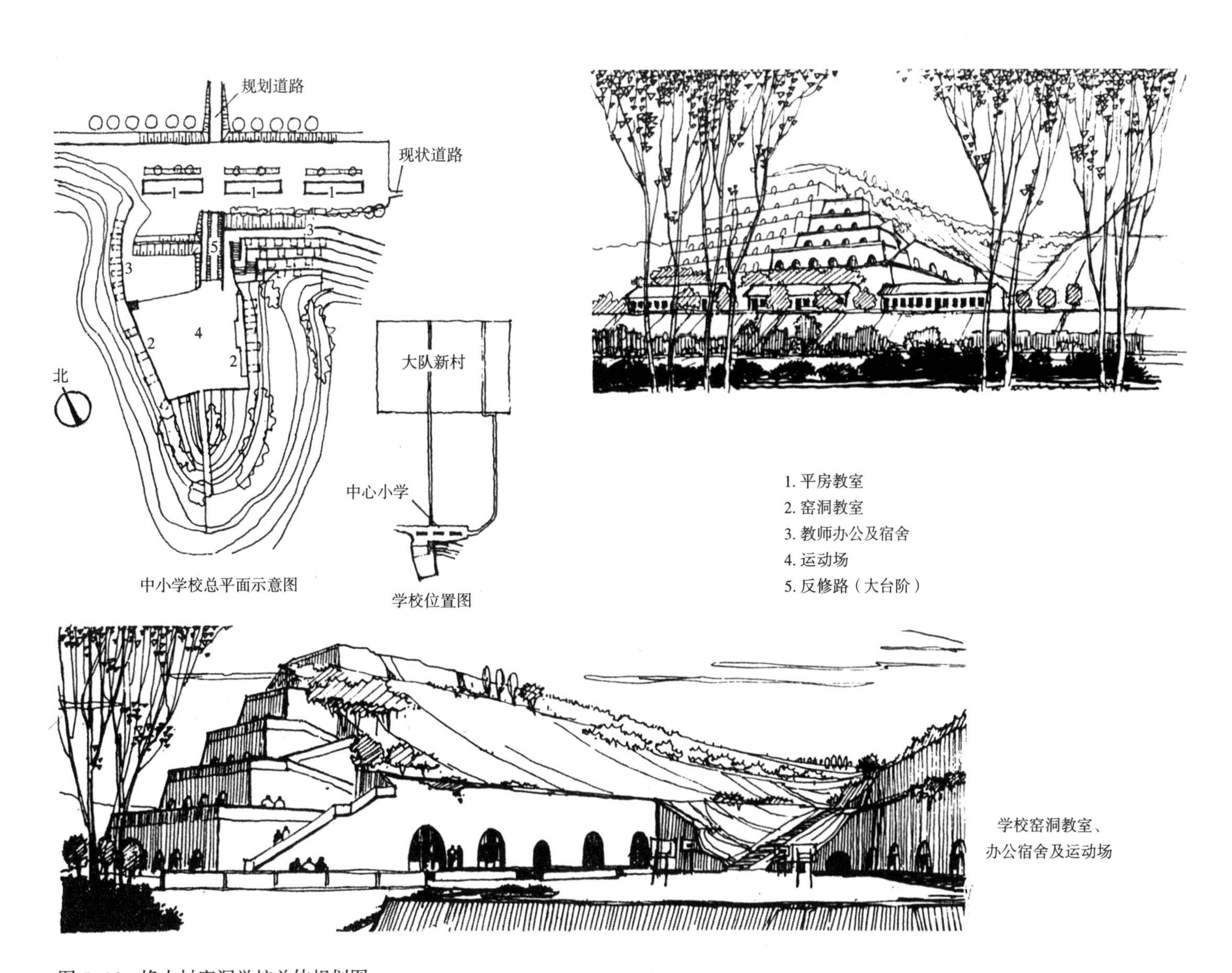

图 5-46　烽火村窑洞学校总体规划图

图 5-47　陕西省礼泉县烽火村大队窑洞学校外景

第六章

晋中南窑洞民居

山西，足一个黄土窑洞分布区，其境内约有150万孔黄土窑洞，占全省农房总数量的四分之一左右，估计有500万人居住在窑洞里。窑洞主要分布在山西西半部和南部黄土覆盖较厚的地区，包括偏关、保德、兴县、临县、方山、离石、蒲县、平陆、浮山，芮城等30多个县。相当数量的黄土窑洞分布在大同、忻县、太原、临汾、运城、长治六大盆地周围的边坡地带。不少地区的窑洞居民可占当地总人数的70% ~ 90%。阳曲县约12万人有9.6万人居住在7.5万余孔窑洞中，娄烦县约8万人有6.4万人居住在窑洞中。临汾地区太平头村现有100户人家就有98户住在窑洞里，平陆县槐下村现有130多户人家500多口人约98%的户数住在窑洞里。“条条沟壑藏农舍，户户窑洞土中掩”。山西黄土地区广布着各色各样的窑洞及窑洞村落。对阳曲县窑洞居民的初步调查，结果男女居民平均寿命大致为70岁左右，95岁以上的老人也不少见，故又称窑洞为“长生洞”。广大群众至今还乐于居住在黄土窑洞和土拱窑洞里（表6-1）。

地处太原以南的临汾、运城地区称晋中晋南，晋中南窑洞民居是山西窑洞集中的地区，可以反映山西窑洞民居的情况。地处黄河三角洲地区的芮城平陆县可以反映黄河对岸陕西省潼关、西安一带黄土窑洞的风貌。

一、自然条件

山西地形有五分之四的面积为黄土所覆盖，中部、北部山间盆地黄土覆盖厚度一般可达数十米，吕梁山以西的地区黄土厚度一般为100 ~ 150米，最厚可达250米。黄土成片状分布，原始沉积面平坦，微倾斜；吕梁山 ~ 太行山地区，黄土厚度在50米左右，黄土呈零星小块分布，黄土层厚度由西向东减薄。由于受雨水和河洪的严重切割，沟谷十分发育，于是奠定了黄土窑洞比较发展的自然条件。

山西黄土，以粉粒组成为主，性质疏松，有垂直的节理，其黄土层具有易于开挖的特性。山西与陕西的交界处则属于再生黄土，为冲积类型的黄土层，在二级阶地上的冲积黄土层厚度可达40米，灰黄带微棕红色，较坚固。晋南构造盆地边缘，闻喜东西两原为原生黄土堆积类型，新黄土与老黄土二者的颗粒组成大体相似。从临汾地区的黄土崖来看，大致可分为四层，即表层为1米左右，上层为3 ~ 5米，中层为十几米或几十米，下层多为几米或数十米。一般来讲，上层黄土与中上层黄土之间有一层浅红土层，这个浅红土层的土质比较密实坚硬，黏性也好，因此，人们

太原地区土窑洞与土拱窑洞分布情况一览表　　表6–1

县区名称	窑洞孔数（孔）	居住人口（人）	占该地区总人口比重（%）
阳曲	75480	96635	80
娄烦	21300	64000	80
古交	9940	26000	26
北郊	6000	19000	12
南郊	4000	12000	7
清徐	2500	10000	4
小计	119224	228635	—

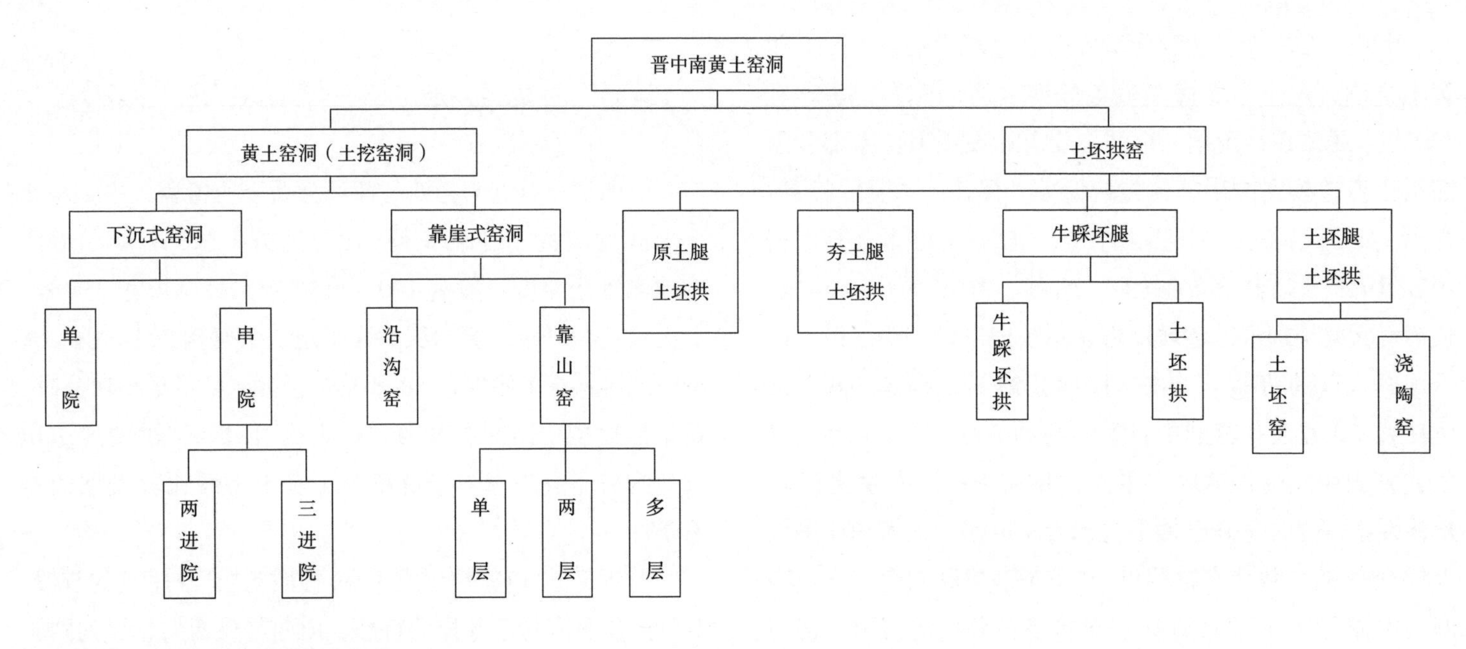

图 6–1　晋中南黄土窑洞分类图式

多在上层黄土以下建造窑洞。在浅红土层上开挖土拱，使窑腿坐落在红土层下。而在砂土层上人们一般不挖窑洞。

二、气象条件

太原位于山西黄土高原中部，春季升温快，日温较差大，干旱，多风沙；夏季较热，雨量集中，有暴雨；秋季晴天增多，天气稳定少变；冬季寒冷。冬春长，夏秋短，气温年较最热月（7 月）月平均值为 23.5℃，极端最高 39.4℃；最冷月（1 月）月平均值为 –6.7℃，极端最低为 –25.5℃。由于太行山与吕梁山的缘故，海风不能长驱直入，雨量集中，并多暴雨，年变率大。年平均降水量为 461.8 毫米，约 63% 集中在 7、8、9 三个月内。年蒸发量为 1840.2 毫米，为年平均降水量的 4 倍。由于降水量少，空气干燥，年平均相对湿度为 60%。全年盛行偏北风，年平均风速 2.5 米 / 秒，最大风速 25 米 / 秒。1964 年 7 月 3 日的一次南风曾达 40.5 米 / 秒。干旱、暴雨、冰雹、霜冻容易发生，尤以干旱、霜冻为害较大。晋南地区夏季比太原炎热，降雨量也多。临汾地区年降水量为 510 ~ 620 毫米，太原的年平均气温为 9.4℃，而晋南临汾地区的年平均温度为 8.6 ~ 12.3℃，（最冷 7 ~ 10℃，最热 28 ~ 38℃）。新绛的年平均气温为 14.5℃，比徐州的 14.2℃还高。

三、窑洞类型

晋中南黄土窑洞中独立式土坯拱窑洞居多，其类型细目可见（图 6-1）。在山区一般为靠崖窑；在原区，则多为下沉式窑洞（当地称为地阴院）；此外，不少地区建有土坯拱窑，尚有原土腿、夯土腿、牛踩坯腿或土坯腿的土坯拱窑；在吉山县一带，还有一种火烧坯的土坯窑（陶窑）。

土坯拱窑系指用土坯券砌的拱形窑洞。这种窑洞，以浮山县、洪洞县、临汾市周围村镇比较多。土坯拱窑开间宽度为 2.7 ~ 3.2 米，进深为 7 ~ 8 米，净高为 3 ~ 3.7 米。多用异形土坯砌成双心圆拱或半圆拱顶，拱身（墙）则因地而异（图 6-2），有采用原土腿（墙）的（这类土坯拱窑利用丘陵坡地，挖成半地下式），有采用夯土腿（墙）的，也有采用牛踩坯[①]腿（土拱的垂直墙）的。更多的是采用土坯腿，拱腿高 1.5 ~ 1.9 米。当然也有用砖坯、砖、石等砌筑的拱窑。在浮山县窑头村，还有草泥窑洞，做法是用原状土拱腿上的拱顶上一层一层堆砌麦草泥，拱脊部分草泥厚 50 厘米，草泥干后在草泥顶上铺塑料薄膜一层，夯土厚 50 厘米，找坡 10%，然后把土模掏出，草泥窑洞便可形成。土坯拱窑的屋面防水排水处理主要有三种形式：一种是在拱顶上填土夯实做平屋顶，坡度为 5%，面层防水材料多用 2∶8 灰土或白灰炉渣拍实；一种是双坡屋顶草泥铺小青瓦或机瓦，外形如同瓦房建筑；另外还有四坡屋顶和锯齿形屋顶。

拱墙	拱顶	剖面示意
原土腿	①土坯拱 ②单泥拱	
夯土腿	①土坯拱	
牛踩坯腿	①土坯拱 ②牛踩坯供	
土坯（砖坯）腿	①土坯拱 ②砖坯供	

图 6–2　土坯拱窑洞的类型

四、单体窑洞与组合

1. 单体窑洞

● 平面形式

晋中单体窑洞平面形式主要有三种即直窑（一字形）、拐窑（带侧洞）和尾巴窑。单孔直窑，在大宁县、蒲县、石楼一带以及太原、吕梁等地区比较多见，临汾、浮山、翼城几个县也有，但不普遍。拐弯，则是在窑洞的侧墙上挖一个小窑，这个小窑就叫拐窑（耳室），主要用来堆放煤炭、柴禾和杂物。尾巴窑，就是在窑洞的后墙壁上挖一个小窑，这个小窑称之为尾巴窑，主要用途是贮存粮食或放置什物，当贮藏间用。

● 立面造型

晋南黄土窑洞的立面造型可从三方面来看。从窑脸部分来看，有原土窑脸、草泥白灰抹面和砖窑脸等形式，又有可看出拱形和看不出拱形（多用于砖砌窑脸的窑洞上）两种形式。从门窗部分来看，有独门无窗的、一门一窗和一门两窗等形式。多有高窗，以一门一窗的形式最为常见（图 6-3）。从拱形部分来看，有半圆拱、二心圆拱、椭圆形拱、抛物线拱、尖拱等形式，临汾地区范家河和运城地区芮城大王村尚有近似乎平拱的窑洞（拱顶挖在礓石层下部）。以半圆拱和二心圆拱者最多。

● 剖面形式

单体窑洞的横剖面形式同其他地区的相似。单体窑洞的纵剖面，有前高后低和前后几乎一样高两种形式，以后者最多。窑洞纵剖面以前口略高于后底为佳，这样，利用空气流通，排烟畅快，利于排潮湿，利于采光，并可减少窑内回音。另外，也有窑洞内带阁楼与不带阁楼的剖面形式之分，以不带阁楼的形式最多。

● 一般尺寸

窑洞跨度。一般在 2.5 米与 3.5 米之间，以 3 米左右

① 牛踩坯是用牛将灌了水的田里泥土踩实后，用铁锹切成的土坯。

最为普遍（表 6-2）。芮城县杜家村有 7 米宽的大窑洞，东西沟有 8 米宽的大窑洞。窑洞进深，一般为 7 ～ 8 米，也有不少达到 10 米左右的。芮城县杜家村有 20 米、30 米深的大窑洞。

窑洞净高，一般为 3.2 ～ 3.6 米，芮城县杜家村有高达 7 米的大窑洞。

关于黄土窑洞的尺寸，山西各地尽管有不同的选择，但民间有一个比较一致的传统做法，这就是：窑宽一丈（3.3 米）、进深二丈（6.6 米）、净高丈二（3.6 ～ 3.9 米）。

2. 窑洞组合

● 平面组合

山西窑洞的平面组合有三种形式：一是单孔窑，有的一孔窑可容纳全家居住，还包括做饭与贮藏东西。二是两孔窑并联，一孔窑为起居室和厨房或兼卧室，另一孔（称之为里间）为卧室。三是三孔窑并联，称之为一明两暗（亦称为一堂两卧），即中间一孔为起居室兼厨房（称为堂屋），两旁的窑洞为卧室。中间窑开门，两边窑设窗（图 6-4）。一明两暗的窑洞组合形式，在山西到处可见，是山西黄土窑洞的一大特点。

图 6–3　最常见的立面形式

山西部分地区窑洞宽度一览表　　　　**表 6–2**

地区名称	窑洞宽度（米）
五台	2 ~ 2.5
太原	3 ~ 3.5
吕梁	2.7 ~ 3
隰县	3 ~ 3.5
浮山	2.5 ~ 3.5
临汾	3 ~ 4
平陆	2.5 ~ 3.6
芮城	3 ~ 5

● 空间组合

窑洞的垂直空间组合，可分为单层、两层和多层，两层和多层组合往往形成台阶形剖面。对于两层窑洞的垂直位置，有居于同一条竖向轴线的，也有不是在同一条轴线上的，还有一种是错层式的。两个窑洞之间的垂直联系，有室外用土台阶踏步联系的，也有在室内用梯子联系的（图 6-5），平陆县贤人洞张室大窑洞宅就是一个两层窑洞组合的实例（图 6-6）。

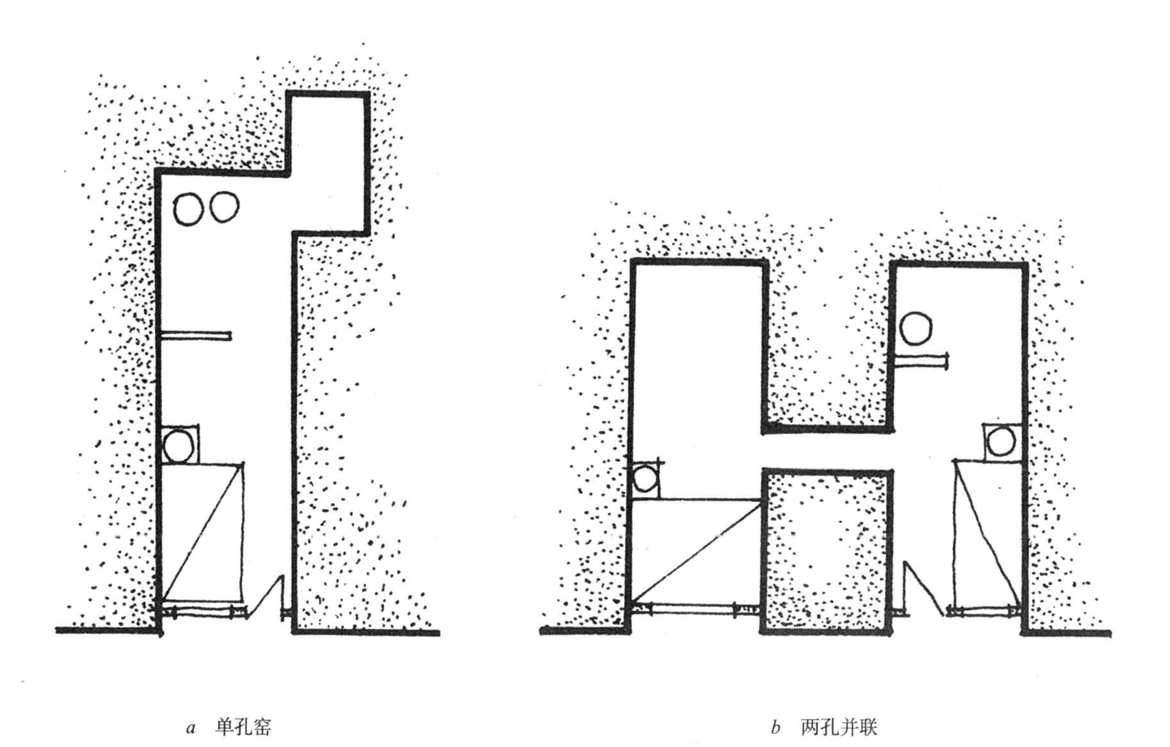

a 单孔窑　　　*b* 两孔并联

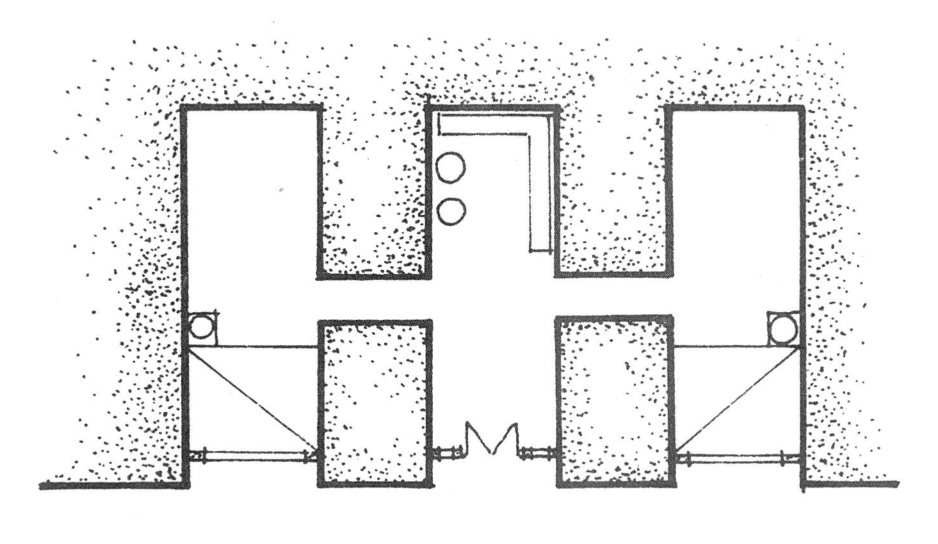

c 三孔并联（一明两暗）

图 6-4　窑洞平面组合形式

● 窑洞院落

主要有下沉式窑洞院洛和靠崖式窑院落，另外还有地面的和半地下式的土坯拱窑洞院落。

山西的下沉式黄土窑洞院落，主要分布在晋南地区，以平陆、芮城一带最典型（图 6-7）。

晋中南地区下沉院的出入口的类型较多，主要有四种形式。一是台阶（踏步）式的，二是直通（平的）式的，三是斜坡式的（露天），四是通道窑式的（半露天）（图 6-8），以斜坡式的露天出入口和通道窑式的半露天出入口居多。

晋南下沉院落的组合主要有三种形式，一是单院，二是双院（比邻式），三是串院。串院又有两进院和三进院等形式。平陆县的刘全娃窑洞院就是一个单院；而魏氏院则是一个双院，即比邻式的下沉院；槐下村的王氏院落乃是两进串院。

晋中南的靠崖窑院跟其他地区同样，主要有靠山式和，沿沟式的两种形式。主要分布在运城地区的万荣、河津、原曲、降县、闻喜等地。临汾地区的浮山县的东、西两山一带的太平头、大阳、羊舍等公社，也有不少靠崖窑院。太原地区的东、西山一带靠崖窑院同样也是很多的。

靠崖窑院的形式是多种多样的，有开敞式（无围墙）的和封闭式（有围墙）的；有二合院、三合院、四合院；有直崖面的院落，也有曲崖面的院落；有呈上、下两层院落的，也有多层院落连通的台阶式院落。临汾地区羊舍村李万龙宅就是一个直崖面的窑洞单院（图 6-9）。大阳村崔卫成宅是一个崖窑二合院，该窑洞具有 200 年以上的历史。羊舍村张根宝宅是一个崖窑三合院，而浮山县南关梁氏院落则是一个曲崖面的大院落。大阳村崔雷峰宅则是一个窑洞与瓦房相结合的三合院。太原市耙儿沟村李氏宅则是一个窑洞与瓦房相结合的四合院。临汾地区太平头村王兴家崖窑院则是一个二层台阶式的窑洞院落。

土坯拱窑洞院落，主要有地面院落和半地下院落。浮山县陈庄郭宅则是一个半地下式的土坯拱窑洞院落见彩色图版。

晋中地区较为典型的土坯拱窑洞是，每户一明两暗三孔南窑（窑脸方向朝南），布置在院子的深处。窑前有开阔的前院，种植树木，设置机井，后院较小用作杂务，设家畜家禽圈和厕所。

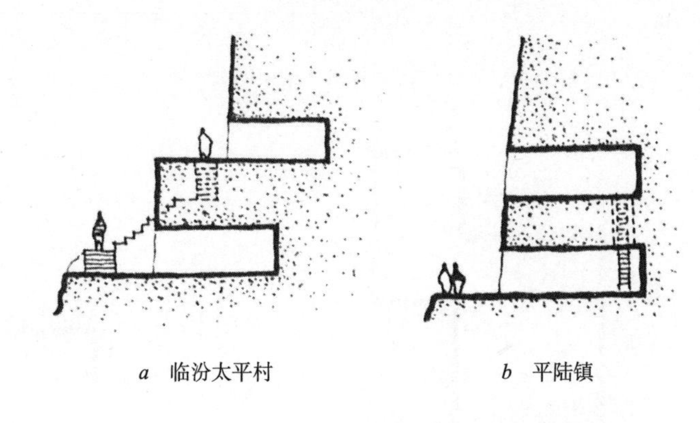

a 临汾太平村　　*b* 平陆镇

图 6–5　窑洞垂直组合形式

五、窑洞村落

山西的黄土窑洞遍及全省农村，晋北、晋中、晋南与晋东南地区均以黄土窑洞为主，晋北和晋中地区砖拱窑洞居多，昔阳县、阳泉一带以石拱窑为主；晋南平川地区有大量的土坯拱窑洞；晋东南地区出现了不少窑洞楼房。就以一个地区来讲，也是因地而异，各有不同的。地处晋中太原地区的娄烦县，多为黄土丘陵，沟深崖陡，适于开挖土窑洞。边缘山区住黄土窑洞的人数达 90% 以上；而阳曲县高村公社高村大队，地势比较平坦，离山较远，采石困难，缺乏木材。全村 676 户，有 550 户住土坯拱窑洞，有 2 户住黄土窑洞，住窑洞户占全大队总户数的 82% 以上。太原北郊山区则以石拱窑洞为主。无论是土打窑、土坯窑，还是砖拱窑、石拱窑，在山西各地形成了一个个富有特色的窑洞村落。

山西窑洞村落，有的一村几百户人家；有一村由 200 ~

图 6-6　两层窑洞实例

300 户组成；也有一村有 100 ~ 200 户左右；还有一村住有 50 户左右；山区、半山区和丘陵地区尚有不少村落是十户、八户组成一个自然村落。由上可见，山西窑洞村落的布局可分为集中布局和分散布局两种形式，当然，晋南窑洞村落也不外乎这两种布局方式。

平陆县槐下村就是一个集中式布局的黄土窑洞村落。全村 130 多户，有 98% 的户数为窑洞院落，下沉式坑院占很大的比例。有 15 个下沉式窑洞院落集中布局在一起的窑院群（图 6-10、图 6-11）。布局紧凑、整齐，独具一格。这 15 个下沉式窑院，每个院子面积都在 100 平方米以上，都是独门、独户、独院，露天式斜坡出入口。包括麦场院在内，这 15 个下沉院群，平均每户占地 1.17 亩。太原东郊杨家峪乡耙儿沟村则是一个一村一个生产队的沿沟式靠崖窑村落，全村约 30 多个院落，几乎全部是崖窑与平房相结合的二合院、三合院或四合院，大部分窑院集中布置在朝向好的崖面——沟北侧的崖面。沟里是村庄，沟崖上面是农田，在一定的距离，有一个斜坡道（大车道）把村庄与田地联系起来，生产与生活都很方便（图 6-12）。

六、室内布置

晋南窑洞的室内布置主要分两种形式，即单孔窑洞布置和多孔窑洞（两孔并联和一明两暗）布置。

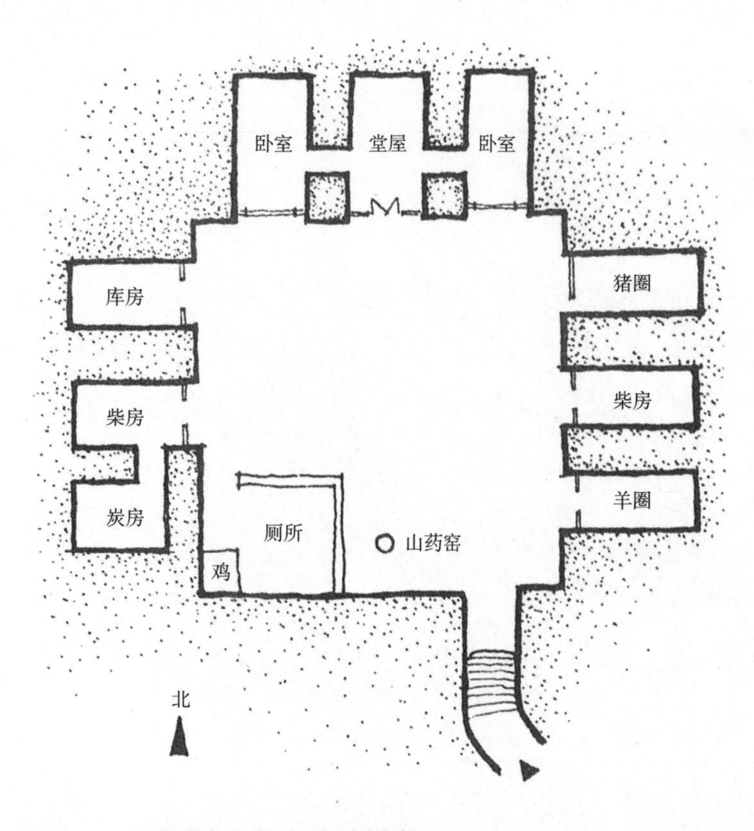

图 6-7　朔县魏家窑刘氏下沉窑洞院

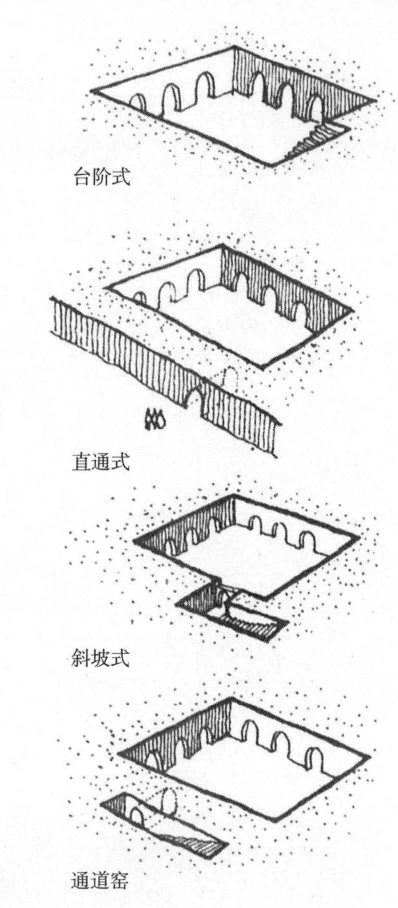

图 6-8　下沉式窑院出入口几种形式

图 6-9　羊舍村李万龙宅靠崖窑院（明代古窑洞）

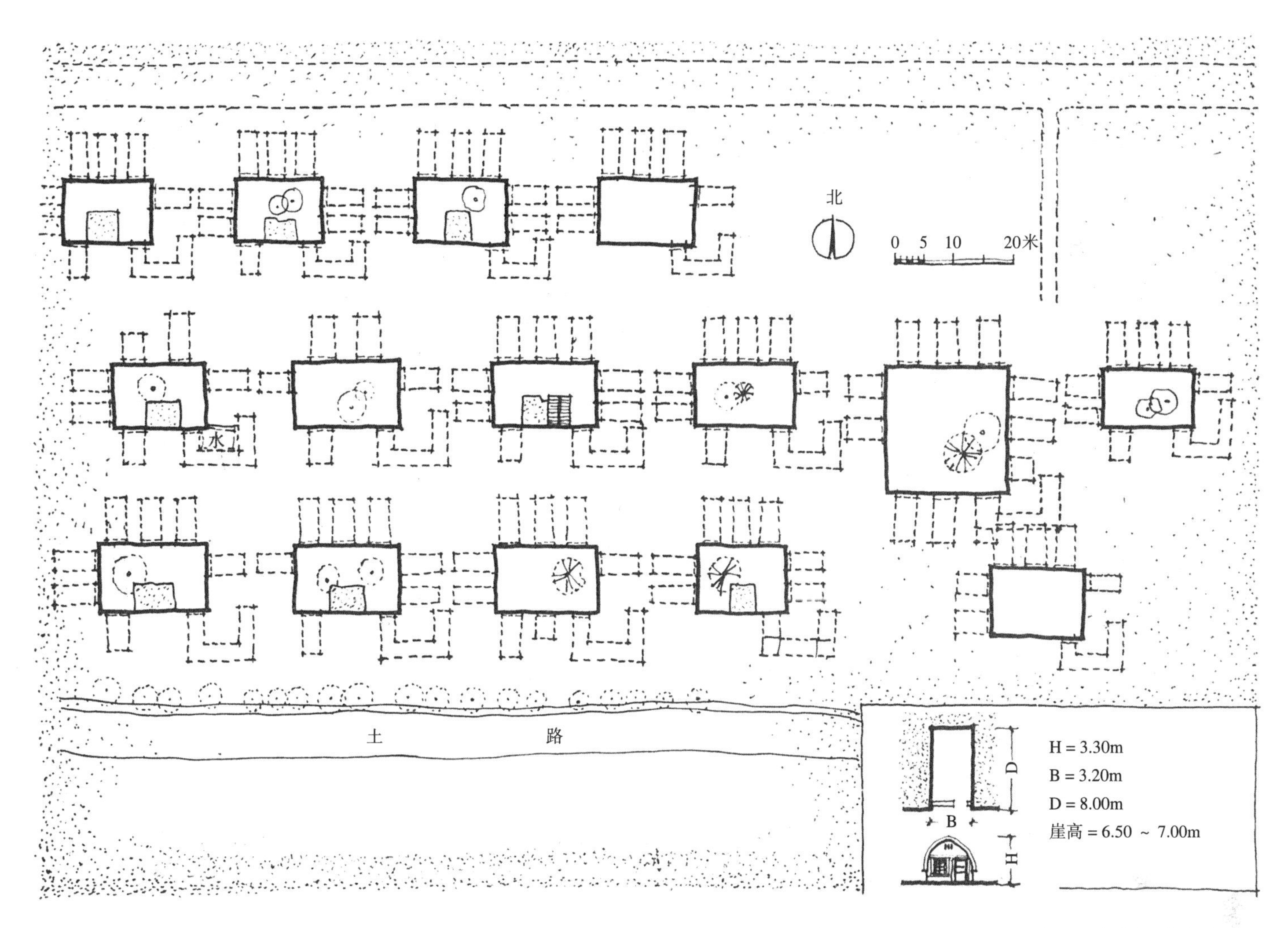

图 6–10　山西平陆县槐下村下沉式窑洞群总平面图

1. 单孔窑洞室内布置

单孔窑洞的室内布置，主要有两种方式，一种是综合型的，一种是单一型的。综合型的主要指大跨度的深窑洞，内部空间含有多功能性质。如在这孔大窑洞里，既当居室住人，又堆放柴火，当仓库用，还可以喂养牲口，婚丧事尚可请客摆宴。也有的大窑洞在内部空间分隔成几个小的居室来住人，或者既当居室，又作厨房，还当仓库用，皆因户主的需要而定。芮城县杜家村就有许多综合型的大窑洞。单一型的主要是指 3 米跨左右、10 米深之内的黄土窑洞，或主要作居室，或主要当厨房，或主要作库房用。图 6-13 与图 6-14 就是单一型居室实例。一般都按一炕一灶布置，火炕临窗，火灶靠炕，这是我国北方农村居民窑洞居室布置的传统习惯。此外就是放置立柜、五斗柜、箱子、桌子、椅子等。有的居室内还辟有贮藏间（小偏洞）等。也有把居室分隔成两个空间的情况，以应分室居住的需要（图 6-15）。

2. 多孔窑洞室内布置

多孔窑洞的室内布置主要有两种形式，一是两孔窑洞

图 6-11　槐下村下沉式窑洞群鸟瞰

图 6-12　晋南沿沟式窑村实例

并联的，二是三孔窑洞并联的，即一明两暗窑洞室内布置。对于两孔窑洞并联的，一般一间主要为起居室（堂屋）一间为卧室，外门开在起居室，也有两间全是卧室的，也有两孔窑都开有外门的情况。当然，两间全作为卧室的室内布置，也是有主有次的。有门的那一间是起居室兼卧室，无门的那一间是卧室。卧室中临窗布置为一火炕，炕前是地灶或炉灶，室内家俱布置，没有固定的程式。图 6-16 是临汾地区两孔并联窑洞居室布置实例。对于一明两暗的窑洞而言，中间的一孔窑是堂屋，两边的窑洞为卧室，中间窑洞开门，两边的窑洞有窗无门。这是一般的情况，在山西和内蒙古南部地区最为常见(图 6-17)。这样的窑洞形式，功能明确，室内布置不混乱，而且光线好（两边的卧室临

图 6–13　单窑居室实例之一

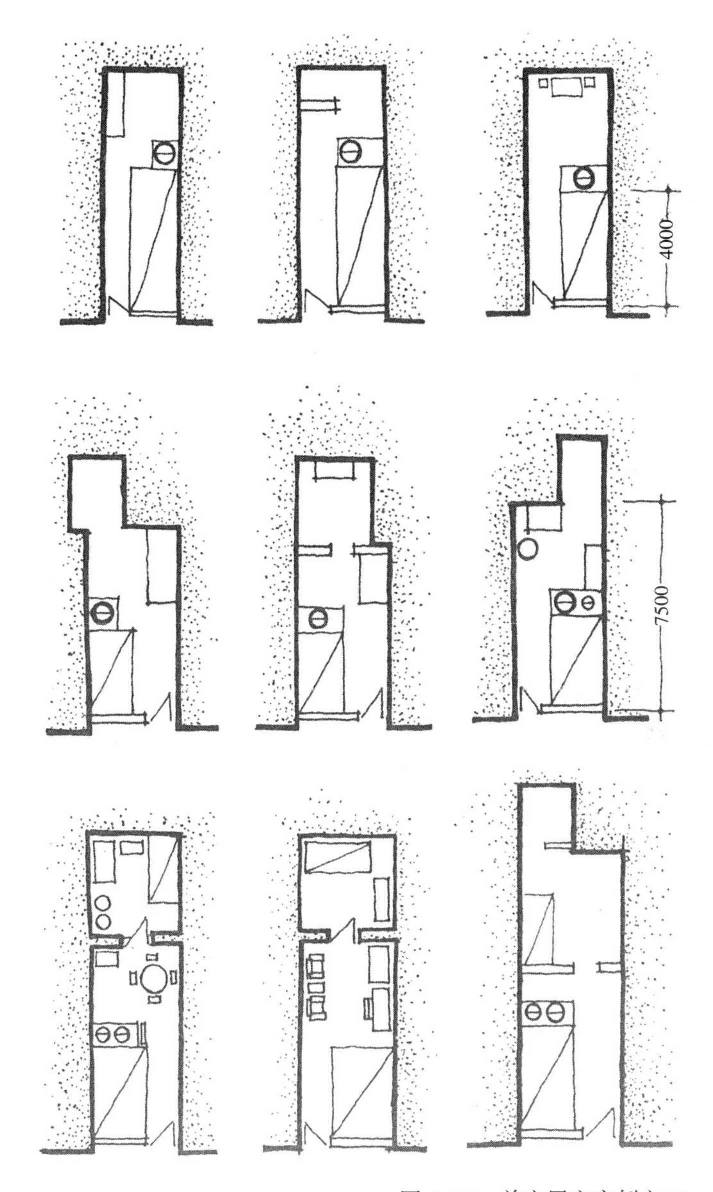

图 6–14　单窑居室实例之二

窗设坑，采光好），卫生条件也好。三孔窑洞主要靠通道窑来连接（图 6-18），由于通道窑跨度小，稳定性好，发生地震时人躲在通道窑里比较安全。

七、窑洞发展现状

随着农业生产的发展与科学技术的进步，特别是随着

图 6-15 窑洞居室套间实例

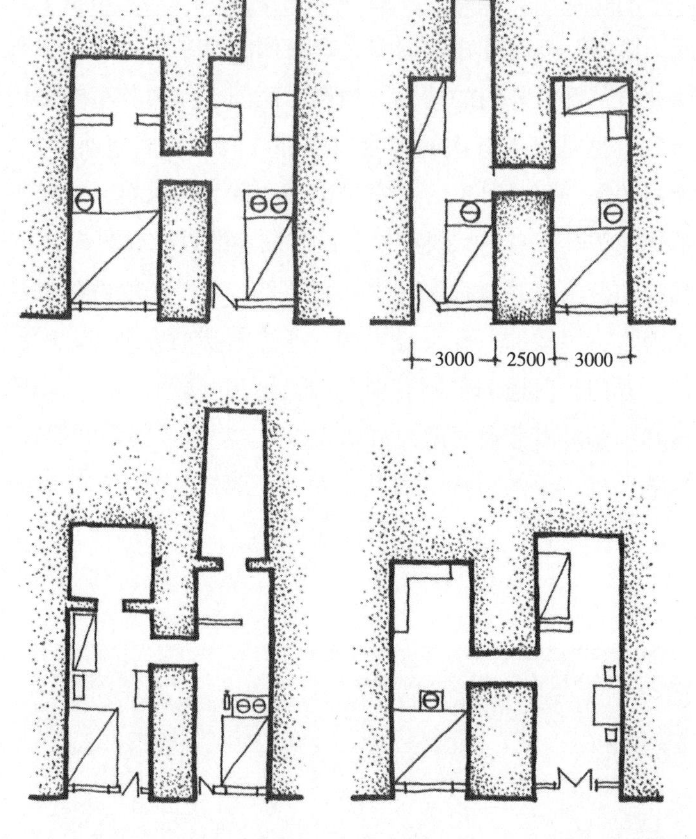

图 6-16 临汾地区两孔并联窑洞居室四例（平面）

广大农民经济水平与生活水平的不断提高，窑洞建筑也在发展。晋中南窑洞民居的发展有以下几种趋向。

1. 窑洞与平房建筑相结合

晋中南是山西人口密度比较大的地区，人口增长很快。

图 6-17 山西一明两暗窑洞居室四例（平面）

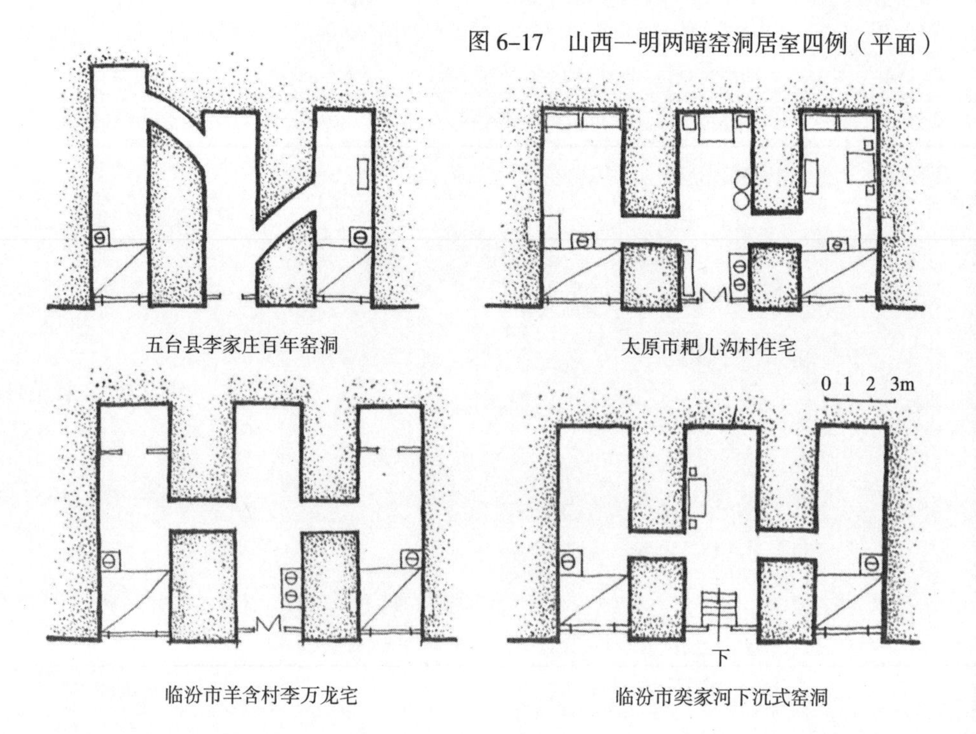

图 6-18 通道窑内景

以临汾市为例，1949年城市人口只有1.5万人，1960年达到6.5万人，而到1980年已有12万人，是1949年的8倍。城镇人口自然增长率为17.4%，机械增长平均每年3千人。广大农村的人口增长也是很快的。人口的剧增，迫切需要增加居住建筑面积。临汾地区共有农户58.27万户，近几年来（到1982年止），建房1000万平方米，约有12.57万户农民搬进新居，占总户数的21.5%。农民投入建房的资金达7亿多元。新建的农房，有窑洞，有平房，也有楼房，许多地方是窑洞与平房相结合。

窑洞与平房建筑相结合，一可充分利用窑洞冬暖夏凉的优点，尤其是冬天住窑洞，保温效果好，省燃料，做饭、暖炕、烧开水一把火。二可充分利用平房夏天不潮湿，采光、通风好的优点。三可充分地利用崖面挖窑洞，少占良田，同时又可利用平房代替围墙围成院落，组成自家的生活庭院。临汾大阳崔雷峰宅和浮山县南门外东沟村高天仁宅就是这方面的突出例子。高宅为三层楼窑洞民居，一层、二层为窑洞，三层为瓦房，窑洞与平房建筑结合得很好，院子环境幽静，配有绿树，空间采观极佳（图6-19）。

2. 土坯拱窑洞在迅速发展

我们在临汾、浮山、洪洞等地所见，到处都在修建土坯拱窑洞民居。有原土腿土坯拱窑，也有夯土腿，牛踩坯腿和土坯腿土坯拱窑。有修成拱屋面的，也有修成坡屋面的，还有修成平屋顶的，各村有各村的传统做法，但是，正面部分绝大多数均用砖砌窑脸，或砖墙与土坯墙相间的窑脸，浮山县陈庄郭百秀宅就是一例。

晋南修建土坯拱窑的历史是悠久的。浮山县北王村陈晋民宅是一个两层的土坯楼窑洞。屋架脊檩上题记为康熙四十一年所建，即公元1702年所建，迄今已有280多年的历史了，仍然完好（图6-20）。在平原地带建土坯拱窑，一是可充分利用黄土打坯，省工省料少花钱，农民可自行建造；二是土坯窑洞也能有“冬暖夏凉”节能效益；三是具有占地少（与下沉式黄土窑洞相比）、节约用地的优点。当前，临汾地区规定，人均耕地一亩以上不足二亩者，每户建房占地不得超过0.25亩，人均耕地2亩以上不足3亩者，每户建房占地不得超过0.3亩。在这样的情况之下，土坯拱窑洞就更被广泛地修建起来了。随着农民经济富裕和生活水平的不断提高，砖拱窑洞也逐渐多了起来。

3. 窑洞革新日益受到重视

其实，山西黄土窑洞的革新是有很长历史的，不少地方早就采用了“土坯砌窑脸”、“砖砌窑脸”和“石砌窑脸”等做法。有局部砌窑脸的，也有全面贴砖石的，也有砖结口或石结口黄土窑洞，还有的黄土窑洞洞壁运用了砖衬砌等。这就是说，在黄土窑洞中早就渗用了砖、瓦、灰、沙、石等其他的建筑材料。而土坯拱窑洞就更具有综合性了，“穿靴戴帽”（即上、下用砖，中间土坯砌墙），“外熟里生”（即外贴砖，里砌土坯筑墙），以及山西大部分地区的土坯拱窑都用砖石嵌面。这些都说明了民间早就懂得了利用各种有利条件对窑洞进行改革，而且收到了适用、坚固、经济、美观等效果。

因为朝北的黄土窑洞比较潮湿，已有窑居者自己进行改革的实例。如临汾地区浮山县南门外南沟村，田运智宅进行了夹层通风防潮实验，用五厘米空气夹层进行有组织通风（图6-21），并利用太阳能加强通风口部抽风效果的初步试验，收到了良好的效益。该宅有朝北的黄土窑洞三孔，一孔为原土内墙抹白灰，一孔为水泥内墙抹面，一孔为空气夹层通风防潮。相比之下，空气夹层通风防潮的效果是十分明显的，除大雨天气外，一年四季室内干燥适度。在临汾市郊，还有火烧窑试验窑洞，据说历史上即有此传统做法。先砌筑土坯拱窑，在窑内烧砖，一般烧两次砖。开间一丈、进深二丈、窑高一丈一的一孔窑洞内一次可烧2万块砖，价值700元以上，若烧二次，就可烧出4万砖，价值1400元以上。一栋“一明两暗”的火烧窑洞，可烧出12万砖，价值4200元以上，可谓一举三得。一是建起了土坯拱窑，二是经过火烧，窑墙体烧成了整体，可加强窑洞的整体性和坚固性，而且墙体干燥不潮湿，三是烧了砖，还赚了钱，在不花钱或少花钱的情况下就可以建起土拱窑洞住宅。临汾地区吉县牛开元宅就是火烧窑民居实例。1984年在山西省也已进行了火烧窑洞实验工作。

图 6–19　浮山县东沟村高宅

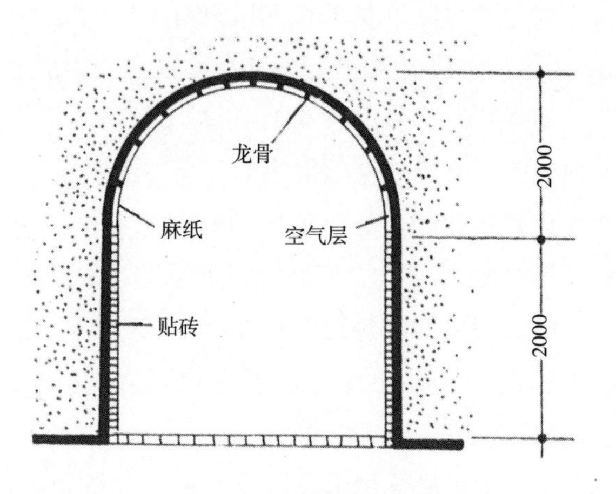

图 6–21　浮山南沟村田宅窑洞剖面

图 6–20　浮山县北王村陈晋民宅（清代土坯拱窑 1702 年建）

第七章

洛阳窑洞民居

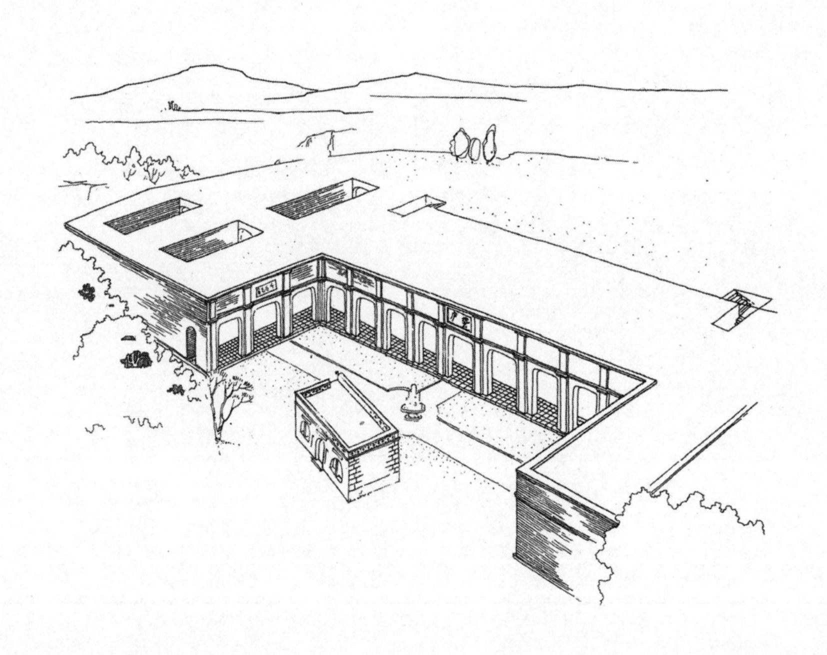

一、自然条件

洛阳"位居天下之中"(《宋书·地理志》)。因坐落在洛河北岸，故称洛阳。

这里气候适宜，地形多变，物产丰富。远在六千年以前，我们的祖先就栖息在这片土地上。洛阳附近，黄土覆盖层较厚，土层结构密实，物理性能良好。在黄土层中距地面3～5米处遍布厚30厘米的钙质核层(俗称"料礓石")。这种土层力学性能好，能承受较大的压力，有天然混凝土之称。在该层下部挖掘黄土窑洞，土拱稳定性好，其耐久性、坚固性极高。而洛阳一带窑洞民居的营造特点，就是充分利用了这一得天独厚的自然条件。

二、历史沿革

洛阳的地理位置和自然条件，为我们的祖先提供了生存条件，历代王朝自东周、继东汉、魏、西晋、北魏、隋、唐、后梁、后唐、后晋十朝，皆在此建都。另有北周、西汉、唐、后汉、后周、北宋、金等七朝，以洛阳为陪都。宋朝李格非《洛阳名园记》中言："洛阳处天下之中，挟崤渑之阻、当秦陇之襟喉，而赵魏之走集，盖四方必争之地也"。

这里要提出一个事实：就是在洛阳四周各县，直指洛阳城下，窑洞民居遍布全境，是国内罕见也绝非偶然。主要是与洛阳历史上的几经兴衰有着密切联系，试分析以下几点：

洛阳一带的秦岭、邙山丰厚的黄土原、剥蚀的沟壑和覆盖在基岩上的黄土层结构的暴露，以及自然倒塌冲透形成了大小不一的黄土洞穴漏斗，启发人们开挖黄土窑洞而居(图7-1)。

战乱、兵灾也是促使窑洞发展的重要因素。洛阳古都的兴衰，同历史上改朝换代有紧密联系。从战国、秦汉、隋唐……直至近代，历史上许多大战役，都是在洛阳进行

a

图7-1　洛阳天然黄土洞实景之一

b

图 7-1　洛阳天然黄土洞实景（续）

的。如隋李密率军30万兵屯邙山，与王世充大战于洛阳。当时城内数十万居民，避祸他乡。如此之多的民军，短期内解决居住问题，唯一可行的办法是挖窑洞。

如汉末献帝初平元年（公元190年）三月，董卓胁迫献帝迁都长安，造成："中野何萧条，千里无人烟"；晋永嘉之乱，繁华的洛阳城又化为一片瓦砾；唐安史之乱，洛阳也遭到了严重的破坏；北宋时期金人南下，洛阳又沦为战场；明末李自成的义军攻克洛阳，城墙被毁。而每次战争所波及的面决非只限于洛阳城。多数人民惨遭杀害，而侥幸生存者均逃避荒野入地求生（穴居避祸）。这也是促使窑洞民居发展的重要原因之一。因此民谚中有："大乱住乡，小乱归城"之说。

历代众多贫苦人民，由于缺乏建房的经济能力，只能以"寒窑"为家。因此洛阳城关的沟壑布满了窑洞民居，这正反映出当时的历史背景。又因历代士大夫阶级的文人，视"寒窑"山野遗居，不登大雅，故窑洞的历史，古籍中很少记述。

黄土窑洞的"冬暖夏凉"的优点也引起了一些富绅的猎奇，遂效仿而营建窑洞，形成窑洞庄园别墅、园囿窑庭等。除可供避暑消夏、寻暖越冬之处，更可增添几分天然怡趣。在洛阳历史上遗存的窑洞别墅已无迹可寻了。现存者，尚有军阀吴佩孚的"惜阴书室"（图7-2）。

图7-2　吴佩孚的"惜阴书室"外景（洛阳）

这是一座四间独立式砖拱窑洞建筑，位于洛阳市西二区。窑顶上部覆土1米厚，取得了保温隔热的效果。

再一个例证则是新安县铁门张伯英府第。这是一座巧用自然地势而营建的砖拱窑洞民居群体，由"蛰庐"、"千唐志斋"和"听香读书之室"三部分组成（图7-3～图7-8）。

"蛰庐"是12间砖拱回廊窑洞，洞跨3.3米，洞深7～9米；"听香读书之室"则是3间无梁殿式的砖拱窑洞，四壁和窑顶的覆盖黄土层很厚，有2～3米；"千唐志斋"是由三进天井院落，15孔窑洞围合构成的。因洞壁内嵌砌唐人墓碑志千余片而得名。所藏的石刻书画堪称碑刻艺术的珍品，可谓洛阳窑洞的瑰宝。

洛阳窑洞民居也与其他地区一样，历经了一个漫长的历史。据考古发现在新石器时代的仰韶文化时期遗址有60余处。其分布的范围，近乎今天的村落密度，如孙旗屯遗址，王湾遗址等。从发掘看，多半都是半地下式穴居，平面多为圆形或方形。地坪与内壁抹草泥，并有火烧干的红色遗存，还有涂抹白灰的情况。足见古人类已在尝试着在洞内采用防潮的技术。

近年来还发现了隋唐时期的大型古粮仓——含嘉仓，为与隋代东都同时营建的。仓城略逞长方形，周长5华里，

图 7–3　张伯英府第“蛰庐”（新安县）

图 7–4　张伯英府第“听香读书之室”（新安县）

图 7-7　张伯英府第“千唐志斋”外景

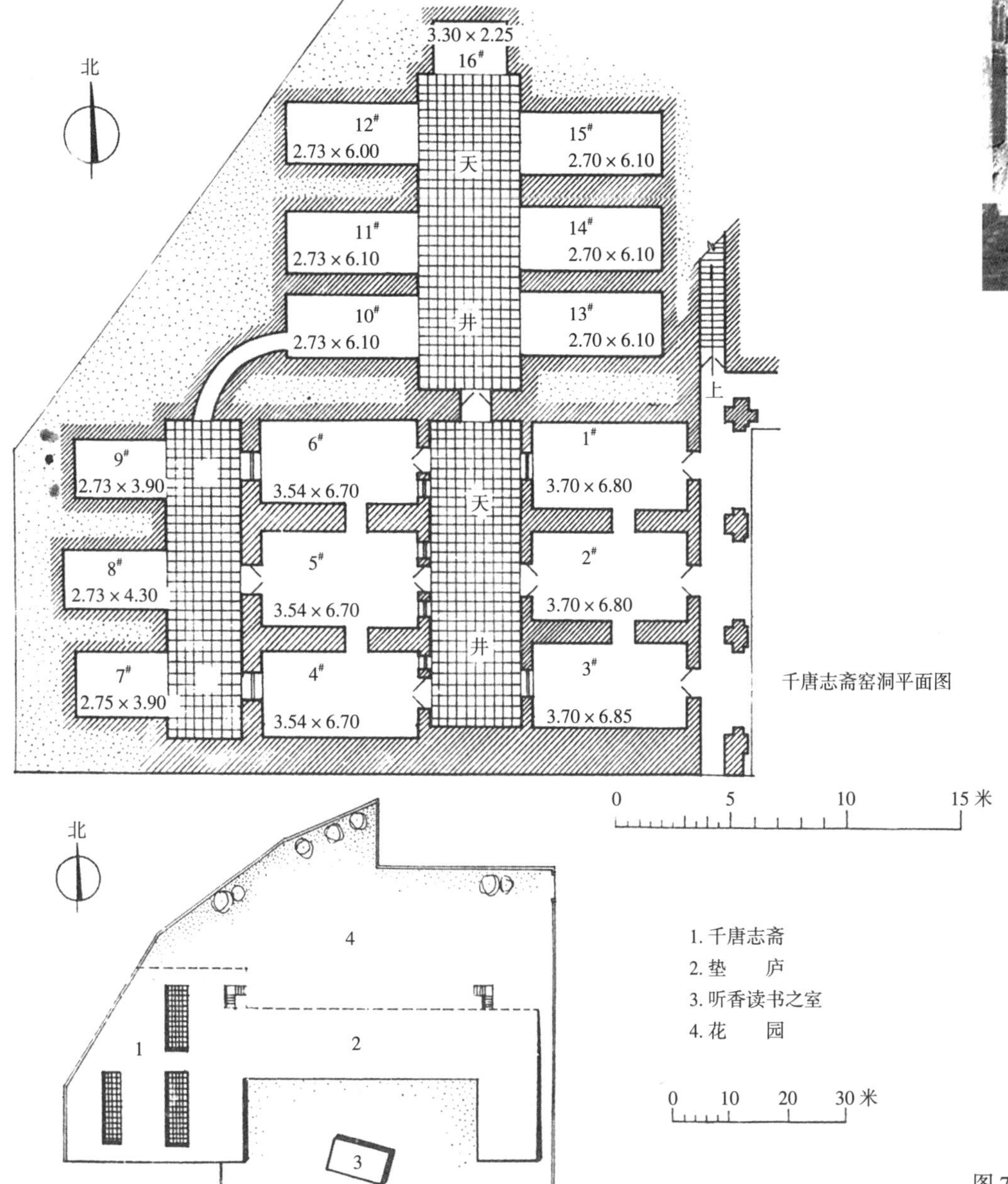

图 7-5　张伯英府第总平面图（新安县铁门）

图 7–6　张伯英府第“千唐志斋”透视图（新安县）

图 7–8　张伯英府第“听香读书之室”外景

四面设门，城内有宽 10 米的纵横大街。两侧有管理区和排列整齐的大小仓窖四百余座。仓窖平面呈圆形，口大底小。大窖口径 18 米，深 15 米；小窖口径 8 米，深 7 米。其营造过程是先在地面挖一光滑圆坑，投柴烘烤至四壁呈红色。在底部与四周铺一层谷草，再铺一层木板，板上敷苇席，席上填谷糠，再铺席。将粮蓄满密封，覆盖高于地面的黄土。这种地下储粮“粟藏九年，米藏五年”。据发掘砖志看，粮仓之粮是全国各方运来的。还有藏存 50 万斤的大型古仓窖，虽然古物已腐，但颗粒清晰可辨。由此可见，我国历史上很早就发现了利用地层下温度的稳定性而营建粮仓了。远在新石器时期就有挖袋形窖藏物的先例。周代就有地窖藏冰，冬藏夏用，还有将肉食藏于冰窖防腐的冷库。

上述含嘉仓的选址也是很成功的，在邙山脚下，地势高燥，并有水运和陆运条件。

三、窑洞村落的分布

窑洞民居在洛阳的分布广泛，凡有黄土层及地下水位低处均有窑洞村落分布。这些村落的形成多是沿冲沟两岸，因山就势挖靠山式窑洞，逐渐自然形成村落。沿沟建村主要是冲沟有饮泉水源，为聚居者提供了必要的生活条件。无冲沟的黄土原区、丘陵地主要采用下沉式窑院（洛阳俗称“天井院”）。因此窑洞村落的形式也产生了几种类型：

靠崖式窑村落，由沿冲沟和山坡台地而建的窑洞群组成。每户以靠崖窑洞为主，配以两侧平房或围墙组成院落。院落比邻，沿山坡的曲势自然形成村落，在宽阔的山坡上布满了层层叠叠的窑洞山村（图 7-9）。

下沉式窑院村落，多位于原区或丘陵地，地形平缓，无崖壁可供利用处。这些以下沉式窑院为主的潜掩型村落，俗称：“进村不见村，树冠露三分，麦垛星罗布，户户窑院沉”（图 7-10）。

混合型窑洞村。先是沿沟建靠崖式窑院（三合院），后因沟崖占满，则向沟顶的塬上扩展，挖下沉式窑院。这种类型的窑村原在洛阳一带较为普遍。但近年来由于农村经济的好转，农民纷纷弃窑建房，这类村落大有逐渐消失的迹象。

图 7-9　洛阳一带靠山式窑洞村鸟瞰

图 7-10　洛阳下沉式窑洞群实景（洛阳附近的邙山）　（引自日本《住宅建筑》1983 年）

洛阳的窑村历史久，有些村均具有 200 ~ 300 年的历史。一般的大村多以同姓家族群居而形成，为避天灾战祸布局紧凑，形成具有防御性的村堡。下面推荐两个窑洞村落实例：

1. 实例一　洛阳苗沟村（图 7-11）

它位于洛阳市北邙山的苗沟上部。东为上清宫，西为望朝岭。全村数百户，住窑洞者占 90%。地形变化较大，最低与最高标高差达 30 余米。窑洞类型纷繁，堪称窑洞集锦。

2. 实例二　洛阳塚头村（图 7-12、图 7-13）

它位于洛阳市西北方向，邙山之巅。全村窑院均为下沉式窑洞（天井院），院落种类非常丰富，有的院落布局和建筑艺术处理上卓有创造。在洛阳，以下沉式窑洞为主的村落遍布很广：如尤沟西、前海资、岭上麻屯等，均是此类窑村。

洛阳窑洞历经了千百年的演变，已趋于定型。窑洞的开挖已形成一套完整的法式，在民间广为流传。

窑洞民居也受“风水”的影响。“风水”有时对窑洞的形式和布局起着重要作用。虽窑居者多为贫困之家，并不受严谨的四合院布局的局限。但在建筑布局上也有一套形制。如靠山窑院以窑洞为室，院内房舍则按左青龙位置放置厨房、水井、入口等。人口多者则置长子、长子之室。右白虎位置多置杂房、厕所等。人口多者为次男次女之室。大凡均守此律。

下沉式窑院的布局具有四合院的特色。明显地受风水的影响，尤以门楼和主次室的安排为甚。最忌横长方院，俗称“横撑”，相传对居者不利，如冢头村郑真洁宅（图 7-14）。

洛阳一带的窑洞最大特点，门窗窄小，通风，采光较差。洛阳窑洞的门窗是合一的，下部是门扇，上部是直棂窗兼作气窗。门洞口宽度为 1.0 ~ 1.3 米，门洞高 2.5 米。新挖窑洞，窑脸先在原土上作草泥饰面，经年久原土剥落才采取砖砌窑脸的加固措施。洛阳窑洞采用小门口，在旧社会还有防御性和保温的要求。

四、窑洞的类型

洛阳窑洞受社会经济等多种因素的影响，促使窑洞与民屋融合。形成类型繁多的窑洞民居，有其自己的地方特色，除了前章所述的靠崖式、下沉式和独立式的基本类型之外，还有以下几种类型：

1. 窑、房混合型院落。这种类型古老的村落中较多。以正窑为主室，两厢布置单坡厦房，当家族人口增加，相邻崖面不可能延伸时，则填沟建房，形成二进院的四合院窑庄。如葛家岭的靠山窑庄就是这种类型（图 7-15）。

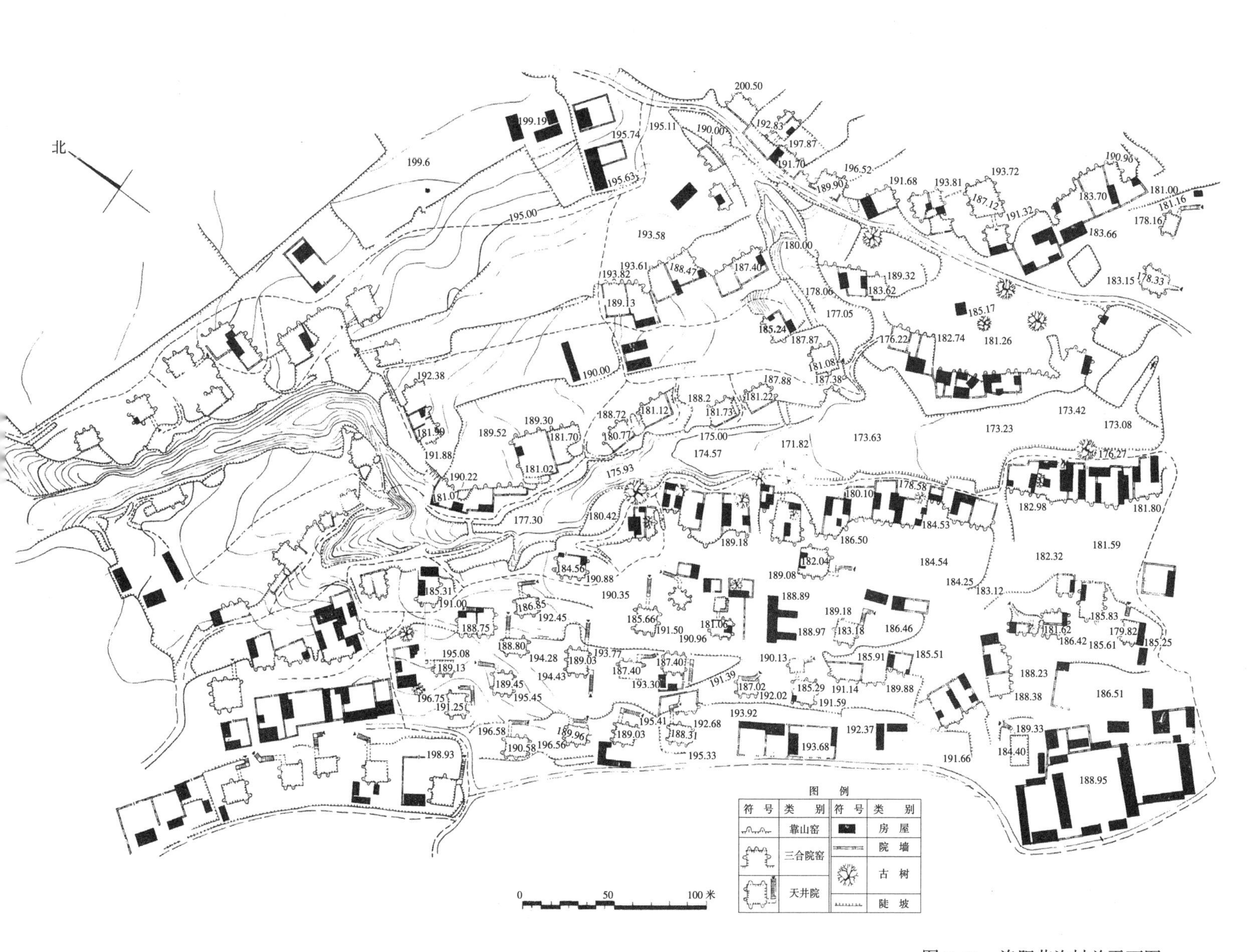

图 7-11　洛阳苗沟村总平面图

图 7-12 洛阳冢头村总平面图

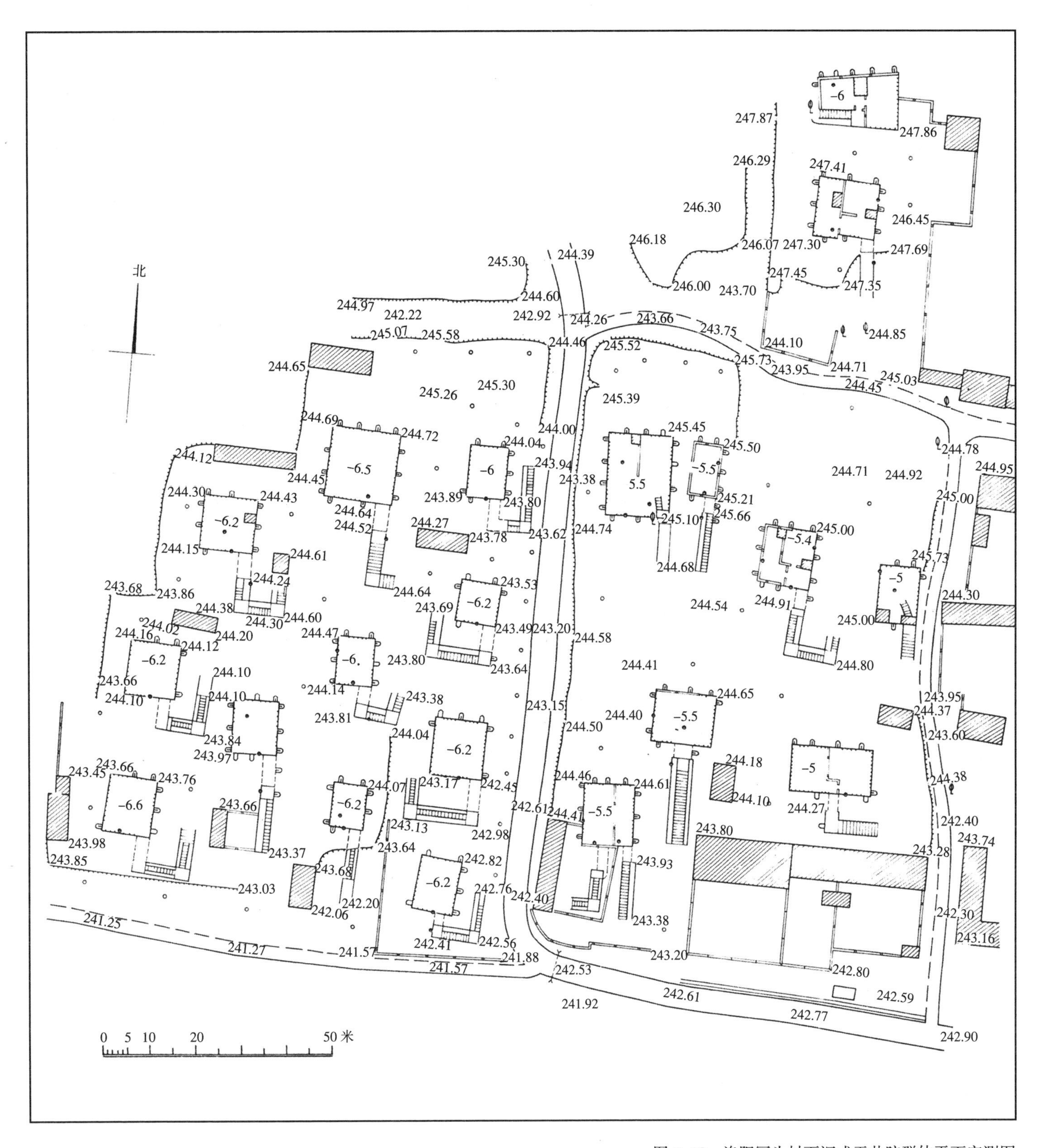

图 7-13　洛阳冢头村下沉式天井院群体平面实测图

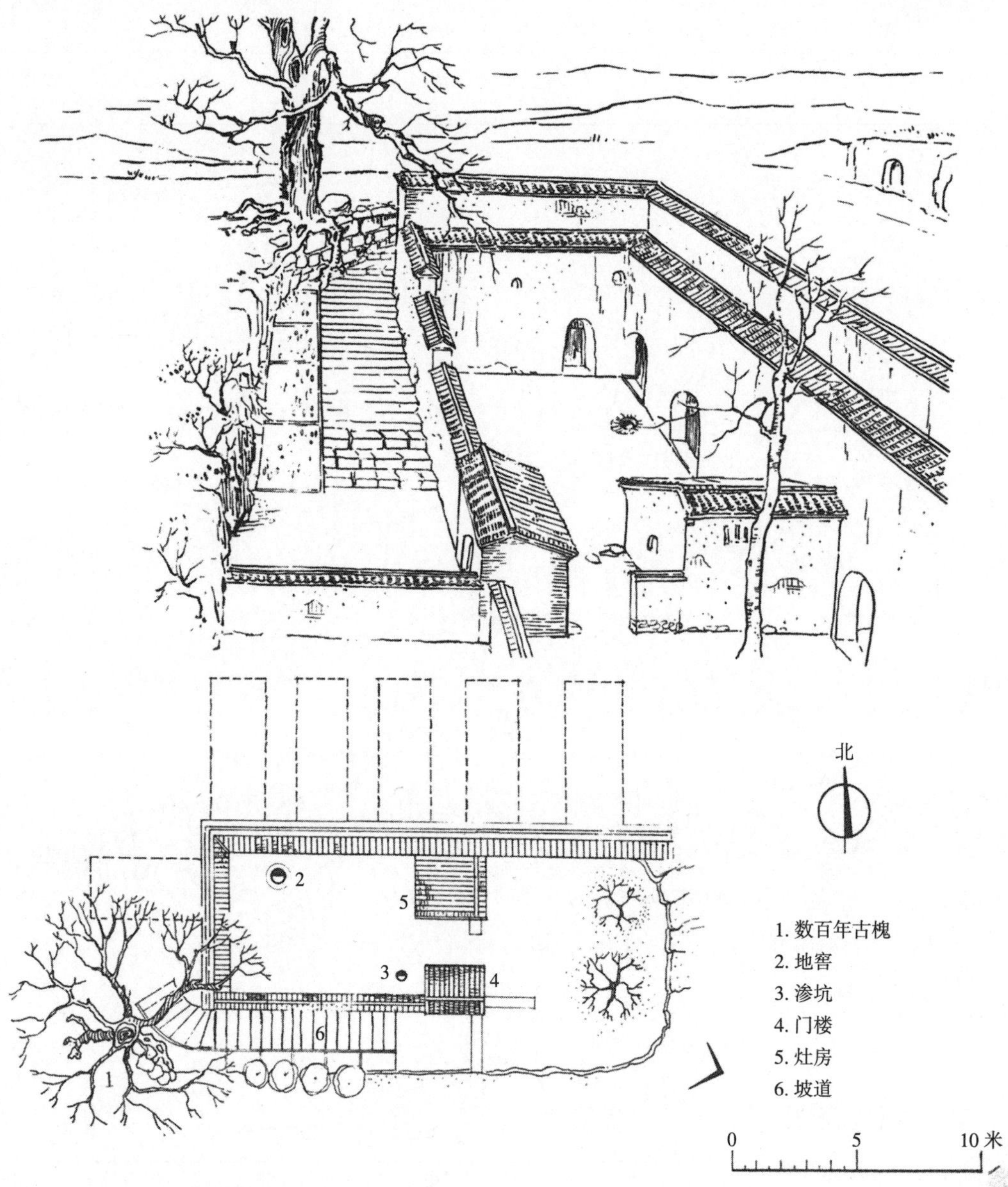

图 7-14　洛阳冢头村郑真洁宅平面图、透视图

图 7-15　葛家岭靠山窑庄实景

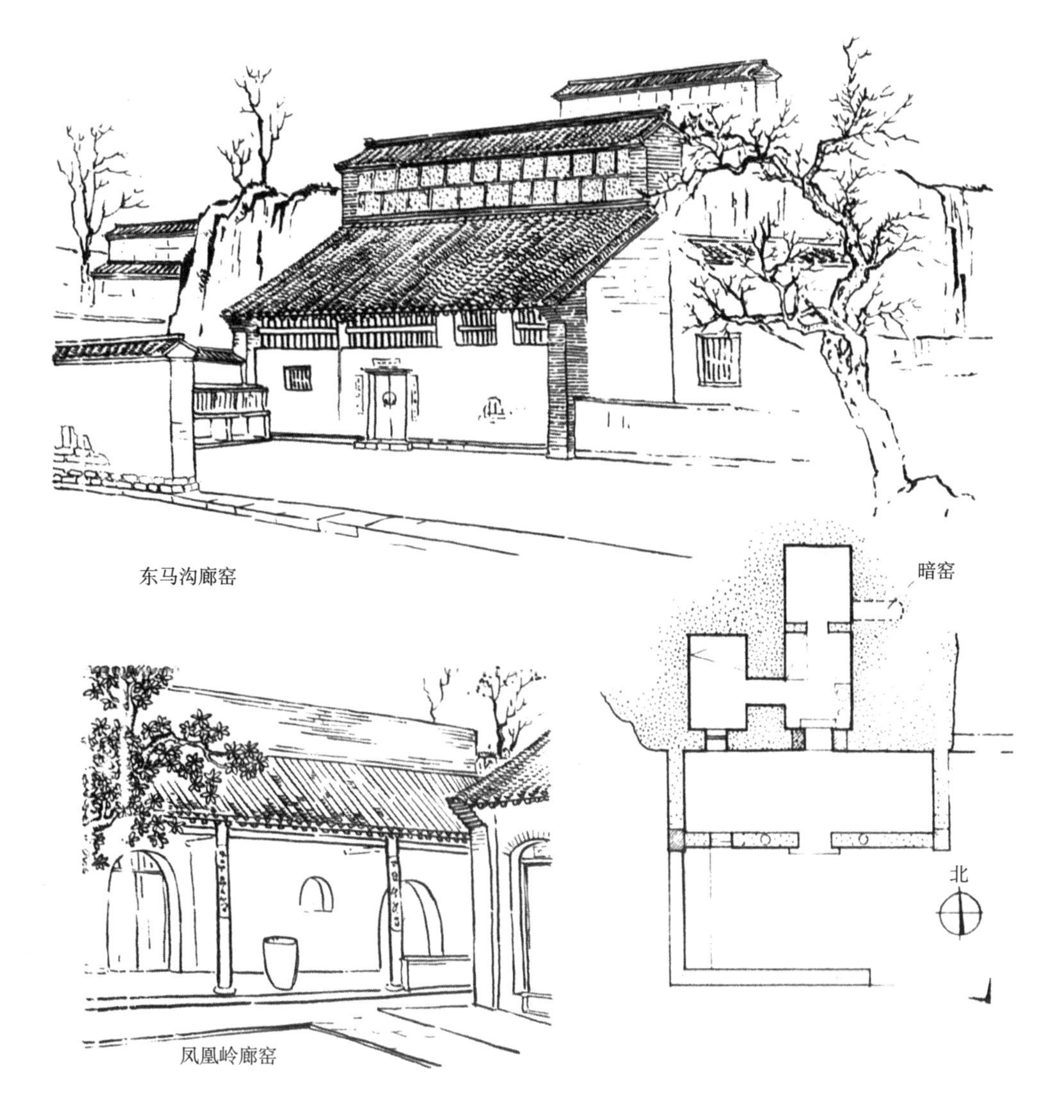

图 7-16　东马沟廊窑

图 7-17　天窑实例

2．廊窑。这是在窑脸前部增建廊檐式房屋，将窑口隐掩在房中，俗称“廊檐”或“厦子”。其优点是廊房起着窑洞室内外温差缓冲的空间，并维护了窑脸。其缺点是遮挡了洞内的光线，不利采光，例如东马沟的廊窑（图 7-16）。

3．天窑。即在窑洞上加一小窑洞，两层窑洞上下重叠。利用活动木梯上下，多用于贮藏或鸽舍；也有挖筑暗道盘旋而上，这多为了隐蔽防御的要求而建（图 7-17）。

4．开敞型窑院。此种窑院是利用冲沟的崖壁，削壁开挖三合院窑院。其特点是延伸了崖壁长度，增加了住户的窑洞数量。开口的一面多用夯土围墙和门楼组成院落（图 7-18）。

五、下沉式窑院的附属设施

1. 渗坑。泄排雨水、雪水的竖穴。每个天井院至少有1～2个渗坑。一设在入口坡道下部，另一个设在入口内侧，汇集院内的雨、雪水。渗水坑上口，口径约50～60厘米，上盖石板，板上留有10～20厘米的泄水洞。渗坑的下部很大。坑深约为5～8米。容量达20～30立方米。在干旱地区在坑底作防水处理，做成蓄水窖。有的渗坑与地窖合一，冬季做贮藏薯类，夏季做渗水坑。

2. 水窖。在邙山的某些地区，地下水达数百米，甚至找不到水源，水成为村民的昂贵资源。长期生活在这里的人民积累了许多贮水的方式和经验。将天然的雨、雪水蓄于深窖中，经低温发酵作饮用和生活用水。水窖设在天井院中，雨前先净院以便聚集雨水入窖。窖深约10米，剖面如烧瓶，上口小，下部大。有些水窖防水处理得很好，水存数年不枯。其防水的构造方法有三种：（1）是在窖壁及窖底抹压15厘米厚的红胶泥，外粉5～6厘米厚麻刀石灰后刷黑矾水；（2）是用红胶泥夯实，外加10厘米厚石灰炉渣压光；（3）用石砌筑水池（图7-19）。

3. 水窖。另外一种蓄水方式。将院内一间窑洞挖得特别低，经防水处理后用于蓄水，位置设在入口附近，现在农村已用深机井，水窖已不多见。

4. 水井。天井院凡有条件挖井取水的地方，不做水窖，由于下沉式天井院地面低5～6米。打井提水也相应浅5～6米。也有村内有公用水井者。在地下水位高的地区，有的住户将水井设在厨房中，取水方便，不受天气影响（图7-20）。

5. 地窖。贮藏蔬菜和薯类的“冷库”，靠近厨房。一般口径约60厘米，垂直上下，深约4～6米。底部横向挖耳室，洞宽2米，高2米，深不定。窖内最忌酒和其他气味，否则藏物易坏。有的窖温湿度适宜，红薯贮藏一年仍保持新鲜。

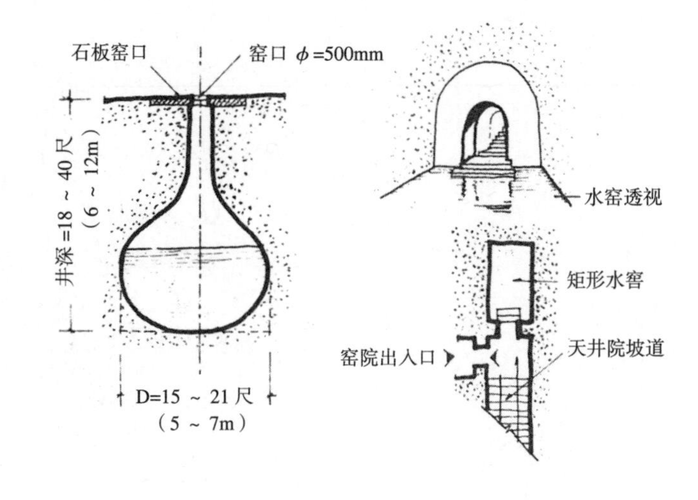

图7-19　水窖

图7-20　水井

6. 鸡巢、蛋巢。利用院落一角，在下部挖小型窑洞养鸡，蛋巢更小些，离地面标高 0.8 ~ 1 米，是一个 35 厘米宽，25 厘米高和深的龛，根据养鸡数量的多少开挖，鸡住窑洞能多产蛋，寿命长。

7. 鸽巢。多位于窑壁上部。

8. 坡道。洛阳的天井院坡道种类繁多，构造做法就地取材，因地制宜颇有创见。坡道是楼梯的另一种形式，但它与楼梯不同的是，人畜车轮均要上下进出。布置方式有户外直坡型和户内外直坡型、曲尺型和多折型等几种。为了解决人畜车轮分行，在坡道的两侧或中间加筑台梯，在坡道部分砌礓石、卵石。

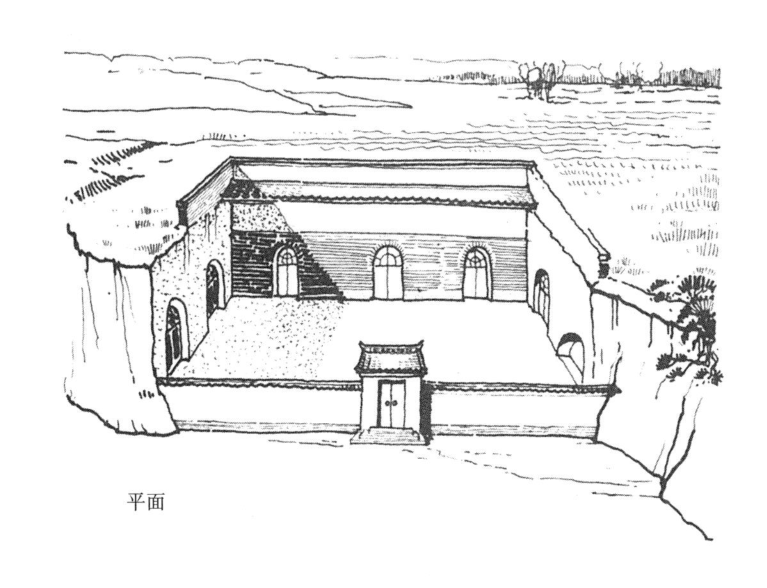

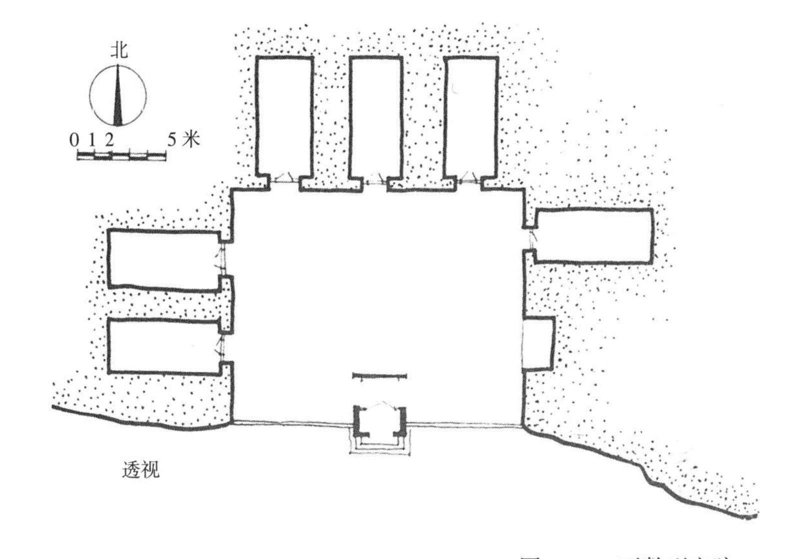

图 7-18　开敞型窑院

六、典型窑洞实例

1. 伊川蔡家洞。这是洛阳一带特有的防御性窑洞。据传是太平天国时期遗存，历史上曾是村民的避难所。开挖在高数十米的悬崖中间，洞分三层，每层主洞两侧挖许多耳室、仓窑，有水井等设施，可容纳数百人。洞口外有一段活动的木栈道，在遭到危机时折栈道断路，可谓一勇当关，万夫莫开，是古代防御性窑洞典型实例之一（图 7-21）。

2. 苗沟张文起宅（图 7-22）。它位于一个两进天井院一角，建成年代不可考。它共有四孔窑洞，整个院落以窑为主体，在北面二孔门外加了二间木阁楼，作贮藏用。阁楼与窑洞组合带有浓郁的民居色彩，深棕色阁楼，青灰瓦顶，掩映在古树绿荫之中，使人倍感怡趣幽雅。其窑洞拱顶和地坪巧挖在姜石层中，得使窑洞多年稳定，洞室夏季不潮，冬季温暖。张文起现在 78 岁，久居窑洞仍老当益壮，耕田不已。

3. 苗沟张宅（图 7-23）。布局紧凑，房舍齐全，除有主窑室、厨房、贮藏室外，尚有织布机房、牲畜圈、磨房、客房、客厅、门房、水井、地窖、渗坑等。门外有一堡垒（现已毁）设暗道相通。窑洞顶上为谷场和棚舍。这是一户典型自耕农的小康农家。在建筑布局、营造和艺术处理上颇有独到之处，是洛阳窑洞民居中的佳品。

4. 塬头村陈宅（图 7-24）。窑院有四间厦廊组成，共

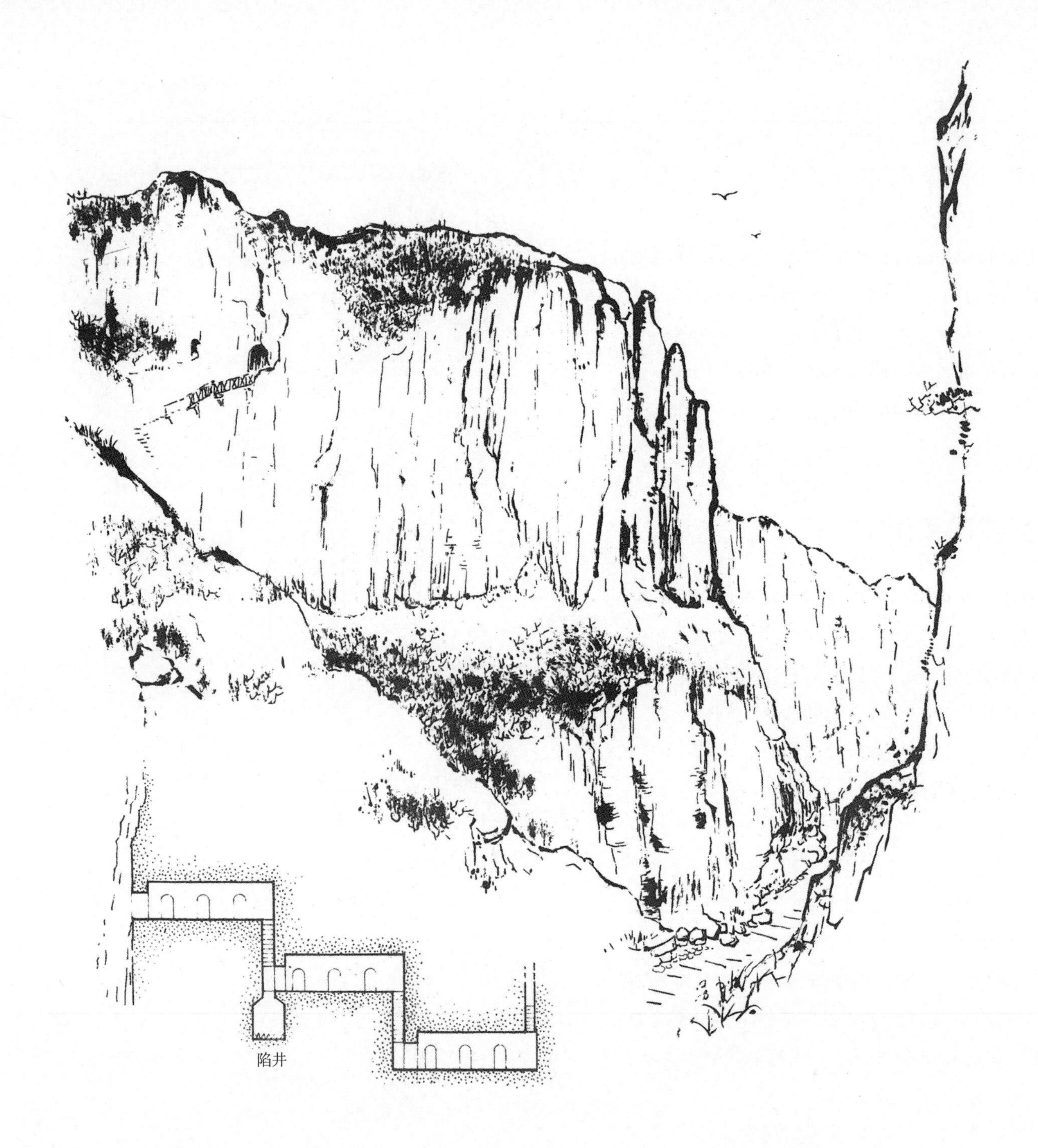

图 7–21　伊川蔡家洞

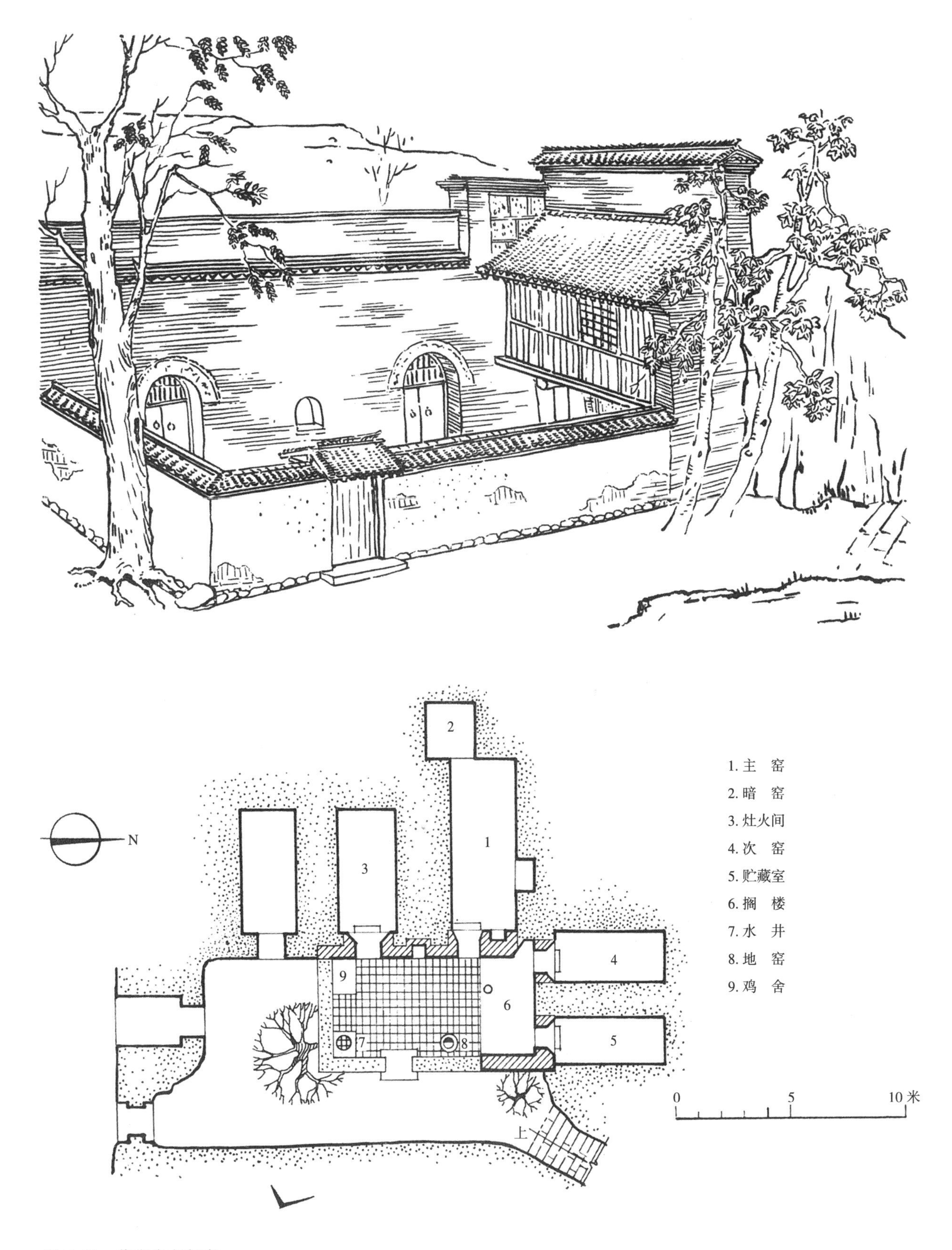

图 7-22　苗沟张文起宅

图 7-23　苗沟张宅

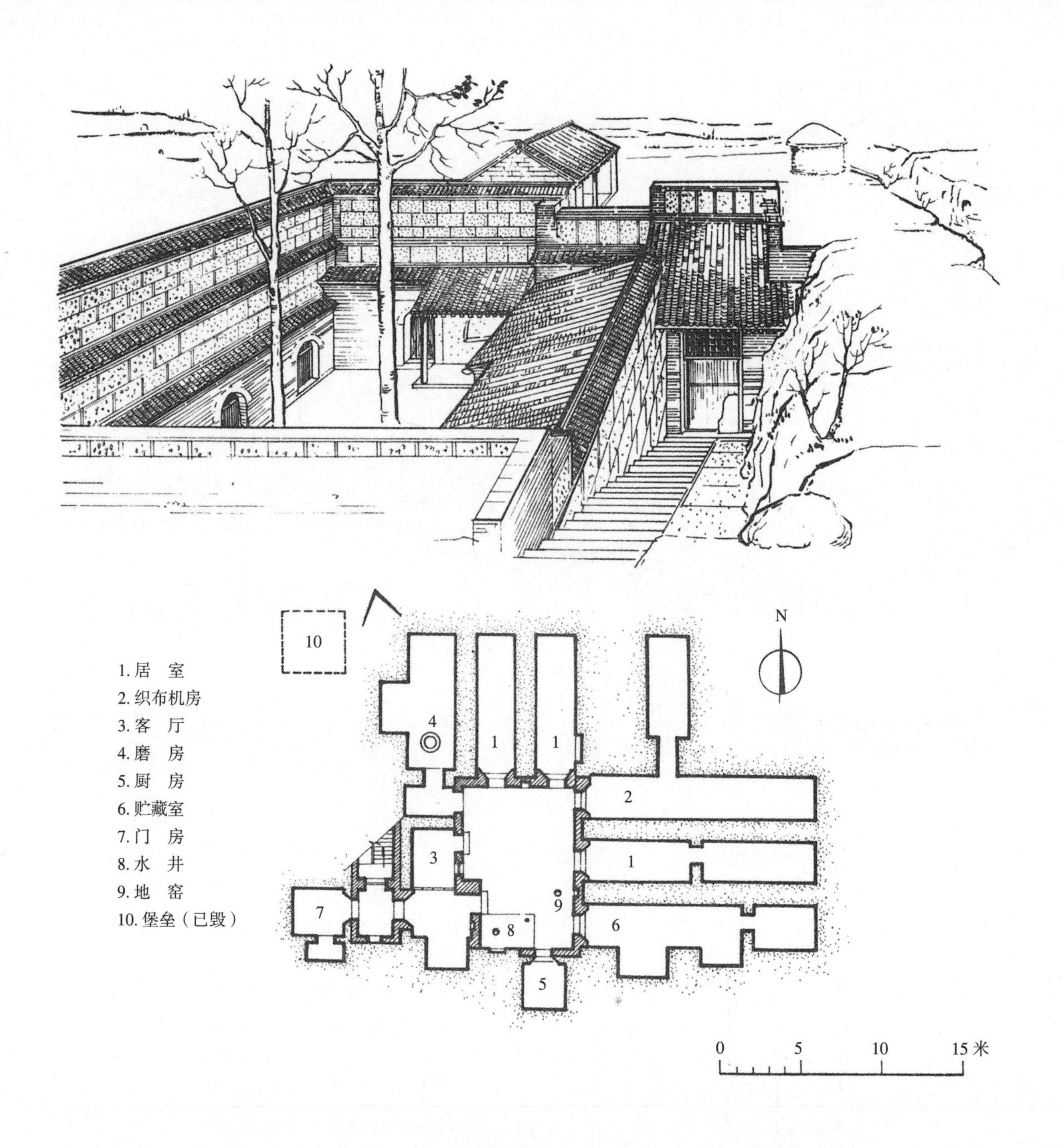

有窑洞 17 孔，分成东西两院。院四壁窑脸均用砖砌，砖工精细。其中有两孔窑拱道相通，并设一暗通道向宅外水井处。入口处筑一堡垒（现已毁坏），战乱时可守可退。此宅设计周密、造型精致，堪称洛阳窑洞民居中的杰作。

5. 塬头郑新宽宅（图 7-25、图 7-26）。虽然是一个一般的方形院落，但用厨房、门楼、土墙划分成三个大小不等的小庭院。入口前庭小院颇似一个门厅，然后分户进院，从而就打破了一目了然的单调感，符合民居布置中的含蓄隐蔽的手法。

6. 塬头郑连亭宅（图 7-27）。这是一组半下沉式半靠山式窑院。院内窑的布置紧凑，窑腿较窄，为减轻窑土拱的荷载，削薄窑顶覆土，改为晒台。这种晒台在洛阳居多。有时晒台与天整（二层）结合，天窑洞口可走上晒台。因地势变化形成的叠砌的阶梯形窑脸与护壁，构成一个层次丰富的空间构图，使建筑与自然环境紧密结合，这类成功的创作手法，在传统民居中很多。

图 7-24 塚头村陈宅

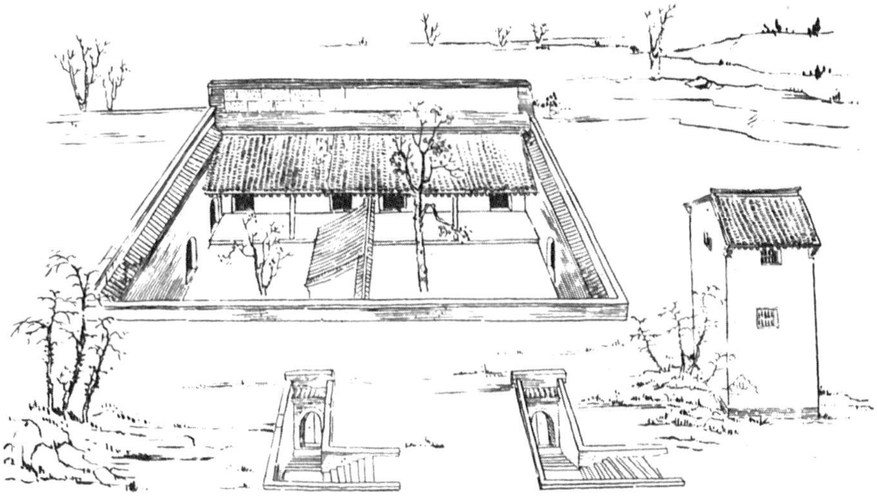

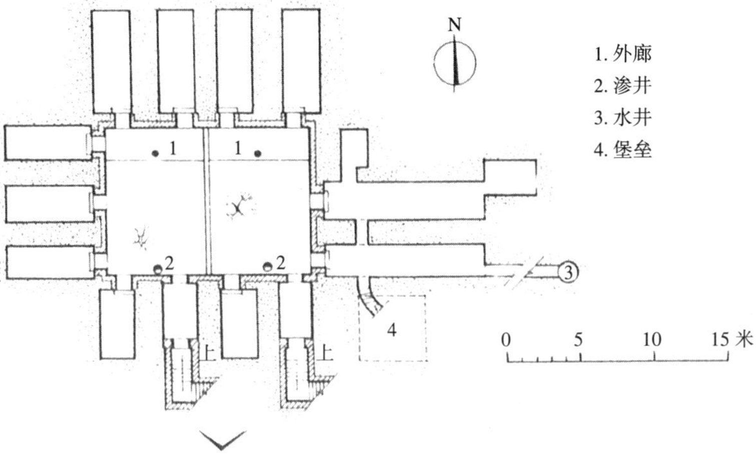
N
1. 外廊
2. 渗井
3. 水井
4. 堡垒
0 5 10 15 米

图 7-25 塚头郑新宽宅平面、透视图

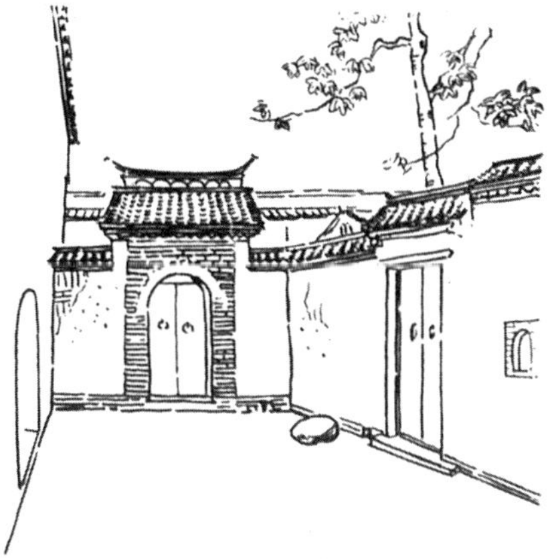

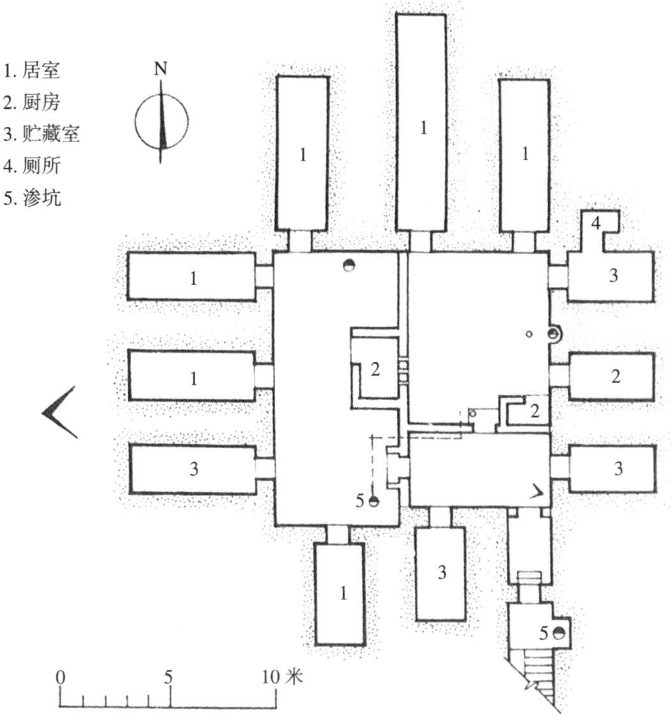
1. 居室
2. 厨房
3. 贮藏室
4. 厕所
5. 渗坑
N
0 5 10 米

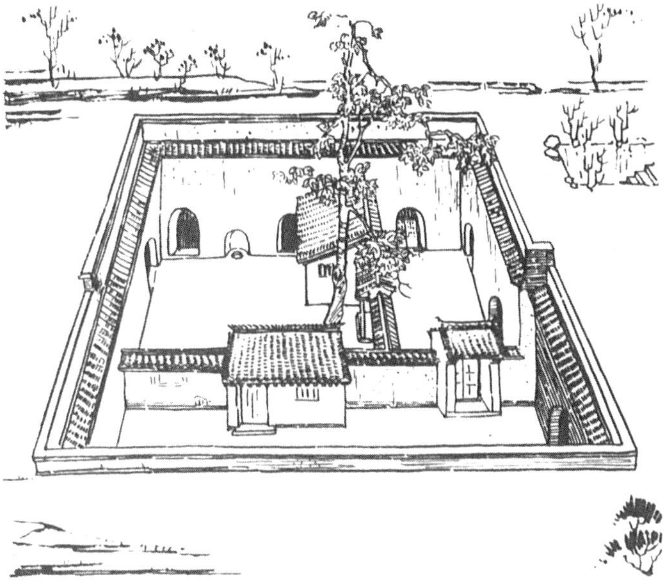

图 7-26　郑新宽宅外景

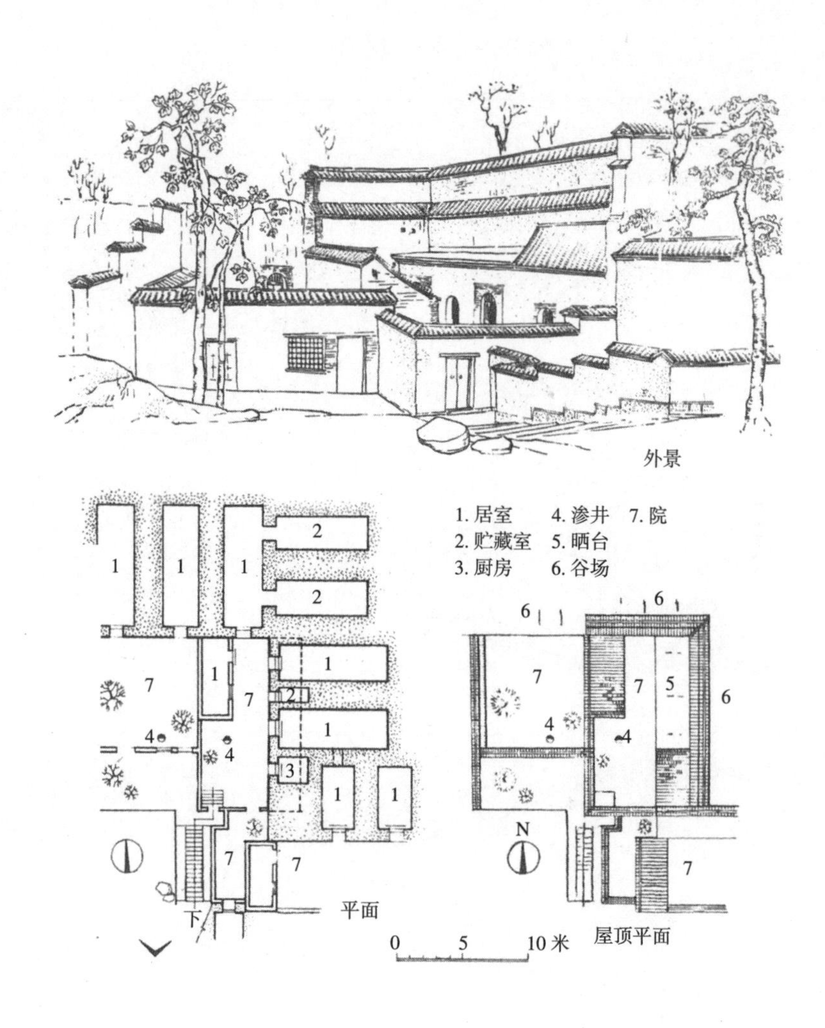

图 7-27　郑连亭宅平面图、外景

7. 前海资马宅（图 7-28）。是一个二进天井院，其间有串窑相通，又各自设独立的户门。其中有一孔窑在窑洞后壁设一小窗，改进了采光和通风。这种设后窗的窑洞在苗沟村还有几家。

近年来洛阳一带农村，利用窑顶建房、筑围墙的人家日增。在各地居住在下沉式窑洞的农户，由于对下沉式窑洞的缺点缺乏用现代技术改进的能力，纷纷“弃窑建房”，这是很值得研究者深思之事。

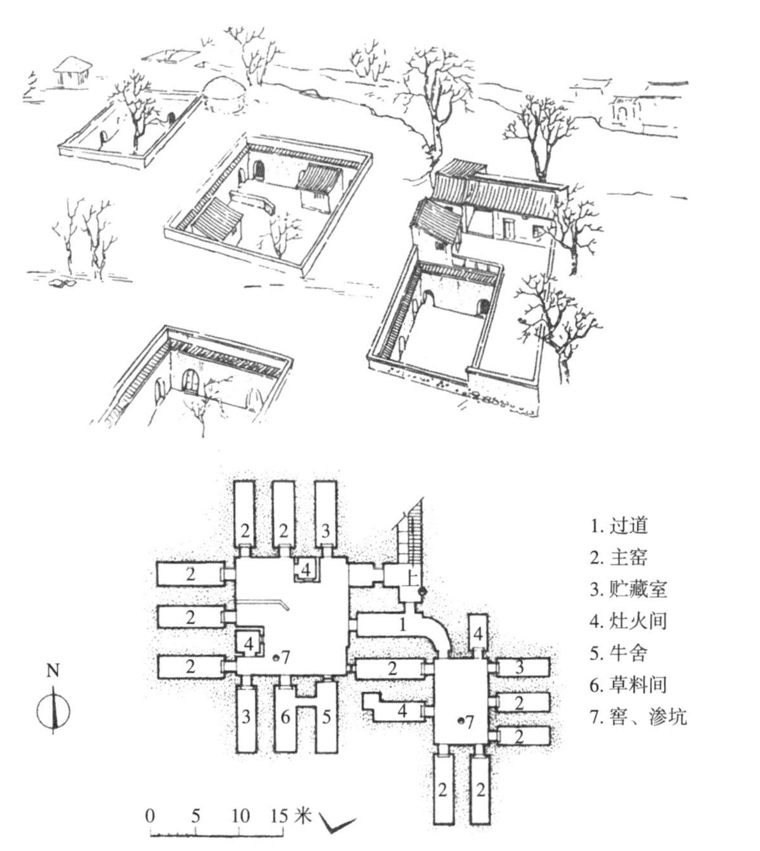

图 7-28　孟津县前海资马宅平面、透视图

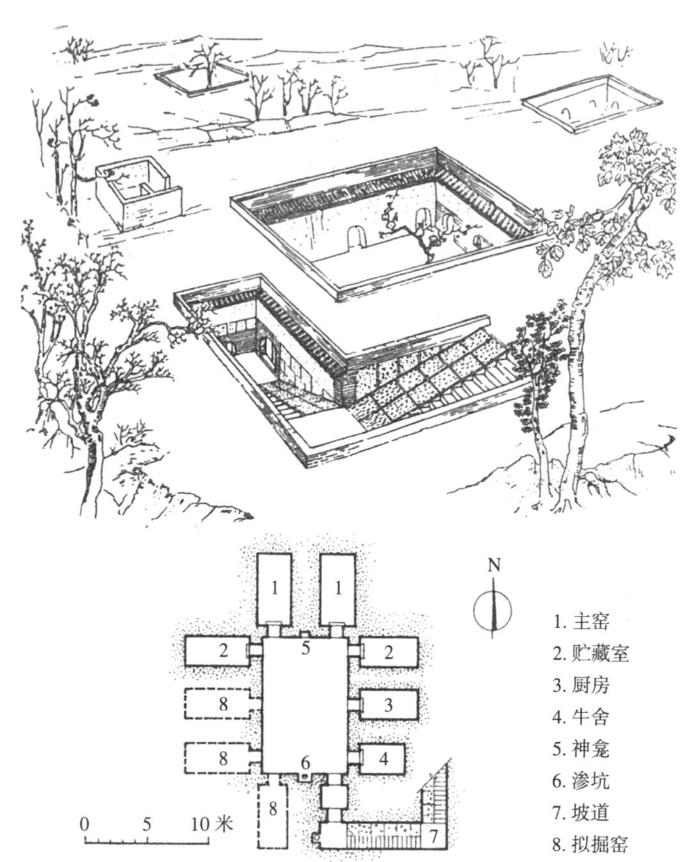

图 7-29　塚头刘学师宅院平面、透视图

8. 塚头刘学师宅院（图 7-29）。这是洛阳一带较为典型的下沉式窑院。建造年代较晚，1969 年建成。刘学师是大队的小学教师，窑院的设计与营造都由本人参与。设计布局合理、美观大方，窑脸用砖瓦礓石饰面。露天阶梯人车分行，人行道为砖砌踏步，车行道为礓石坡道。整个工程分期建造，现已建五孔窑洞的窑院，院内保留有四孔窑洞的空位。

其总造价，包括今后扩建的四孔窑洞约计 2400 元左右。总建筑面积 151 平方米，单位造价 16 元 /m^2，只相当于当地平房造价（45 ~ 59 元 /m^2）的 27% ~ 36%。

第八章

郑州窑洞民居

一、窑洞的分布

郑州地区在河南省中部，由郑州市、巩县、登封县、荥阳县、密县、新郑县、中牟县组成。北临黄河，西与洛阳地区相接。黄河中上游的黄土高原在河南省沿黄河两岸向东伸展，在黄河南侧的黄土地层，东出陕西，在黄河与秦岭、伏牛山脉之间的走廊地带延伸至郑州市。

郑州市恰好坐落在黄土高原和豫东平原相接的界面上，市区西部十分明显形成一道分界，出现高原与平原两种地质构造突变的奇异景观（图 8-1）。

西侧是拔地而起的黄土原边，极目东望却是坦荡无限的千里沃野。京广铁路南渡黄河之后就沿黄土原边之下筑成。随着黄土高原的结束，京广铁路以东就不复存在窑洞。贾鲁河上游在郑州市区西郊冲切的道道河谷，勾画出黄土高原的东南边界（图 8-2）。

郑州地区西部属嵩山地质带，为华北台地南缘，是伏牛山向东延伸的余脉，为河南省山区与平原的接壤地。它的生成展示了三十亿年的漫长地质记录。嵩山山系由西而东，层峦叠嶂，绵延起伏于黄河南岸，沿洛阳地区南部，经偃师县向东伸展，在登封县境之北，史称“中岳”。著名的七十二峰，呈雁行状排列，陡峭险峻，气势磅礴，以丘壑林泉之胜，古刹胜迹之众和宏伟俊秀而著称。主峰太室山海拔 1494 米，少室山海拔 1512.4 米。郑州市西部各县的边界基本是按嵩山走向划定的。巩县、荥阳县，直至郑州市西部郊区在嵩山的北侧、界临黄河，其南北宽度约在五十公里左右变化，是原生堆积的黄土原。其间围绕河流有众多冲沟，这里是郑州窑洞民居的主要分布区。登封处在嵩山南坡及其群峰之中，大部地区岩石突露，平均海拔 600 米，最低海拔也在 350 米以上。仅在南部颍河谷地和嵩山东坡存在薄层黄土堆积，分布少量窑洞，在整个登封县窑洞数量甚少。密县位于嵩山东麓坡地之上，北、西、南三面环山。中部黄土堆积，丘谷交错，其中分布有数量较多的窑洞（表 8-1）。

图 8-1　黄土高原与豫东平原交接面景观

图 8-2　贾鲁河谷在郑州西郊的一段

郑州市属分布窑洞各县自然条件表　　表 8–1

名称	面积（平方公里）	人口		海拔高程（米）			降水量（毫米）		最大积雪深度（厘米）	温度（℃）				相对湿度（%）		
		数量（万人）	密度（人/平方公里）	最高	最低	平均	全年	一日最大		最热月平均温	极端高温	最冷月平均温	极端低温	最热月平均湿度	最热月13、14时平均湿度	最冷月平均湿度
郑州市及郊区	1109.1	151.71	1368	290	85	95	631.3	109.6	20	27.2	41.8	–0.2	–17.9	77	61	65
巩　县	1041	62.9	604.2	1003	112	440	606.3	106.5	23.5	27.3	42	–0.3	–17.5	76	61	63
荥 阳 县	955	53.4	559.3	589	108	224	618.8	108.1	22	27.2	41.8	–0.2	–17.7	77	61	64
密　县	1001	57.42	573.63	1108.5	114	606				26.9	42	0.4	–14.3			

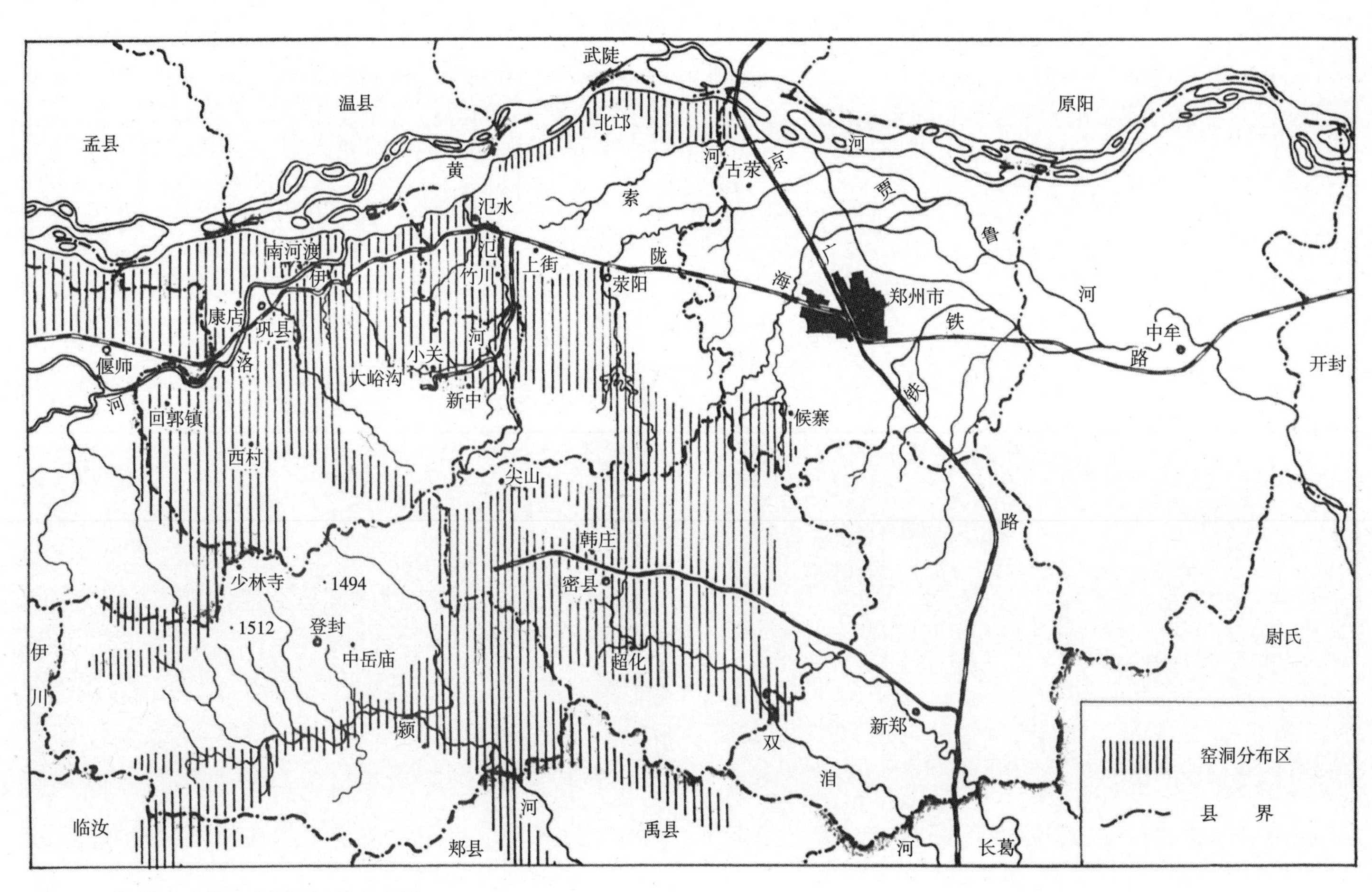

图 8–3　郑州地区黄土窑洞民居分布略图

在郑州地区窑洞民居分布可划分为巩县、荥阳、密县三个部分。巩县窑洞应包括与其相邻的登封北部少量窑洞。郑州市郊区窑洞数量很少，其西北部靠黄河边的邙山黄土丘陵窑洞应属荥阳部分。郑州市郊西南与登封东部窑洞应划归密县部分（图 8-3）。

二、各县窑洞的形成与发展

巩县、荥阳、密县三县黄土沟壑纵横，地形变化复杂而成为古都洛阳的屏障，在我国历史上有着重要的地位。其间人口密度高达 500 ~ 600 人 / 平方公里，集中而且庞大的村庄密布。窑洞山村坐落在河谷，沟壑两侧的黄土阶地上，村村相连，间隔一至两公里。凭高远眺，近指座座山村掩映于蜿蜒曲折的沟谷、绿荫与田野之中，顿觉春光粲而烟气清；远望层层黄土丘陵茫茫然遥接天际，正是山岳重而浮云动，给人以天高地迴、宇宙无穷之慨，恰如田园诗般的美，使观者对祖国山河的恋慕之情油然而生。山村住户在沟边不同层次的阶地上，依天然地形适当修整后挖窑建房构成窑房结合的皖落。自沟底到原顶，形成多层次的立体山村，又依山势而起伏曲折，显示出北方窑洞山村顺乎自然，利用自然、人工融合于自然，朴实、优美的感人格调（图 8-4）。

沿河流有取水、灌溉、交通之便，巩、荥、密三县县城与较大型集镇的发展形成，在历史上多与河流有关。县城、集镇多在河谷之中，宽阔、平坦的小平原上，四周绕以窑洞山村。而依托河谷的村庄皆十分密集、庞大，且较为富庶（图 8-5），显示了它们优先发展的历史进程。山村本身一般表现为谷底住户多，越高而住户越少的金字塔式构成。说明也是先从距河流最近，便于生活和生产，而又不受洪水威胁的河岸第二阶地开始，自下而上逐步形成。沿河谷有相当多的村庄发展成自谷底直至原顶的大型竖向窑洞山村。那些远离河流的原上村和偏僻分散的小型山沟村庄，是由于种种自然和社会原因而后慢慢发展形成的。但自新中国成立以来，由于矿藏的开发，工农业布局的巨大变化，现代化运输的发展，在原来很偏僻之处形成了不少新市镇。如郑州市上街区和巩县小关的兴起，巩县、密县新县城的迅速建成，带来周围山村的繁荣，于其中的窑洞民居也获得了新发展（图 8-6）。

图 8-4　巩县口头村全貌

图 8-5　沿汜河上游谷地的田园和山村面貌

图 8-6　荥阳县竹川附近新发展的窑洞山村

郑州地区虽属我国窑洞分布的东南末端，但居民们充分发挥黄土特点所创造的窑洞，空间环境丰富，技术高超，装修精美，具有鲜明的特点。特别自新中国成立以来，此地群众造窑数量很多，将窑洞用于公共和生产等更广泛的新用途，克服窑洞缺点的种种尝试，改进窑洞空间和生活环境使其符合农民现代生活需要，创造窑洞新形式等众多革新，展示了窑洞新的生命力和将不断发展的前景。

郑州市及巩、荥、密三县的自然条件详见表 8-1：

1. 巩县地处郑州地区最西部，县城距郑州市 74 公里，西与洛阳地区的偃师县相邻。“偃师”者乃屯兵之地，“巩”取巩固之意，皆为古都洛阳的门户。伊洛河穿越巩县西北部注入黄河。伊洛河北为横陈于黄河两岸的邙山黄土丘陵，伊洛河南至嵩山脚前为北低南高的黄土原。这里冲沟发育尚属早期，特别在其西南部原面较完整，南枕嵩岳而北抵黄河，气势雄峻。北宋皇室谓此地存帝王之基业，而造九帝及宠臣陵寝，群于其西南黄土原上。隋代于巩县筑洛口仓，据《资治通鉴》载：大业二年（公元 606 年）十月“置洛口仓于巩东南原上，筑仓周围二十里，穿三千窖，窖容八千石……”。遗址至今犹存。隋代已熟练地大规模使用黄土洞窖，说明黄土窑洞在巩县的历史应远早于此。唐代大诗人杜甫于故里巩县南窑湾村的诞生窑（图 8-7）虽难于考证[1]，但历史记载唐代巩县的窑洞民居已甚为普遍（图 8-8）。

图 8-7　巩县杜甫诞生窑遗址

图 8-8　杜甫诞生窑遗址前的“诗圣故里”石碑

① 巩县现存的杜甫诞生窑从窑洞形式，砖制上研究应是明清修葺后的。现存有清乾隆三十一年（1766 年）8 月由知县树“唐工部杜甫故里碑。”唐工部杜文贞公碑记，系由杜甫的 34 ~ 35 代嫡孙于清同治十二年（1873 年）所立。

图 8-9　虎牢关地形

图 8-10　虎牢关石碑

巩县黄土堆积厚度约 50 米，占全县总面积 85% 左右。东南部海拔制高点为 1003 米，为嵩山群峰之一部分。海拔四百米以下地区黄土层已很薄，基岩多处裸露，仅山谷内黄土较厚有少量窑洞。在海拔四百米以下均匀分布厚度较大的黄土堆积层中广泛存在窑洞，此区域约占全县面积的 80%，有 40% 的人口居住着各种不同形式的窑洞。在沿黄河的邙山丘陵，地表层马兰黄土堆积较厚，约在 5 ~ 20 米不等。在伊洛河以南广大地区马兰黄土厚仅 5 米左右。因而在深 10 米的浅土层中挖掘窑洞即是离石黄土层，易于遇到礓石层使窑洞坚固适用，所以当地群众自古至今仍保持居住窑洞的习惯。在北部沿伊洛河两侧和它的一些支流上冲沟密布，主要分布着靠山窑和靠山下沉式窑院。西南部在西村、芝田、回郭镇一带原面宽阔，冲沟较少，主要分布下沉式窑洞，约占全县窑洞总数的 1/3。在南与东南部如大峪沟、小关，靠近嵩山周围，山谷中的少量靠山窑和用当地砖石料砌筑的独立式窑洞建筑交错存在。

伊洛河谷海拔约 150 米左右，宽度可达 5 公里不等，两岸大片农田和黄土阶地与原顶皆有灌溉之利，土地肥沃，物产丰富。巩县县城几经变迁皆依伊洛河谷发展。近百年虽屡遭战乱的破坏，但自新中国成立以来工农业发展迅速，煤炭、冶金、机械制造、建筑材料等工业在河南省名列前茅。因工农业较发达，虽人口密度较高而民情仍属殷富。群众经济条件优越，其多数民居布局较完整，窑洞处理精美。因土质好使窑洞空间多样化，在我国豫西黄土窑洞民居中应属上乘，当地现代窑洞民居的发展仍很可观。

2. 荥阳县县城东距郑州市 29 公里，西接巩县。其与嵩山、黄河的关系，南高西北低以及西部的汜河上下冲沟密布的地貌特点，基本与巩县相同。全县为自西向东延伸的黄土堆积，至郑州市郊西半部为较平坦的薄层原生黄土原，构成黄土高原的东南终端。

荥阳是历史名城，其古城遗址即今郑州市北郊古荥镇，系战国时代营造，北魏始迁至当前的荥阳县址。其南踞嵩岳，北控黄河，居洛、汴两古都之中。东依鸿沟，西拥虎牢，皆为黄土原间雄峙陡峻的险关要隘，是洛阳之前哨门户，自古是兵家征战之地（图 8-9、图 8-10），历史上屡遭战乱破坏。新中国成立后随着煤、铁、铝矾土等自然资源的开发，又靠近郑州市生产和消费市场，工农业生产有较大发展，但经济状况尚低于巩县。

黄土覆盖可占全县面积的 90%，堆积厚度西部约 50 米，愈东愈薄至郑州市西部仅 20 米左右。嵩山余脉于西南部峰高 589 米，窑洞分布在海拔 150 米至 250 米的高度上，包括西部的汜河上下，南部的溹河上游以及沿黄河两岸邙山黄土丘陵间的河谷，冲沟之中。北部和东部大片平坦的黄土原，海拔在 150 ~ 110 米之间，分布少量冲沟深仅 5 米左右，未发现古土壤层，已不宜于挖掘窑洞，因而无窑洞存在。荥阳窑洞分布约占全县面积的四分之一，靠山窑为其基本形式。目前当地新窑洞民居仍有发展，其南部和西部窑洞不仅用于民居，且用于工业和公共活动，并在改进窑洞的尝试中也取得有益成果。

3. 密县位于郑州市西南，县城距郑州市 38 公里。全县处于嵩山东麓坡地，属浅山丘陵区，是嵩山和平原的交界。北、西、南三面环山，地势高、岩石突露。西北与登封、巩县、荥阳交界处的嵩山余脉相接，全县制高点，海拔 1508 米，其地形坡度与巩、荥两县相反，为西北高东南低。中部为主要的原生黄土覆盖区，约为全县面积的 80%，其中沟谷交错，密县窑洞基本分布于此。东部靠近新郑县已属豫东平原，最低海拔 120 米。东南为双洎河上游，沟谷中灌溉条件好，土地肥沃。密县资源丰富，煤炭蕴藏量高达 25 亿吨以上，新中国成立以来工农业迅速发展，已成为河南省煤炭工业基地之一。

密县黄土地层构造与巩、荥地层特点极不相同，此处黄土堆积很薄，深约 20 米即是基岩，大部冲沟也很浅，最深不过 10 米左右。面层马兰黄土厚仅 3 ~ 5 米，以下老黄土与所含古土壤层次不明显。其中散乱的钙质结核自上而下由疏到密，深 5 ~ 8 米处可形成集中的钙质结核层，厚约 1 米左右，极为密实，颗粒间仅填充微量土壤。一般在 6 ~ 7 米深的浅沟中挖洞，洞身在密集的钙质结核以上，以避开这个难于挖掘的层位。所以，密县窑洞顶部复土仅为 3 ~ 4 米甚至更薄。该处传统窑洞形式全部为靠山窑。

由于土层挖掘中的种种困难，因而该处窑洞的各部尺度较巩、荥两县窑洞为小。洞内一般无空间利用措施。也有不少传统的窑洞民居，在 4 ~ 5 米深的浅沟中靠山大开挖，于其中用砖石砌筑窑洞，再于窑顶还复原土，造成其外部形式如靠山窑的独立式窑洞。

由于密县基岩多处露出地面，石灰石，黄土遍地皆是，又盛产煤炭，因而石灰、砖瓦、水泥等建材工业很普及，新建民居多迁至原顶，用砖石砌窑洞，所以黄土窑洞发展较少。

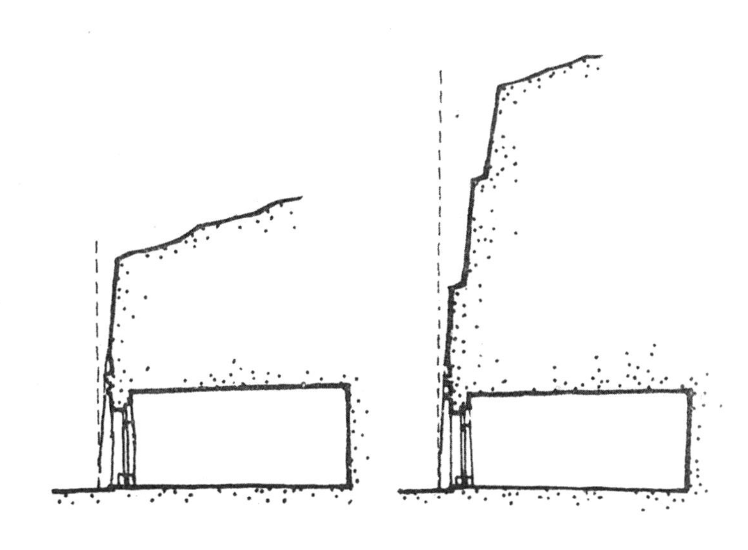

图 8-11　窑脸高度在 10 米以上、以下的剖面形式

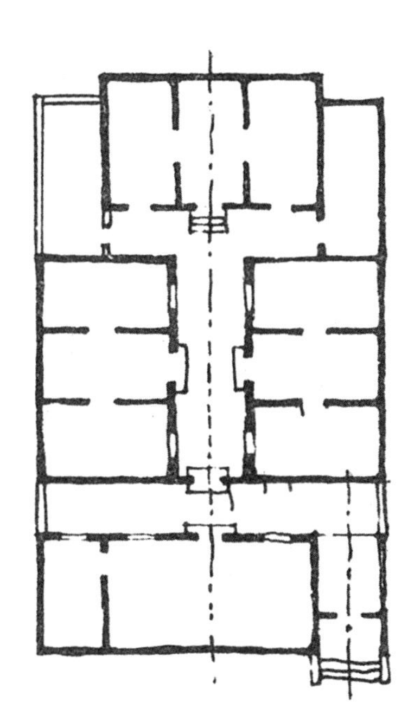

图 8-12　巩县、荥阳传统狭窄四合院的布局

三、窑洞民居特点

郑州地区传统窑洞民居有以下基本特点：

1. 布局与环境

建窑时多选择土质稳定、土崖壁高度适当、水源方便、便于排水、不受洪水威胁，向阳避风、隐蔽安静、视野宽阔、交通方便的窑址。而后，削崖移土，造地筑路，挖窑建房，围院植树，形成与山形起伏共同变化，封闭清幽的居住环境。院落平面布局富有层次。这些共同的特点几乎在郑州地区窑洞山村的户户民居中皆能得到反映。

● 修建靠崖窑一般在冲沟一侧将黄土堆积的边缘整修，切成略向内倾斜的崖面，崖面的顶部，群众俗称“窑脸”，其高度大于10米以上时则切成台阶形，以保持土体的稳定（图8-11）。窑洞的实际布局是多种多样的，一般遵循下列原则：

以地形为依据，随地形而变化。

不得影响黄土崖面的稳定与安全。

以最少的工作量争得最多的窑洞开挖面。

按住户的经济能力，家庭组成和居住需要，合理安排窑洞布局。

郑州地区窑洞民居大部分是农民自力陆续建设、逐步形成，传统靠崖窑院在挖洞初期一般都留有兴建房屋的位置，而其中一些住户未曾继续完成。窑房结合在当地才视为完整的宅院，所以传统靠山窑的典型布局应是窑房一体构成的完整民居。

传统的窑房结合靠山窑民居皆是按中国传统的对称、封闭、严谨的四合院空间序列关系布局。巩县和荥阳的典型靠山窑民居多为一组三孔窑洞。中间一孔为主窑，其各部分尺度略大些，内部空间利用安排周到，构造更为坚固，窑脸砖雕装修也愈加精美。以此窑洞的轴线贯穿全院，围绕主窑造厢房。主窑即处于如四合院正房的位置，十分突出，两侧对称布局的神龛等装饰小品，更加强了主窑的中心感。巩、荥两县传统的四合院常用正房、厢房完整的矩形平面（图8-12）。形成宽度仅为2.5 ~ 4米的狭长院落，当地称为“宽场窄院”。窑房结合院落布局也是如此，形成当地的传统特点。

巩县和荥阳西部，一些靠山窑的窑头高度在18 ~ 20米以上。当地群众有将土堑腰间的台阶加宽，于其上挖修窑梯，形成立体布局的多层窑洞。群众称之为“天窑”，有效地利用了黄土堆积厚度。但传统天窑只作为辅助存放粮食、小型农具等使用（图8-13）。

密县传统窑洞形式全部为靠山窑，一般布局不如巩、荥两县窑洞之完整。一些窑房结合的大型宅院仍为传统的四合院形式，但窑洞只作为辅助使用，放在侧院或后院的次要位置上。当地窑头一般不太高，土质不易开挖，因而无天窑和其他空间利用措施。密县传统四合院较为宽敞。

● 下沉式窑洞分为两种形式。

修建靠山式下沉式混合窑院，依黄土原边线沟内挖成，是靠山窑向黄土内部扩大的结果。可利用原边不宜耕种的坡地，以较短的黄土崖争取较多的窑洞开挖面。下沉院靠冲沟的一侧挖洞入口，并利用入口排水。可获得封闭、幽静的居住环境。其缺点是土方量大，用工较多。

图8-13　天窑的外部形式

平地下沉式窑院，于黄土原顶下挖而成，是在平地获得居住窑洞的唯一办法。与靠山窑一样冬暖夏凉，居住环境更为封闭幽静。其问题是出入不便，雨水排除困难，窑顶又不宜种植，占用耕地较多。

这两种下沉式窑洞于郑州地区主要分布在巩县，所以巩县应是我国西北黄土高原下沉式窑洞民居的东南末端。

巩县西南部为下沉式窑院主要分布区，皆呈组群出现。其庭院空间序列近似于传统四合院，主洞坐北向南，轴线贯穿全院，东西两侧挖类似厢房的窑洞。因下沉式窑院封闭感更强，日照时间短，洞内通风采光效果较靠山窑更差。虽下沉窑缺点较多却是向地下争取空间的好方法，仍为当地一部分群众所喜爱，其缺点尚待改进。

● 砖石砌独立式窑洞出现于黄土覆盖薄（巩县东南部、密县）或土质差（郑州邙山丘陵地）不宜挖窑的地区。分为地面独立式窑和靠山独立式窑两种，其所处的位置不同而形式有差别，于地面似房屋，靠山如靠山窑。几间并列的砌筑窑其拱脚为砌体受力，使窑洞间距比土窑小得多。一般在同一地带的地面和靠山两种窑房的构造无大差别。其特点是可充分利用当地砖石材料，少用木料，较为经济。墙、顶覆土较厚，尚保持了冬暖夏凉的优点。这种独立式窑洞，屋顶可不用木料和瓦，造价低施工快，更符合当地群众长期居住窑洞的习惯与爱好。平面布局皆为一字形奇数连拱，按传统方式追求对称，强调轴线，中央洞门口高大精美。此种窑近数年建设得甚多。郑州市郊邙山与巩县小关多用三跨连拱，沿袭模仿传统窑洞的形式处理。特别在小关窑房的内外空间构造、形式与组织方式，窑脸装修等皆为传统做法。密县新建民居几乎全部为平地独立式窑洞，一般用五跨连拱，两边跨拱脚用钢拉杆平衡，外表只是平顶房的形象，窑洞特征已不复存在。密县传统的靠山砖砌窑为数也很多，其布局与形式处理基本和当地传统黄土靠山窑无大区别。

2. 窑洞内外空间安排

按土质情况统筹安排窑洞内外空间，既保证安全，又便利生活，表现了郑州地区民间匠师造窑技术和利用、改造黄土的丰富经验。

在离石黄土上部无礓石层的土层中建无衬砌窑洞，其各部分尺寸关系详见（表 8-2）。巩县、荥阳南部马兰黄土堆积较薄，在浅层土中即是含有礓石层的离石黄土，土质坚固程度大幅度提高，使窑洞各部尺寸和窑洞内外的空间利用可有较大灵活性。在绵延于黄河两岸的邙山黄土丘陵地带，表层马兰黄土堆积较厚，若在埋置很深的离石黄土层挖洞，必然是深沟高崖的地形，又为天窑的出现创造了条件。有些窑洞即在马兰黄土层中开挖，其各部尺寸要求

郑州市属主要分布窑洞各县无衬砌黄土窑洞空间经验尺寸表 **表 8-2**

地点	主窑尺寸（米）			杂用窑尺寸（米）			窑腿宽度	窑顶覆土厚度	注
	A_1（宽）	H_1（高）	l_1（深）	A_2	H_2	l_2			
巩县与荥阳县西部	3 ~ 3.5	大约为 $H_1 = A_1$	7 ~ 12	2.5 ~ 3	大约为 $H_2 = 1 \sim 1.1A_2$	4.5 ~ 7	大致与窑洞宽度相同	$2H_1$ 左右	窑内有拐窑、砖砌龛窑等空间利用措施
密　　县	3 ~ 3.3	大约为 $H_1 = A_1$	6 ~ 10	2.4 ~ 2.8	$H_2 = 1 \sim 1.1A_2$	4 ~ 6	$1.3A_1$ 左右	$1 \sim 1.3A_1$ 左右	洞体之外无其他空间利用措施

注：本表窑洞所在黄土层位为老黄土上部，无礓石层的情况。在土质有变化时应按具体情况处理。

图 8-14　窑洞空间利用变化

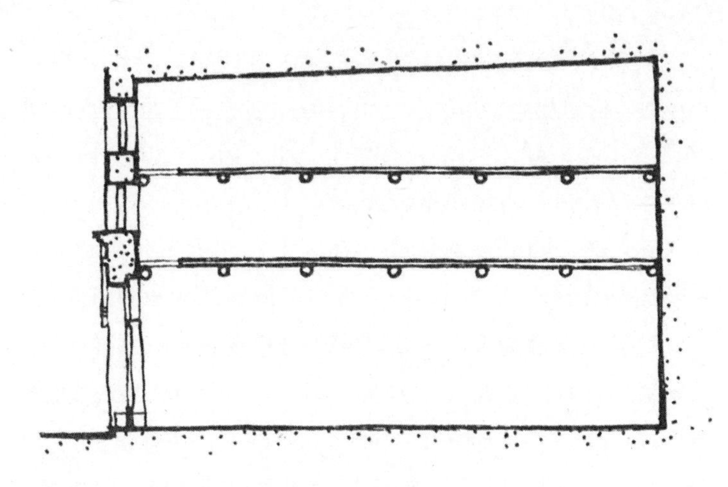

图 8-16　康百万庄园三层窑洞纵剖面图

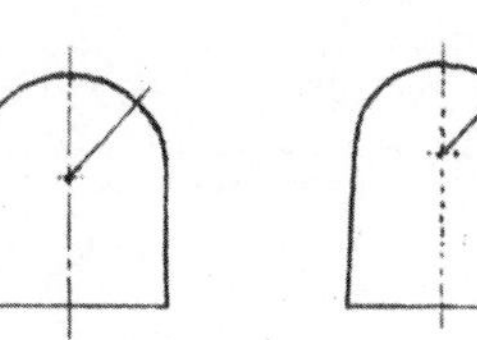
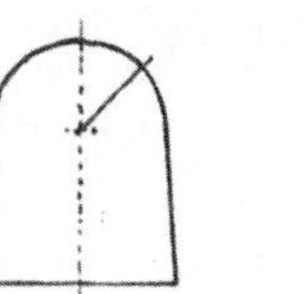
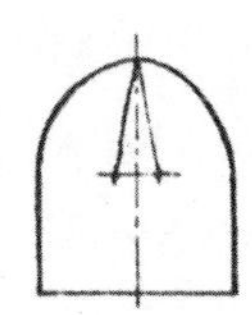
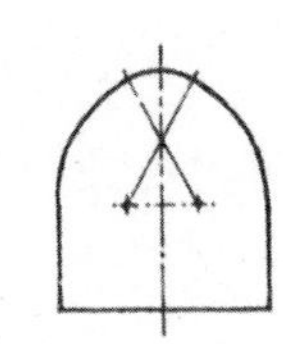

图 8-17　巩县荥阳窑洞的几种拱券曲线形式

图 8-15　巩县康百万庄园三层窑洞外观

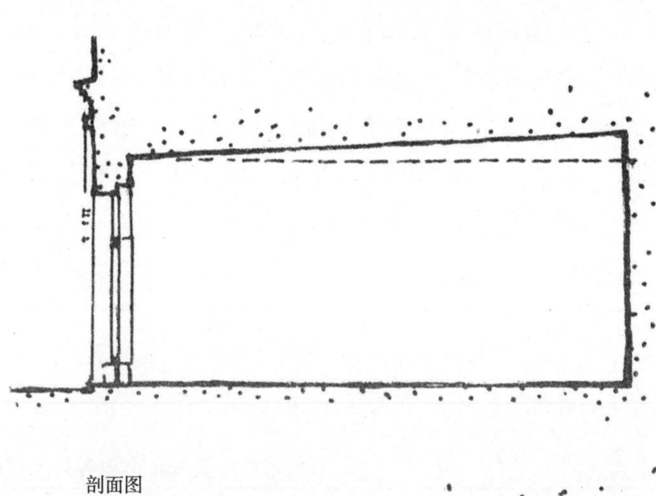

剖面图

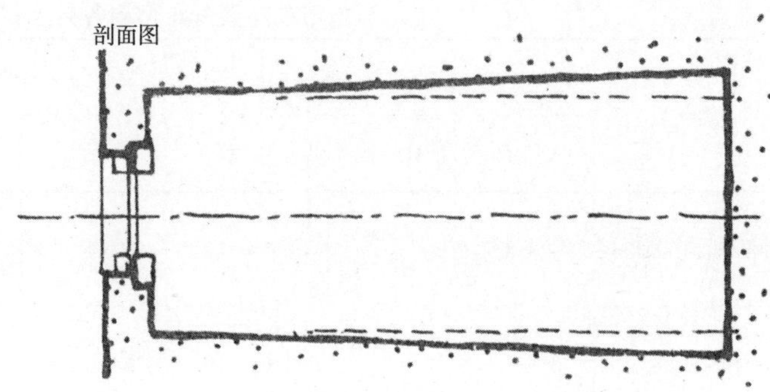

平面图

图 8-18　窑洞内空间变断面处理

则更加严格。为克服土质差而采用砖石表砌和券砌，使窑洞各部尺寸更加紧凑。所以窑洞内外空间安排的影响因素是多方面的，地形、土质、黄土层位构造以及砖石砌体在窑洞中的应用等这些天然和人为的条件都在起作用。

窑洞有主次之分，空间布局有中心有陪衬，方能达到理想的空间艺术效果。主窑洞（也称"堂窑"）深十米左右，两侧为居住洞，稍浅，一般也在 6 ～ 7 米以上。主窑及居住洞内做数量不等的砖券龛窑，内可设灶台，炊具、床桌等用具，为扩大空间、加固窑腿之用（洞体一般不衬砌）。也有在窑腿一侧再挖小洞称"拐窑"，各类空间利用方式使洞体平面有多种变化（图 8-14）。为便于家庭不同辈分的分居需要，各个窑洞一般皆互不连通。侧面土崖亦就势挖洞，小而简，作为杂用空间。

在一些有砖石衬砌的窑洞中，为尽量发挥砖石拱券优势以争取空间，而将洞体加高，架以棚板，做成两层（个别有三层者）窑洞（图 8-15、图 8-16）。棚架层只作为粮食、用具存放等辅助使用，所以只设简易木梯式或仅设人孔，临时架梯上下。

巩县和荥阳西部，洞顶拱曲线多为双心园、三心园或抛物线形（图 8-17）。在荥阳东部至郑州市郊的少数窑洞和密县部分窑洞，主洞深在 8 米以下，普通窑洞深仅 4 ～ 5 米，洞体也狭窄，因而其拱形要求也不严格。

在一个独立式窑洞中，其薄弱环节主要是洞口，最易受外因的侵蚀袭击而遭受破坏，所以洞口处理较为慎重。于巩县和荥阳西部窑洞做变断面处理，土洞口部高宽尺寸最小。外部窑脸皆严密护砌，用砖或里生外熟（砖内部用

图 8–19　巩县南河渡薄宅院落及窑脸

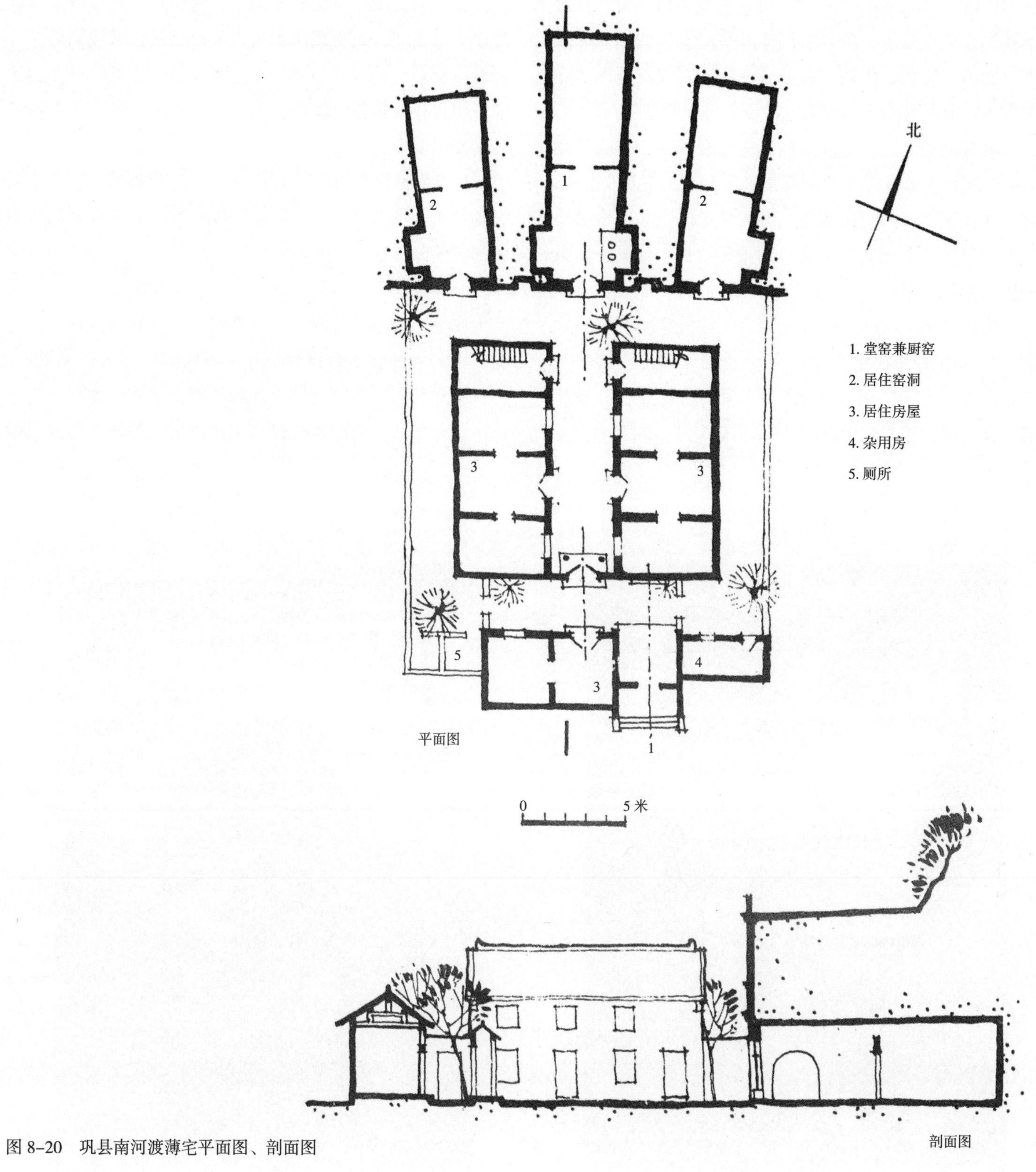

图 8-20　巩县南河渡薄宅平面图、剖面图

土坯)，厚度可达1米，仅留一个较小的门洞和门顶半圆采光窗，形成封闭坚实的洞口。洞体内拱顶和窑腿两壁愈向窑底则愈加宽大，以争取洞内有较宽阔的使用空间，并使用视觉校正措施，自洞口内望避免产生窑顶下坠和愈内愈窄的错觉(图8-18)。

于外部窑洞间崖面上对称做神龛、鸟窝等装饰性小空间，或挖龛窑、小洞，其下挖红薯窖或作畜舍、鸡舍、杂用等。崖面上部分段、内倾的处理和天窑、砖梯的丰富层次，显示出郑州地区窑洞民居鲜明的地方性格。

四、窑洞实例

1. 实例一　巩县、南河渡、薄宅(图8-19、图8-20)

窑房结合的靠山窑院，是巩县较完整的靠山窑民居典型之一。背靠邙岭，面临洛水，地形条件优越。严谨狭窄的院落宽三米左右，中轴线上是较高大的主窑，两侧窑洞尺度略小，此种布局在当地最为多见。

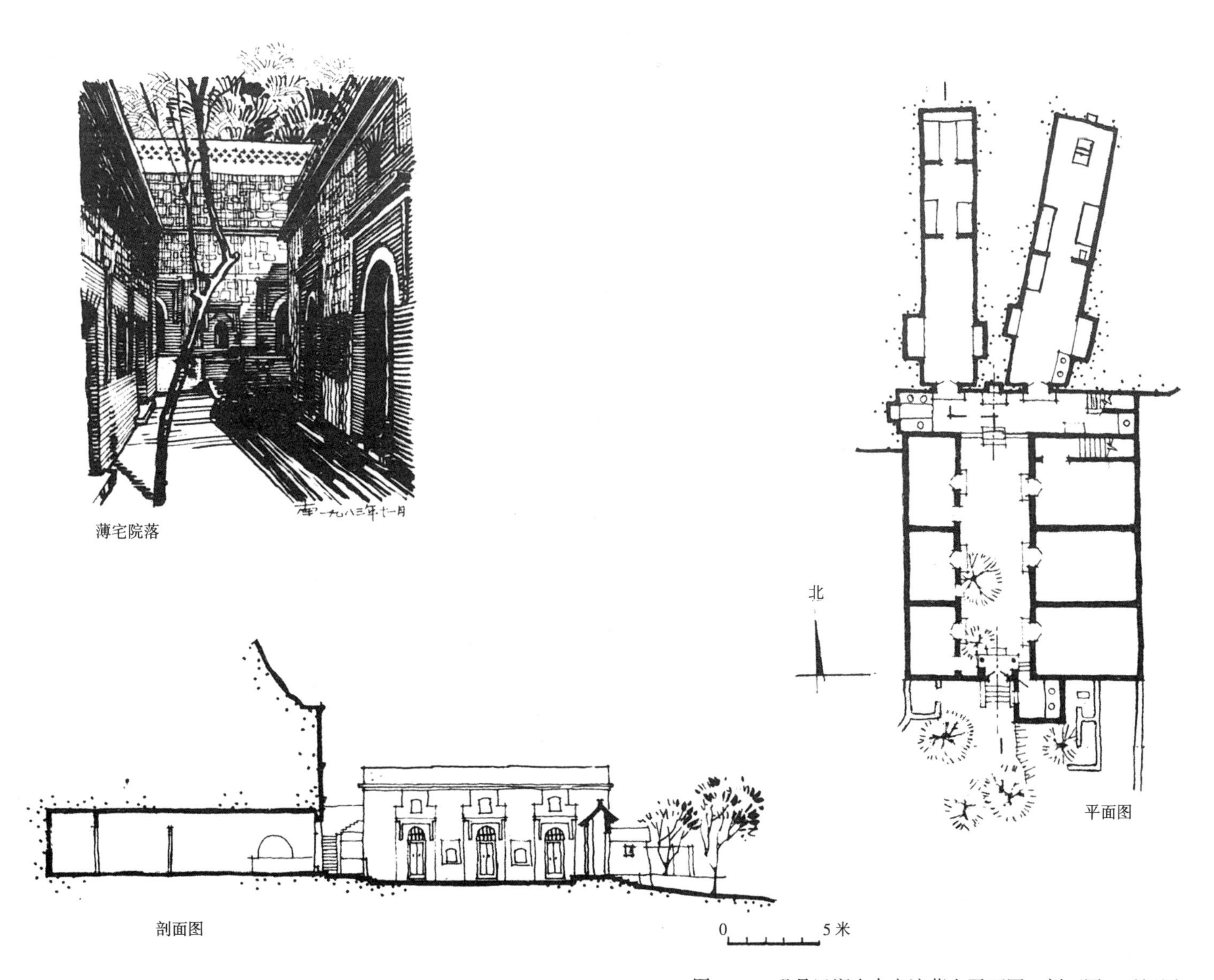

图8-21　巩县巴润乡南窑湾薄宅平面图、剖面图、透视图

图 8-22　巩县琉璃庙沟张宅透视图

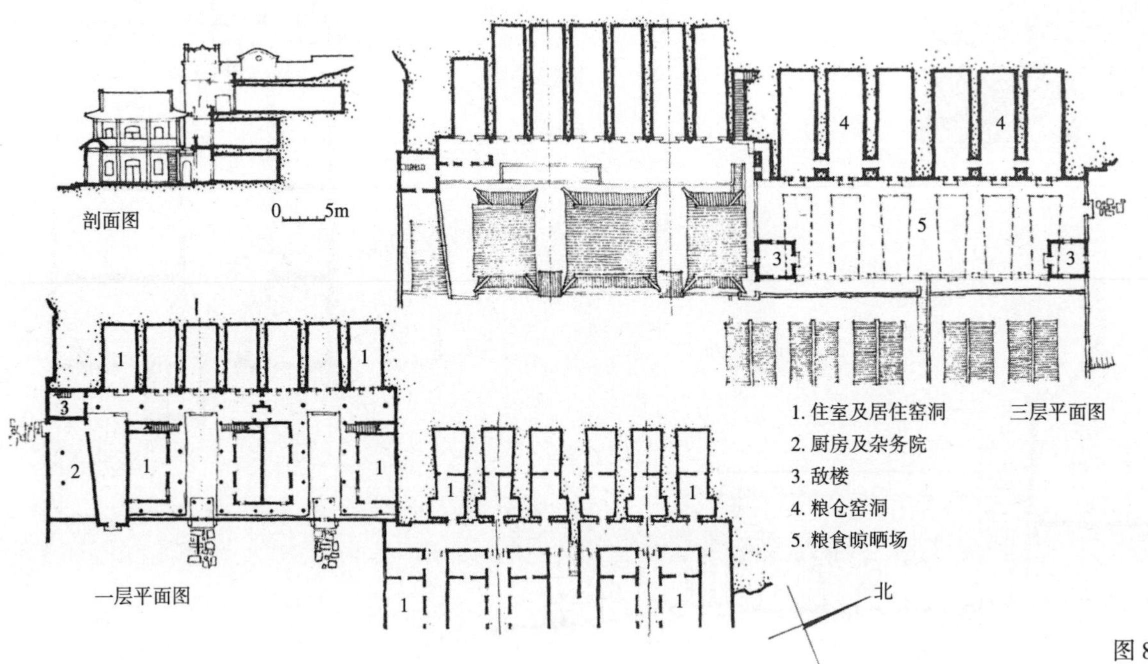

图 8-23　巩县琉璃庙沟张宅
平面图、剖面图

砖砌窑脸、神龛、装饰简练精美，紫红砂石表砌的堑面与青瓦房等对比产生的深沉美感，以及洞内龛窑等空间利用，都表现出巩县靠山窑洞民居的地方特色。

2. 实例二　巩县南窑湾薄宅（图 8-21）

院落空间严谨狭窄，保持地方传统。其特点是神龛居中轴线上，窑洞分居两侧。此种形式在当地也经常见到。当黄土崖面宽度不够挖三孔窑洞时，可用此法使两孔窑构成有中心的对称布局。

两厢房为砖石砌筑平顶窑房，房屋外墙和土崖面表砌都用紫红砂石。房门窑门皆按传统的砖砌窑脸处理，坚实厚重，格调统一，朴实美的形式得到加强。较一般加深了的三进洞体，洞口内两侧设龛窑，空间得到充分利用。

3. 实例三　巩县琉璃庙沟张宅（图 8-22、图 8-23）

建于近百年，是我国资本主义萌芽初期，伴随当地采煤工业的兴起和发展而建造的一处大型城堡式宅院。

宅院分东、西两部分，窑洞为三层，窑房结合，规模庞大而且完整。东部为内宅，一、二层为居住窑洞。三层为粮仓，仓顶是打麦场，有竖向孔洞，谷、麦可自动流入仓内。仓前为晒谷场。西部宅院当年实为煤矿管理机构，具有公共性质。西端设敌楼，可达窑头，窑头周围设自卫性建筑。

平面布局仍保持巩县民居“宽场窄院”和窑洞位于中

图 8-24　琉璃庙沟张宅中庭实景

图 8-25　张宅平拱内景

图 8-26　张宅窑脸外景

图 8-27　巩县西村曹宅平、剖面图

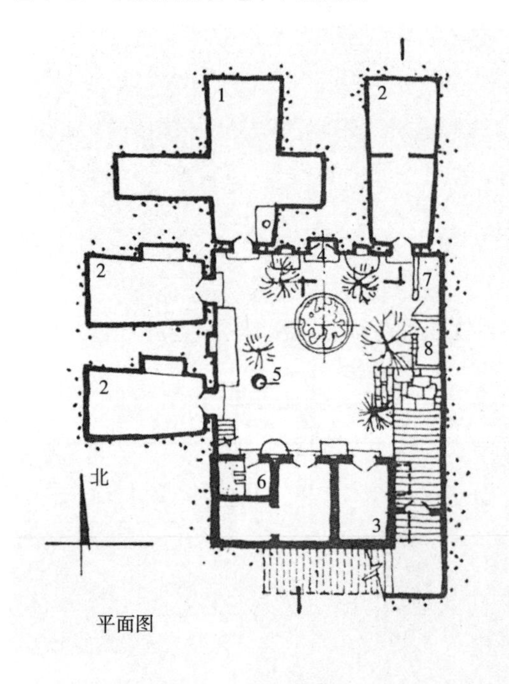

轴线主要位置的传统特色（图 8-24）。

其结构体系主要发挥砖砌拱券窑洞和砖砌崖面的砌体作用，黄土的结构功能已退居次要地位。特别是西部，由于公共性质的要求，洞体深而且宽，为解决采光、通风，洞口设大型门连窗。洞顶为砖砌平拱券（图 8-25），砖砌窑腿宽 1 米，窑顶覆土甚薄，已是靠山砖砌楼式窑房。东侧居住窑洞，砖砌半圆窑顶，窑腿宽不足 3 米，显示了当地匠师随着生产发展，为满足新功能要求的造窑技术。

东侧居住房屋和窑脸处理及内部空间安排，仍为传统形式。西侧窑脸和敌楼顶部线脚有西方“巴洛克”特点（图 8-26）。二层楼的屋顶采用舒展的卷棚歇山顶（两侧屋顶为硬山加四坡水），并设回廊，具中国府邸建筑特色。入口洞门又为园林建筑风格，表现了资产者乐于炫耀富豪的本能，使整个建筑风格不甚协调。

4. 实例四　巩县西村曹宅（图 8-27）

传统下沉式窑院，面积较小布局紧凑，空间开发充分，处理较精美。

北崖、南墙为砖砌，顶部设女儿墙。东、西两侧为土崖面，窑顶有土埂和石板，板瓦檐口避水。主窑顶地面提高以利排水，并设围墙院落，防侵蚀措施严密。南向正面

图 8-28　洛阳西村曹宅外景之一

图 8-29　西村曹宅外景之二

土崖宽度较小，挖两孔尺度较大的窑洞，中轴线上设装饰性假窑洞，窑脸高大，门窗齐备，以求达到左右对称的观感。

面北依土崖，结合坡道和青瓦大门，造三间两层砖石砌窑房一座，门口按传统窑脸处理，使窑院内建筑风格协调一致（图 8-28、图 8-29）。

窑洞内龛窑、拐窑设置周到，发挥了土体内空间的潜力。

完整的砌体，砖、石、土的对比，传统的窑脸、神龛、大门，花坛、树木绿化等与深沉的建筑色调相互衬托，增添了活力，使住户获得一处朴实优美的居住环境。

5. 实例五　巩县西村庞宅（图 8–30）

一处传统的下沉式院，因面积较大而将院落分割成内、外院，丰富了空间层次，使布局给人以紧凑感。杂用部分放在外院，内院清洁完整便于家人活动。空间功能的划分，给生活带来方面。

院顶部四周设土埂隔水，石板檐口避水。四壁少量砌石护砌，大面积麦草泥抹面，其朴实整洁感的风格更加接近自然。

全院只在南向左侧保持一孔深洞，其余窑洞尺寸皆浅

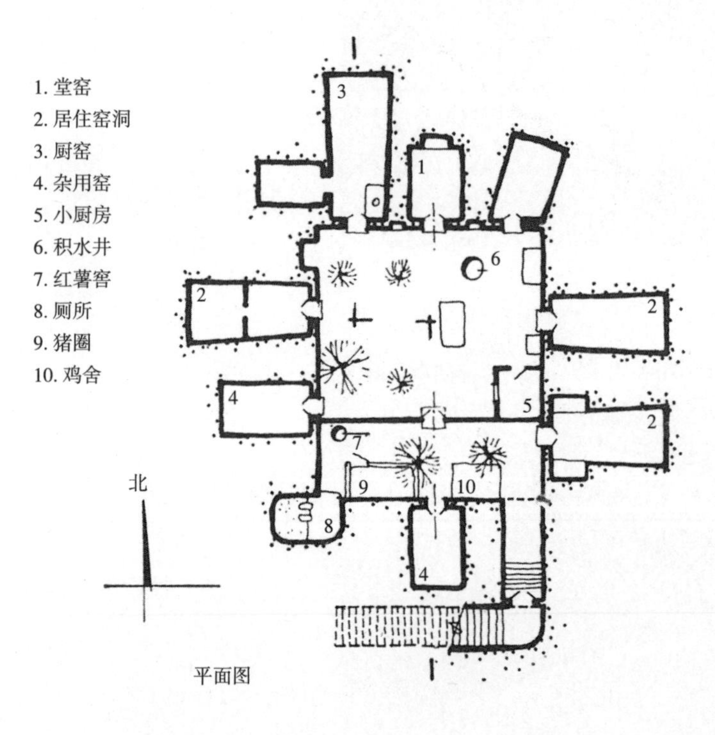

图 8–30　巩县西村庞宅平面、剖面图

图 8–31　主窑居中的窑洞实例

图 8–32　神龛居中的窑洞实例

小、中轴线上及其右侧窑洞更加矮浅。但轴线上小洞窑脸却更高些，以解决下沉天井窑安全，适用与观感之间的矛盾，表现了天井窑的局限和特点。

6. 实例六　荥阳县典型传统窑洞

汜河上下及其以西地带是荥阳窑洞民居主要分布区，基本形式为靠山窑。当地群众以窑居为主，素有注重处理窑洞形式之传统。

汜水附近两户较为典型的靠山窑洞民居的外部形式，一为三孔窑洞，主窑居中（图 8-31），另一例为两孔窑，神龛居中（图 8-32）。可以清楚地从此两例看出，其特点及处理方法与巩县典型靠山窑民居极为相似，只是有窑无房，不如巩县窑洞实例中窑房结合布局之完整。

7. 实例七　荥阳县竹川丁家院（图 8–33、图 8–34）

丁宅是清末仕宦丁某所建避暑别墅，取窑洞之“夏凉”与汜河上游的清幽环境，所以只造窑洞，未建房舍。

据传原规划是一个对称布局的靠山窑洞群，但未曾完全按设计实现。

窑洞位于竹川村一个沟汊的口上，坐北向南，面向太溪池（一处山泉），东临汜河滩，大片竹林环绕，依山面水风景宜人。

主轴线上正窑用拐洞与两侧窑洞连通，两侧窑口装设棱花大窗。这是几个窑洞平面相互连通的罕见例子。全部砖券砌窑洞，洞体高大，典型抛物线拱断面。黄土崖面用当地产紫红色石料表砌高 12 米，洞口传统的砖雕饰加小青瓦檐口，手法细腻，保存完整。

图 8–33　荥阳县竹川丁家院透视图

0 5米

北

平面图

传说原计划的平面布局形式

剖面图

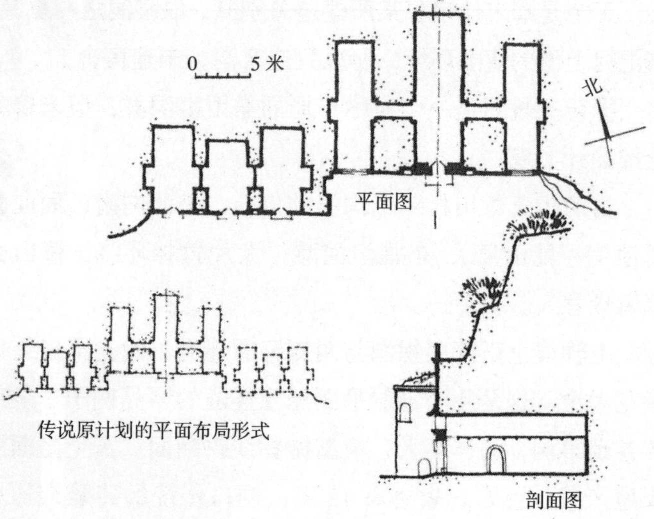

图 8-34 竹川丁家院平面、剖面图

8. 实例八 荥阳县清净沟张宅（图 8-35）

位于汜水附近，是一处规模不大，而布局完整、紧凑的靠山窑民居。一条轴线上的三道门洞，划分出富有层次的院落空间序列。每段院落空间尺度都较小，但廊、院、过道、纵横两个方位的交错分割，既保持了传统的对称关系，又使空间较一般布局更富于变化，别具特色。

因原住户的职业要求，对外接洽多，特别在前院两侧设客房院，与内宅严格划分。两侧辅助院落与内宅的关系，功能分隔巧妙，空间划分自然。

堂窑居中轴线上，位置显要。洞体高而且深，传统式窑脸处理精美。檐牙垂花之上又增加筒瓦飞檐一层，正面黄土崖从顶到地用青砖表砌，使主窑更加庄重。东侧设仓

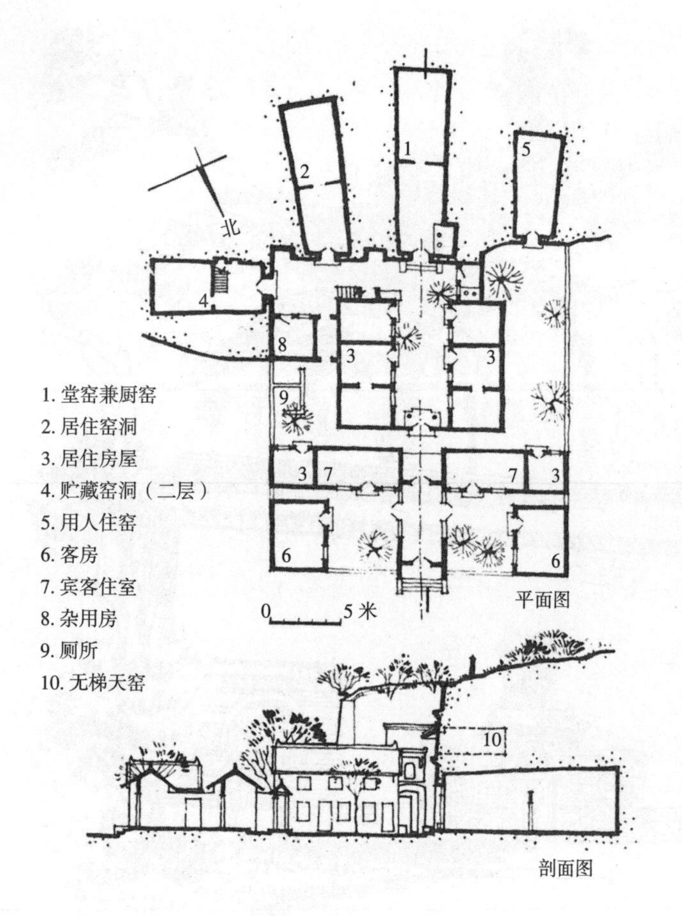

图 8-35 荥阳县清净沟张宅平面、剖面图

图 8-36 清净沟张宅外景

窑，位于内部隐避处，洞内分为两层（图 8-36）。两侧佣人住窑，土崖面未经表砌，处理简陋。堂窑左上侧设天窑一孔，为临时避难之用。

9. 实例九　郑州市郊土地庙沟孟宅（图 8-37）

位于郑州市北郊黄河南岸邙山脚下，是荥阳沿黄河的邙山黄土丘陵窑洞的继续，是我国沿黄河南岸的最后一户窑洞。

为防止雨水侵入，洞体地面与洞外自然地面差较大，以保持洞内环境干燥。窑门适当内收，洞口处留取一段空间的处理手法为郑州郊区邙山所特有，使窑口经常活动的人避免风雨日晒，及崖面黄土滑塌的突然袭击。

窑脸护砌靠山内倾，坡度大而稳定，其面积大于巩、荥二县窑洞的窑脸砌筑，小于其崖面表砌。此种方式对独立窑洞山面处理是很恰当的，更加坚实淳朴。

a　窑洞外观

b　窑洞门口平面图

图 8-37　土地庙沟孟宅

10. 实例十　密县韩庄梁宅（图 8-38、图 8-39）

是一处单纯靠山窑民居，类似一个靠上下沉式窑院。其入口大门的土崖豁口较宽，加之四周土崖甚低，北侧主窑面崖高 6 米，南侧仅高 4 米左右，难以形成土崖四壁合围的效果，院落空间仍给人以靠山窑形态。正面窑洞仍为对称布局，中轴线上主窑洞略高大以强调中心，保持传统民居特色。

洞体尺度小而浅，主窑深 9 米，窑中加半隔断。其余窑洞深不足 6 米，洞内外无龛窑、拐洞等空间利用措施。窑脸装修表现了密县的处理特点，檐牙两侧仿硬山墙头，无其他纹样雕刻。

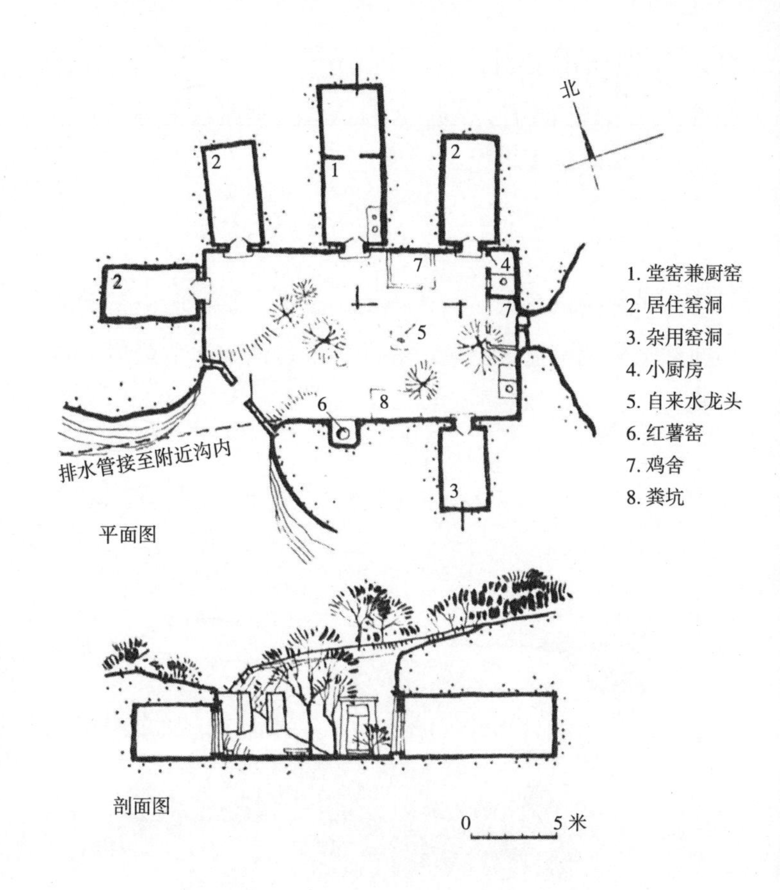

图 8-38　密县韩庄梁宅平面图、剖面图

11. 实例十一　密县韩庄韩宅（图 8-40 ~ 图 8-42）

系将一小段冲沟加以整修，成为一狭长的完整院落，隐蔽幽静，朝向良好。其中三面土崖造窑，院内建两进四合院，形成一处布局紧凑的理想民居。

周围黄土崖高 6 ~ 7 米，窑洞皆浅小，在该宅内窑洞退居次要地位，只在周围作辅助使用。土崖用砖半高表砌，全部为砖拱砌窑洞，窑脸处理较简单。在宅院前部西侧专

图 8-39　密县韩庄梁宅外景

辟小院设窑洞三孔，为主人夏日纳凉、冬日取暖的休憩之所。窑前院落稍宽阔，自底至顶全部表砌土崖，砌筑考究。窑脸加小瓦檐口与砖砌檐牙线角，无雕饰（图 8-42）。洞内外无龛、厨等空间利用措施。因窑洞功能降为次要，装修皆转入房屋，表现出密县窑洞特色。

整个院落恰似一座狭长的靠山下沉式窑院，院落层次丰富，空间开阔。整个环境清净幽美，风格淳朴。

地形利用充分、巧妙，基本从地形原貌稍加修整而成。入口处，原自然地形基本未动，大门正对突出的土崖处理成照壁，较之一般照壁墙既自然而且巍峨。照壁转折的土崖修整成半圆形，其焦点正在大门台阶处，于此处回音洪亮，表现了民间匠师的巧妙意匠。

图 8-40　密县韩庄韩宅平、剖面及鸟瞰图

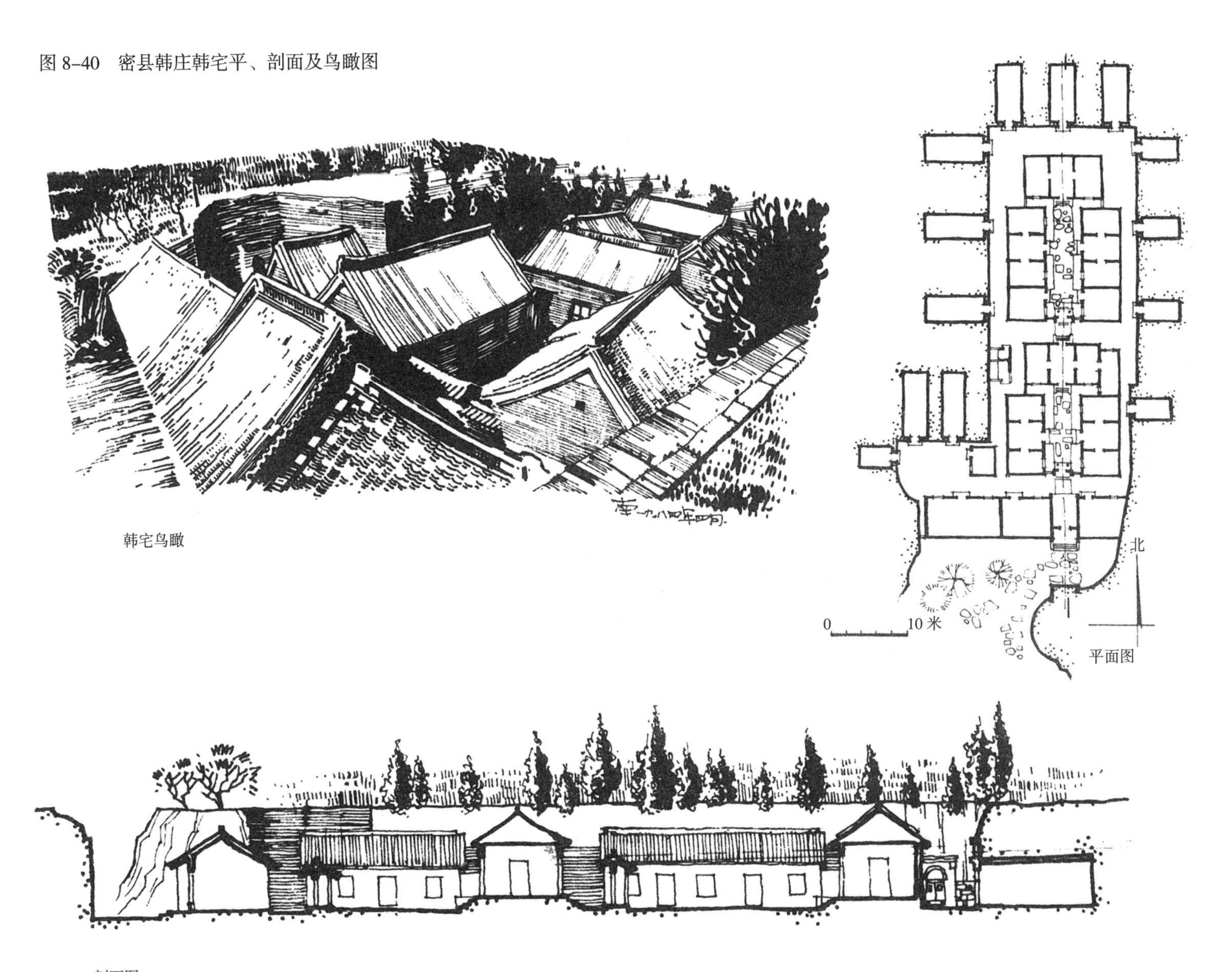

图 8-41　韩庄韩宅外景

图 8-42　韩庄韩宅细部

12. 实例十二　荥阳县北台村田六宅（图 8-43）

河南省荥阳县城附近，北台村田六窑洞的设计，布局到扩建施工全是窑居者——田六自己亲手实现的。田宅地处黄土地层末端，宅基面对广阔的人工湖及跨越其上的多孔、石砌郑洛公路大桥，因借有致、环境优美。

田宅扩建始末很能体现民间建筑师的智慧。这里原是 3 孔靠崖窑洞，由于年久失修，洞顶遭雨水浸泡而塌陷。户主于 1959 年在窑洞尾部原面上又开挖一个下沉式天井院（图 8-44）。原东侧窑洞改为宅院入口，原南向两孔窑洞两端挖透，成为采光通风好的串窑。朝南设窗，朝北设门，通往新开的下沉式院内。原有院落填土扩展用作杂务院。

以新扩院为中庭，在其内西、北两壁共挖成3孔窑洞，将两侧作厨房并与杂务院挖通，以排厨房的烟气，并把中庭与杂院联系起来。在中庭东侧盖平房5间，设置围墙大门，形成前庭。利用原有的土崖挖一门洞通入中庭，构成了三院相通、空间多变、窑房结合的完整民居（图8-45～图8-47）。

经此扩建划分了院落功能，为改善居住环境创造了条件：三院鼎立，中庭为日常起居活动中心，猪圈、鸡舍、蜂箱、厕所和杂草等容纳在杂务院中，各得其所，使中庭、前庭整洁幽静不受污染、干扰。

借鉴传统之意，不墨守传统之制，因地形和生活需要，灵活地组织内外空间环境。自宅门楼向前庭内设葡萄架，成功地运用对景和轴线的引导与转折，由门洞进入中庭（图8-48），自开阔的外部由门楼步入宅院，空间一再收缩，经门洞进入封闭的中庭而顿觉开朗。图8-49、图8-50是由田宅大门和前庭葡萄架的实景。

图8–43 荥阳县田六宅环境透视图

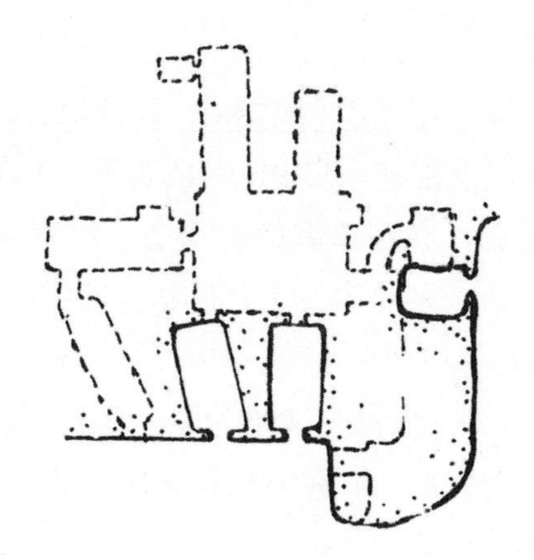

图 8-44 田宅扩建示意图

图 8-45 田宅全貌透视图

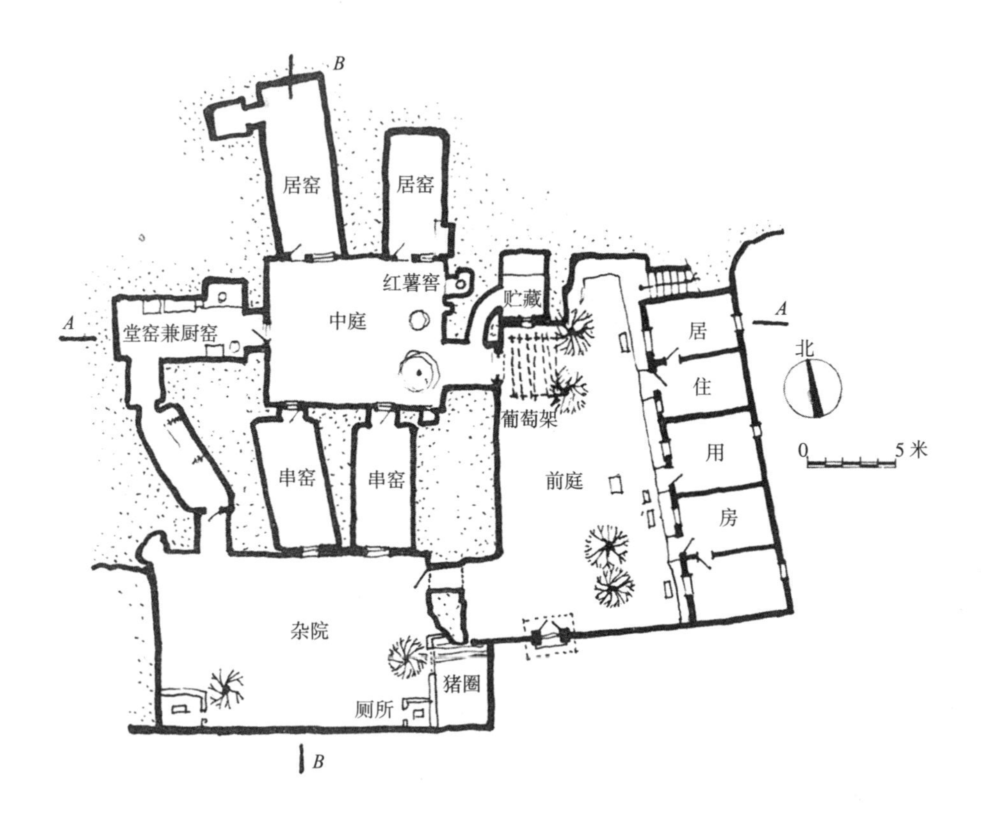

图 8-46 田宅平面图

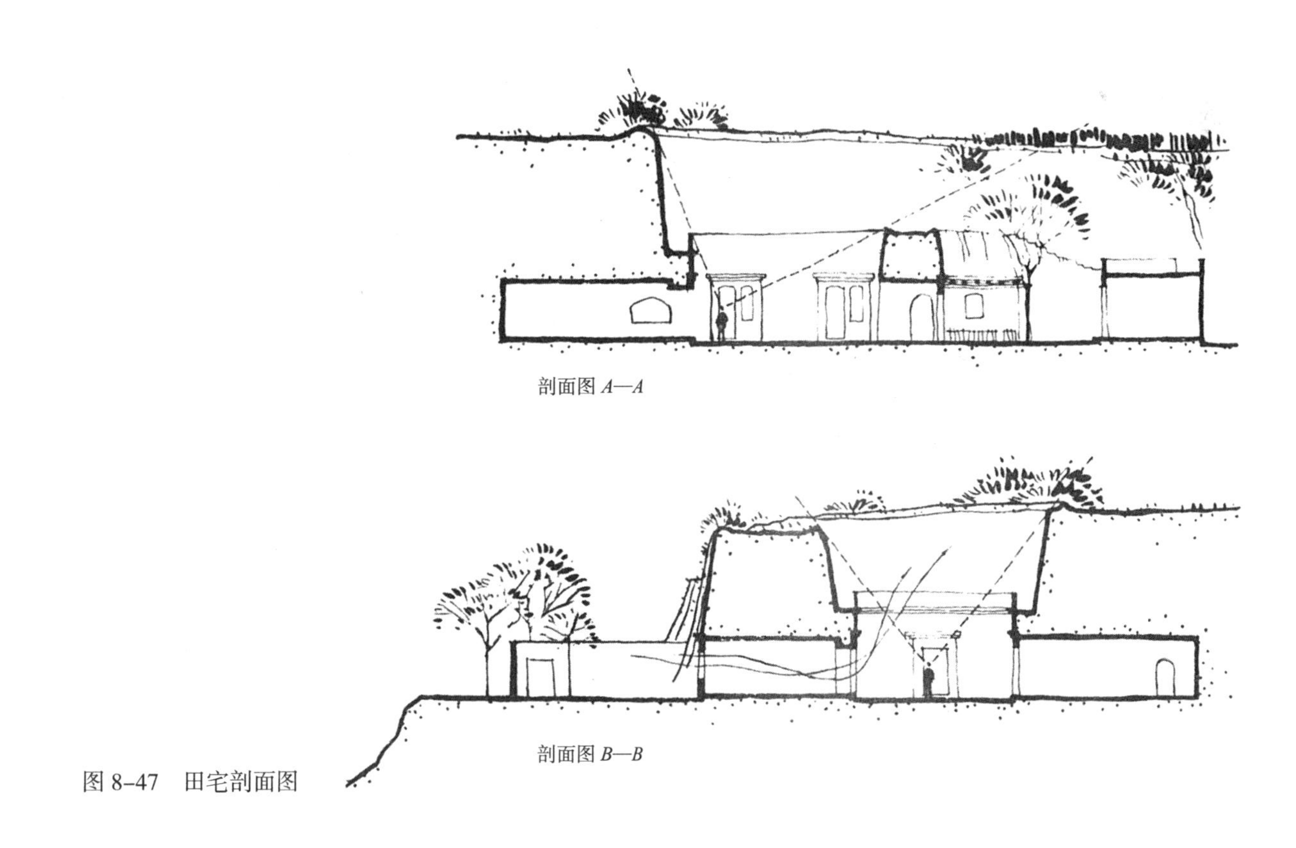

图 8-47 田宅剖面图

图 8-48　田宅前庭透视图

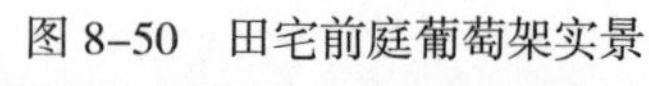

图 8-50　田宅前庭葡萄架实景

图 8-49　田宅大门实景

第九章

建筑艺术

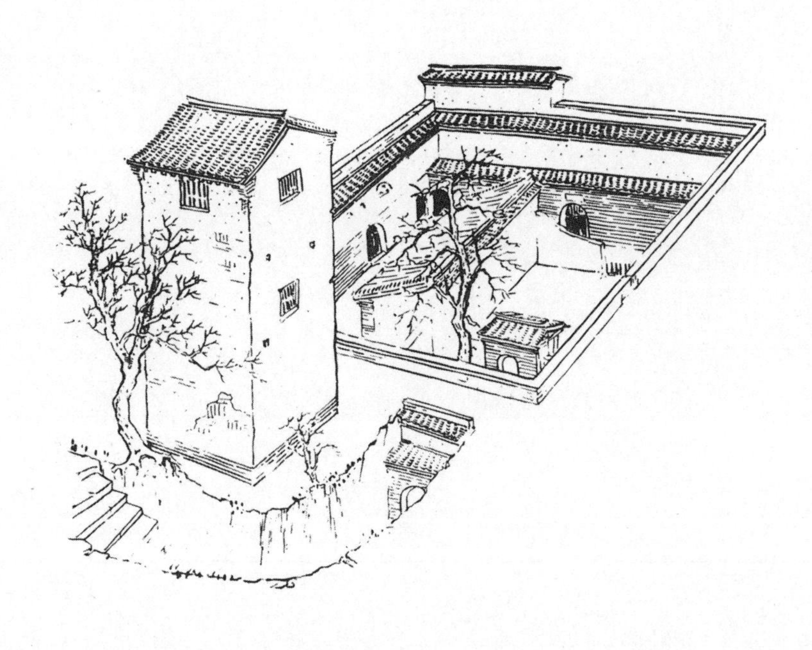

一、窑洞建筑艺术的特征

整个建筑活动是在自然环境中，人工创造出供人们生活、生产的体量空间。而这种体量空间的多种组合所构成的建筑形象，则是建筑艺术的基础。

从我们前几章的论述中清楚地看出：窑洞建筑是古代穴居的一种发展类型，它区别于一般建筑组成的概念。它不是在地表上用建筑材料人工建造（围合）的有体量的空间，而是在地壳上挖凿出的空间。这在建筑构图理论上有人称为“减法法则”，因此，窑洞建筑则具有其极为特殊的艺术特征，可归纳为以下各点：

1. 因为窑洞要依山靠崖，识土挖洞，保持环境，取之自然，融于自然，所以是最符合现代建筑美学原则的建筑类型之一；

2. 以建筑构图理论的空间体量分类来讲，是属于多有内部空间体量的地下或半地下建筑，适应于减法法则；

3. 窑洞民居因地制宜，就地取材，适应气候、民俗和生活需要，是“土生土长”的建筑，具有浓郁的风土建筑特色；

4. 功能合理，古朴淳厚，表里如一，结构与建筑融于一体，内容与形式统一；

5. 妙据沟壑，深潜土原，有自己的分布规律，表现出独特的规划面貌。

图 9–1　米脂县李自成行宫窑洞群

图 9–2　巩县大峪沟居高远眺

以下我们从窑洞的群体美、窑洞人家的个体美和窑洞的细部美三个方面研讨一下建筑艺术问题。

二、窑洞村落的群体美

古今许多诗人画家都曾用他们深情的诗篇和动人的画卷描绘了陕北黄土高原窑洞的景色。如果说，祖国江南水乡以“湖光山影、翠竹轻筏、渔帆灯火人家”的秀丽清新称著，那么陕北高原，则以“千沟万壑，驼峰拥翠，长城烽火窑洞”的古朴淳厚深深地感染着我们。

那条条的沟壑，梁峁层叠的山村窑洞，葱郁的梯田和川谷间的红柳，在烈日的沐浴下，显得分外雄浑壮美（图9-1 ~图9-3）。真是：

驼峰翠柳白云悠，
碧空黄土凌耕牛；
古寨沟溪窑家乐，
三洲万户喜丰收。

（陕北米脂古称银洲，绥德古称名州、神木古称麟洲）这是笔者在陕北高原考察窑洞居民时的随笔。虽不成诗韵，却也能反映出实景传真之情。

就各窑洞区窑洞群体的建筑艺术来讲，分为两种类型：一种是在黄土原中形成的下沉式窑洞村落，在建筑构图上是潜掩型空间。虽然窑洞建筑本身在群体上看不见体量空间，但若在黄土原上登高鸟瞰，则会发现一幅奇丽的图景（图9-4）。

图9-5是河南巩县西村的建筑模型。棕黄色的黄土原

图9-3　山村窑洞远眺（米脂县杨家沟）

图 9–5　巩县西村模型照片（小西敏正，中村仁作）

上星罗棋布着一个个下沉式院落。在缓缓的丘陵上土围墙的影子，勾画出几何形体的格子，很富于建筑韵律感。由于模型的概括更赋予这座窑洞村以现代感。

洛阳塚头村（参见图 7-13），也是潜掩型窑洞群体美很好的实例。全村位于邙山之巅，是历史上很古老的村子，院落种类非常丰富，有的院落布局在地形利用上、建筑艺术处理上很有创造性。

甘肃庆阳地区宁县早胜公社窦家壕子十户组成的下沉式院落，已形成了一条地下街巷（图 9-6）。对面崖壁上连地布置了 5 户窑家，每户都设有门楼、围墙，种植果树。赭黄色的崖面，草泥窑脸，连续的曲线窑洞掩映在浓郁树影之中，给人以自然、朴实静谧之感。

另一种是在黄土沟壑、梁峁区所形成的靠崖式窑洞山村，在建筑构图上是台阶形空间。在建筑景观上它起着装点美化环境的作用。一排排靠崖式窑洞，三五成群地镶嵌在山腰，层峦叠翠，直耸云霄给人以雄浑壮美之感。

例如，地处黄土高原末端的河南窑洞民居，环境空间构图与建筑风格上有其地方特色。人口稠密，窑洞山村规模庞大而且集中，沿地形变化，随山顶势，易于被人所感受。立体的山村，于宽阔平坦的浅谷之中，虽为黄土乡里，

图 9–4　巩县西村下沉式窑洞群风貌

图 9-6　窦家墕子李姓十户下沉式窑院群

而村前自有阡陌，修竹翠柳沿溪流而伸展，枣林柿树杂陈原上，路径串联着错落有序的窑洞，给人的感受既不同于江南水乡，也与平原村落殊异（图 9-7）。

深居沟壑的陕北佳县乌龙堡（图 9-8、图 9-9），礼泉县峰火大队的窑洞学校（图 5-47），曲折多变的榆林农校五层窑洞群（图 9-10、图 9-11），都从不同角度表现出了窑洞的群体美。

此外，还有一些大型窑洞庄园，从总体上看，也体现了群体美，取得一定的建筑艺术效果。

米脂县杨家沟骥村古寨（又称扶风寨），是清同治六年建的窑洞庄园（图 9-12）。这组建筑群包括：骥村寨门、回廊凹庭、宗祖祠堂（后改为扶风小学）、老院、新院等。

"古寨"窑洞群是坐落在主沟与支沟环抱的峁上，刻有骥村石匾的寨门朝东钻过涵道经过曲折陡峭的蹬道、泉井窑洞再分南北两路步入各宅院。最后爬一个陡坡才到峁顶的祠堂，从祠堂向南俯视崖下，"老院"和"新院"的窑顶和庭院尽收眼底（图 9-13 ~ 图 9-17）。

从总体的规划思想看至今仍明显地看出，从总体规划到选址，理水、削崖和巧妙地运用高低错落的地貌、争得良好窑洞庄园的方位等方面，都处理得非常自然和谐。

在总构图手法上很会运用对称轴线和主景轴线的转换推移，在这里古典园林理论中的"步移景异"、"峰迴路转"的构图手法运用得非常出色。

古寨城垣内几组多进四合院凹庭窑洞宅第，内外空间组织及其体量之间的自然联系，布置得井然有序，尺度均

图 9-7　荥阳县竹川新发展的窑洞山村

图 9-8　佳县乌龙堡远眺

图 9-9　陕北山村远眺图

衡很有韵律感（图 9-18 ~ 图 9-20）。

米脂县杨家沟，马筑平的宅第——“新院”，是骥村古寨内修建最晚的一组窑洞宅第。因为它位于古寨的西南角，自成格局，在总体构思和窑洞设计手法上新颖，在窑洞建筑艺术上卓有创见。

“新院”建成于 1936 年，是在老院的西南角，支沟的北沿，背靠 30 米高的崖壁，用人工填夯造成的宅基庭院。新院中比连的 11 孔石窑洞口朝南，居高临下。城堡式大门设在东南角大沟与支沟分岔处，门前有小广场和观星台相陪衬，地处显要，在空间构图上起了画龙点睛的艺术效

图 9-10　榆林农校平面图、剖面图

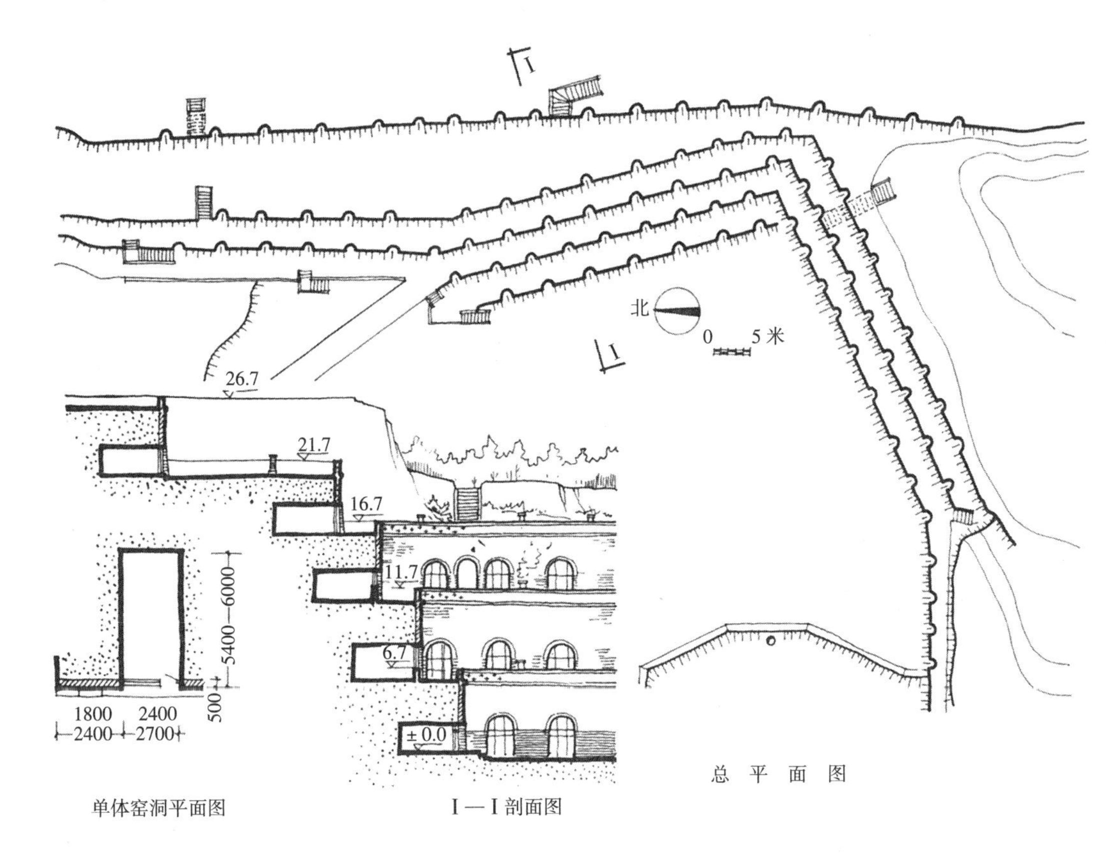

图 9-11　榆林农校实景

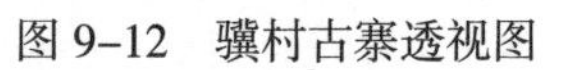

图 9-12　骥村古寨透视图

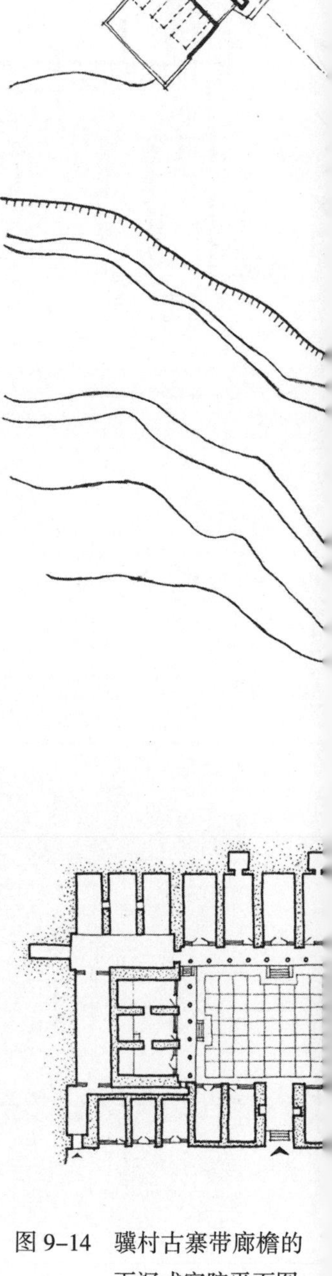

图 9-14　骥村古寨带廊檐的下沉式窑院平面图

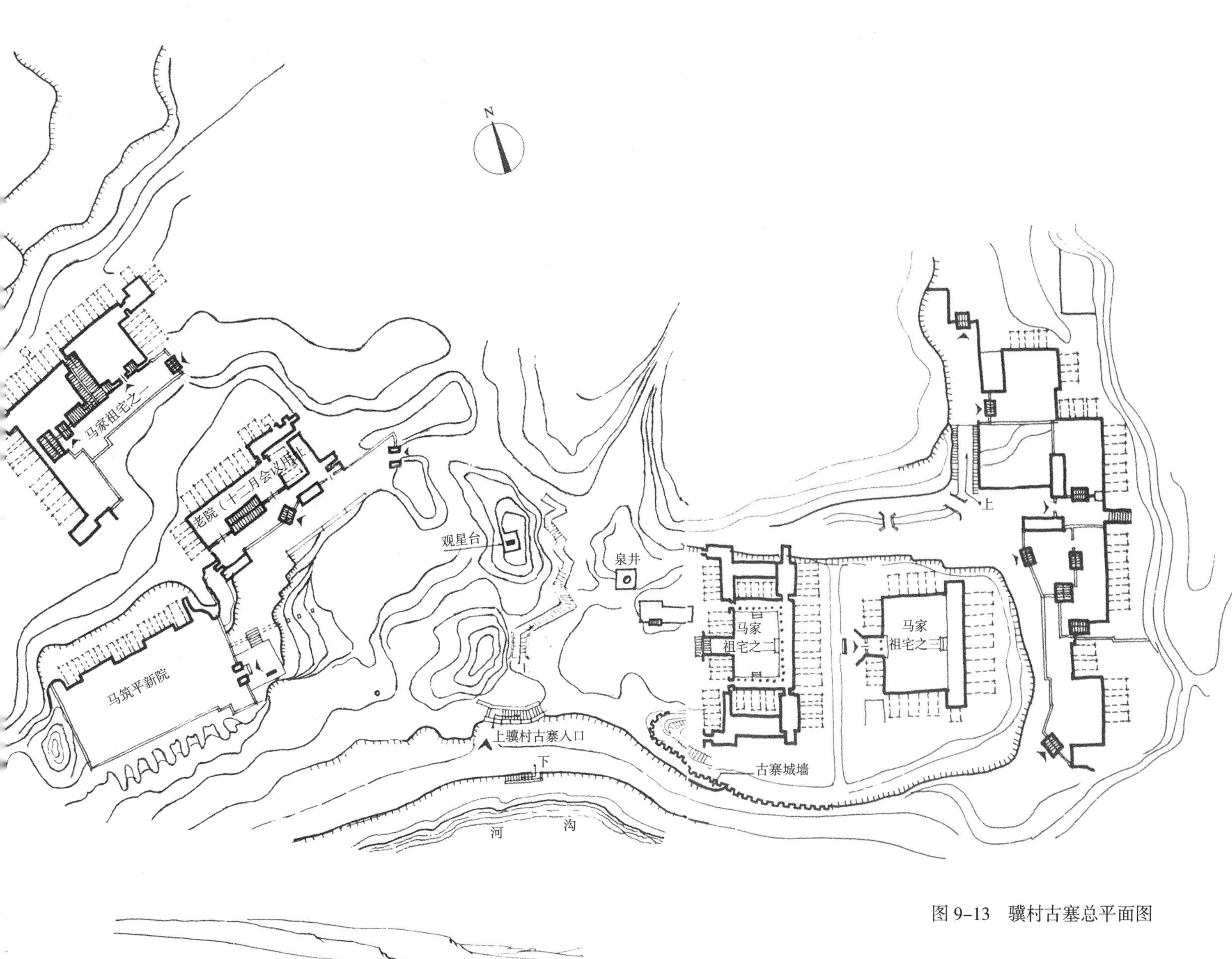

图 9-13　骥村古寨总平面图

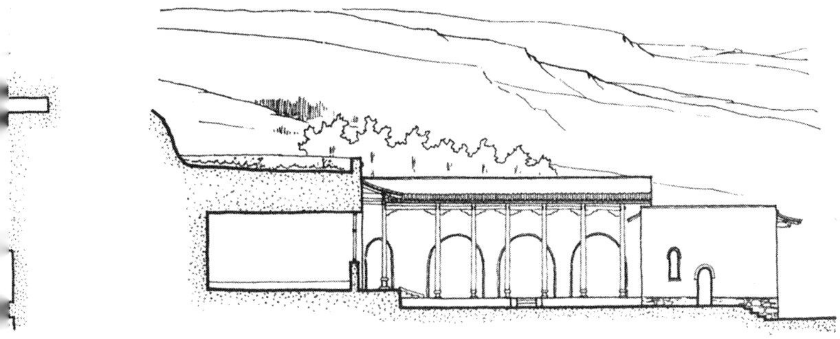

图 9-15　骥村古寨带廊檐的下沉式窑院剖面图

图 9-16　古寨中带廊檐的下沉式窑院实景

图 9-18　从祠堂俯视老院

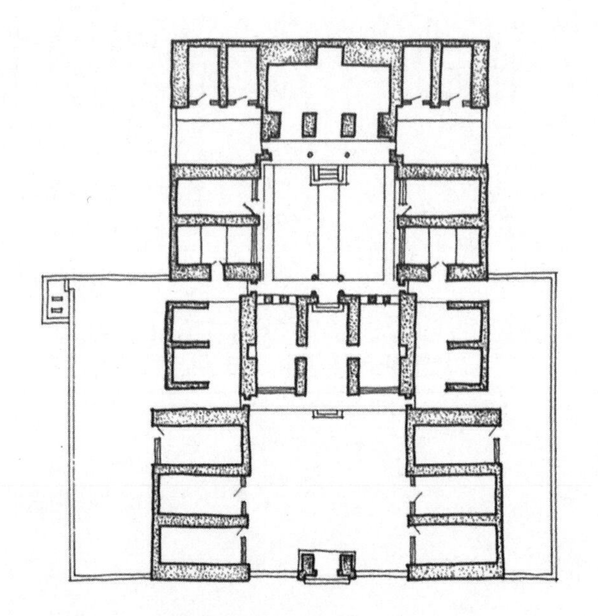

图 9-17　米脂县杨家沟马家祠堂平面图

图 9-19　骥村古寨实景之一

图 9-20　骥村古寨实景之二

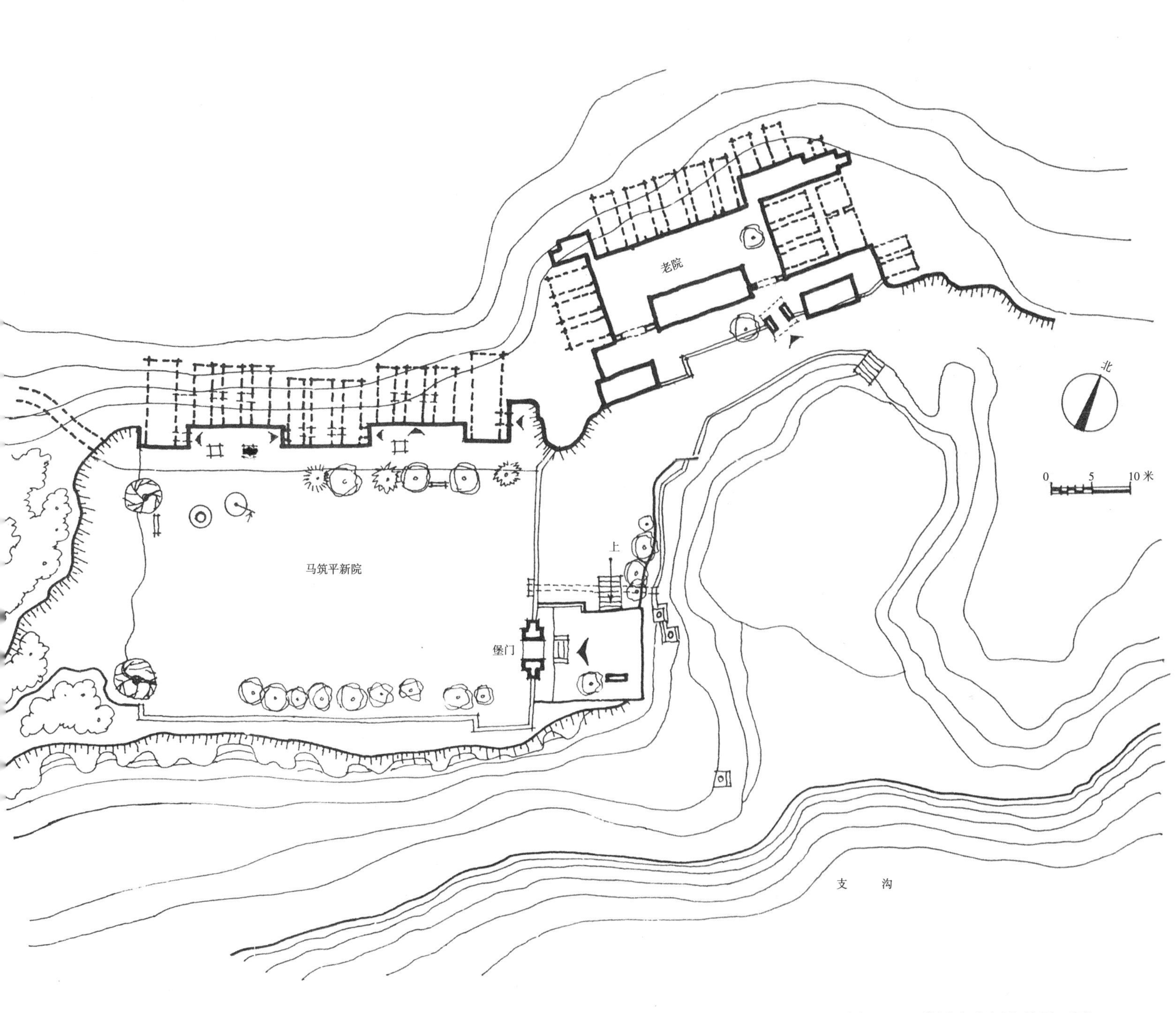

图 9-21　骥村古寨新院总平面图

果（图 9-21、图 9-22）。若临近“新院”大门，还需绕过叠石涵洞，老院大门蜿蜒的坡道，跨过明渠暗沟，爬上两层台阶才能到达门前广场。在这里，中国古典园林中隐露相兼的构图手法运用的极为成功。步入堡门，宽阔舒展的庭院内，沿南墙垣整齐排列着梨枣林木，窑洞窗前阶下洒满了翠柏古槐的光影，摆设着石桌凳、加以粉墙勒脚，使这座“寨北怡苑”更显得生机盎然（图 9-23、图 9-24）。

图 9-25 ~ 图 9-28 是骥村古寨马家祖宅中较为典型的两座窑院。老院与新院比邻，是一个不对称的三合院靠崖式二进型窑院，用庭中的平房和月洞门分隔成内外两个庭院。宅门与基地成 40° 斜角（按民间所传风水之说布置）。

马氏祖宅之一是一个由 21 孔窑洞组成的典型的靠山窑院，用门楼、围墙和厦房组合成两组四合院。

图 9–22　新院堡门远眺

图 9–23　新院堡门实景

图 9–24　米脂县杨家沟马筑平新院全景

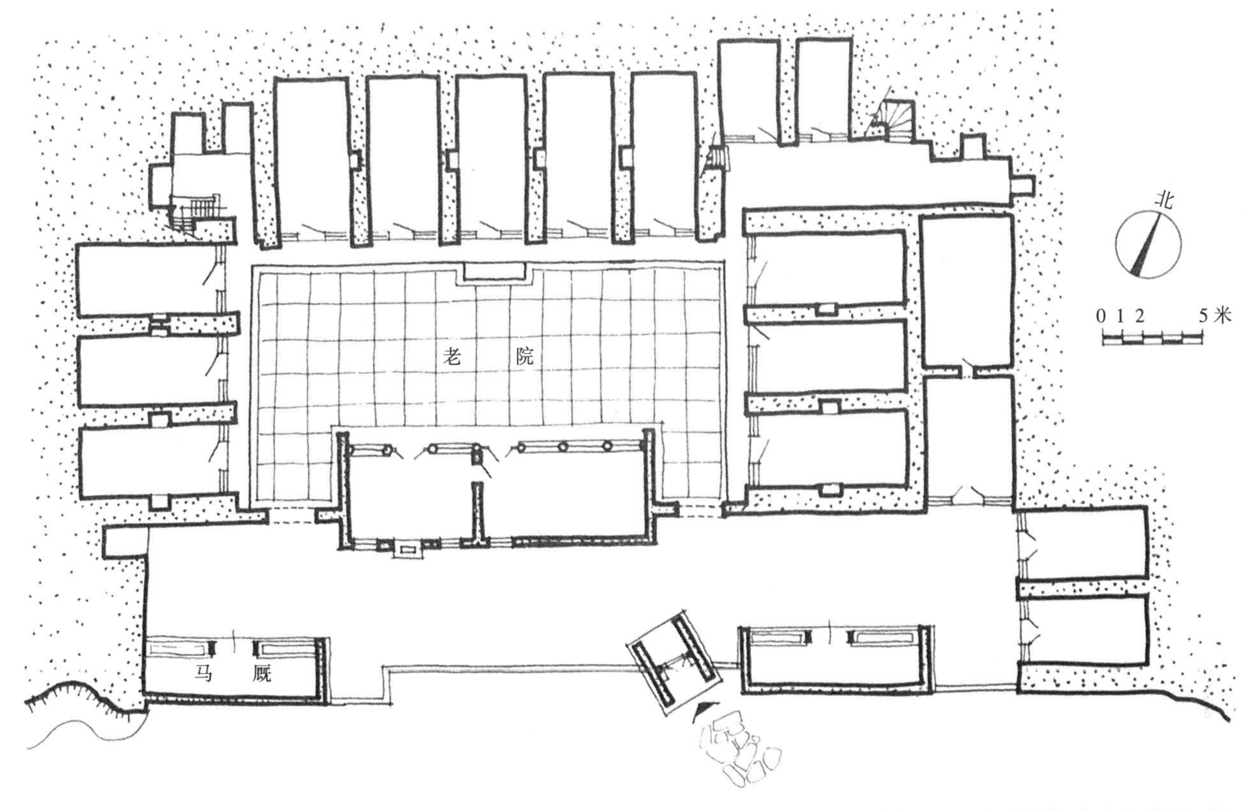

图 9-25　米脂县杨家沟老院平面图

图 9-26　老院剖面图

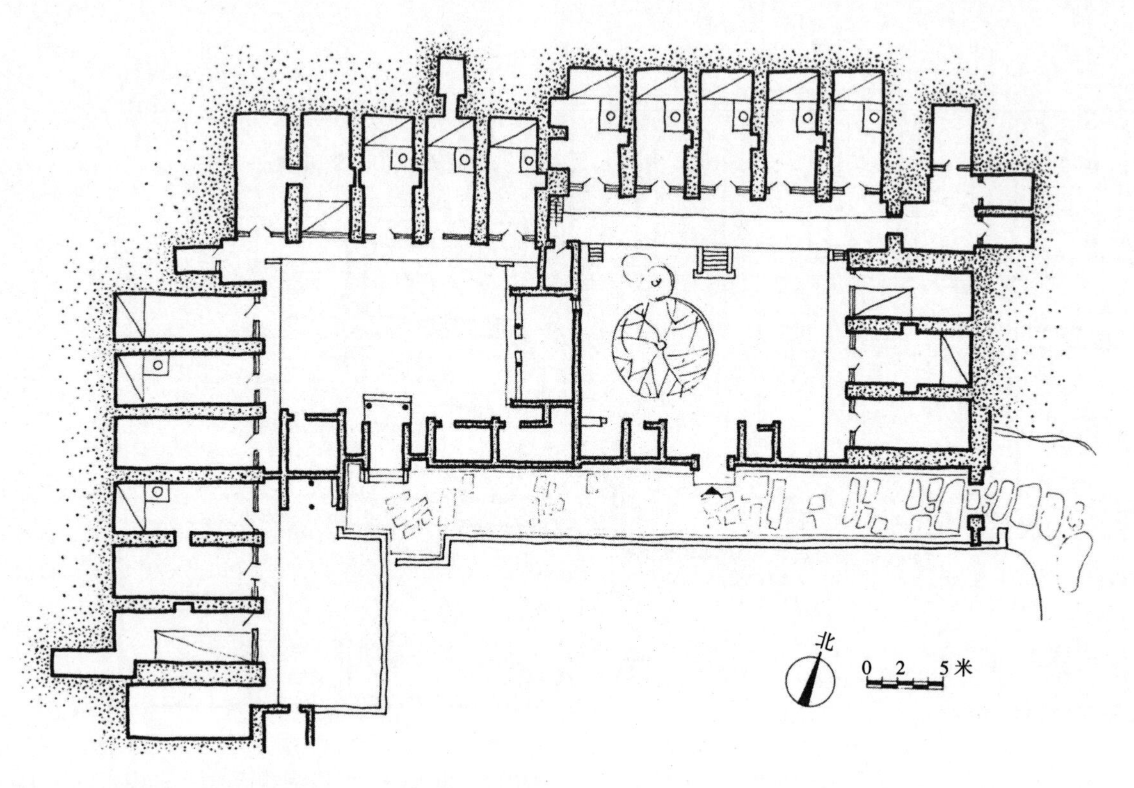

图 9-27　米脂县杨家沟马氏祖宅之一平面图

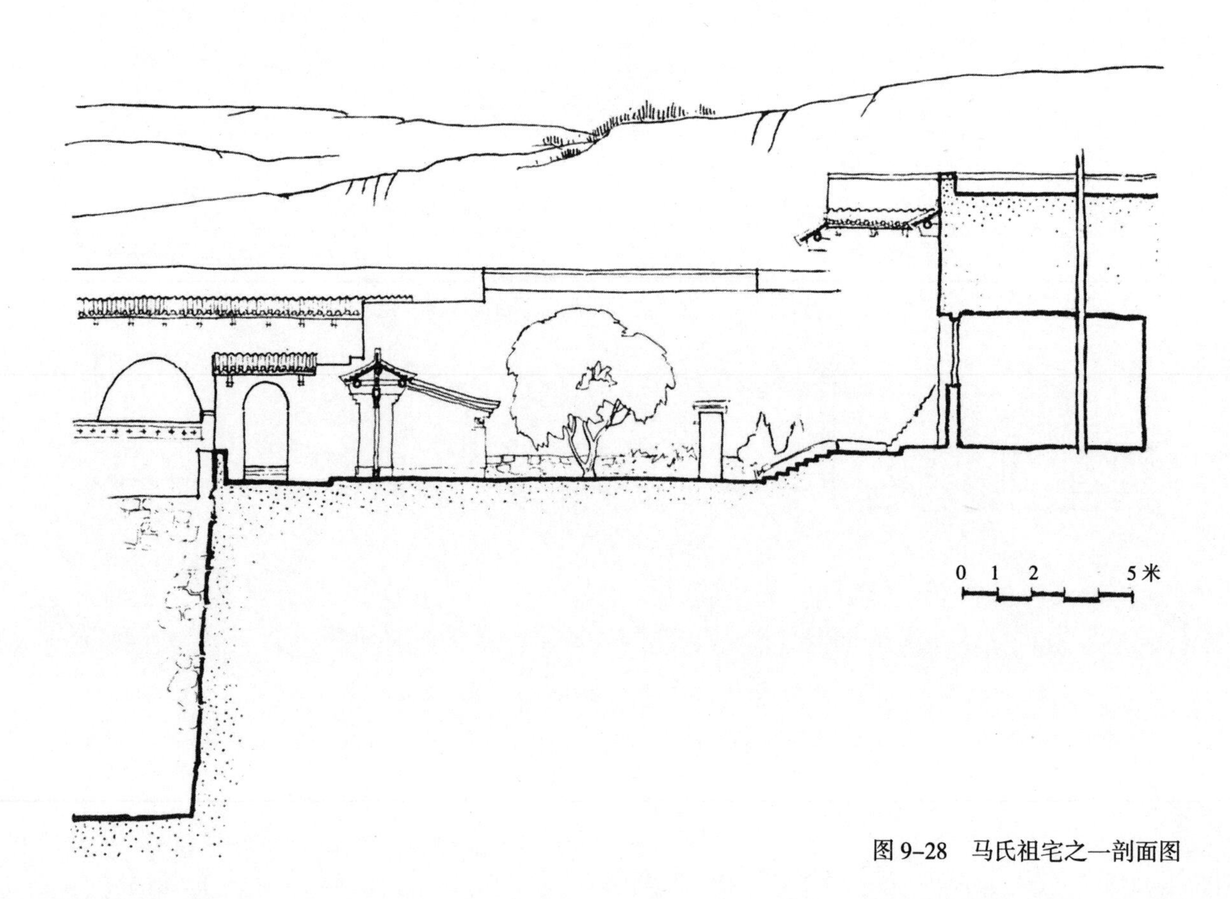

图 9-28　马氏祖宅之一剖面图

图 9-29 米脂县刘家峁姜耀祖窑洞庄园全景透视图

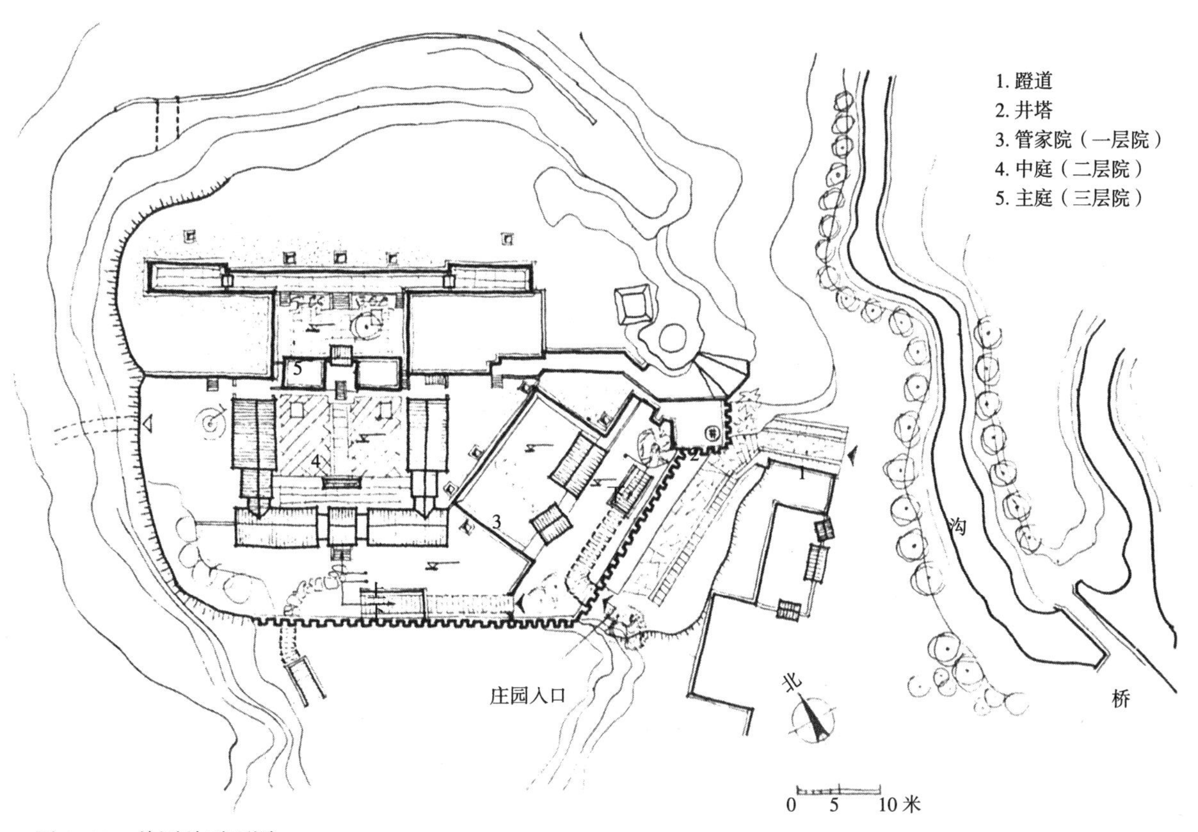

图 9-30 姜园总平面图

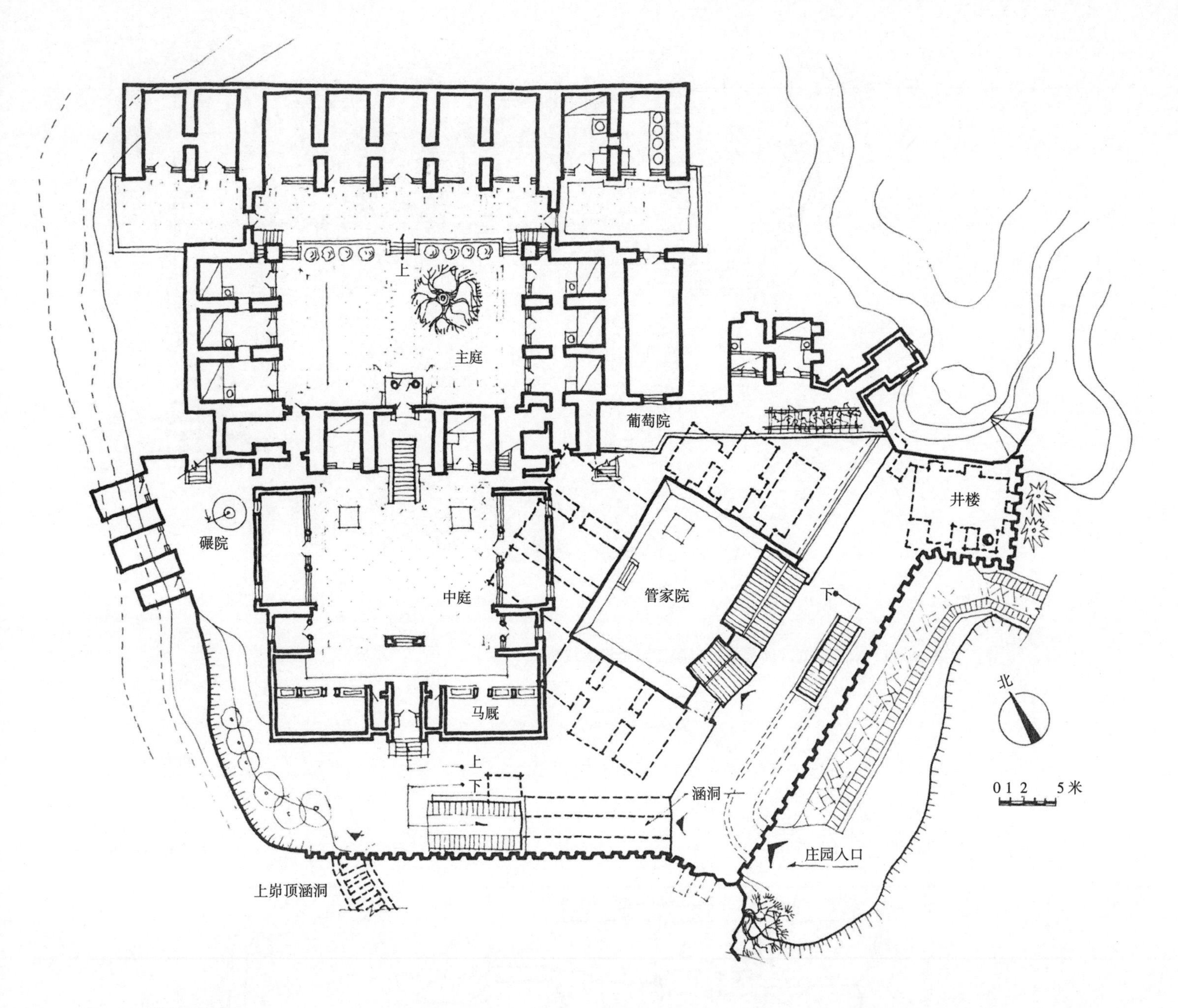

图 9-31 姜园平面图

米脂县刘家峁，姜耀祖窑洞庄园。是修建在陡峭峁顶上，具有上中下三层院的窑洞建筑群组，外围筑以 18m 高的城堡，城堡东北角布置角楼，城垣上设有碉堡，南侧设拱形堡门和曲折的涵洞（图 9-29 ~图 9-32）。总体规划构思上有融于自然、宛如天成之趣。当你穿过洞堡门（图 9-33），爬越陡峭的蹬道，进入前庭迈过石刻的月洞门，步入叠起的台阶穿过垂花门，进入雕琢精致的窑洞四合院，顿觉豁然开朗，别有洞天（图 9-34）。这种层层跌落的庭院，粗精得趣，先抑后扬，收放兼得的建筑构思，幽美的城堡造型，古朴苍劲的意境使人心旷神怡，竟至流连忘返（图9-35、图9-36）。

巩县康百万窑洞庄园是一座闻名河南的古老的地主庄园，位于巩县（考义）城西伊洛河西岸邙山脚下的康店村。始建于明末清初，历经250余年，如其中的“通德洞”、“精思洞”建于清光绪二十二年（1896年）。其周围设作坊、栈房、饲养场、金谷寨和祠堂六个部分。靠山筑崖窑70孔，房舍250间，形成一座规模宏大的窑洞、房屋相结合的建筑群（图9-37 ~图9-39）。

图9-33　姜园堡门实景

图9-34　姜园庭院透视图

图 9-32　姜园总体鸟瞰图

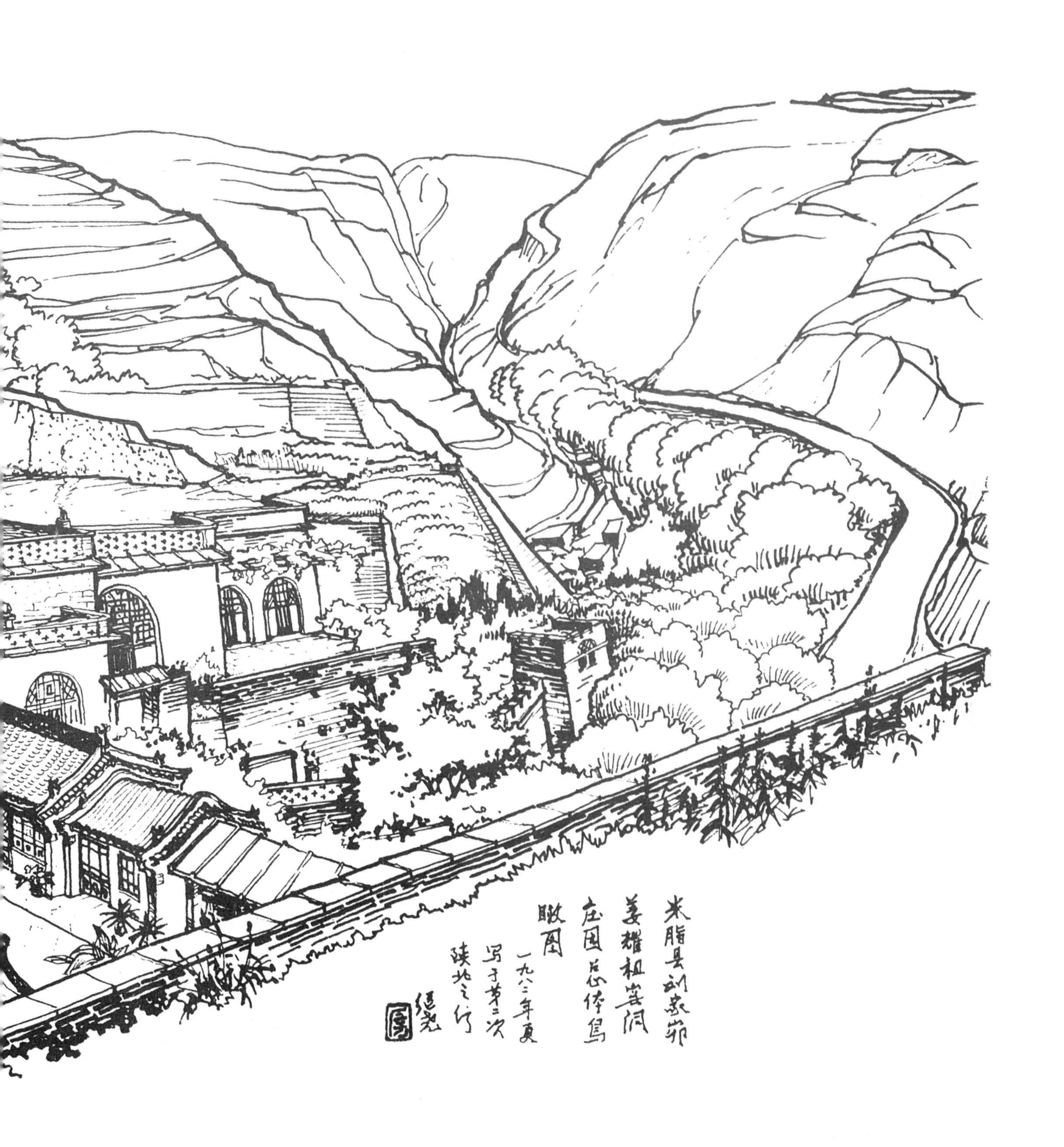
米脂县刘家峁
姜耀祖窑洞
庄园总体鸟
瞰图
一九八二年夏
写于第二次
陕北之行

图 9-35　姜园全貌实景

图 9-37　巩县康百万窑洞庄园全貌鸟瞰图

初建时只有老院和中院，清代道光年间(1821年)之后，增筑寨墙，形成城堡式宅邸，开山扩院构成五个并列的四合院，形成今日的规模。相传八国联军入侵中国，清慈禧皇太后避难西安，途经康宅歇息，赐号“百万”，其宅始称“康百万庄园”。整个庄园背依邙山，面向大路，朝向良好，环境优美。建在伊洛河滩第二人工阶地上，沿阶地土崖用砖石表砌成带有雉堞的围墙，设涵洞式寨门，经坡道通入宅内，具有城堡森严的气氛（图9-40）。台阶地不受洪水威胁，又在邙山脚下接近水源，生活方便。虽经历代陆续营造，其总体布局仍完整无缺，随山顺势巧妙地利用自然地形。在布局上沿袭传统的四合院，而又能随地形条件安排许多变化丰富的多进院和比连院。涵洞寨门坡道和南院转为东西朝向，与北侧各院的关系处理也很自然。

图9-36　姜园管家院剖面图

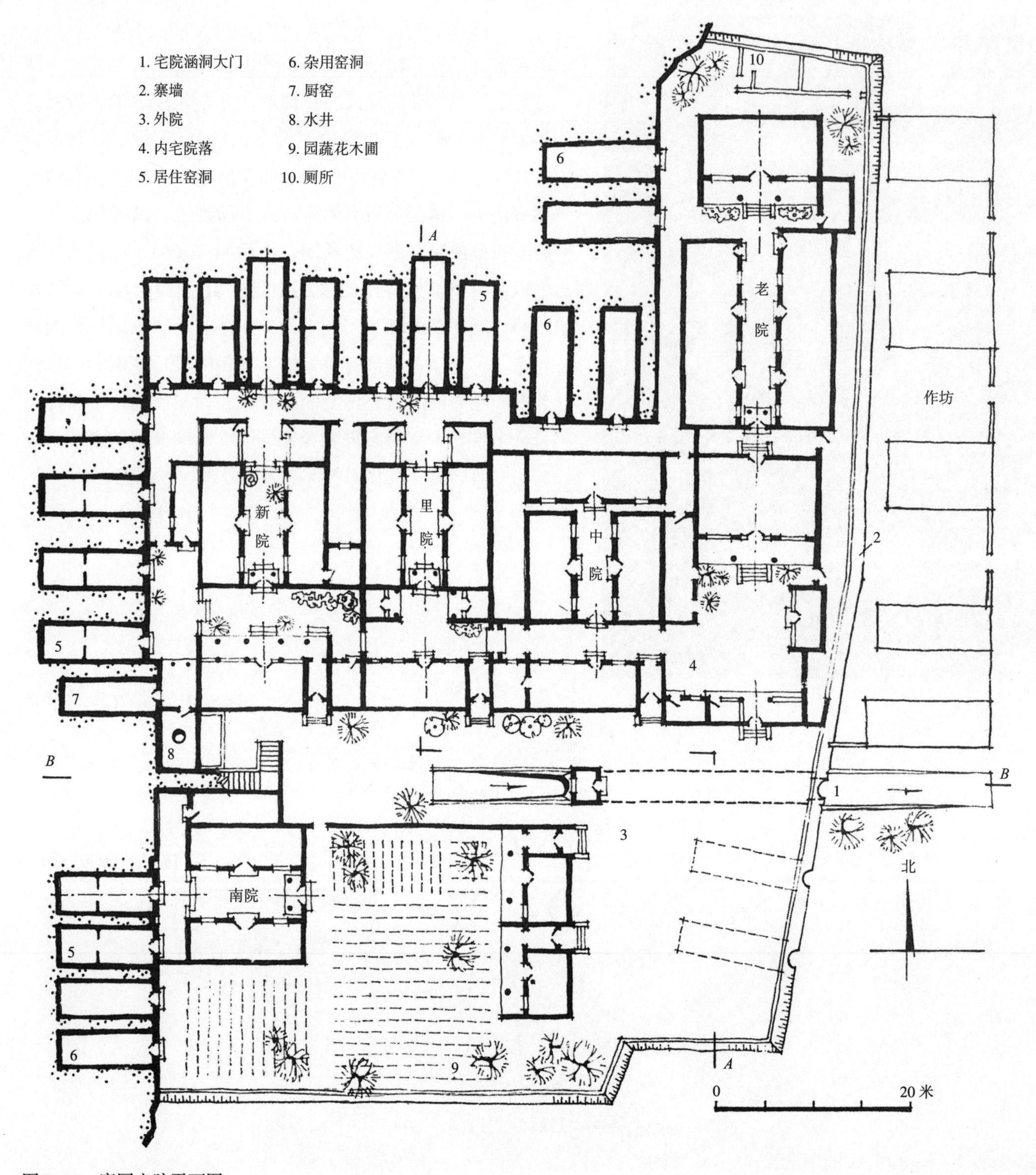

图 9-38 康园宅院平面图

剖面图 *A—A*

剖面图 *B—B*

0　20 米

图 9-39　康园剖面图

图 9-40　康园堡门实景

图 9-41　从中庭看靠崖的双层窑洞

康园的规模、形式、多层次的空间布局，规整的砖砌体多，而土、石面少，加之房屋各处细腻砖雕木刻装饰和优美的庭院绿化，色彩深沉富丽。康园的建筑艺术风格显得多几分豪华，但仍不失为窑洞民居中的珍品。图9-41 ~图9-43是康园的实景照片。

图9-42　康园内小庭园

图9-43　康园嵌有碑志的门道内景

三、窑洞建筑的个体美

“建筑的任务在于对外在无机自然的加工、使它与心灵结成血肉因缘，成为符合艺术的外在世界”[1]。诚然陕西窑洞民居中所表现出的：刚柔得趣，古朴淳厚的外观造型和大巧若拙的性格，深深地感染着人们的心灵。设计和营造这些窑洞的民间匠师们，凭借着了解自然、热爱自然、熟悉地方材料、热爱生活，勤奋与智慧，创造出建筑构图上极为完满的作品。在下边列举的实例中会发现它们在运用统一、均衡、比例、尺度、韵律和观赏序列等构图手法方面，表现的惊人才华。

图 9–44　枣园农家窑洞

图 9–45　佳县农家窑洞

图 9–46　米脂的双排窑洞

图 9–47　南泥湾农家窑洞

① （德）黑格尔“美学”第一卷 P105　商务印书馆 1979 年。

图 9-48 荥阳竹川仓宅全貌透视图

譬如，在一般农家窑洞，在刚劲的外形内，配置上柔和的曲线拱洞，圆筒形的谷仓和矮垣或灌木丛（图 9-44），以达到协调统一的效果。这种表里如一，建筑形式的功能和结构上的真实性，很符合现代建筑美学原则（图 9-45 ~ 图 9-47）。

河南荥阳县竹川仓宅位于山村中段，靠山临水面向汜河滩，周围有竹林及各种树木，环境宜人（图 9-48）。

平面布局紧凑，窑、房、楼梯位置恰当，关系明确，空间构图完整、层次丰富、多有变化，各部分比例和谐，装修手法简练，材料的质感与色彩对比得当，这些都给人以美感（图 9-49 ~ 图 9-53）。

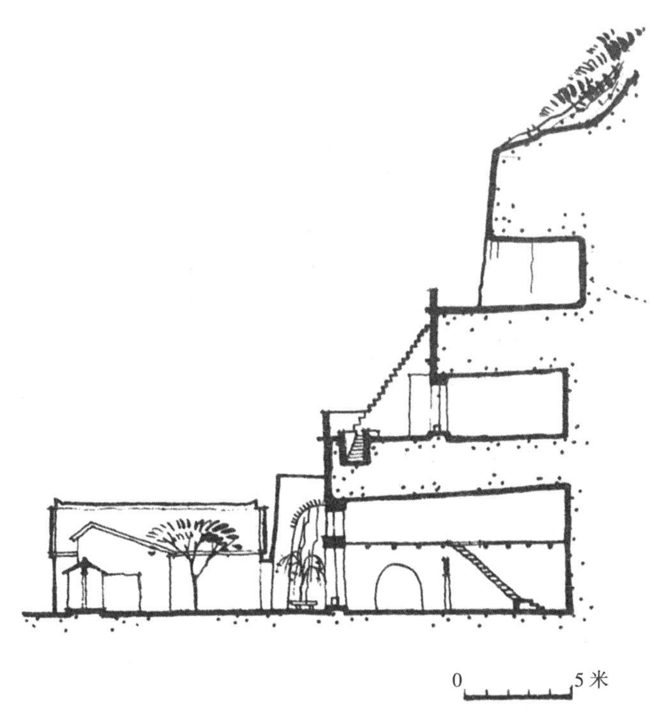

图 9-49　仓宅全貌剖面图

图 9-51　两层窑内部空间关系图

图 9-52　陕西省榆林县果园塌赵宅远景

图 9-50　仓宅一、二、三层平面图

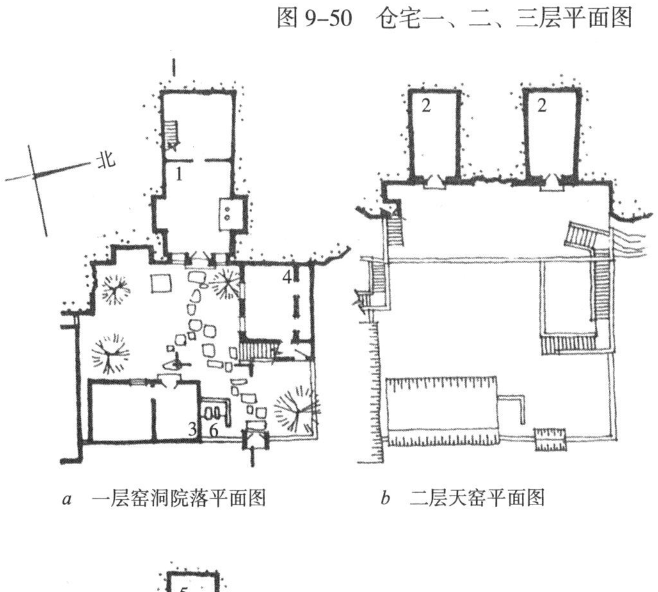

a　一层窑洞院落平面图

b　二层天窑平面图

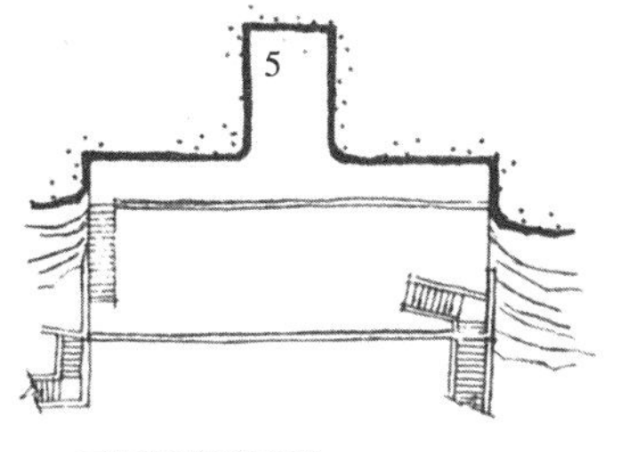

c　三层天窑平面图

1. 堂窑兼厨窑（二层为仓库）
2. 居住窑洞
3. 居住房屋
4. 杂用房
5. 杂用窑
6. 厕所

图 9-53　赵宅前庭

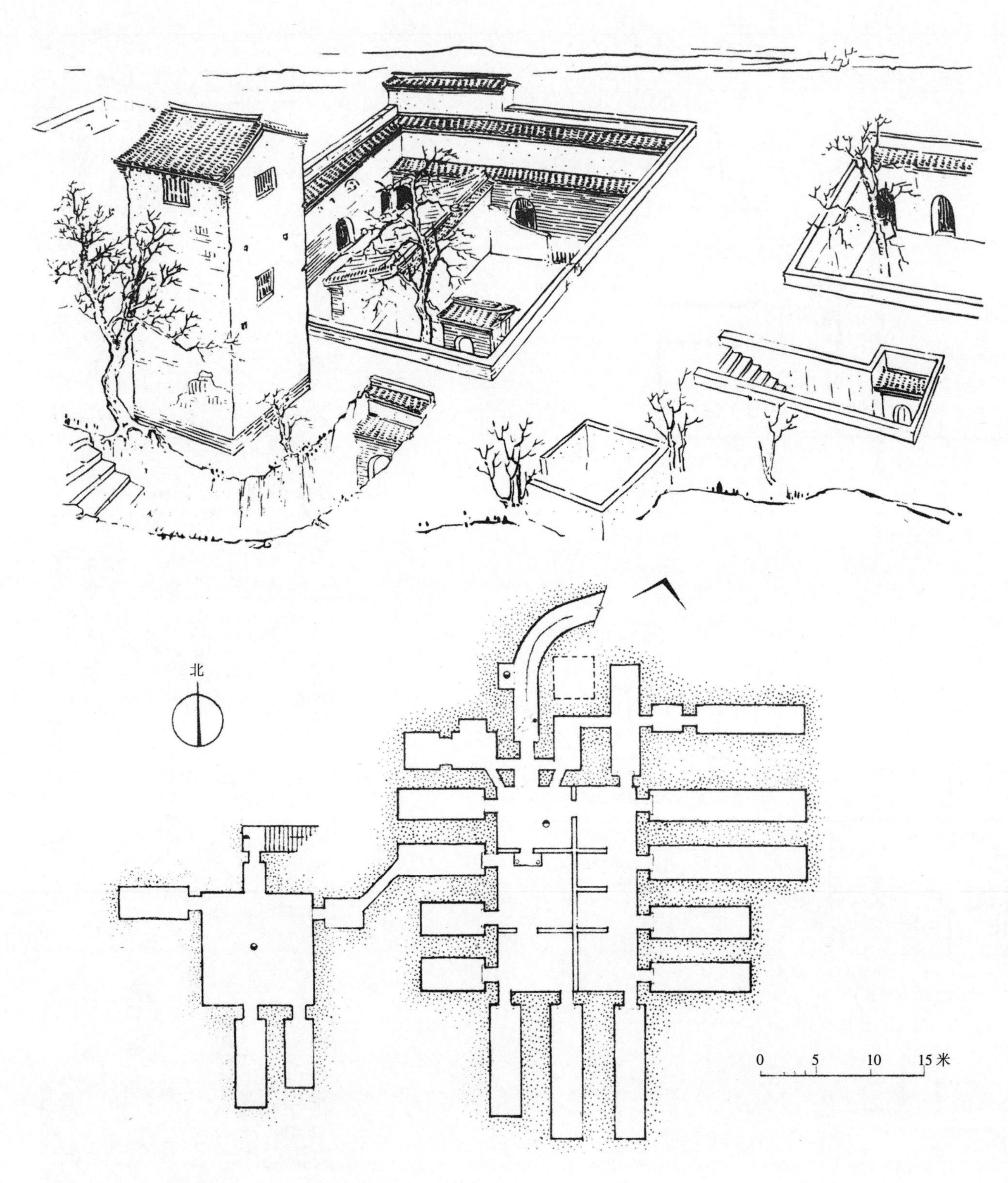

图 9-54　下沉式窑洞院落平面、透视图（洛阳水口某宅）

有的下沉式窑院，四壁均匀的布置，柔和的曲拱窑洞，古朴无华的泥土照壁，宁静的凹庭，窑脸上部青瓦挑檐再加上几株树木、几架葡萄，构成了风土建筑特有的艺术魅力（图 9-54）。

四、窑洞装修的细部美

窑洞民居纵然以古朴粗犷，乡土味浓著称，也还是粗

图 9-55　洛阳窑洞女儿墙之一

图 9-56　洛阳窑洞女儿墙之二

图 9-57
洛阳窑洞女儿墙之三

图 9-58
陕西窑洞的女儿墙

图 9-59　护檐墙实例之一（洛阳）

图 9-60　护檐墙实例之二（洛阳）

图 9-61　护檐墙实例之三（渭北）

图 9-62　陇东窑洞自然护崖实例（庆阳）

中寓细，土中含秀，对重点部位很重视艺术处理和装修。河南豫西窑洞民居中，重视护崖墙、女儿墙及坡道的处理；陕北窑洞中的挑檐和窗饰多经精细雕琢；陇东和渭北窑洞民居中，只对拱头线稍加装饰；河南洛阳窑洞的门楼和围墙则变化丰富。

1. 女儿墙是防止地面行人失脚跌落的维护措施。民间的构造做法多用土坯、砖砌花墙、碎石嵌砌等。除满足其功能外很注重美化与装饰。用砖则必砌成各式花墙，用碎石、礓石块以青砖、青瓦嵌镶成各种图案，来美化装点入口和窑面，使窑院更富于乡土风格（图 9-55 ~图 9-58）。

2. 护崖檐是为了防护雨水冲刷窑面（崖面）在女儿墙下沿做一围瓦檐。有一叠和数叠的做法，用木挑檐或砖石挑檐上卧小青瓦组成。

每叠的高低尺度颇具匠心，很有节奏感，是装饰窑洞民居的重要手段（图 9-59 ~图 9-61）。

陇东和渭北地区由于气候干旱，一般不需在崖头上做护崖墙，仅做一稍高于原面的土坡。有时种植一些盘根的蔓生植物和黄刺梅、酸枣树、迎春，连翘等，也起着防护作用（图 9-62）。年久生长繁茂的树丛，挂在崖头，自然多姿的影子洒在赫色的窑面上，更能反映出田园风趣（图 9-63）。

图 9-63　陕西渭北窑洞自然护崖实例（乾县）

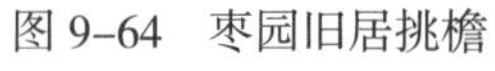

图 9-64　枣园旧居挑檐

图 9-65　米脂宾馆屋檐

图 9-66　雕龙挑檐细部

图 9-67　石板挑檐实例

图 9-68　陕北窑洞叠砌封檐实例

图 9-69　郑州窑洞叠砌封檐

图 9-70　陕北雨篷式挑檐

图 9-71　杨家沟回廊窑的廊檐

图 9-72　河南窑洞雨篷式廊檐

●条石托木挑檐。枣园农家某宅以及米脂县的民居中都见到这种挑檐。米脂新宾馆以预制钢筋混凝土挑梁代替条石是一个发展。做得讲究的还有雕石翘檐。杨家沟马家石窑洞的雕龙石挑梁翅檐，造型优美，比例适度，雕刻精致，是窑洞民居中的珍品（图 9-64 ~图 9-66）。

挑檐总是与女儿墙的花饰连在一起设计的。

●石板挑檐（图 9-67）多用于陕北窑洞中，如清涧县河谷盛产板石，除用于挑檐石外还用作灶台或代替瓦作石板屋面。

●叠砖、砌石的封檐（又称檐牙）装饰，在陕北、郑州窑洞中都广泛应用（图 9-68、图 9-69）。

●雨篷式挑檐。这种挑檐伸出很多，常有柱支撑，兼作灶棚（图 9-70）。在考究的宅第中作成回廊或厦窑（图 9-71、图 9-72）。

a

图 9–73　陇东窑洞窗饰

b

图 9–74　渭北窑洞窗饰

3. 窗洞与窗饰，是陕北窑洞民居中最讲究的装修部位。特别是陕北的延安、米脂、绥德一带，窑洞满开大窗，有时一组三孔窑洞人家，窗棂花饰是每孔都不同的。甘肃陇东、陕西的渭北窑洞的窗洞，一般与拱形内外是不一致的，都沿袭门窗分立，上部开气窗的传统（图 9-73、图 9-74）。

a

b

c

图 9-75　河南豫西窑洞窗饰

a

图 9-76　陕北窑洞窗饰实例之一

b

d

c

e

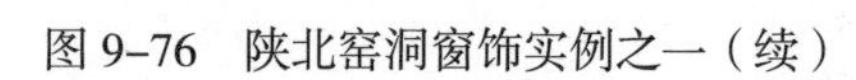

图 9-76　陕北窑洞窗饰实例之一（续）

f

h

g

图 9–76　陕北窑洞窗饰实例之一（续）

河南豫西窑洞门窗合一，比窑洞拱跨缩小，俗称锁口窑（图 9-75）。图 9-76 和图 9-77 是陕北各地窑洞窗饰集锦。

马家新院窗洞设计，更是独具匠心，11 孔窑洞竟有五种变化，从有些形式可以看出是受“哥特式”建筑影响的（图 9-78）。榆林地区行署院内一座天主教堂遗址的窗洞形式，这种影响更为显著（图 9-79）。

4. 拱头线，是沿窗洞（有时就是窑洞拱形曲线）外缘，所做的装饰处理。陇东和渭北窑洞的拱头线都又做简单处理，一般又做草泥线脚或砖镶边（图 9-80、图 9-81）。

豫西窑洞，因是多在砖石窑面上砌筑锁口式拱形窗洞，必然也是砖、石拱头线，有的在其上部做叠砌出檐或瓦挑檐。图 9-82、图 9-83 是豫西和洛阳地区窑洞拱头线的两个实例。

5. 门楼、坡道与围墙

门楼一直是传统民居中重点装饰的部位，窑居者常尽

a

b

图 9-77　陕北窑洞窗饰实例之二

图 9-78　马家新院窑洞

可能修建美丽的门楼，以重观瞻。在下沉式窑院中，还常修有坡道。许多窑洞院落还设有围墙。在这些地方，各地区都有许多好的实例（图 9-84 ~图 9-96）。

黄土高原有雄浑的自然风光，淳朴的劳动人民，豪壮的地方特色。古朴、淳厚的窑洞民居建筑艺术，正是适应这种地方风貌的产物。窑洞民居是“没有建筑师的建筑”蕴藏着丰富的历史经验和优秀的意匠、手法。因此，研究这些手法、经验，将给我们以有益的启示和借鉴。

图 9-79 榆林天主教堂旧址窗洞

图 9-80 渭北窑洞的拱头线

图 9-81 陇东窑洞的砖镶拱头线

图 9-82 豫西窑洞拱头线之一

图 9-83　豫西窑洞拱头线之二

图 9-85　洛阳窑洞门楼

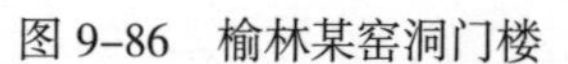

图 9-86　榆林某窑洞门楼

图 9-84　不设围墙的院落透视图（枣园蔡宅）

图 9-87　乾县农家门楼

图 9-89　下沉式院落坡道、台阶状围墙（洛阳）

图 9-88　窑洞农家照壁（乾县）

图 9-90　下沉式院落台檐（洛阳）

图 9-91　姜园大门楼

院内

院外

图 9-92　洛阳窑洞门楼

图 9-93　姜园主庭垂花门

图 9-95　姜园大门抱鼓石石雕

图 9-94　老虎月洞门

图 9-96　姜园细部装饰一瞥

第十章

结构计算、施工与构造

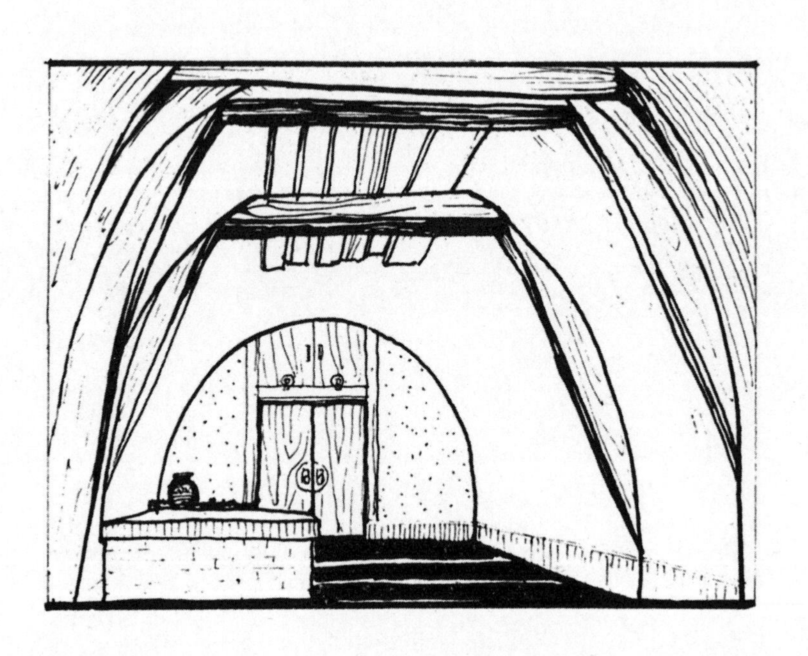

一、结构计算

实践经验证明了，按照传统经验修建的窑洞的结构安全性是毋庸置疑的。但根据常规，谈到某种建筑结构安全性时，总要想到其理论计算。那么黄土窑洞的安全性是否可以依赖精确的理论计算取得答案呢？回答是否定的。在许多种结构的理论计算中，都有一些有变化的参量。鉴于参量多变，理论计算中常不得不进行允许的假定。黄土远非匀质弹性体，在计算中许多参量有更大的假定性。目前只能借助经验公式对窑洞的结构安全性进行验算和计算。窑洞结构的安全性，主要取决于黄土的土体结构、物理性能和力学性能。

1. 黄土土体结构

这里所指主要是土体的宏观结构，即土中裂隙及块体相互的特征。黄土的土体结构可分以下几种类型：

● 均一整体型结构

这种结构类型的土体土质均匀密实，无裂隙，坚硬，强度高，俗称“卧土”。其实这是对物质成分基本一致的相当厚的一层黄土而言，看不出水平方向的成层性，有时略显水平纹理。各窑洞区的黄土窑洞大多数都是在这一层位开挖的。在 Q_1、Q_2 老黄土层（离石黄土下层），一般呈深棕微红色，俗称“红胶土”、“红子土”、就属这种整体型结构之一，是挖窑洞的安全地层。

● 块状及大块状结构

在 Q_2 老黄土的上层和下层也有时出现不规则的节理面，将土体切割成块状及大块状。在这种土体中挖窑洞易产生土块局部块体坠落、塌裂。有经验的民间匠师遇此情况常采用木檩支撑加固的办法确保安全（经加固的黄土窑洞历经 50 ~ 100 年的都有）。处在这种土体中的洞体，分析其稳定时，可运用“冠石理论”，即破坏是从局部危险块体产生而引起连锁反应式的破坏。因此，及时制止了局部块体的破坏，就可以保证洞体的稳定性。

● 立土结构

“立土”是群众的俗称。这个俗称很形象。它是指垂直节理特别发育的一种土体，如 Q_2 老黄土层中的离石黄土上层的深黄色土层就属于这种土体结构。虽然它的土质较密实，直立性很好，但挖洞时洞肩部（窑腿上部）容易掉块和坍塌。如果开挖跨度大些的窑洞，由于其整体性差，所以洞顶不够安全。如果土体中的竖向节理除了原生型之外，还有次生性节理，则土体的整体性及强度就更差些。

但应当指出，在离石黄土上层中挖窑洞，还算是好的层位，只要注意避开垂直节理（也叫柱状节理）特别发育的部位，不挖跨度大的窑洞还是安全的。

● 箩筐土及松软土

箩筐土也是俗称，在削坡成直壁的窑脸上，可以看出呈一圈一圈的弧形裂隙，在同一圈内土体也被不规划裂隙切割成大小不等的块体。这种土体不安全，对这种土体了解也还很少。

松软土，这主要指新黄土，呈浅黄色，土质松软，俗称“鸡粪土”。在新黄土下部离石黄土上层中一般挖尺寸小一些的窑洞较合适，要特别注意安全。

● 夹层结构

古土壤夹层是指所含有的古土壤层（即红色埋藏土壤层），在老黄土中的离石黄土上层（Q_2^2）有 4 ~ 5 层、间距 3 ~ 5 米，在离石黄土下部（Q_2^1）可有十余层顶部有时连续分布，呈深红色条带。这种土层中各种方向的节理零乱，呈较小的块体或碎块。土体的结构性很差，但碎块却很坚硬。这种土层若出现在洞顶上部是不安全的。

碳酸钙结核夹层，俗称礓石层（姜石层）。在老黄土上部构成成层分布还不太明显，礓石小而少，零星分布。在老黄土下部（离石黄土下层）明显地构成成层分布，礓石大而多，粒径 10 ~ 20 厘米，且胶结性良好。在此层中有十余层红色古土壤层,而每层古土壤下必有钙结核层（礓石层）。如果窑顶挖在礓石层中，则窑腿（洞身）必位于老黄土层主体中（母质层），这种情况最好，一则洞顶坚固安全，并且土拱的跨度可以大，拱矢高度可以小些，有些平头拱只能在此层位才能形成；二则洞身避免位于古土壤层中。因为古土壤层属于埋藏土层，易风化剥蚀，遇水易软化，对窑腿尤为有害。

2. 黄土的物理、力学性能

土的基本物理性质，如天然含水量、天然容重、颗粒组成和稠度等是我们在土工建筑物的设计和施工时，所不可缺少的指标。根据土的物理性质即可以判别土的力学性质。特别是由于黄土性质的特殊性及复杂性，我们了解黄土的物理性质对我们研究黄土窑洞的结构计算，就更加迫切需要。

● 黄土的天然含水量和天然容重

土的单位体积重量称为容重。它是土的基本物理性质指标之一，根据它，我们可以了解土的密实程度，进而确定天然状态下土体结构的稳定、安全状况。土中水分的重量和土颗粒重量的比值称为含水量，以百分数表示。根据含水量的大小，了解土的强度情况。土的容重和含水量随着深度的增加而变化。

现将西北各地黄土的天然含水量和天然容重列入（表10-1）。

根据表10-1，可以看出：容重和含水量的变化范围均很大，如湿容重变化介于1.130 ~ 2.206克/厘米^{3}之间，这主要是由于黄土的形成条件不同所致。从甘肃、陕北、陕西关中三地区看，湿容重、干容重的平均值以关中最大，湿容重陕北最小，干容量甘肃最小。就三地区黄土干容重变化趋势来看，由西向东，由北向南是逐渐增大的。含水量亦如此。

西北黄土天然含水量、天然容重的变化范围及平均值 表10-1

项目／地区	天然湿容重 γ（克/厘米^3）		天然干容重 γ_d（克/厘米^3）		天然含水量 ω（%）		注
	变化范围	平均	变化范围	平均	变化范围	平均	
青海	1.430 ~ 1.730	1.557	1.192 ~ 1.442	1.345	4.10 ~ 30.10	13.52	
甘肃	1.130 ~ 2.182	1.552	1.020 ~ 1.872	1.341	4.33 ~ 38.48	13.12	
陕北	1.392 ~ 2.013	1.551	1.259 ~ 1.772	1.045	3.30 ~ 19.80	11.53	
关中	1.276 ~ 2.206	1.721	1.100 ~ 1.837	1.442	4.70 ~ 41.41	21.40	
总变化范围	1.130 ~ 2.206		1.020 ~ 1.873		3.33 ~ 41.41		
总平均		1.650		1.386		18.63	

黄土中含水量对强度的影响很大，在研究土体结构时，必须充分注意到水的作用。含水量太高、太低都会降低土的抗压强度。含水量太高，黄土的固化黏聚力受到破坏，将急剧地降低强度。原状土的无侧限抗压强度和饱和土的无侧限抗压强度之比称为土的灵敏度（系数）。黄土的灵敏系数很高，至少在 4 ~ 8 之间。试验资料表明：粉质黏土（即黄土或黄土类土）当天然含水量 ω=21% 时，其最大抗压强度 Rmax=46kg/cm^2，接近 50 号砖的强度；而当 ω=13% 时（偏低值）R=$\frac{1}{8}$Rmax，这说明含水量低了也要降低强度。老黄土的含水量大多在 ω=20% 左右，所以抗压强度高。

● 黄土的比重、天然孔隙率及天然孔隙比

土的比重是土的固相重量与固相体积的比值，是土工试验中计算孔隙率、孔隙比及其他一些力学性质指标不可缺少的特性数据。比重值的大小，主要取决于土中矿物成份及有机质的含量。黏土的比重稍高于砂土的比重，黄土比重平均 2.716。

孔隙率是土的孔隙体积与土体体积比值的百分数（%）。孔隙率的大小与土的成因类型、颗粒大小、土的结构、形态有密切关系。由于土的微结构极不稳定，故当受有外力以后，由于土的结构发生变化，相应的土的孔隙率也会发生变化。因此，土的总体积并非一绝对常数，致使在确定土的孔隙率时，必须确定土样的总体积。通常以孔隙的体积与土粒体积的比值来表示，即孔隙比。如果土粒中粗粒成分较多，则大孔隙的数量较大。黄土中存在着大量的孔隙及根管，这些大孔隙的直径已经超过这些土的粒径，这是黄土的特点，也是黄土具有湿陷性的原因。表 10-2 是各地区三项指标的变化范围。

表 10-2 中可以看出：甘肃、陕北、陕西关中三地区，黄土比重平均值，陕北最小，关中最大，比重值由北向南，由西向东是增大的。这主要是由于黏粒含量逐渐增多的缘故。青海、甘肃、陕北、关中四地区的平均孔隙率及平均孔隙比，由西向东、由北向南有逐渐减少的规律。

西北黄土的比重、天然孔隙比、天然孔隙率变化范围及平均值 表 10–2

项目 / 地区名称	比 重 ΔS		天然孔隙比 ε		天然孔隙率 n（%）		注
	变 化 范 围	平 均	变 化 范 围	平 均	变 化 范 围	平 均	
青 海	2.667 ~ 2.763	2.723	0.874 ~ 1.207	1.023	46.60 ~ 58.40	50.70	
甘 肃	2.680 ~ 2.760	2.706	0.447 ~ 1.652	1.014	30.88 ~ 50.10	50.20	
陕 北	2.660 ~ 2.740	2.700	0.526 ~ 1.112	0.876	34.40 ~ 52.65	46.43	
关 中	2.660 ~ 2.779	2.715	0.491 ~ 1.483	0.869	33.15 ~ 62.29	46.25	
总变化范围	2.660 ~ 2.779		0.447 ~ 1.652		30.88 ~ 62.29		
总 平 均		2.716		0.917		47.60	

●黄土的颗粒组成

组成土壤各种大小颗粒的含量称为土的颗粒组成。以各小于某粒径的土重占土样总重的百分数（%）表示。颗粒大小与土的物理力学性质有密切关系，根据土的颗粒组成进行土的分类。如：砂粒含量多者透水性大，压缩性小，塑性小；而黏粒含量多者则透水性小，压缩性大，塑性大等。

表 10-3，从砂粒（>0.05 毫米）含量来看非常明显。由北向南，陕北的砂粒含量大于关中；由西向东，青海的砂粒含量大于甘肃，而甘肃又大于陕西关中。从黏粒（<0.05 毫米）含量来看，由北向南，陕北的黏粒含量小于关中，由西向东，甘肃的黏粒含量小于陕西关中，但青海的黏粒含量却反映不出这种趋势。

目前对黄土的颗粒组成一般认为以粉粒（0.05 ~ 0.005 毫米）为主。又将黄土分为原生黄土（标准黄土或典型黄土）、次生黄土（黄土状土或亚黄土）。

试验证明：当土中的砂粒和黏粒比例为 1∶3 时，土的强度最高，其抗压强度 $R_c = 47kg/cm^2$，接近 50 号砖的数值。从表 10-3 中看黄土的颗粒组成，以陕西关中黄土中，若把粗的颗粒（>0.05 毫米）划入砂粒，较细的粉粒划入黏粒，则砂粒和黏粒比例大致在 1∶3 左右，这也能说明黄土强度高的原因之一。因此，要改善黏土的土性就需掺砂土，而要改善砂土的土性，则需掺黏土。

●黄土的直立特性

黄土有很好的直立稳定的特性。这除了受黄土已形成了竖向节理和所处的黄土高原特殊气候环境影响之外，还与黄土的矿物成分有关。不论新黄土或老黄土，在其所含的重矿物成分中，稳定和比较稳定的重矿物成分含量占 75%左右。这些矿物的硬度都在 5 ~ 6 度以上。强度也很高。在黄土中所含的轻矿物中，仅石英和长石两种就占总含量的 90%以上。上述各矿物成份物理、化学稳定性都好，抗风化能力也很强，是形成黄土直立特性好的一个重要原因。显然黄土的黏聚力值和内摩擦角都较大，也是造成直立特性好的原因。

黄土的直立特性好，最明显地表现在两个方面，一是黄土可以削成很高的直立边坡（当然也要有一定的倾斜角），多少年来一直非常稳定。二是经常可以看到自然形成多年稳定的黄土柱体，这是很特殊的黄土风貌。

直立边坡而又多年稳定，在土工工程上意义是很大的。如路堑开挖、边坡施工、堤坝施工、窑脸削坡及窑口前的道路及庭院布置等，直接关系到土方量和直壁（崖壁）稳定问题。在黄土沟壑区 10 ~ 20 米高的直立边坡长期稳定的屡见不鲜。

位于陕北佳县方塔公社毛国河陡岸上有高约 15 ~ 20 米，顶部直径 1 米，下部直径 1.5 米的黄土柱。柱顶有 2 ~ 3 米厚的黄色土，柱顶已开裂，再往下全是红胶土。当地民间传说，这个土柱是宋代名将杨六郎的拴马桩。据当地一位 72 岁的老人记忆，他童年时就有此“土塔”，至今多年未变。这一实例很好的证明了黄土的直立性，同时也构成了黄土高原区的风貌特色。

●黄土的抗剪、抗压强度

土的抗剪强度是土在外力作用下，滑动时所具有的抵抗剪切的极限强度。对黏土来说，将土的抗剪强度分为两部分，即黏聚力和摩擦角。前者不随垂直压力而变，而后者则与垂直压力有关。在压力增至较大值（$>0.5 \sim 1.0kg/cm^2$）时，与垂直压力成正比。

$S = \sigma \mathrm{tg}\varphi + C$（库伦公式）[①]

式中 S——抗剪强度，kg/cm^2；

σ——垂直压力，kg/cm^2；

φ——内摩擦角度；

C——黏聚力，kg/cm^2。

黄土的无侧限抗压强度是通过室内试验方法求得的。抗压强度是黄土试验土样在侧向不受限制的条件下，破损时所能承受的轴向压力强度。

通过无侧限抗压强度，可以粗略地估计土壤的最大载重量及承载能力，同时近似地测定土的抗剪强度。

① 《西北黄土的性质》陕西人民出版社 1959 年。

西北黄土的颗粒组成 表 10-3

地区名称	亚区名称	测定土次	0.05（毫米）%			0.05 ~ 0.005（毫米）%			0.005（毫米）%			注
			最大	最小	平均	最大	最小	平均	最大	最小	平均	
陕北	榆林	17	44.0	19.8	32.1	68.9	50.8	58.3	26.3	3.5	9.28	2 土次
	米脂	10	44.0	16.2	26.83	72.7	50.0	63.92	13.8	5.8	9.2	
	绥德	14	46.0	17.8	25.9	88.0	49.2	64.1	22.0	4.2	9.79	
	延安	11	44.2	4.6	18.65	76.0	49.0	62.3	37.2	6.0	18.5	
	宜川	4	19.0	16.2	17.95	70.4	64.0	66.6	17.7	13.4	15.46	
陕北平均					27.6			61.5			10.9	
陕西关中	陇县	6	29.0	11.7	19.33	63.3	48.5	54.6	33.0	21.0	25.6	215 土次
	乾县	11	20.0	11.8	13.81	71.2	55.3	62.0	33.0	14.2	24.15	
	咸阳	128	32.0	4.0	11.02	78.0	48.0	62.7	36.0	3.0	26.2	
	西安	751	40.0	1.0	18.3	85.8	49.3	62.2	45.0	3.0	19.3	
	铜川	500	37.0	0.5	10.5	87.5	51.0	63.2	45.0	3.4	25.6	
	渭南	17	42.0	12.0	22.25	76.5	51.0	62.1	38.0	6.0	15.73	
陕西关中平均					14.8			63.0			22.4	
甘肃	兰州	710	45.0	4.0	20.4	88.9	49.3	65.4	34.5	2.9	13.0	7 土次
	天水	4	27.0	4.5	12.45	72.0	51.0	63.4	28.4	22.0	24.09	
	庆阳	3	16.5	13.3	14.61	78.2	72.7	75.7	10.8	8.5	9.6	
甘肃平均					19.94			65.6			14.06	
青海	西宁	27	40.3	7.6	21.8	89.6	48.2	61.2	28.0	2.6	16.93	
	大通	28	25.0	10.0	19.9	68.0	50.0	60.3	22.5	16.0	19.5	
青海平均					20.83			60.75			18.4	
总平均					16.0			63.5			19.9	

注：本表系根据《西北黄土性质》陕西人民出版社 1959、P58 表 8 改制。

根据我国黄土地下洞室围岩压力实测研究及窑洞坍塌现场分析，窑洞坍塌大都是从窑洞的拱肩土体发生剪切破坏开始的。因此分析黄土的内摩擦角和黏聚力的数值具有重要意义。综合各地区深层黄土的抗剪强度、抗压强度资料（表 10-4）分析，可以看出黄土的抗剪强度与其形成年代及相应层位有密切关系，在垂直方向上，随着地层的层位加深，黄土的黏聚力和摩擦角是逐渐增大，其中黏聚力增长值大体稳定，而内摩擦角的波动幅度相对较大。

中、上更新世黄土的抗剪、抗压强度 **表 10–4**

	地区	甘肃陇西高原			陕西渭北高原			山西高原			河南西部山地		
	指标名称 层位时代	黏聚力 c （kg/cm^2）	内摩擦角 φ（度）	无侧限抗压强度 （kg/cm^2）	黏聚力 c （kg/cm^2）	内摩擦角 φ（度）	无侧限抗压强度 （kg/cm^2）	黏聚力 c （kg/cm^2）	内摩擦角 φ（度）	无侧限抗压强度 （kg/cm^2）	黏聚力 c （kg/cm^2）	内摩擦角 φ（度）	无侧限抗压强度 （kg/cm^2）
Q_3	新黄土（上）	0.21	27.3										
	新黄土（中）	0.27	26.7										
	新黄土（下）	0.23	31.5										
	平 均	0.23 ~ 0.24	28.5 ~ 27.0										
Q_2^2	母质层				0.52	26.7	1.52	0.48	22.8	2.23	0.42	31.6	
	古土壤				0.48	28.8	1.29	0.68	23.2	2.14	0.55	26.6	
	平 均				0.68	27.8	1.41	0.58	23.0		0.48	29.1	
Q_2^1 上部	母质层	0.84	26		0.73	28.9	3.36				0.58	30	
	古土壤				0.91	28.0	2.34				0.75	32	
	平 均				0.80	28.6	2.85				0.67	31	
Q_2^1 下部	母质层				1.04	33.4	6.51						
	古土壤				0.84	24.8							
	平 均				0.94 ~ 1.04	29.1 ~ 33.4							

注：本表按室内直剪法测（引自：罗文豹的《中国的黄土地层与窑洞结构》河南省黄土窑洞调研论文集 1983。）

从地域分布看，我国各省区的黄土抗剪强度有一定的差别，就老黄土上部（Q_2^2）而言，陕西省的抗剪强度最高，河南的、山西的次之；在老黄土下部（Q_2^1）中，陕西、河南的较高，而山西的次之，甘肃的最低。

黄土的单轴抗压强度相对较高。与抗剪强度相同，它也是形成年代久远及层位加深，抗压强度逐步增高的。老黄土的变形一般不大，如中更新世上部黄土（Q_2^1）的上层黄土在达到极限破坏状态时的相对变形值为 0.265 厘米；（Q_2^1）的下层黄土在达极限破坏状态时的相对变形值仅为 0.705 ~ 0.810 厘米。

3. 验算与计算

保证黄土窑洞结构安全的经验尺寸（跨度 B、洞间壁宽度 S、窑顶最小厚度 H_3）可用计算验证。由卸荷拱理论可知，在非塑性流动的松散地层中欲形成自然拱（不坍塌的拱）的条件是洞顶的土层厚度应大于 2 倍塌落拱的高度，即 $H_3 > 2h$（图 10-1）。这种结构类型窑洞验算如下：

窑洞多位于较干硬的黄土层中，因此可取坚硬系数 $f_h = 1 \sim 2$，内摩擦角 $\phi = 18°$。

$$\frac{1}{2}B_1 = \frac{1}{2}B + H_1 \mathrm{tg}(45° - \phi/2)$$

$$= 3.5/2 + 4\mathrm{tg}(45° - 18°/2)$$

$$= 1.75 + 2.92 = 4.67 \text{ 米}$$

设 $B=3.5$ 米

$$h = \frac{B_1/2}{f_k} = \frac{4.67}{1 \sim 2} = 4.67 \sim 2.34 \text{ 米}$$

$$\therefore 2h = 9.3 \sim 4.7 \text{ 米}$$

按此计算结果，洞顶土层厚度应取值在这一范围，与现有的经验尺寸比较也恰好相符。各地调查汇总窑顶厚度为 3 ~ 10 米，以 3 ~ 5 米左右为适宜。

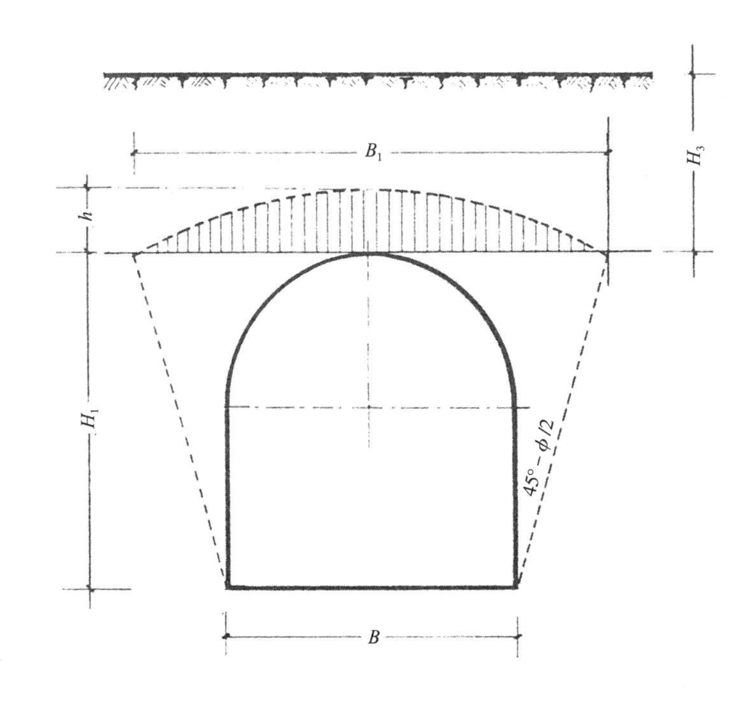

图 10-1　拱顶受力图

在同一窑脸（崖壁）面上比连开挖两孔窑洞时，除窑顶土层厚度外，间壁的宽度是另一重要的安全条件（图10-2）。按卸荷拱理论为使二洞顶的塌落拱互不影响所需的条件是：

$$S \geqslant 0.65\sqrt{\frac{\gamma \cdot B/2 \cdot H_3}{f_k}}$$

取 $\gamma = 2.2$ 吨 / 米 ^{3}

$H_3 = 6$ 米

$$\therefore S \geqslant 0.65\sqrt{\frac{2.2 \times 1.75 \times 6}{1 \sim 2}} = 0.65\ (4.8 \sim 3.4) = 3.1 \sim 2.2 \text{ 米}$$

式中　γ——天然容重。

由于间壁的底部易受雨水侵蚀，民间经验常将间壁（窑腿）宽度尺寸放大，一般取其与窑洞跨度尺寸相等（$S=B$），在土质干硬的情况也见到 $S<B$ 的。

对黄土窑洞结构尺寸的简易计算，目前建筑工程界尚无一套完善的无衬砌黄土窑洞的计算理论与计算方法可供实际设计与施工时应用。本书将介绍王琈工程师经过多年研究，在民间传统做法的基础上，提出的经验统计公式，供读者参考。

决定黄土窑洞几何尺寸的经验公式

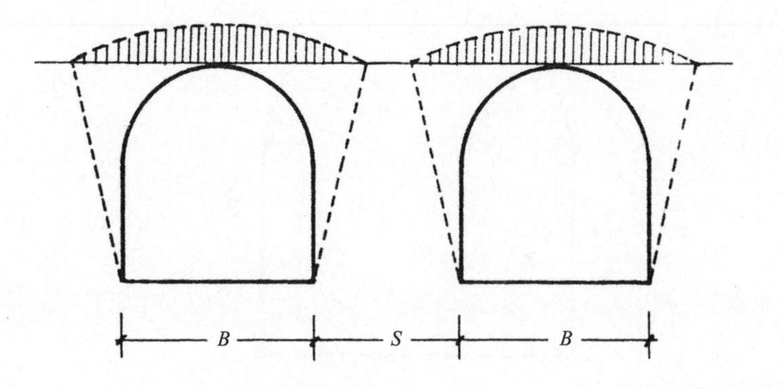

图 10–2　双连土拱间壁窑洞简图

● 跨度 B：土窑洞的跨度应根据土壤的物理力学性质及土层覆盖厚度而定。可按公式（1）及（2）中较小值选用。

$$B \approx K_1[R] - K_2 h_1 \qquad (1)$$

$$B \approx K_3 \cdot C \qquad (2)$$

$[R]$ ……土壤允许承载力（T/M^3）

C ……土壤的内聚力（T/M^2）

h_1 ……窑洞垂直壁（窑腿高度）(m)

H_3 ……窑顶（覆盖土层的厚度）(m)

公式中皆以 m 为单位。

● 窑顶曲线：土窑顶曲线的形状及尺寸随土壤性质、窑洞跨度及施工方法而定。当选用抛物线拱顶曲线时，如图 10-3 所示。

$$y = K_4\frac{x^2}{B} \qquad (3)$$

此时 $y = f = \frac{k_4}{4}B$　（3A）

为了施工的方便也可选用双心圆。双心圆之间的距离，民间称为交口。半个交口的尺寸 b 按下式选用。

$$b = K_5 \cdot B \qquad (4)$$

根据调查，我国黄土窑洞最常用的是直墙半圆拱和直墙割圆拱（参见图 5-8）。当窑洞较高时有用外斜墙圆拱，较低时可用内斜墙圆拱；在土质较差时，常用二心圆拱、三心圆拱和抛物线拱；在土质很差时有时选择曲线边墙三心圆拱的形式。当遇到坚硬厚层的钙质结核层作窑洞顶时，也有用平拱（或平头拱的）。

● 覆盖土层（窑顶）厚度 H_3：土窑洞覆盖土层的厚度随土壤性质及窑洞跨度而定。

$$H_3 = K_6 \cdot B \qquad (5)$$

● 两窑洞之间的距离（间壁）S：土窑洞之间的距离随土壤性质、覆盖土层厚度和窑洞跨度而定。

$$S = K_7\sqrt{B \cdot H_3} \qquad (6)$$

上式中，$K_1 \cdots\cdots \rightarrow K_7$ 经验统计系统，可按表 10-5 选用。

为了便于参考，给出十个窑洞形式尺寸，供参考用（表 10-6）。

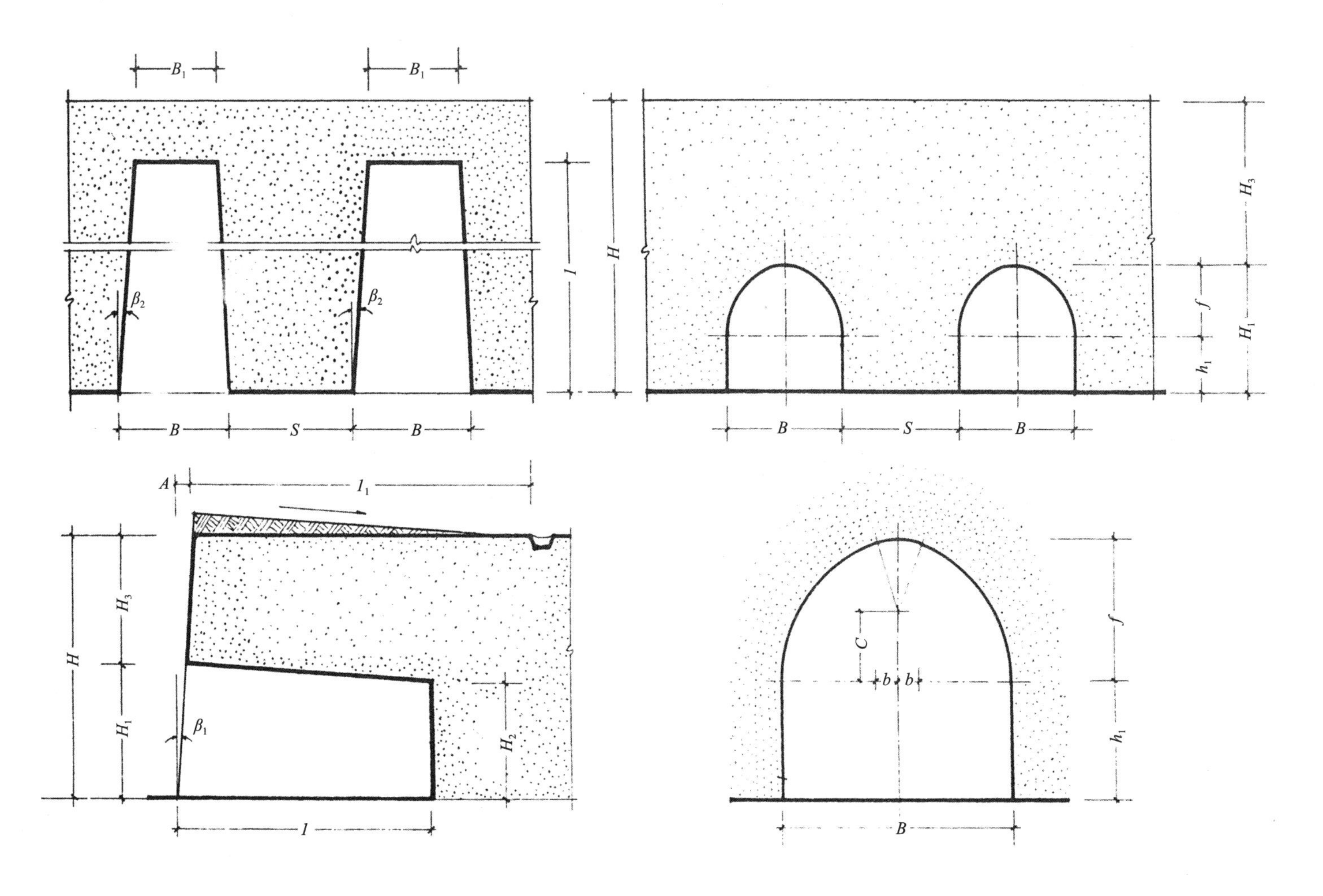

图 10-3 计算公式文字标注之一

经验系数（K_1 ~ K_7） **表 10-5**

土壤名称 数　值 系　数	马兰黄土下层 Q_3^1	离石黄土上层 Q_2^H	离石黄土下层 Q_2^1
K_1（M^3/T）	0.26	0.28	0.37
K_2	1.30	1.20	1.00
K_3（M^3/T）	1.00	0.76	0.70
K_4	0.769	0.588	0.435
K_5	1 / 3	1 / 10	1 / 15
K_6	3.30	2.50	2.20
K_7	1.30	1.15	1.00

推荐的十种形式尺寸 表 10-6

<table>
<tr><th rowspan="2">土壤名称</th><th rowspan="2">编号</th><th rowspan="2">跨度 B（m）</th><th colspan="5">抛物线形的拱顶</th><th rowspan="2">垂直壁（崖）高度 h_t</th><th rowspan="2">窑顶高度 H_3</th><th rowspan="2">两窑的间距 S</th><th rowspan="2">窑洞口高度 H</th><th colspan="2">双心圆的拱顶</th></tr>
<tr><th>y_1</th><th>y_2</th><th>y_3</th><th>y_4</th><th>y_5</th><th>半交口 b</th><th>下移点 c</th></tr>
<tr><td rowspan="2">马兰黄土下层 Q_3^H</td><td>1</td><td>2.7</td><td>0.75</td><td>1.33</td><td>1.75</td><td>2.00</td><td>2.08</td><td rowspan="2">1.2</td><td>8.0</td><td>3.5</td><td>3.28</td><td>0.90</td><td>0</td></tr>
<tr><td>2</td><td>3.0</td><td>0.83</td><td>1.48</td><td>1.94</td><td>2.22</td><td>2.31</td><td>9.0</td><td>3.9</td><td>3.51</td><td>1.00</td><td>0</td></tr>
<tr><td rowspan="4">离石黄土上层 Q_2^H</td><td>3</td><td>3.0</td><td>0.64</td><td>1.13</td><td>1.49</td><td>1.70</td><td>1.77</td><td rowspan="4">1.5</td><td>7.5</td><td>3.5</td><td>3.27</td><td>0.30</td><td>0</td></tr>
<tr><td>4</td><td>3.3</td><td>0.74</td><td>1.24</td><td>1.63</td><td>1.86</td><td>1.94</td><td>8.2</td><td>3.8</td><td>3.41</td><td>0.33</td><td>0</td></tr>
<tr><td>5</td><td>3.6</td><td>0.76</td><td>1.36</td><td>1.78</td><td>2.04</td><td>2.12</td><td>9.0</td><td>4.0</td><td>3.62</td><td>0.36</td><td>0</td></tr>
<tr><td>6</td><td>4.0</td><td>0.85</td><td>1.51</td><td>1.98</td><td>2.28</td><td>2.36</td><td>10.0</td><td>4.5</td><td>3.82</td><td>0.40</td><td>0</td></tr>
<tr><td rowspan="4">离石黄土下层 Q_2^1</td><td>7</td><td>3.6</td><td>0.57</td><td>1.0</td><td>1.32</td><td>1.56</td><td>1.57</td><td rowspan="4">1.8</td><td>8.0</td><td>3.8</td><td>3.37</td><td>0.25</td><td>0.50</td></tr>
<tr><td>8</td><td>4.0</td><td>0.63</td><td>1.11</td><td>1.46</td><td>1.67</td><td>1.74</td><td>9.0</td><td>4.0</td><td>3.54</td><td>0.25</td><td>0.50</td></tr>
<tr><td>9</td><td>4.5</td><td>0.71</td><td>1.25</td><td>1.65</td><td>1.88</td><td>1.96</td><td>10.0</td><td>4.5</td><td>3.76</td><td>0.30</td><td>0.60</td></tr>
<tr><td>10</td><td>5</td><td>0.79</td><td>1.4</td><td>1.83</td><td>2.09</td><td>2.18</td><td>11.0</td><td>5.0</td><td>3.98</td><td>0.30</td><td>0.60</td></tr>
</table>

4. 黄土窑洞结构强度计算

● 计算的基本假定

风成黄土层，在未开挖洞口以前，可忽略地壳运动产生的任何残余应力，只认为上层土体重量作用之下而处于静力平衡状态。在开挖洞口之后，由于边界条件的变化、应力集中等原因，使原来的静力平衡条件破坏。只要我们根据民间的传统做法进行处理，在土壤经过应力重新分配和固结作用之后，仍可达到新的平衡状态。

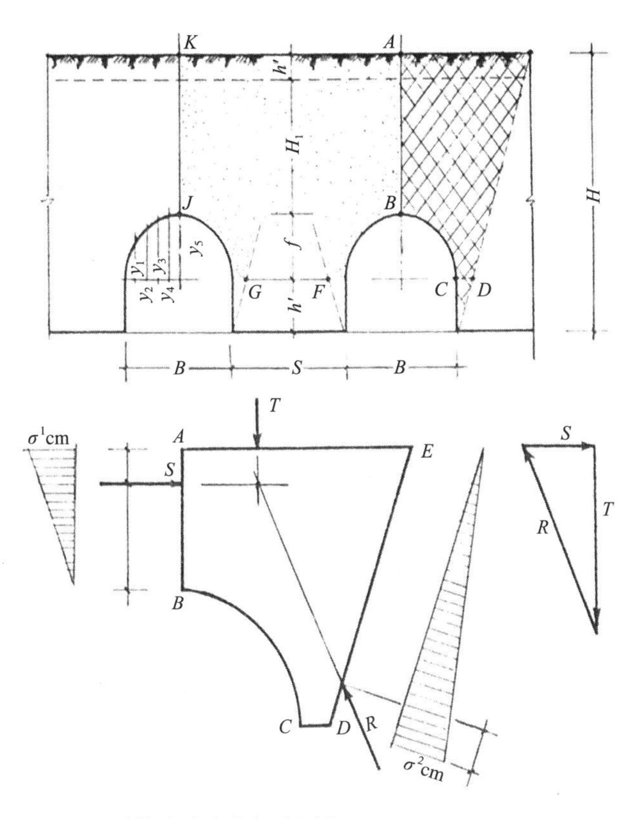

图 10–4 计算公式文字标注图之二

不考虑土壤本身的裂隙、节理等，认为黄土是一个整体。不考虑黄土的湿化问题，因为土窑洞决不允许有漏水现象。这样，假设黄土的自然卸荷拱成立，自然拱曲线以下的土壤挖空，自然卸荷拱以上的土体本身构成了压力平衡拱来承受拱顶以上土体的重量。

如图 10-4 所示：土壤中不允许出现拉力，即 B、E 两点压应力等于 0。所有剖面中的应力，均按直线规律分布。在拱顶垂直面 $A—B$ 中的合力 P，垂直于该面，并通过上三分之一点。在拱脚斜面 $E—D$ 中的合力 R，通过下三分之一点，并与 S 及 $ABCDE$ 棱柱体重量及外力 T 交于一点而处于平衡。

拱顶承压面 $A—B$ 的计算：

$$\sigma^1_{cm}=\frac{2P}{H_1}\leqslant[R] \qquad (7)$$

式中：P——水平压力，可根据力的平衡三角形求出。

$$H_1=H_3-h' \qquad (8)$$

h'——浮土厚度，或雨水下渗厚度。

拱脚承压面 $G—F$ 的计算：

$$C^2_{cm}=\frac{Q}{S-K_2h_1}\leqslant[R] \qquad (9)$$

式中：Q——$ABFGJK$ 棱柱体的重量。

S——两窑之间的距离。

K_2——查表 7-13 系数。

h_1——垂直壁高度。

黄土窑洞的结构、安全，首先应从继承和发扬我国民间传统做法入手，次则辅以简单的计算。目前这个问题的研究正引起国内外建筑工程界的注目，不久的将来必会产生完善的理论与技术规范。

二、黄土窑洞的施工步骤

1. 识土选址

从第三章关于窑洞分布与类型的叙述中可见黄土分布地区的劳动人民，凭借他们对所住地方自然地貌和土质的了解，逢原挖坑、削崖挖洞、形成下沉式窑洞或遇沟靠崖、沿等高线营造靠崖式窑洞。因地制宜，因土制宜，巧妙地选择、利用场址是创造不同类型窑洞民居的前提。但要做到科学地识土，除要从宏观上正确地判别土壤的成因、地质构造、地质时代、层次及土体结构（节理、裂隙）外，还要从微观上查明土壤的物理、力学性质、化学成分，然后再参考当地民间匠师的识土经验，进行综合判断。

开挖黄土窑洞，一般以选择风成的原状黄土层为宜。在晚更新世马兰黄土（Q_3）的下部可开挖小跨度的黄土窑洞。在中更新世离石黄土的上部（Q_2）及离石黄土的下部（Q_2）可开挖较大跨度的土窑洞。早更新世午城黄土（Q_1）其土层埋藏较深，外露的较少，但在 Q_1 上部开挖条件最好。若条件限制，也可利用新黄土 Q_3 的下部土层。全新世的新黄土层（Q_1）中不宜开挖黄土窑洞。马兰黄土上部（Q_3）也不宜开挖黄土窑洞，土窑洞的塌毁事例，常常发生于后两种土层中。

离石黄土是我国风成黄土层的主体，也是我国大多数土窑洞存在的主要土层，凡一些历时久远的黄土窑洞多保存在此土壤层内。表 10-7 是陇东地区、渭北窑洞区黄土分层概况。

关于黄土窑洞分布的地层层位和产生的类型参见图 10-5。

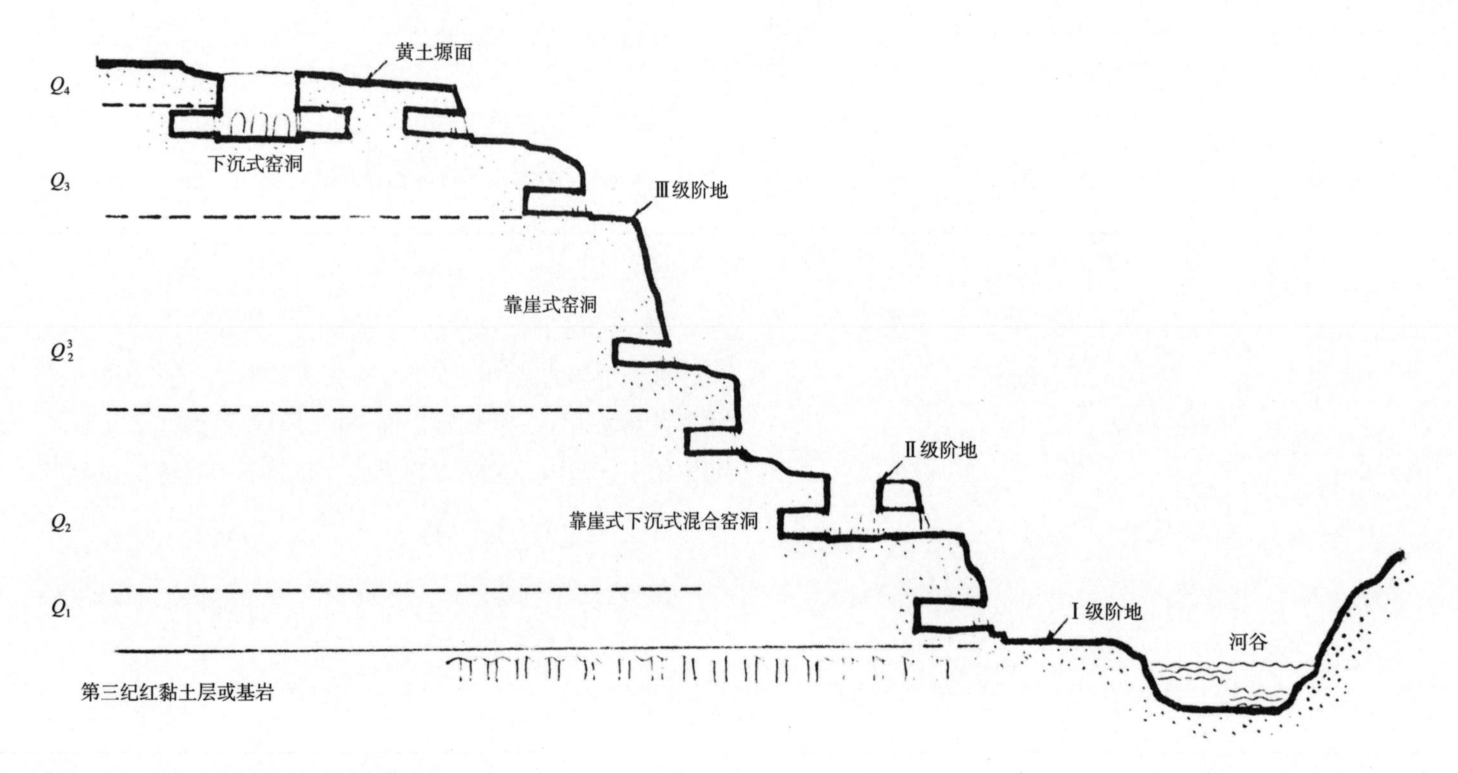

图 10–5　黄土窑洞分布的地层层位略图

对黄土窑洞民居来说，除了同其他建筑相同的选址原则以外，还要着重注意地形地貌、地质构造、防洪排水等方面的因素。

无论是靠崖式窑洞或下沉式窑洞，一要求前崖（窑脸）有足够的高度，以便能形成自然卸荷拱，安全有保障；二要求挖运土方量少，弃土不埋耕田或堵塞自然排水沟谷，达到好的经济效益；三要求朝向好，日照充足，利于排潮，使窑洞内保持较干燥。

塌方、滑坡、断层、褶皱，破坏了土壤的结构层次，降低了土壤的整体性和稳定性，使土壤变得松散软弱，减少黄土直立性能和承载力，因而在这些地段，不能开挖土窑洞或选为居民点。如陕西宝鸡县卧龙寺老滑坡复活，致使开挖于此土体内的黄土窑洞全部塌毁。溶洞、陷穴常与地面不易发现的暗沟串通，一来破坏土壤结构，二来导引雨水下渗，常常造成隐患。所以这些地段及其附近，也不宜开挖土窑洞。如陕西千阳县革碧乡罗家店大队，在32年前（1949年）的一个雨天，就因为溶沟引来处处雨水，致使多孔窑洞塌毁。

民间常将靠崖窑布置在梁侧、梁头、峁前、原边、丘陵阶地等地段的分水岭外，而将下沉式窑洞布置在原区的凸起部分，目的是有利于排除，避开雨水汇集的地段。在有泉水、间层水，上层滞水层地段，以及土壤含水量过高，地下水位浅的地区不宜开挖土窑洞。因为施工过程中不安全，或在挖好后易产生大量体缩干裂（俗称风炸）。另外，

陇东、渭北窑洞区黄土分层概况 表 10–7

地质时代	地层名称		颜色	分布情况	厚度（m）	湿陷特征	开挖情况	窑洞分布现况
全新世 Q_4	新黄土	新堆积黄土	灰黄 褐黄 棕黄 相杂	分布于河漫滩、低阶阶地及黄土原、梁、峁的坡脚	5 ~ 6	强湿陷性	锹挖易	极少分布
		老堆积黄土	褐黄 黄褐 灰黑	分布于河沟两岸的低阶阶地，原面、原坡广泛分布垆土层	8 ~ 12	一般湿陷性	锹挖较易	较少分布
晚更新世 Q_3		马兰黄土	浅黄 灰黄 白黄	本区内广泛发育、构成黄土原和黄土丘陵的上部。有黄土喀斯特地貌	0 ~ 80	自重湿陷性	镢头挖不困难	本区分布较多，多为下沉式
中更新世 Q_2	老黄土	离石黄土	深黄 浅褐 微红	本区内广泛发育，构成黄土堰和黄土丘陵、基体的中部和上部	120 ~ 150	一般不具湿陷性	镢头挖稍困难	本区分布较多，多为靠崖式
早更新世 Q_1		午城黄土	棕黄 棕红	一般构成黄土原和黄土丘陵的底部	0 ~ 40	不具湿陷性	镢头挖困难	极少分布

窑洞内的防潮问题也应注意，在埋有大型地下排水管道的附近也应避开。西安东郊临潼附近邵平店村的下沉式窑洞就受到地下污水管道渗漏之害。

2. 施工步骤

下沉式黄土窑洞施工中，在天然状态下的黄土其他物理性质指标相同的条件下，影响强度的因素便是天然含水量。随含水量适当地减少，却能增加黄土的强度，例如：原状黄土的抗剪强度的黏聚力，以西安为例，饱和土最大黏聚力为 1.93 公斤 / 厘米 ^{2}。所以窑洞的施工过程正是遵循使黄土逐步干燥，增加强度的过程。与此同时，由于一个下沉式窑洞院落的形成，需挖掘大量的土方（共八孔窑的天井院，土方量约 1500 ~ 2000 立方米）要花费较多的劳力，而一般农户很少雇用劳力，全靠自己动手，所以还要安排好营造工序，以免窝工。陕西渭北地区（与陇东地区相近）窑洞院落施工步骤大致如图 10-6 所示。

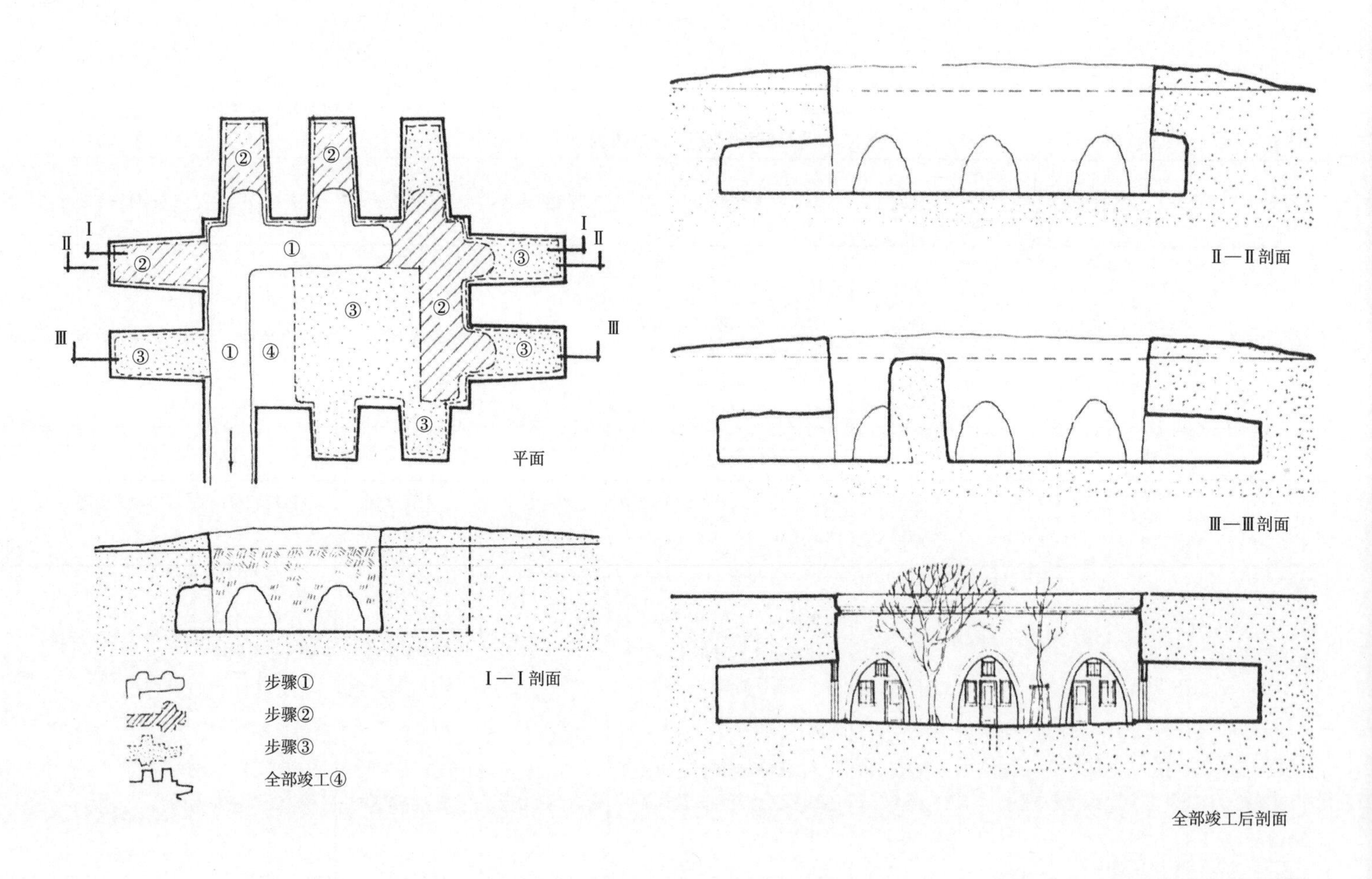

图 10–6 下沉式窑院施工步骤图

选地挖界沟。在原区营造下沉式窑洞农民多选择稍高的地段（小丘陵地最理想），然后划定院落界限（一般9米 ×9米正方形），沿界限靠外开挖一环形浅沟。沟宽1米，深1 ~ 1.5米（挖到原土层），俗称界沟。再回填土分层夯实，这时才在夯实铲平的界沟上面重新划定院落，再进行下一步工序。这道工序主要是使下挖的院落崖沿不落在地表的耕土层上。如果在坚实的原状土上施工，则可省略此工序（图10-7）。

开地槽。天井院不是一次挖成的，先开地槽宽3米，深沟至院落地坪，争取尽快晾干窑脸（崖壁）。晾晒期视土的潮湿程度而定，多在1 ~ 4个月之间，不过在此期间还可掏挖浅的窑洞雏形。地槽的土浅时用铁锹扔往原面，深时是径由修筑坡道或在土体中开挖隧道运出（这个隧道往往就是以后的门洞）。

在窑脸上开挖雏窑，同时扩火窑脸面积。雏窑一般高2 ~ 2.5米，宽2米左右，深2 ~ 4米，依据土的强度而定。

窑洞成形。从雏窑到成窑通常不是一气干成的，中间总要停晾1 ~ 2次。开挖成窑后需磁形。磁形工序是请匠师来做，工具唯镢头而已，修削窑的洞顶、定形、削整内窑壁使其平整。磁形和挖窑有时是交错进行的。当然，黄土强度高越稳定，但高强度坚硬的黄土却不易挖掘，有经验的匠人是很会掌握时机的，一般黄土的含水量在15% ~ 20%之间（实地观察略小于最佳含水量），既易开挖又不会坍塌。磁形时土较干燥，土的含水量约在10%左右（塑限以下）。

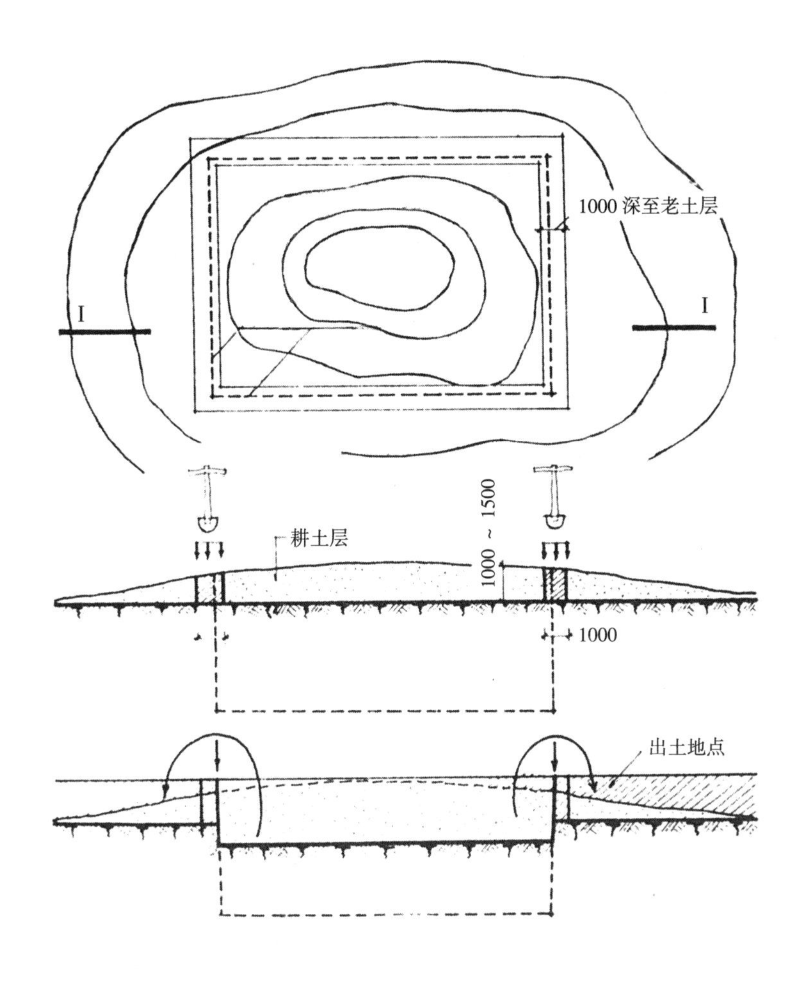

图10–7 界沟施工剖面、平面图

在碳形中，窑顶局部坍落时利用土坯镶砌，以免坍塌而扩展。

扩大天井院，开挖辅助窑洞。扩大窑院与主窑的营造交错进行，次序依然是先拓窑脸后挖窑洞。天井院内清出的土除保留部分外有两项用途，大部分运到原面上填筑窑背；构筑围墙，少量制土坯或烧砖，实可谓土尽其用。

主窑收尾。窑前墙用土坯隔墙封砌，有条件的墙下垫砌 5 ~ 6 皮砖。墙上安装木门窗，内外表面用麦秸泥抹面。如果窑内尚未干透，隔墙的山花部位先不砌死，过 2 ~ 3 年后再封砌，留通气孔。窑内还要盘土炕，掏烟囱。烟囱是用长木杆顶端固定镢头或犁刃自下而上掏挖的，利用杠杆原理用脚踏。清除多余土方，整修庭院。余土已清，庭院形成便挖渗坑或水窖，修入口，筑院墙，建畜圈，厕所，植树木等等，至此全部竣工。

可见一座下沉式窑洞民居的营建，完全是就地取材，土尽其用，自己动手完成的，是节能节材的好典型，有较好的经济效益。但它的工期较长。主窑的建成常要 1 ~ 2 年，而全天井院的建成通常达 4 ~ 5 年之久。常见到窑院半成，居住者便迁居新窑，住进后再继续修建。

3. 窑洞的维护与加固

窑洞维修是延续其寿命的重要条件。当地的窑居者说："窑要人住，经常拾掇。"一孔选址合适的窑，常有人住可逾百年，而不住人的，十几年便塌毁了，窑龄相差近十倍。

鉴于水患和潮气是黄土窑洞的大敌，水在黄土中的竖向渗透能力比水平渗透能力大 50 倍（即重力渗透危害最大），因此对水患必须慎之又慎。防微杜渐杜绝水患，隔绝潮气便是延长窑龄的主要手段。

窑洞的维修可分为大、中、小修。

小修几乎年年有，主要内容为补豁、堵洞、填抹裂缝及粉刷护面等。鼠、虫（螂、蛇）都爱在黄土中打洞，造成向窑内注水的孔道，需要及时堵塞、防治，不然在暴雨季节这类孔洞会给窑洞造成很大的破坏。特别是前墙通气窗的上方最易剥落，要经常抹泥护面。严重者，需清除窑口局部松土，补砌土坯重新抹面。

中修指窑顶的支护加固。部分年久的窑洞，尤其是进深大的窑的后部，或因窑顶渗水均有局部塌落的现象。塌落土体不大，剥落面积 1 ~ 2 平方米。针对此类损坏，对窑顶要用木檩椽支护加固，加固范围或局部或全窑顶。加固方法是用木托架支托纵向檩木顶住塌落部位（图 10-8）。木托架支承于窑洞的肩墙或木柱上。塌落部位用土坯嵌砌。当窑顶出现较大裂缝，尤其是横向裂缝时也用此法加固。某些作坊窑洞拱跨较大，使用中又需挂悬重物，在挖窑时就先加支护架。在榆林地区民间还有用柳椽拱和笆子支护的实例。其做法是将圆径 Q100 ~ 150 毫米的湿柳椽，沿一侧用锯锯成 30 ~ 50 毫米深的锯口，然后趁湿弯曲成拱形。将窑顶掏一沟槽，嵌入槽内两端支点用厚木楔支牢，最后再抹面将柳椽埋抹其中。还可沿纵向（与椽垂直方向）铺设笆子或柳条。

大修实际上是窑洞的局部更新。当窑洞开裂严重，窑顶产生大块土体塌落预兆时（一般多在靠近洞口处），便采取削前崖，向窑底后墙伸挖进行局部更新。后退的窑脸（即前崖）一般为 2 ~ 3 米。大修周期较长，有的相隔 50 ~ 100 年。这也是下沉式窑洞不断蚕食土地（扩大天井院）的一个致命弱点，急待改进。

4. 构造处理

继承民间传统的营造经验和构造技术处理，是保证黄土窑洞安全、耐久的途径，如果能在民间经验的基础上加上现代科学技术措施，则会更加完善。

● 窑顶排水

黄土窑洞的破坏事故，有 80% 是由水害所致。民间的传统做法是将窑顶碾平压光，做成坡度和排水沟，以保证雨水畅通排泄，少渗不漏，免于冲刷窑脸，以保洞身安全。窑顶坡面的长度 l_1 大于洞深 l（参见图 10-3）。

图 10–8　木支护加固图

位于较陡的山坡上的靠崖窑洞，可在崖上挖一条或数条明沟，将雨水截流，再从窑洞的两侧或一侧排走。

窑顶面积,可作院落或打麦场等用,或种植浅根灌木（如千头柏、迎春花、酸枣等），这些植物的根，不但可以加固窑顶土壤，以免水土流失，而且可以经光合作用，吸收土壤水分，使土壤干燥。农民的经验，窑顶从不耕种，更不敢种植大树，不准设置厕所、堆放粪便，放牧牛、羊、猪等。

● 窑脸堑修

窑脸暴露在大气之中，经常受风吹日晒，雨淋冻融，热胀冷缩，虫鸟啄洞，剥蚀较快。因而对窑脸的处理，主要是解决稳定和剥蚀之间的矛盾。窑脸后倾大时，稳定性好，但剥蚀快，窑脸后倾小时，剥蚀慢，但稳定性差。根据地形及黄土直立性能的好坏，常采用下述作法：

优选最佳后倾角 β_1，如图 6-80 所示。可参考下述统计数字，在马兰黄土中 $\beta_1=\dfrac{A}{H}=\dfrac{1}{20}$ 左右，在离石黄土中 $\beta_1=\dfrac{A}{H}=\dfrac{1}{30}$ 左右。

设置植被，也是民间常用的办法，在窑脸种植一些多年生浅根蔓茎植物，使其枝叶下垂窑脸（前崖），形成天然保护屏，以减轻剥蚀。经常的办法是用麦草泥抹面或加设瓦檐、披水等构造处理。

在陕北地区由于采石方便，多将黄土窑洞结口，起挡口，保护窑脸不被雨水冲刷剥蚀。同时，因为它又向窑深方向嵌入 1 ~ 3 米，也加固了洞身的稳定。当窑脸较高，坡度较陡时，可将窑脸（前崖）堑修成数个台阶，每层台阶铺上石板或瓦檐以利排水。

第十一章

窑洞民居的节能与节地

一、节能节地的现实意义

节能或能量消耗的研究是世界性问题，有人把“资源与人类”作为研究课题。

随着18世纪的工业革命，全世界的燃料消耗开始以幂级数增长，而且至今也未能加以控制。

现在人类所耗的能量，其中98%以上来源于矿物燃料：煤、石油和天然气。

无论多大的矿物燃料蕴藏量总是有限的。继续消耗这些燃料就意味着靠“存货”维持生活。目前的开采速度显然是难以适应的，何况，煤和石油不仅仅是燃料，而且还是化学工业重要原料。现代工业已经注意到这种原料的综合利用问题了。

我国目前还属于世界上耗能低的国家，到20世纪末计划工业总产值翻两番，石油只能翻一番，因此节能是重要的。但是由于人口占世界之冠，十亿人口，用能量是很大的。仅以农村每年烧饭，烧炕取暖就要烧秸秆5亿多吨。每年农作物秸秆产量为4亿吨左右，补烧木材1.8亿立方米，而燃烧效率只有10%。仅此一项就有成百亿元的木材，被白白化为灰烟耗散了。所以，我国广大农村也面临着如何节能的严重问题。

再者，因为我国人口居世界第一位，而按人均耕地面积却是世界最少国家之一。全国人均耕地面积为1.5亩/人，差不多是世界平均数5.5亩/人的1/4。澳大利亚不到1400万人，而人均耕地48亩/人，是我国的30多倍。美国人口是我们的1/5，而总耕地面积是我国的两倍，有28亿亩，成为世界最大的粮食出口国。

陕西省人均耕地2亩/人，在黄河中上游的七省中是最少省份。

可见，节能、节地是极有现实意义的研究课题之一。因此，今后除了“坚决控制人口增长，实行科学种田，在有限的耕地上生产出更多的粮食和经济作物……”外，改进农房设计，特别是发展改进窑洞民居设计，向地下争取居住空间，增加建筑密度，合理规划、节约土地，已势在必行。

节能的途径很多，涉及各个科学领域与各行各业，现仅就陕西窑洞民居中可行的途径，如太阳能、地能、洞内余热及沼气的利用等等，进行探讨。

窑洞民居也是一种掩土建筑或地下建筑。黄土窑洞由于它的围护结构是原状土，热能散失最小、保温、隔热效能好，所以冬暖夏凉，是天然的节能建筑。

窑洞建筑，之所以具有节能的优越性，主要是利用地下土壤有利的热工性质。厚重的土层所起的隔热作用使土内温升很低。不同的土壤导热性也不同，主要取决于物理结构（岩石、碎石或细土）；化学组成（无机和有机成分）；土的含湿度以及土壤密度。

当遇有冷、热、风、湿作用时，每一种土壤都有其特殊的动态性质。在黄土高原干旱地区的气候特点是季节性和日温差大，但日温波动在土壤中仅在一定的深度内有影响。随着自地表深度的加深，其影响逐渐衰减，以至到无波动影响。这种无波动影响界线主要取决于上述土壤的特性，同时还取决于所在地与太阳和天顶相关的方向（太阳高度角与方位角）。

图11-1，是西安地层温度场概况实例图（西安冶金建筑学院建筑物理实验室1964年～1966年测）。

图中可以看出：

7～8月期间最热月，36℃以上，地下4～6米处为低温阶段14～15.5℃；

1～2月最冷月6米处为高温温度16.5℃，4米处为14.5℃。

我国下沉式窑洞，天井院地坪多为地表下6～7米处左右，恰处于这条较稳定线内（年恒温层深15米）故冬暖夏凉。某地下油库，埋深2米，掩土1米，冬季室外$t_{外}=-8$℃，室内$t_{内}=4$℃，地下防空洞$t_{外}=8$℃，$t_{内}=8.5$℃。

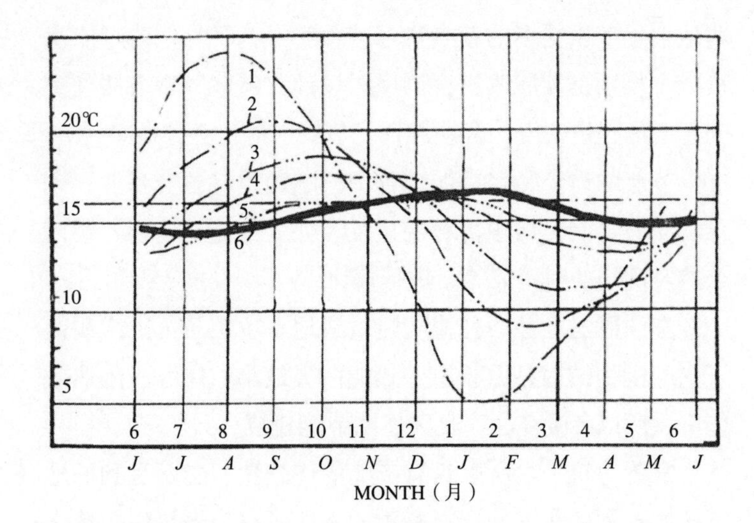

图 11–1　西安地区土层温度曲线图

因此，如何开展浅层空间利用，研究窑洞与节能，是很有科学理论依据的。

二、窑洞民居居住环境的测定

洞室内居住环境，应当包括热环境，光环境和空气质量等问题。通过对各地各类窑洞内温度、湿度和通风效果的测定，来检验其热工效益、空气质量。测定是用现代化的技术手段验证其“冬暖夏凉”的实际效果和科学性，来研究窑洞的节能效益；测定其采光效果的实际状况，改进其光环境。

表 11-1 是陕北局部地区窑洞民居，洞室内外温度、湿度的测定结果。

关于窑洞民居洞内热环境和光环境的测定，南京工学院建筑系管荔君老师所领导的窑洞调查组，1982 年冬、夏两季对河南、陕西窑洞做了测定与研究。

1. 窑洞热环境的测定分析

实测对象：河南省荥阳县城关

田六窑洞（图 11-2）

河南省荥阳县竹川大队

王占亚宅（图 11-3）。

分别对通风窑（串窑）、不通风窑及平房进行了对比测定（这里所说的通风窑是指窑洞前后墙上开窗或门；不通风窑指一般只在窑洞前墙开窗门的情况）。

田宅是下沉式窑洞，其平面见图 11-2。王宅是靠崖式窑洞，窑顶覆土厚度均为 7 米以上。被测定的窑洞的尺寸见表 11-2。

陕北窑洞民居居住环境调查汇总表 表 11-1

编号	测量时间 1981 年			窑洞朝向	室内采暖情况	温度测量 ℃				湿度测量		风速测量 m/ 秒			附注
	月	日	时			室外	室内	壁面温度与室内气温相差	地面温度和室内气温差	室外（%）	室内（%）	风向	室外	室内	
1													2		
2	3	25	16	西 南	不生火		16	-0.5			35	北	2.1	0.04	
3	3	25	17	西 北	不生火		14.8	-0.8			56	北	1.6	0.06	
4	3	26	9	西 南	不生火	3.6	10	+0.5	-2 ~ 3	55	54	北偏西	0.2	0.04	
5	3	26	11	南偏东	不生火	5.0	10.5	-0.5 ~ 0.8	-1 ~ 2	72	65	西北	1.4	0.08	土
6	3	26	14	南偏西	不住人，不生火	15	13	-1.1	砖地面 2	35	45	东北	0.8	0.08	石窑后靠崖
7	3	26	15	西 南	不住人，不生火	18.6	12.4	-1.0	砖地 2 ~ 3	25	38	东北	1.5	0.07	石窑后靠崖
8	3	27	9	西 南	不生火	7	14.4	+0.5 ~ 1.0	-0.7	87	69	无风		0.04	天 阴
9	3	27	11	东偏南	不住人，不生火	10.8	10.4	-1.0	-2	48	82	南风	0.2	0.09	
10	4	8	9	南	不住人，不生火	10	11	-0.5	-0.5	65	77				天阴转晴、石窑
11	4	8	10	东	不住人，不生火	10	11	-0.3	-0.3	76	77				天阴转晴、石窑
12	3	28	9	东	生过火	5	13	+0.1	-2	86	79	西	1.15	0.06	
13	3	28	10	西 北	不住人，不生火	7	8	-1.0	-1.6	74	75	无风		0.07	
14	3	28	10	西 北	住人不生火	7	14			74	75	无风			
15	4	10	11	平房东	不生火	19	20	-2.0	砖地 -3.0	35	45				
16	4	1	14	东	不住人，不生火	16	14	-1.5	石板地 2.0	45	51				石窑后靠土崖
17	4	2	10	东 南	不生火	12	13.5	-0.5	石地 1.5	68	60				石窑后靠土崖
18															
19															
20	4	4	16	西 南	不生火	16	12.5	-1 ~ 2	-1 ~ 2	45	75				晴天多云

注：（1）温度测量均在沿洞进深中部进行的，壁面温度在距地面 1.5 ~ 1.8m 的范围内测；

（2）湿度与风速测量点同上；

（3）测量当天气候除注明外，均为晴天。

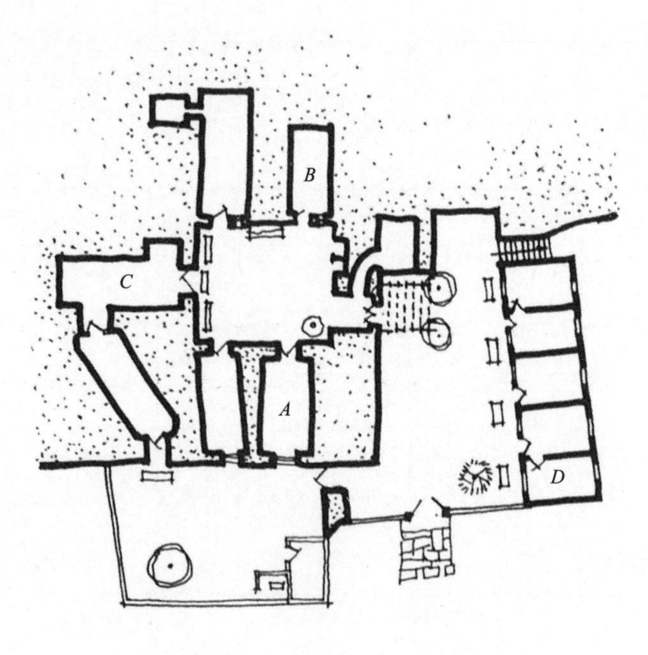

图 11-2　田宅平面简图（标注测定窑洞）

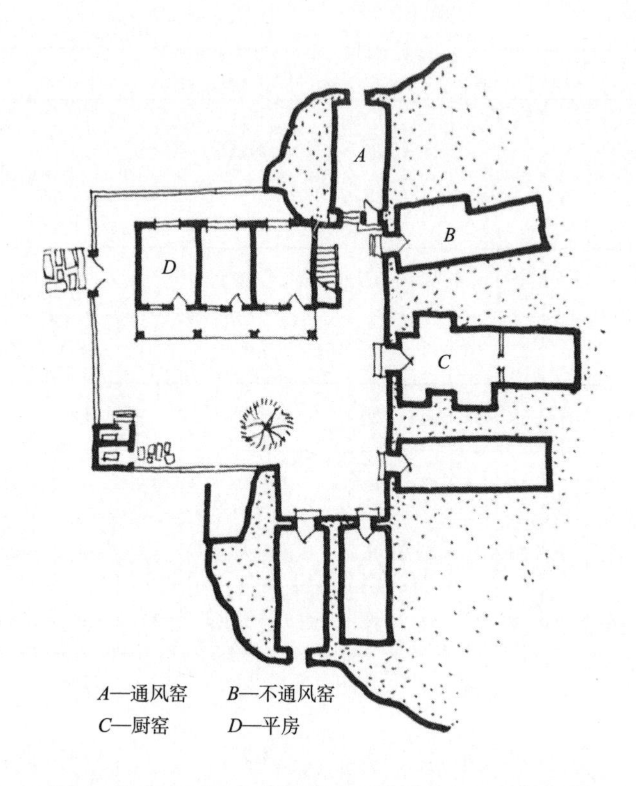

图 11-3　王宅平面简图（标注测定窑洞）

被测定的窑洞尺寸　**表 11-2**

地 点	窑 洞	宽（mm）	深（mm）	高（mm）	砖 墙 厚 m			
					东	南	西	北
田宅	通风窑	3170	6000	2670		500		950
	不通内窑	2900	3550	2100		260		
	平　房	3000	4600	2670	240	240	240	240
王宅	通风窑	2900	6400	3250	1000		500	
	不通风窑	3100	8600	3200		1000		
	平　房	3500	4700		240	240	240	240

表 11-3，综合了冬季窑洞热工性能实测数值，分别从四个方面进行分析：

在相同的室外气象条件下，不通风窑的室内空气平均温度及最低温度均高于通风窑，而通风窑又比平房高。就平均气温来看，不通风窑比平房高 1.5 ~ 2.1℃，通风窑比平房高 0.8 ~ 0.9℃。最低气温：不通风窑比平房高 2.1 ~ 1.1℃，通风窑比平房高 1.1 ~ 2.5℃，一昼夜内各室气温随时间变化的情况参见图 11-4、图 11-5。

从表 11-3 中还可以看出，不通风窑围护结构内表面的温度普遍稍高于室内空气温度，所以它的热流变化曲线（图 11-5）都表现为放热。图 11-5 中围护结构吸热为正。反之为负。通风窑围护结构内表面温度受室外气温的影响稍大。所以围护结构内表面温度或高于或低于室内气温。对平房来说，因墙体均为一砖厚，所以室外最低气温不足以影响墙壁内表面的温度。从王、田两宅的测定数值看，平房的内壁面温度均稍高于室内气温。这也证

冬季窑洞热工性能实测值 **表 11-3**

地点	时间	房间	壁面温度℃		窑顶内面温度℃		地面温度℃		室内空气			院内空气			空旷处空气温度℃	
									温度℃		平均相对湿度 %	温度℃		平均相对湿度 %		
			最低	平均	最低	平均	最低	平均	最低	平均		最低	平均		最低	平均
王宅	1982 年 2 月 21 日 0：00 ~ 24：00	平房	5.9	7.7	2.3	8.2	6.2	7.2	6.1	7.6	76.0					
		通风窑	7.6	8.3	8.2	8.6	7.8	8.6	7.6	8.5	74.4	2.2	7.5	79.0	2.1	7.7
		不通风窑	9.3	9.9	9.7	10.2	9.3	9.9	9.2	9.7	73.2					
田宅	1982 年 2 月 17 日 0：00 ~ 24：00	平房	5.1	6.5	3.5	5.5	6.5	6.0	5.0	6.0	80.6					
		通风窑	6.5	6.7	6.3	6.7	5.9	6.4	6.1	6.8	71.6	−2.0	4.1	84.7	−2.9	4.8
		不通风窑	7.0	7.8	7.6	7.8	6.3	7.1	7.1	7.5	85.6					

明一砖厚的墙在荥阳地区保温是足够的。但屋顶内表面的温度变化情况，却说明屋顶的保温性能极差，尤以王宅的屋面为甚，其内表面温度振幅竟达 6℃，而内表面最低温度与室外气温最低值之差仅 0.1℃。从图 11-5 也可以看出其热流变化幅度。田宅平房屋顶也是保温薄弱环节，但由于铺有一层炉碴，屋顶内表面温度振幅减为 2℃，比王宅要好些。

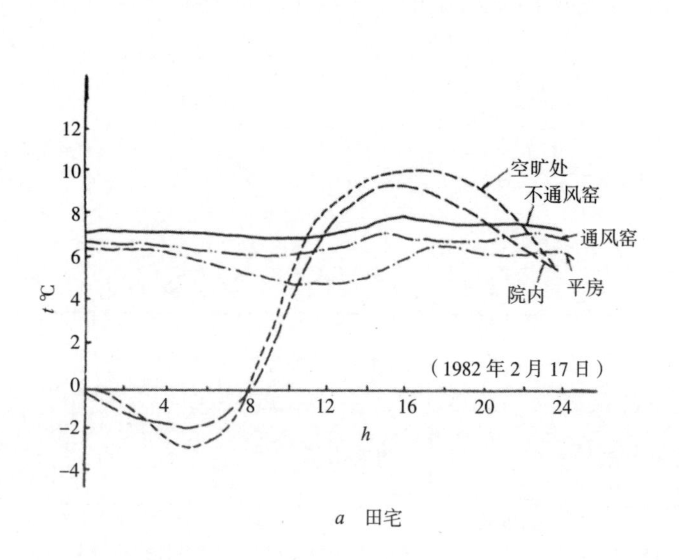

a 田宅

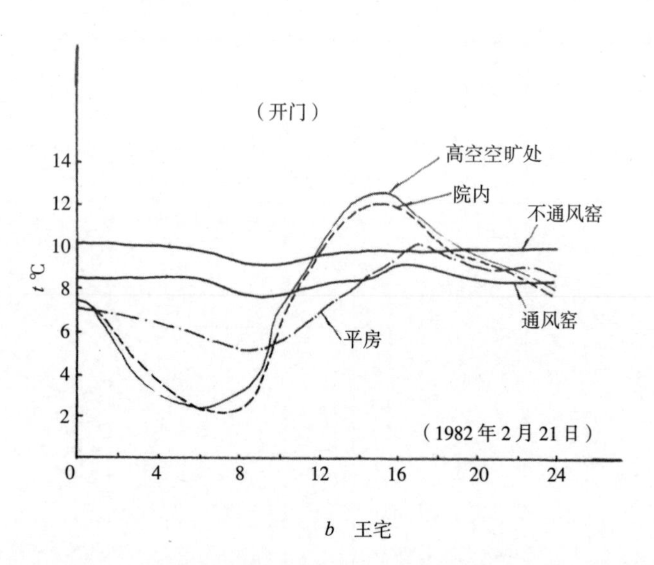

b 王宅

图 11-4 王、田宅各窑冬季室内气温昼夜变化曲线

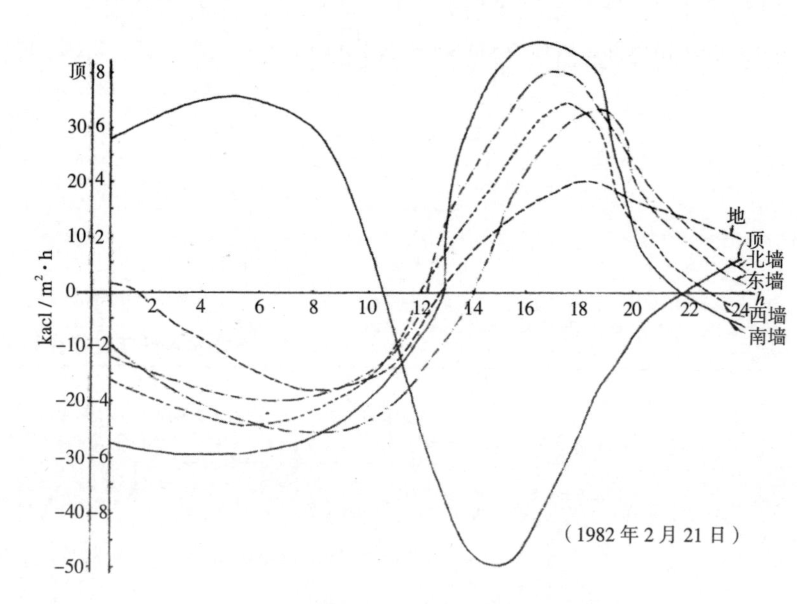

a 王宅窑洞围护结构内表面热流变化曲线

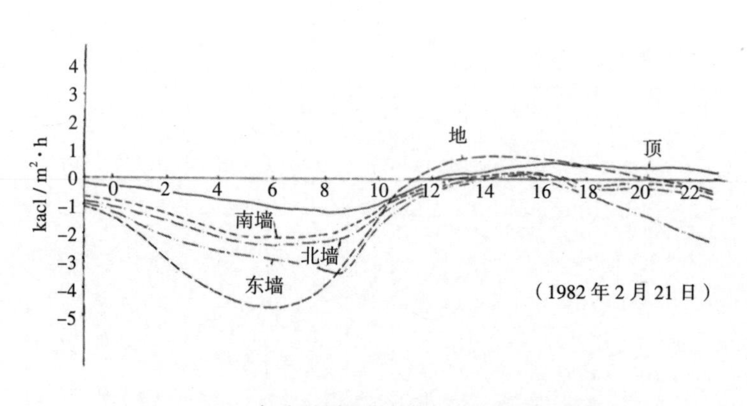

b 王宅不通风窑围护结构内表面热流变化曲线

图 11-5 王宅窑洞围护结构内表面热流变化曲线

王、田宅各窑围护结构内表面及空气的温度振幅值　　表 11-4

房间 \ 温度振幅 C \ 测点	墙壁内表面	窑顶内表面	地表内表面	空　气
不通风窑	0.6	0.2 ~ 0.5	0.6 ~ 0.3	0.4 ~ 0.5
通风窑	0.2 ~ 0.7	0.4	0.5 ~ 0.8	0.7 ~ 0.9
平　房	1.4 ~ 1.8	2.0 ~ 5.9	0.5 ~ 1.0	1.0 ~ 2.5

不通风窑、通风窑、平房的围护结构内表面及空气的温度振幅依次增大（它们的振幅值见表 11-4）。从表中可知不通风窑内温度稳定，受室外气温影响小；通风窑次之；平房最不稳定。同时从表 11-4 也可看出，不通风窑与通风窑室内气温均接近于围护结构内表面的温度，它们的最低温度与平均温度分别都只差 0.5℃左右，平房的这个数值最大达 1.5 ~ 2.8℃。

从相对湿度的数值看，室内都比室外低，这是由于室外气温比室内低，所以当室外空气进入窑洞时，空气的相对湿度减小。由此可知，窑洞的潮湿问题，一般情况下不在冬季。各窑、室冬季相对湿度昼夜的变化情况可见图 11-6。

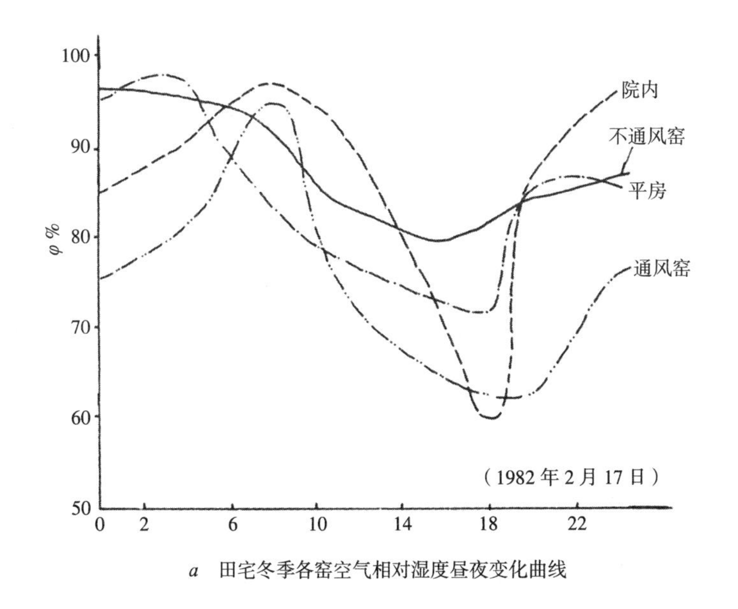

a　田宅冬季各窑空气相对湿度昼夜变化曲线

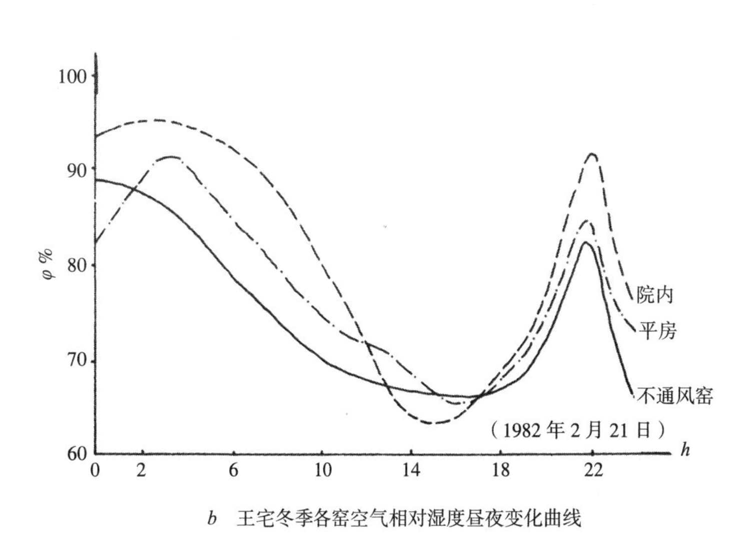

b　王宅冬季各窑空气相对湿度昼夜变化曲线

图 11-6　王宅、田宅各窑冬季室内空气相对湿度昼夜变化曲线

夏季窑洞热工性能的测定结果见表 11-5。从中可以看出：

在测定条件下，平房室内的平均气温均比室外气温高，其中王宅高 0.9℃，田宅因东西朝向关系竟高出 2.8℃；通风窑内平均气温比室外平均气温低 2.2℃或相近；而不通风窑的室内气温平均值要比室外气温平均值低 4.0℃和 3.0℃。这就充分显示了窑洞在夏天凉快的优越性。此外，在室外气候条件和地理环境不同的情况下，田宅和王宅的通风窑与不通风窑的室内最高气温和平均气温均很相近，差值都不超过 0.5℃，由此可见窑洞内气温的稳定性。各窑夏天一昼夜内气温的变化规律见图 11-7。

● 平房的墙壁及屋顶内表面平均温度都比室温高，说明热量通过这些部位向室内空气放热。王宅因屋顶构造未考虑隔热措施，尤为明显，最高温度达 41.6℃，平均温度也高达 34℃。此时屋内表面作为热辐射源，对人体定会造成极不舒适的感觉。

通风窑及不通风窑的壁面、窑项、地面的最高温度、平均温度都相应比室温的最高值及平均值低或相近。因此窑洞中温度较低的壁面不断吸收空气的热量、使空气温度维持一个较低（相对平房而言）的水平；同时，窑洞壁面对人体提供了一个大而稳定的冷辐射源，这样就造成了夏天窑洞内较舒适的热环境。

● 窑洞围护结构内表面（除窑脸及通风窑的前墙外）的温度变化仅仅是因室内空气温度变化引起的，与当量太阳辐射温度无关，因而其振幅较小，窑顶也不超过 2℃，比较稳定。而平房围护结构内表面的昼夜温度振幅都较大，以王宅平房为例，它的地面温度波幅为 1.8℃，窑项温度波幅 7.8℃，壁面温度波幅 3.3℃，室内空气温度波幅也达 4.3℃。

● 平房因室内空气平均温度比室外平均气温高，所以室内空气相对湿度的平均值要比室外低，从表 11-5 所载数据看，两宅均低 5.3%。不通风窑内空气相对湿度的最高值比室外相应值高 2%，而平均值则高 7% ~ 8.2%。

夏季窑洞热工性能实测结果 表 11–5

地点	时间	房间	壁面温度 ℃		窑顶内表面温度℃		地面温度 ℃		室内空气				院内空气				空旷处空气温度 ℃	
									温度 ℃		相对湿度 %	对应的露点温度℃	湿度 ℃		相对湿度 %			
			最高	平均	最高	平均	最高	平均	最高	平均	最高	平均	最高	平均	最高	平均	最高	平均
王宅	1982 年 7 月 15 日 17：00 ~ 16 日 16：00	平房	33.7	30.4	41.6	34.0	30.7	28.9	34.3	30.0	78 / 22	63.5 / 22.4						
		通风窑	26.6	25.5	27.2	24.6	24.6	23.7	30.5	27.2	84 / 20.9	70.2 / 21.3	35.1	27.5	84	68.8	35.6	29.1
		不通风窑	24.4	23.8	24.3	23.3	24.0	22.8	27.3	25.5	86 / 20.9	75.8 / 20.8						
田宅	1982 年 7 月 19 日 1：00 ~ 24：00	平房	31.1	30.5	33.1	31.5	29.8	28.9	32.2	30.8	79 / 24.6	72.6 / 25.3						
		通风窑	28.6	27.8	29.5	27.5	26.8	26.2	30.2	27.7	87 / 24.3	76.6 / 33.2	32.5	28.0	92	78	33.7	28.4
		不通风窑	24.7	24.0	27.0	25.0	22.9	22.4	27.5	25.0	94 / 24.8	86.2 / 22.5						

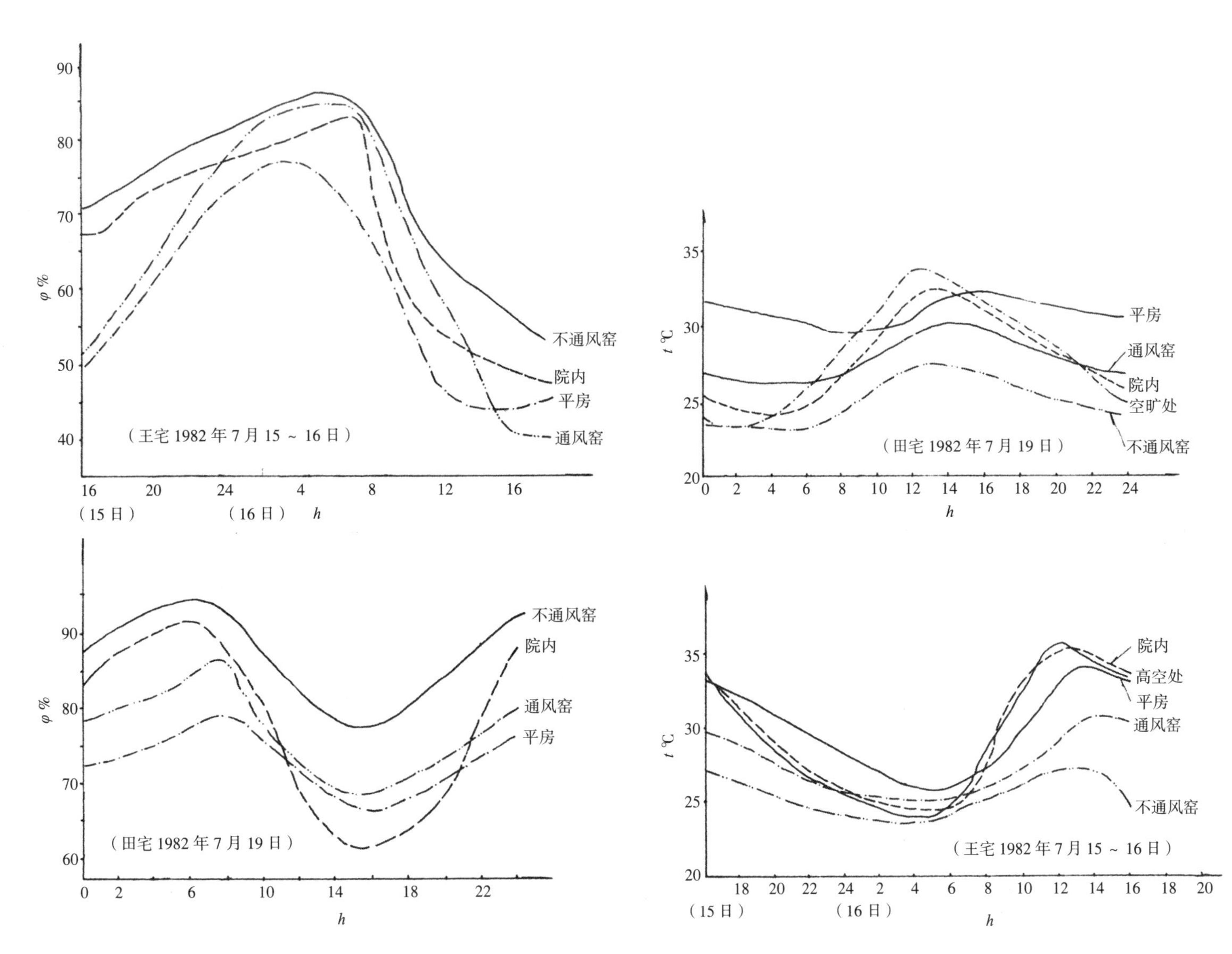

图 11-7　王宅、田宅各窑洞夏季气温昼夜变化曲线

图 11-8　王宅、田宅夏季窑洞空气相对湿度昼夜变化曲线

夏季不通风窑，特别是雨季室内外温差大，引起室内相对湿度增加，有时还会室内壁面结露（俗称墙面出汗），造成窑内非常潮湿。这时如果对窑洞进行适当的通风，提高室温可以改善这种情况。如田宅的通风窑的相对湿度比不通风窑分别低 10%。此时，各对应时刻的露点温度均低于该窑围护结构内表面的温度，因而不会结露。

夏季窑洞内空气相对湿度在一昼夜内的变化情况见图 11-8。

为了保证居住环境的小气候，即用于住宅室内采暖、通风及空调的能耗，从国外的统计资料看是很可观的，用于暖气、空调能耗占本国总能耗的比例见表 11-6。

暖气、空调能耗占本国总能耗比例表　　　　表 11-6

国家 比例	美国	联邦德国	民主德国	法国	瑞士	苏联
%	23	40	30	30	40	40

还不突出。随着国民经济的发展，生活水平逐步提高，耗能量也将会不断增加。

2. 建筑材料与节能、节资

我国农房建设量大面广，建筑材料的运输（汽车用油、马车畜力）、焙烧（烧砖瓦、石灰、水泥耗煤）耗能很少有人注意。生土建筑——黄土窑洞所用黄土材料不需焙烧，有人将一般砖混结构或砖木结构房屋与窑洞所用建筑材料和运输的耗能折合标准煤公斤 / 平方米，作如下比较（见表 11-7）。

节约投资问题，关系到国家、集体、个人经济的支付能力，材料供求，一次投资和经常开支等的综合经济效益。目前我国现阶段农房建设，大多还是自建互相办法。黄土窑洞材料是就地取材，自己动手是投资最少效益最大的建筑类型，除木制门窗外几乎可全不用钱。

三、节能、节地黄土窑洞实验研究

窑洞民居所固有的冬暖夏凉的特点，是很好的节能建筑类型之一，巧妙地利用地下空间又为节地创造了有利条件。但一直存在下列问题，急待解决：

塌顶，由于雨水渗入窑顶土层，使拱顶土体丧失支承能力而坍塌，这主要发生在每年雨期及其后一段时间。1981 年 ~ 1983 年陕西渭北黄土窑洞区都曾在雨期及其后一段时间发生过塌顶现象，甚至发生伤亡事故；

夏季（热季）潮湿期间，室内相对湿度高（可达 90% 以上），墙壁内表面（特别是墙脚及后墙角落部位）产生结露现象，并有湿霉味；

除延安、陕北窑洞满开大窗者外，其他地区的窑洞的窗口太小，室内光线弱，再加上缺乏通风换气措施，室内阴湿闭塞；

窑顶土层自古，历代相传都不敢种植农作物，因为怕农作物根系破坏土体结构，加重渗水塌顶的危险，因而浪费可耕地。特别是下沉式窑洞，当雨水冲刷剥蚀窑脸土崖坍落后，常用切土整修的方法进行维修（图 11-9），致使下沉院向外扩展，进而蚕食耕地。每户窑院占地过多（一般需 0.8 ~ 1.5 亩），是目前规定农村每户房基地 0.25 ~ 0.3 亩占地的 4 ~ 5 倍。

正是因为上述问题得不到技术上的改进，近年来有些农民富裕以后，纷纷产生“弃窑盖房”的情况，另一方面由于下沉式窑洞占地过大，在规定的每户房基占地面积指标限制下，也难以发展。

为了解决上述问题，这项黄土窑洞改革实验研究，主

不同结构类型建筑的耗煤比较表　　表 11-7

1	一般砖混结构与砖木结构	169 ~ 171kg/m²	100%
2	黄土窑洞（砖砌窑脸）	29kg/m²	17%
3	黄土窑洞砖砌窑脸加 240 厚砖衬砌	80kg/m²	47%

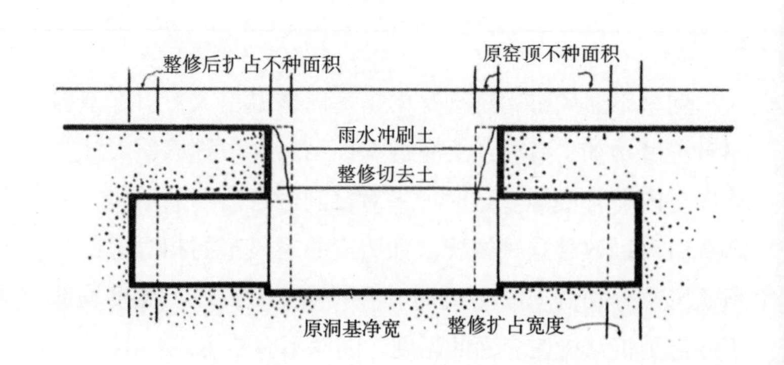

图 11-9　下沉式窑院切土整修扩大占地示意图

要采用了防水、设置种植层、利用太阳能、利用地能（地热与地冷）、利用室内余热（或余冷）及自然空调等技术措施，提高传统窑洞冬暖夏凉的优点，并消除“塌”、“潮”、“暗”、“占”（占地多）、“塞”（通风不好）的缺点，使其达到一定的节能、节地和改善舒适条件的效果。

改革实验的几项技术措施：

1. 隔水防塌，育土种植

黄土窑洞塌顶主要原因之一是雨水渗漏。夏秋连雨期间地面水重力渗透，毛细渗透和鼠虫洞造成窑顶土体结构破坏而塌陷，根据民间经验，无衬砌的土拱，覆土厚度（窑顶土层）为 3 ~ 4 米。但因为无隔水层仍不能抵御连旬大雨的侵害，终必存在漏水塌顶的威胁：

图 11-10 是设有种植层、滤水层和隔水层的黄土窑洞纵剖面图。设置种植层就可做到“洞顶为田，洞中为室”使窑洞少占或不占耕地。

洞顶为田也是综合利用太阳能的一项措施，种植农作物还有调节小气候的优点。种植层厚度取 60 ~ 70 厘米左右，因为一般农物的根系均分布在此土层范围。谷类根系最密集部分为 30 厘米；瓜类为 40 ~ 50 厘米；菜为 30 ~ 50 厘米；葡萄 25 ~ 75 厘米。滤水层铺 10 厘米厚卵石层，它对隔水层还能起一定的机械保护作用（如耕作损伤等)。滤水层下的隔水层铺 1 ~ 2 层塑料薄膜或一毡二油。排水坡度 2%。结构层（窑顶）厚度当洞内为土拱无结构衬砌者可作 2.5 ~ 3.5 米；洞内做砖、石拱衬砌者可减少覆土厚度，做 1.5 ~ 2.0 米即可（只考虑热工要求）。设法减薄窑顶覆土厚，对下沉式窑洞来说，不仅可以减少土方量还可以提高地下天井院的地坪标高，既有利于排水，又减低了上下运输的高程。窑顶厚度小了，窑脸（崖壁）受雨水冲刷面积及其防护工程也相应减少了。但考虑到保持窑洞热工稳定的优点，建议窑顶的厚度（洞顶内表面到种植层外表面）不应小于 1 米。

2. 自然空调——改善窑洞居住环境

热季利用地冷、余冷降温降湿。窑洞潮湿严重期均是 6 月下旬 ~ 9 月初（尤其 7、8 两个月）的夏秋炎热季节。主要现象一是室内空气相对湿度高（室内中部常达 80% ~ 90%甚至更高），二是内表面反潮严重。原因是：室内气温温度高，这是主要的和经常性的因素；土内含水外渗（随地面水，地下水、土质渗透等而异）；人为的增湿（湿作业、呼吸、汗水蒸发等）。炎热季节，自早晨稍后到午夜左右一段时间，室外气温常高于洞内气温，当室外空气带着高湿度进入洞内后，温度很快降低（特别是入口附近温度梯度很陡，表明降温过程很快），因而其相对湿度也很快提高。又由于这期间洞壁及室内地面表面温度更低，故常易产生表面凝结水。特别是黄昏到午夜一段时间，这种现象更显著，也是每天的潮湿严重期。

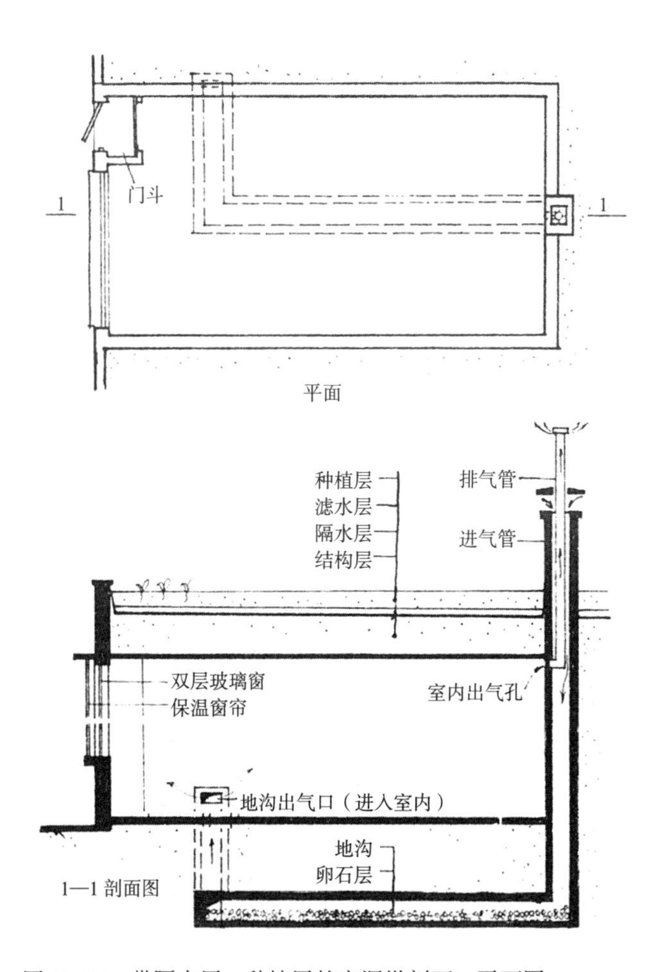

图 11-10　带隔水层、种植层的窑洞纵剖面、平面图

空气绝对含湿量一定时，各点相对湿度并不一定一致，而是随温度场的变化而变化。潮湿严重期，窑洞内外温度场的分布规律一般是外高内低。按呼吸线高度计，室内最高温度时，洞室内部可低 10 ~ 15℃，洞后部比中部又低 1 ~ 4℃。室内温度是上高下低（差 1 ~ 3℃）。同期，相对湿度的分布规律则与温度场相反，一般是外低内高，室内则上低下高。例如 1981 年 7 月 16 日上午 10 时半，实测西安邵平店下沉式窑洞：室外气温 26℃，相对湿度 81%，而洞室内高达 88%。7 月 18 日 10 时 30 分又测乾县关店下沉式窑洞：室外气温 29℃，相对湿度 69%，洞室内中部气温 25℃，相对湿度到 81%。由温度场和湿度场的分布规律可知，窑洞地面与后壁交界处温度最低，潮湿也最严重，是防潮应重点注意部位。

因此，在加强门窗密闭性的前提下，力使室外空气预先降温排湿后再引入室内（即使引入室内的是低温干燥的空气）这是避免室外空气带入高温和过多潮气的有效途径。

具体技术措施要点：

● 利用地冷、余冷对室外进气降温降湿。深厚的土层是良好的免费温度调节器，当土质含湿量及地下湿源（如地下水）相宜时也是良好的免费湿度调节器。根据图 11-1，西安地区不同深度土层温度年变化曲线（纬度相差不大处均可参考应用）可知，离地表 4 ~ 6 米深（下沉式窑洞天井院地坪标高附近）的土层温度在 6 月下旬 ~ 9 月初只有 13 ~ 15.5℃，均低于年恒温层温度（16℃），只有 9 月初几天 4 米处土温接近 17℃。这对于该期 25 ~ 36℃甚至更高温度的室外空气来说是一个巨大的天然冷源。由图可以看出：自地表至年恒温层（深 15 米处）之间，土层愈深，最高最低温度出现的迟后时间也愈长，大致是每加深 1 米，迟后增期 20 ~ 30 天。例如 7、8 月为最热月，而 4 米以下各土层高温峰值却在 10 月底以后才相继出现；1 ~ 2 月最冷时，各该层低温峰值在 4 月以后才相继出现；这就为热季利用地冷，冷季利用地热提供了天然有利的条件。

图 11-1 为设置有进气地沟利用地冷降温降湿的工程图。图中降温热平衡及地沟长度是经过计算的，估算结果地沟总长度为 4.6 米（计算从略）。

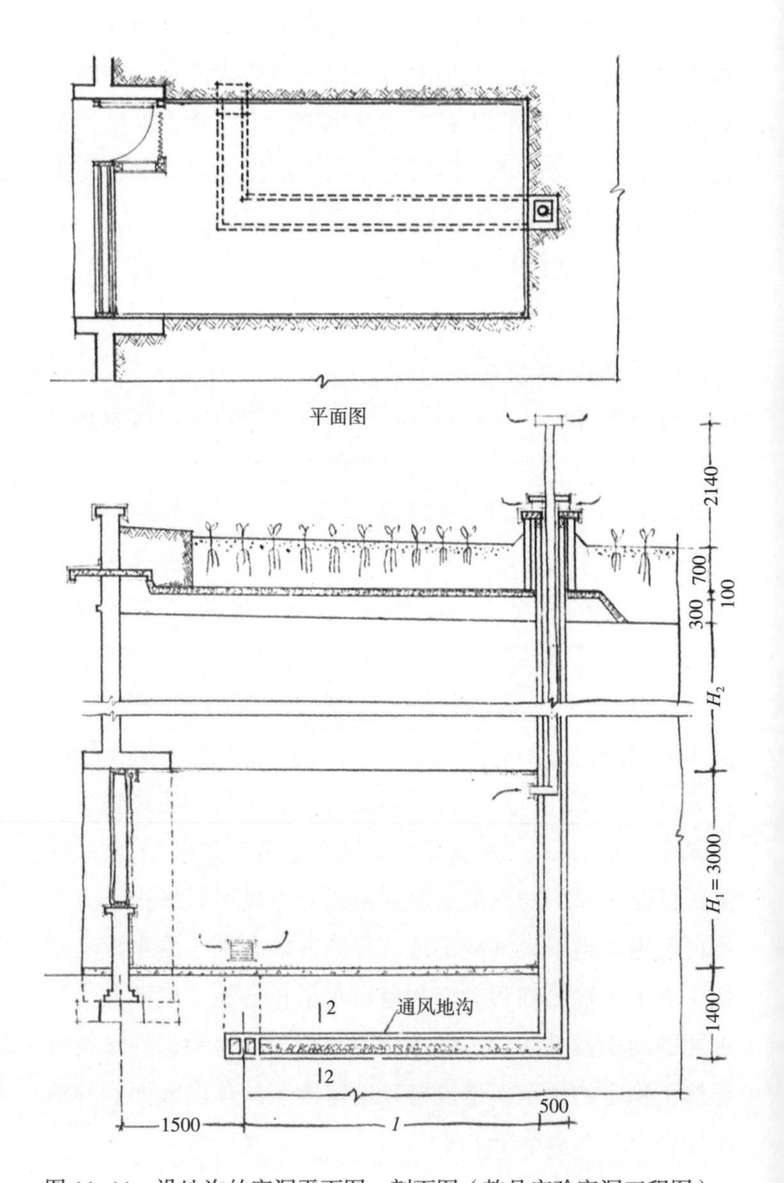

图 11-11　设地沟的窑洞平面图、剖面图（乾县实验窑洞工程图）

为了加强降湿效果，还应增加辅助降湿措施，现取潮湿严重期室外空气相对湿度 70%；则 30℃的室外空气经地沟降湿后每立方米空气将向地沟释放出 7 克左右的凝结水，同时将释放出 4 千卡左右的潜热；减少了原绝对含湿量的 1/3。但这时 17℃的空气相对湿度也处于饱和状态，设其进入洞室后受热（室外进热，人体散热等）升温到 20℃，测室内空气相对湿度变为 83%，仍偏高，故应采用辅助降湿措施。最简单的办法就是用纱布类细孔布包 1 公斤左右硅胶（即普通的吸湿剂），做成厚度为 4 ~ 6 厘米的吸湿层装入铁丝网架，架紧贴于洞室内新鲜空气入口处即可（硅胶吸湿饱和后可取下烘烤使水分蒸发后再用，用量一般为 35 ~ 40 立方米 / 小时，被干燥空气需硅胶 1 公斤）。

图 11-12 中还示出室内污空气排气管套入室外新鲜空气进气管一段距离（缝隙），这是一个简单的“隔污换热器”——利用室内排气的余冷或余热对室外新鲜进气预冷（热）的装置。热季，利用排气温度较低，使温度较高的进气通过隔污换热达到一定预冷效果。冷季则相反，使进气得到一定预热效果。故排气管外表周围宜用黑板漆等深色涂刷，套管段涂黑是为了加强热交换，外露段涂黑是为了吸收太阳辐射热增加排气热压动力。与此同时，地沟对进气降温也起到增加热压动力的作用。有条件时，排气管末端（顶端）还可以装风力风扇（或风帽）加强排气风压动力。

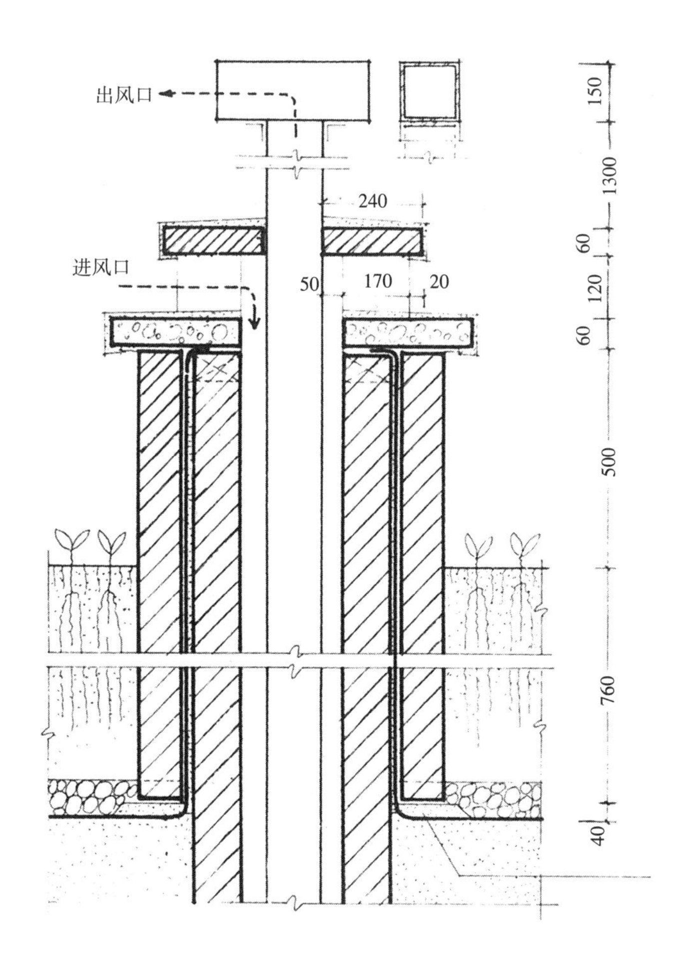

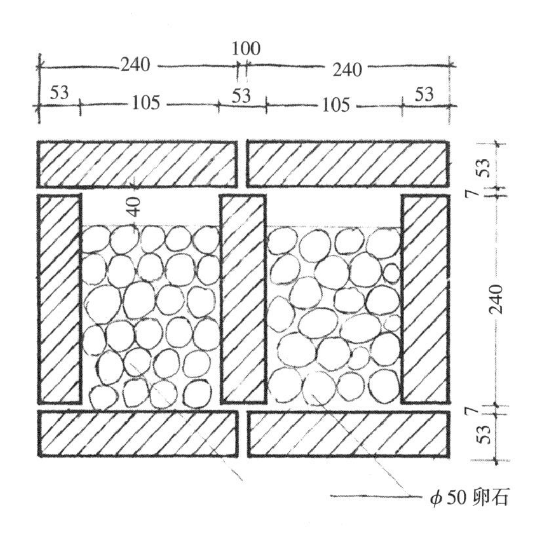

图 11-12　出气口、进气口构造图

●加强门窗封闭性。无论是热季利用地冷对新鲜空气气降温降湿，还是冷季利用地热地湿对新鲜空气增温增湿，都必须加强门窗等外围构件的密闭性才有效果。因为上述对新鲜空气降温降湿或增温增湿，实质上是利用自然能对洞室进行空调，故与人工空调同理，必须隔绝室外空气通过非设计途径的进入。

门的封闭性除接缝、开关缝等注意紧密外应设门斗，门斗设双层门或一扇门和一层保温隔热门帘。窗的封闭性除设计注意外主要靠施工保证和使用维护。

●加强隔水层及防潮层

渭北高原上的黄土窑洞地下水位离地表几十米甚至100或200米，这些地区完全不必考虑来自地下水的渗透潮湿。黏土毛细水渗透高度，据实验观察可达1.5 ~ 2米(细砂，粗砂该高度均小于1米)，如果遇到土窑洞区地下水位离洞室地坪2.0 ~ 2.5米时，建议窑洞室内地面及室内墙裙应作防潮处理。例如：地面作二步灰土再铺砖、水泥方块或混凝土地面或碎砖水泥砂浆等。至于窑顶隔水、防水，前节已述及，故此省略。

●冷季利用地热、地湿和余热给室外进气加温加湿。

前节已述及热季利用地冷，余冷对室外进气降温，降湿。在冷季，该系统则可起到一定增温增湿作用。

增温热平衡及地沟长度估算：(从略)

据估算，每年采暖期(11月至次年3月)供热约一百万千卡/采暖期。

冷季空气均较干燥，进入地沟加温的同时，将得到一定的加湿。若仍感干燥，住户可用简法调节：通过地沟出气口(入室口)向地沟卵石适量加湿(冬季应将出气口处吸湿剂取下、烘干，装入隔潮容器或塑料袋，以备热季再用)；在炉或锅灶上烧水或地面洒水。

●利用南窗透入太阳热。

通过南窗室内的净得热是有日照时的进热量与全天(24小时)通过南窗的散热量之差。设采暖期间南向垂直面太阳辐射热平均日总量为$Q_{日}$= 2600千卡/平方米·日。当采用3毫米厚单层玻璃窗时(透过系数T=0.82，轻污染折减系数ε=0.94；室内外散热总热阻R_0=0.233平方米·小时.℃/千卡)则该窗透入热量$Q_{入}=T\cdot\varepsilon\cdot Q_{日}$，即0.82×0.94×2600=2000千卡/平方米·日。设室内温度$t_{内}$=15℃，室外温度$t_{外}$= −8℃，则该窗每m^2全天散热量$Q_{失}$=1/Rc($t_{内}-t_{外}$)×24=1/0.233(15+8)×24=2880千卡/平方米·日。计算表明，在上述气候区采用单层玻璃窗，净得热为负值，即得不偿失，故无日照时(特别是夜间)必须用保温窗帘覆盖才可。应在窗外侧覆盖以避免或减少玻璃表面凝结水。保温窗帘可用稻草等编成(或布包干稻壳等扎成)卷帘即可(外包塑料膜隔潮)。当用双层玻璃窗时(T=0.69；ε=0.94；R_0=0.52)，可得Q净=625千卡/m^2·日，计算表明在上述气候区，双层玻璃每平方米每天净得热多1005千卡。故从长远看还是用双层玻璃为宜(应在构造上便于擦洗内表面)。在日照的16小时期间，双层玻璃窗外若盖一层3 ~ 4厘米厚的干稻草帘(外包塑料膜)，则南窗每平方米每天净得热可提高到约950 ~ 1000千卡/平方米·日。

南窗面积与地板面积之比可取1/3左右，一般3.3米净跨，6米净深的窑洞透光面积可取7平方米左右。这样，每年采暖期在上述地区采用上述双玻一帘的南窗可得净得热约95万千卡/采暖期。在此期间每孔窑洞共获天然能源供热(地热+太阳热)195万千卡，相当于西安市4 ~ 5口之家6个月的供煤(400 ~ 500公斤蜂窝煤)的发热量。

南窗透入的太阳热可利用窑洞深厚的土层作为储热体，日储夜用，也可用作暖炕热量。炕内宜加粒径3 ~ 5厘米(粒径尽可能一致)卵石堆积层加强储热效能，有日照时炕面宜用黑色塑料膜或布覆盖加强吸热。

为了避免夏季阳光直晒南墙或直射入室，窗上沿宜加适当挑檐。

●余热利用，潜力很大。

室内余热，按每户每天消耗相当于5块蜂窝煤(3.4公斤)燃料，考虑烧饭、暖炕等利用率比城市略高(按30%计)，则每天燃料余热为：

3.4 公斤 ×4000 千卡 / 公斤（蜂窝煤燃烧值）×0.7= 9.520 千卡 / 日

人体散热，按每孔 4 人，每天在家逗留（休息、轻劳动）14 小时，每人发热量按每小时 80 千卡计，则每天人体余热为：

4×80×14=4480 千卡 / 日。

每年采暖期共有余热 210 万千卡 / 采暖期，比前述从地热和太阳热所得 195 万千卡还多 15 万千卡。可见余热利用也是窑洞建筑节能不可忽视的一个重要方面。

余热利用的途径除上述通过“隔污换热”装置对室外进气加温外，更有价值的是用来配合洞顶太阳能温室加热种植层的土壤，以便发展冬、春低温期蔬菜等作物。洞项太阳能温室可就地取材用树枝条、竹材等为支架，覆以透明塑料薄膜（用中空双层薄膜则更好）。为冬季获取较多的太阳热，温室薄膜应坡向南面，其与水平夹角称坡面角，可按当地纬度再加 15°～20° 选取。如西安地区处于北纬 34° 15′，则该坡面角可取 50°～55°。室内余热可取直径 10 厘米左右的陶土管引入种植层，与室内烟道接通，管与管的中距 1 米左右，埋深距地表 30 厘米左右即可（图 11-13）。

洞顶设置太阳能与余热相结合的温室，是提高洞顶种植层年利用率的积极措施之一，也是综合治理黄土窑洞更有价值的途径之一，很值得深入试验、研究。

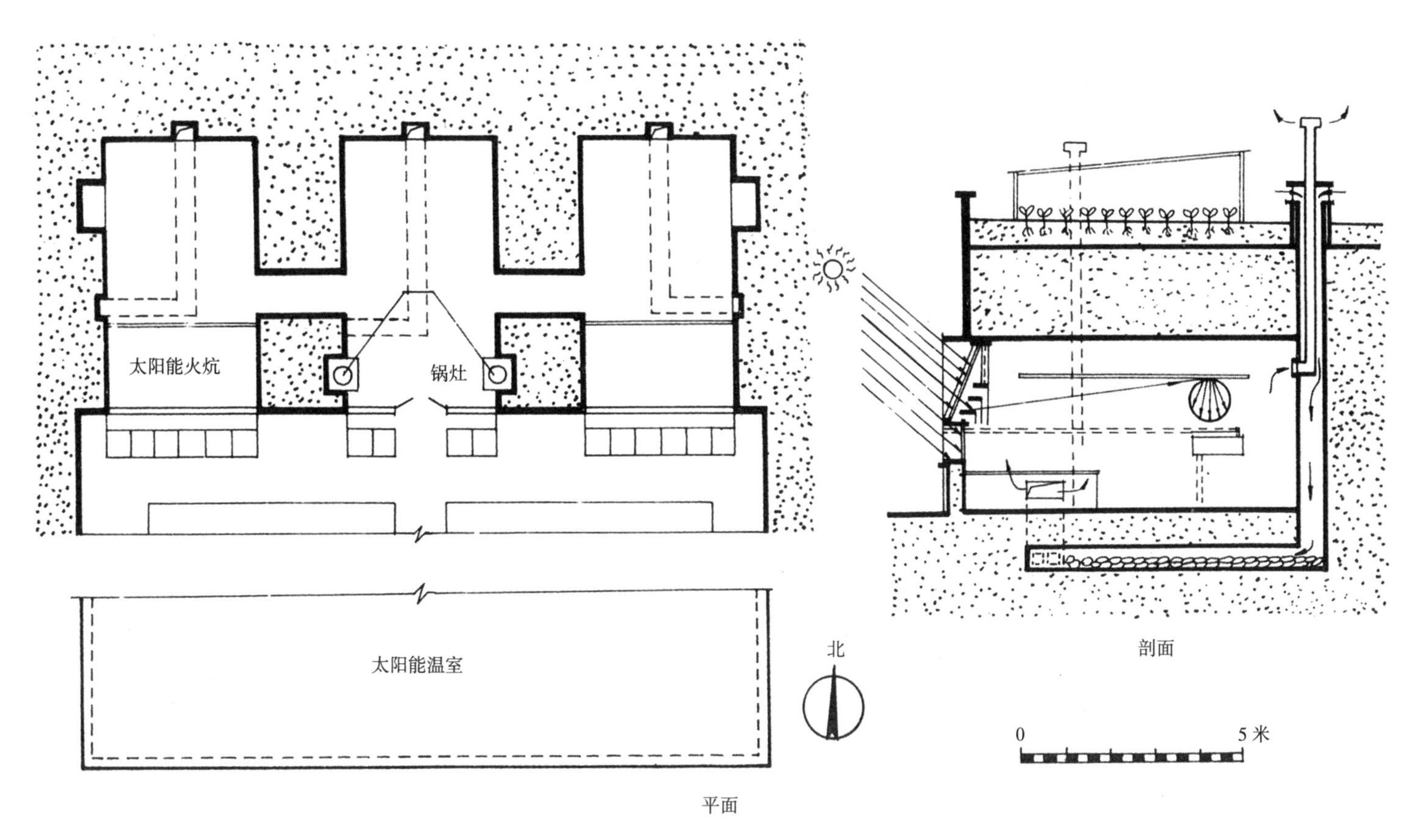

图 11-13 洞顶设有太阳能与余热利用温室的窑洞剖面图（李唐兴设计的方案）

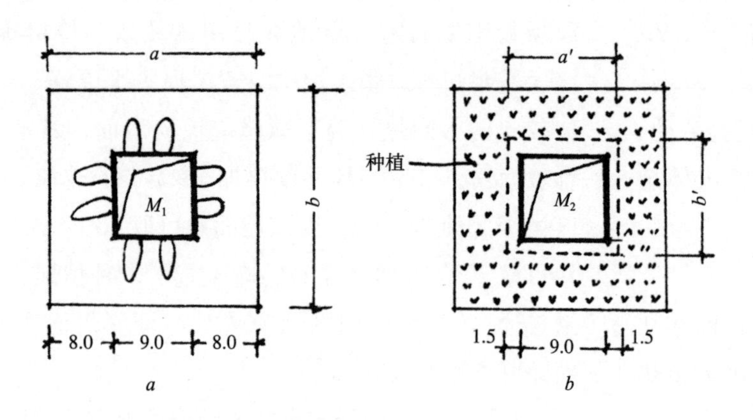

图 11-14　下沉式窑院占地分析图

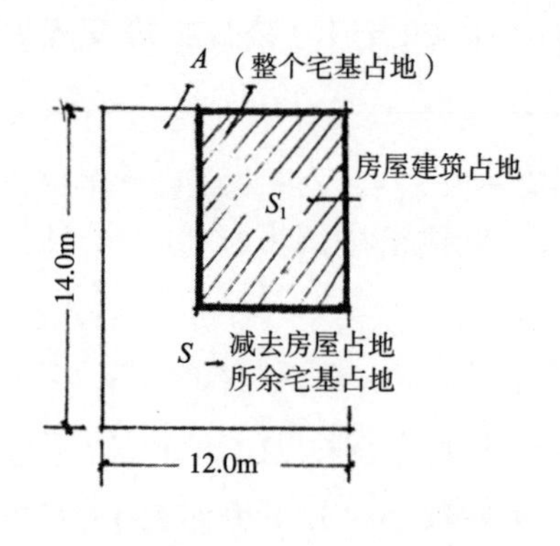

图 11-15　房屋宅基占地分析图

3. 扩展耕地，争取居住空间

如前所述扩展耕地是关系到地下窑洞能否得到发展的最关键性的问题，因为节地是我国农村住房与建设的基本政策。若能做到“洞顶为田，洞中为室”就到了扩展耕地，争取居住空间的目标。

扩展耕地。是将经过改进实验的下沉式窑洞与未经改进的原有的下沉式窑洞庄基比较而言的。例如一个 9×9 米的下沉式窑庄，四壁 8 孔窑洞（其中一孔作门洞），洞深为 8 米，如果窑顶不耕种，折合庄基占地：

$M_1=a\cdot bm^2=(9+16)^2=625\text{m}^2$（约为 1.0 亩）　　（1）

$M^2=a^1\cdot b^1=(9+3)^2=144\text{m}^2$（约为 0.21 亩）　　（2）

M_2 为改进后的窑洞庄基占地，比 M_1 的 1.0 亩少占地 4/5。而 M_2 的 0.21 亩庄基占地面积，还低于国家规定的农村宅基地占地标准 0.25 ~ 0.30 亩。

争得居住空间，是将改进后的窑庄上可容纳的 7 孔窑洞与 0.25 亩房屋宅基地上可容纳的住房建筑面积（平房）相比较而言。

例如，一座 0.25 亩（168 平方米）的房庄上房屋建筑面积，以建筑占地 50% 计算，可容纳的住房建筑面积：

$$S_1=\frac{A}{2}=\frac{168}{2}=84\text{m}^2$$

按 $K_{结}=80\%$ 计算可得居住面积：

$S_1\cdot K_{结}=84\times0.8=67.2\text{m}^2$

但 7 孔窑洞的居住面积却可得（每孔为 3.3×8.0m）$26.4\times7=184.8\text{m}^2$。是房屋居住面积的 2.75 倍。

再从村落规划的角度考虑乾陵乡张家堡大队共 238 户社员，共可节地：

$\Sigma A=0.25-0.21=0.04\times238$ 户 $=9.5$ 亩。

以全乡五个大队计算共节地 47.6 亩。乾陵公社每人平匀耕地为 2.7 亩（此数高于全省人均耕地 2.0 亩 / 人），即还可以增 18 人的耕地。

争得的居住面积（按张家堡一个大队计）：

$\Sigma_{A居}=$ 每户增 $(184-67.2)=117.6\text{m}^2\times238$ 户

$=27.988.8\text{m}^2$

再按每人居住面积 6 平方米计尚可多住 4665 人。

根据改进试验窑洞的设想，在陕、晋考察时发现群众已有改进窑洞和节地的愿望并已付诸实践了。例如：

乾县乾陵乡马家坡村马文祥宅，在 1982 年春季，已在自已家的窑顶种植了油菜。利用春季雨水少抢种一季油菜。

在山西浮山县见到王崇贤家靠崖式窑洞，窑顶一直就耕种，还长有灌木，窑龄已有 150 年的历史以上（可能与土质坚硬，窑顶较厚有关）。

这些群众的实践对我们很有启示，更增强了我们试验的信心。

四、革新实验窑洞与结果

1. 实例一　陕西乾县张家堡村张贵林试验窑洞

根据本章论述的理论、革新技术措施，在政府及有关部门的支持下，我们在乾县张家堡村农民张贵林的窑洞进行了革新试验。实验工程于1983年7月完成（图11-16～图11-18）。与传统式窑洞相比，实验窑洞有如下几点改进：

● 为了节省耕地和防止塌顶，我们设置了水平防水层（用一毡二油或一层塑料薄膜），其上垫600毫米土作为种植层。种植层与防水层之间设100毫米厚豆石滤水层，滤去多余水分并对防水层起一定保护作用，以免耕作时对防水层损害。防水层排水坡为2%；

● 窑脸采用砖砌作为垂直防水层，防止窑脸土被雨水冲刷坍落；

实验证明，防水层对防止窑顶坍塌是有效的，防水层上设种植层是可行的。例如，1983年7月～10月陕西渭北地区，包括乾县连雨季节，降雨量近600毫米，比常年全年降雨量还多，窑顶塌落约10%～30%。许多窑洞发生渗现象，其中有的窑顶厚达5米多，仍有渗漏。但张贵林家的实验窑洞未见任何渗漏痕迹，经翻土检查，只是在油毡覆盖的外周边有水平向内渗水痕迹约70厘米（实际油毡覆盖面积比窑顶面积外延了2米）。张贵林在窑顶种植层还收获了700斤红薯和一些烟叶。连雨期间张全家常爱在实验窑洞活动，因为洞内明亮、舒适，而且安全。

● 采用较大的窗户改善自然采光及冬季太阳能直接得热供暖。该地区老式窑洞窗户偏小（门窗分设另设小气窗）。一般25～30平方米的窑洞，窗户面积只有1.0～1.5平方米，所以室内甚暗。改建窑洞时将窗户改为满堂玻璃门连窗，加大到5.2平方米，经实测，自然采光在洞室前、中、后部位提高到老式窑洞的5～30倍。

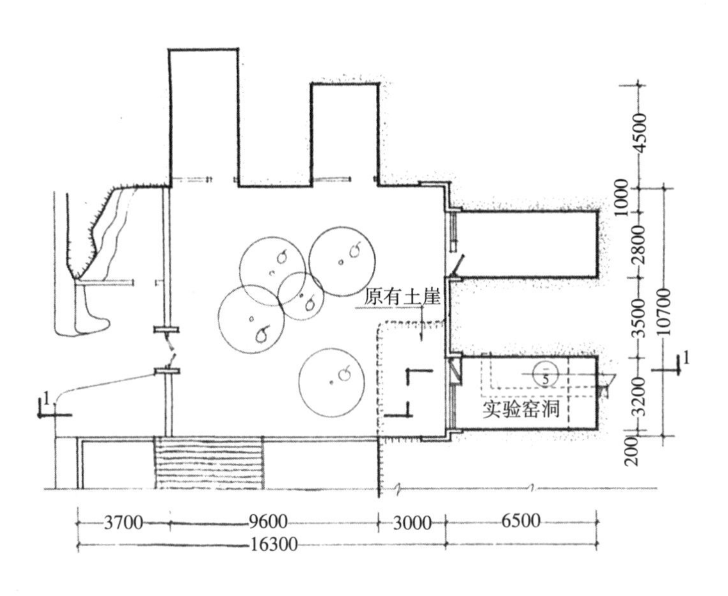

图11-16　实验窑洞平面图

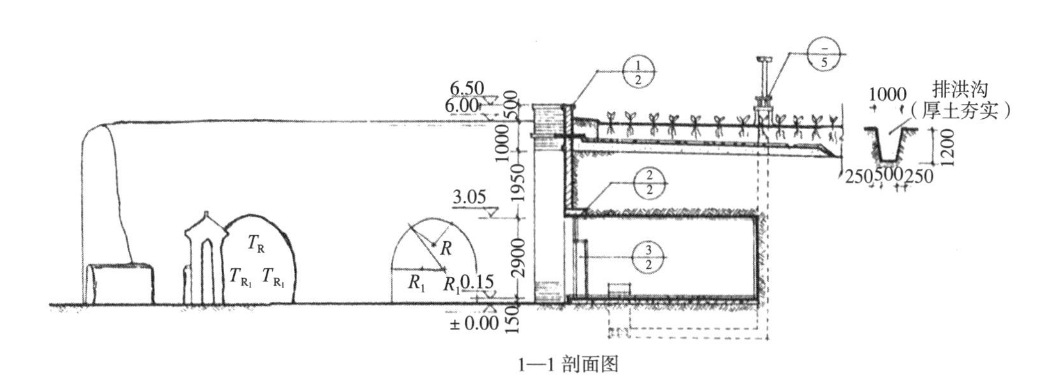

1—1剖面图

图11-17　实验窑洞剖面图

图 11-18　实验窑洞外景

●为改善室内小气候，如图 11-11 所示，我们采用了地道通风系统进行自然空调。冬季（冷季）由于室内外温差热压及进气口所起捕风器的作用，室外冷干新鲜空气将通过通风地道被加温加湿，然后经可控制的室内通风孔进入室内。如实测室外为 –3.4℃时，经地道通风孔进入室内的空气为 7.3℃（增温 10.7℃）。相对湿度以 1984 年 1 月 5 日为例：老式窑洞是 41% ～ 53%，实验窑洞则是 65% ～ 69%，可见自然空调起到了较明显的增温增湿作用。实验窑洞不烧炕，只靠太阳能和自然空调的综合效能，全天室内气温均高于烧炕的老式窑洞。例如 1984 年 1 月 5 日，室外气温为 –6.4 ～ –4.9℃，老式窑洞内气温是 5.5 ～ 8.8℃，实验窑则是 8.8 ～ 12.7℃。地面一般平房（瓦屋顶的房屋）冬季保温性能比老式窑洞差，比实验窑洞更差。如实测同村张景云南向瓦房（北墙 800 厚夯土墙，其余是 350 厚的土坯墙，砖柱木屋顶），室外为 –2.2℃时，室内气温为 –0.1℃，室外为 1.5℃时，室内为 3℃。

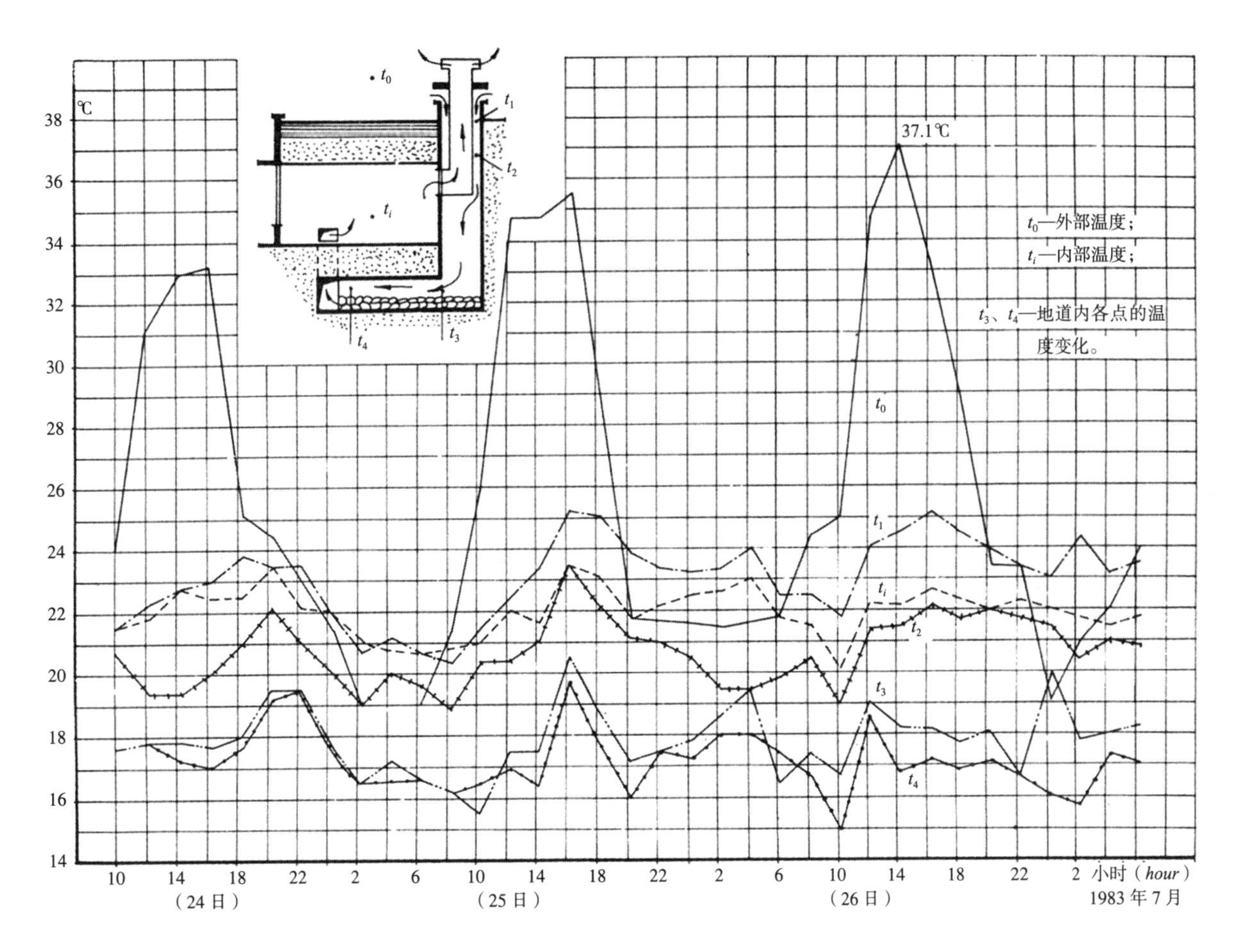

图 11–19　热季室外空气通风地道的降温情况[①]

① 引自《节能、节地黄土窑洞实验研究》夏云、侯继尧，1984 年 11 月中国建筑学会窑洞及生土建筑第三次学术讨论会，论文集。

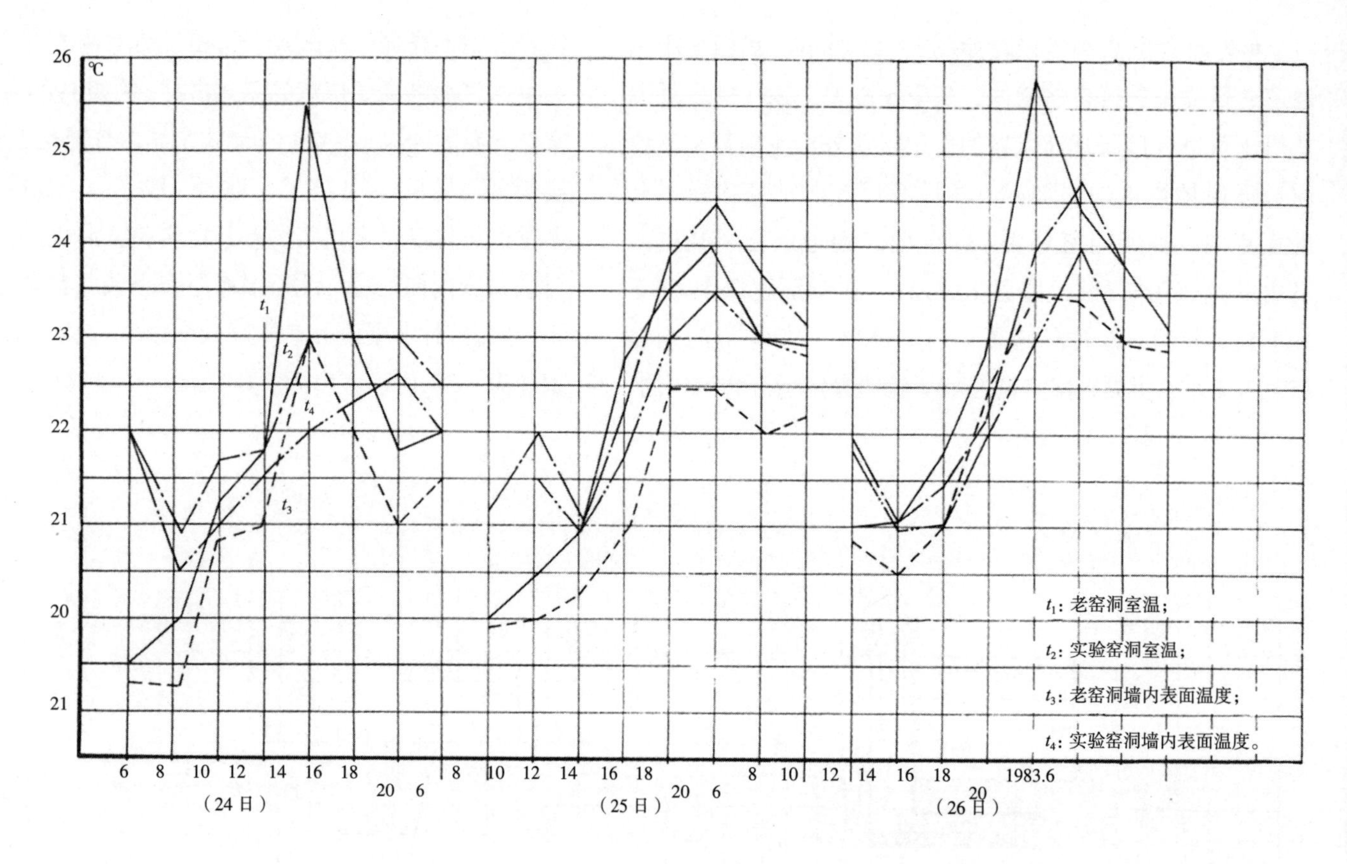

图 11-20　热季实验窑与老式窑洞室温与墙内表面温度比较①

夏季（热季），自然空调作用与冬季相反，由于风动力、室内与垂直通风道之间的温差动力（距地面下 1.5 米以下的通风道内气温常低于室内气温）以及排气管内外的温差动力（气管黑色表面吸热后常使管内气温高于管外气温），驱动室外高温潮湿空气进入通风道降温降湿后进入室内。例如，相对湿度为 70%、30℃的室外空气，进入地道后，被降温到 17℃，则每立方米空气将释放出 7 克左右的凝结水，同时放出约 4 千卡的潜热（总放热约为 8 千卡左右）。图 11-19 是热季最热几天的实测数据（1983 年 7 月）。由图 11-19，可以看出，室外最高时 37.1℃，进入通风道后降低到 17.1℃，降温 20℃。图 11-20 所示为实验窑洞与老式窑洞室温及墙内表面温度的比较，实验最高气温比老式窑低，而最低气温又比老式窑洞高，故实验窑洞气温波动比较小（稳定），而且试验窑洞的空气与其墙内表的温度总比老式窑洞的温度要小，故不易产生凝结水。相对湿度在最热几天内，实验窑洞比老式窑洞低（前者是 86% ~ 89% 后者是 92% ~ 95%），但相差无几。两者相对湿度都偏高，是因在实验窑洞建成后第一个夏季测定的，室内抹灰刚完成，正在散发水蒸汽，加上门窗封闭性不够好，仍有室外空气直接带着高温高湿度进入室内。

---

① 引自《节能、节地黄土窑洞实验研究》夏云、侯继尧，1984 年 11 月中国建筑学会窑洞及生土建筑第三次学术讨论会，论文集。

保证自然空调正常工作的主要环节是：做好捕风器（自动调换方向兜风器效率高），做好门窗封闭性，尽可能杜绝室外空气沿非设计途径进入室内；冬季夜间要有保温窗帘（挂在窗外侧），可防止窗玻璃结冰花或凝结水。

我们相信，仔细研究我国传统窑洞民居的成就与经验，使其与现代技术相结合，定将探讨出更好的节能、节地的窑洞建筑并为新的地下建筑、半地下建筑提供经验。

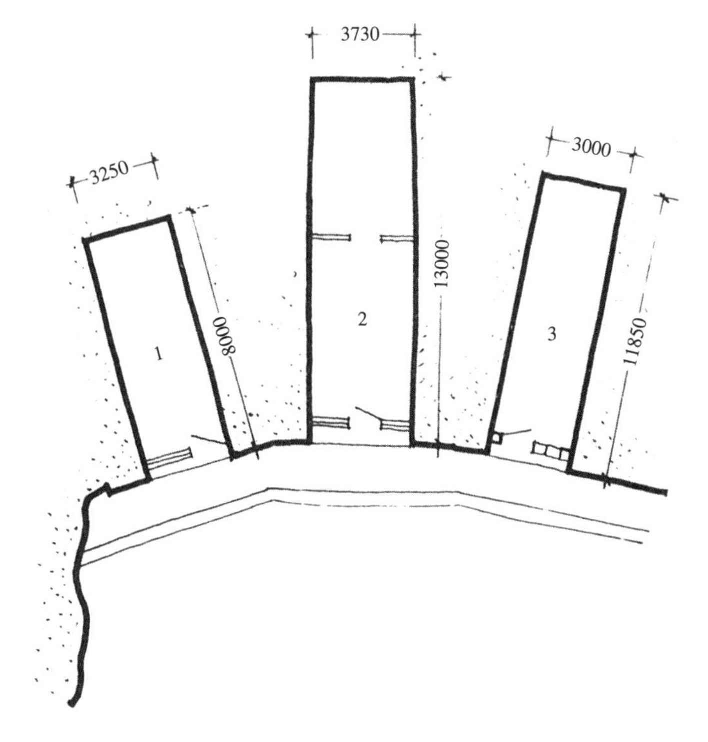

图 11–21　石窟寺小学窑洞平面图

图 11–22　实验窑洞透视图

【实例 2】 巩县石窟寺小学实验窑洞[①]

1981 年河南省建筑学会窑洞调研组在有关政府部门的资助下选定巩县石窟寺小学，一字形 3 孔黄土窑洞作为革新实验窑洞。其中 1 号、2 号窑增设自然通风，3 号窑仅改进窑脸（图 11-21、图 11-22）。

① 引自《巩县石窟寺小学窑洞通风试验小结》计茂麟，“建筑设计通讯”——河南省黄土窑洞调研论文集，1983 年 11 月河南省建筑设计院编。

窑顶覆土厚度 10 米，（间壁）窑腿宽度 1.8 ~ 2.3 米。

实验窑洞的具体做法：

● 改进窑脸，增大采光及通风面积。老式窑洞采光面积小，现将窑脸改成延安式的满堂玻璃窗，砖砌窑脸，采光面积由原来的 1∶18，提高到 1∶4.6 和 1∶6。同时对 3 号窑脸也稍加改进，扩大门窗面积，窑脸上方设置 400 毫米 × 1300 毫米高窗，采光面积由原来的 1∶18 提高到 1∶11，三孔窑通风和集热面积也相应得到增大。

增设风道，构成有组织的自然通风。

在 1 号窑的地面下，沿洞体长度方向用砖砌成 120 毫米 ×120 毫米，8 条地沟风道，室外做 140 毫米 ×135 毫米 8 个进风口，窑的末端内墙下部做 135 毫米 ×130 毫米 8 个出风口，靠近门的窑顶上设置 400 毫米 ×400 毫米砖砌风塔（竖向风道）。新鲜空气经由地沟进入室内，从风塔排到室外、构成一个有组织的自然通风系统（见图 11-23）。

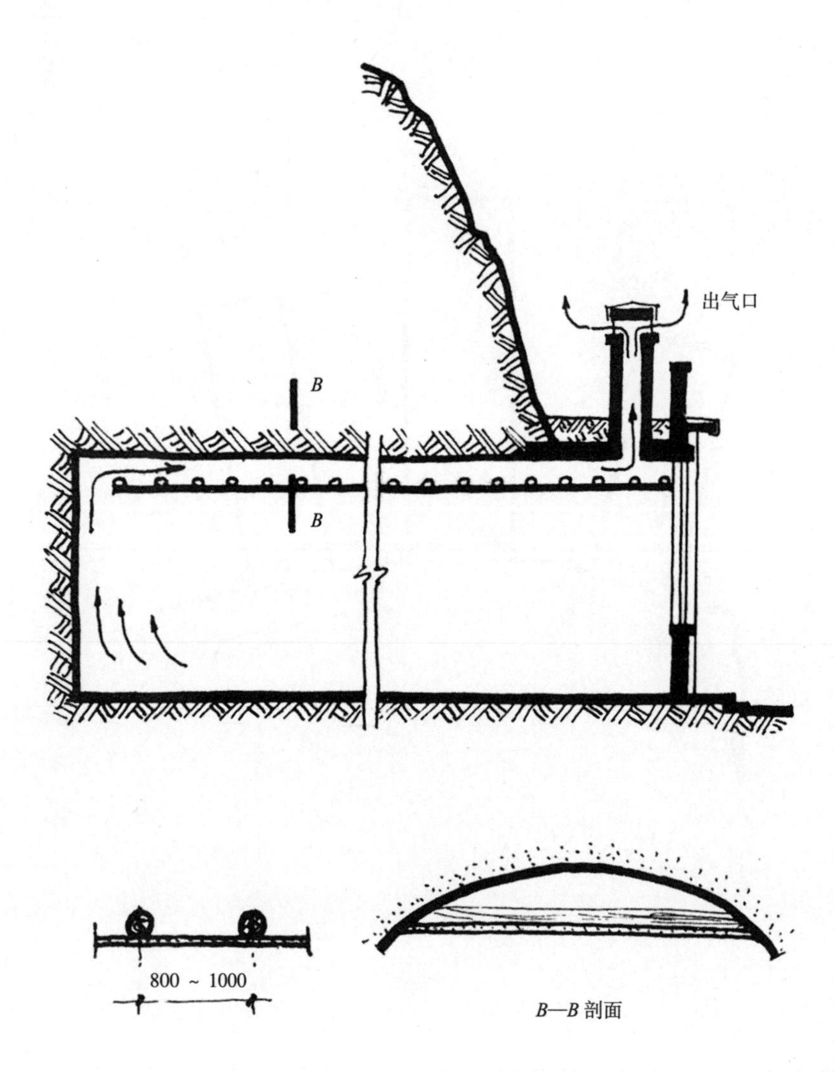

图 11-23　1 号窑剖面图

窑洞要得到发展，除窑体本身在构筑和布局上改进外，很重要的一点要取决于窑内温湿度，通风换气的改变。目前除我们用地沟，吊顶作风道进行有组织的自然通风外，民间也还有很好的自然通风方式，如田六窑洞采用的穿堂风，也值得很好地总结，就地沟和吊顶通风而言，其通风方式可以肯定，但材料的选用也可以因地制宜，采用轻便，经济的材料。

如将被动式太阳房用于窑洞，一方面利用其热压差进行通风，同时冬季可以种植蔬菜也值得探索。

在 2 号窑拱顶上设置 2 米宽的吊顶作为风道。吊顶末端不封死，室外新鲜空气从门窗进入窑内后流经全室至深部，通过吊顶风道从靠近窑门的窑顶设置的风塔排至室外，也构成有组织的通风系统（图 11-24）。

将原有的土地面，全部改为水泥地面，地面光洁并能防潮。

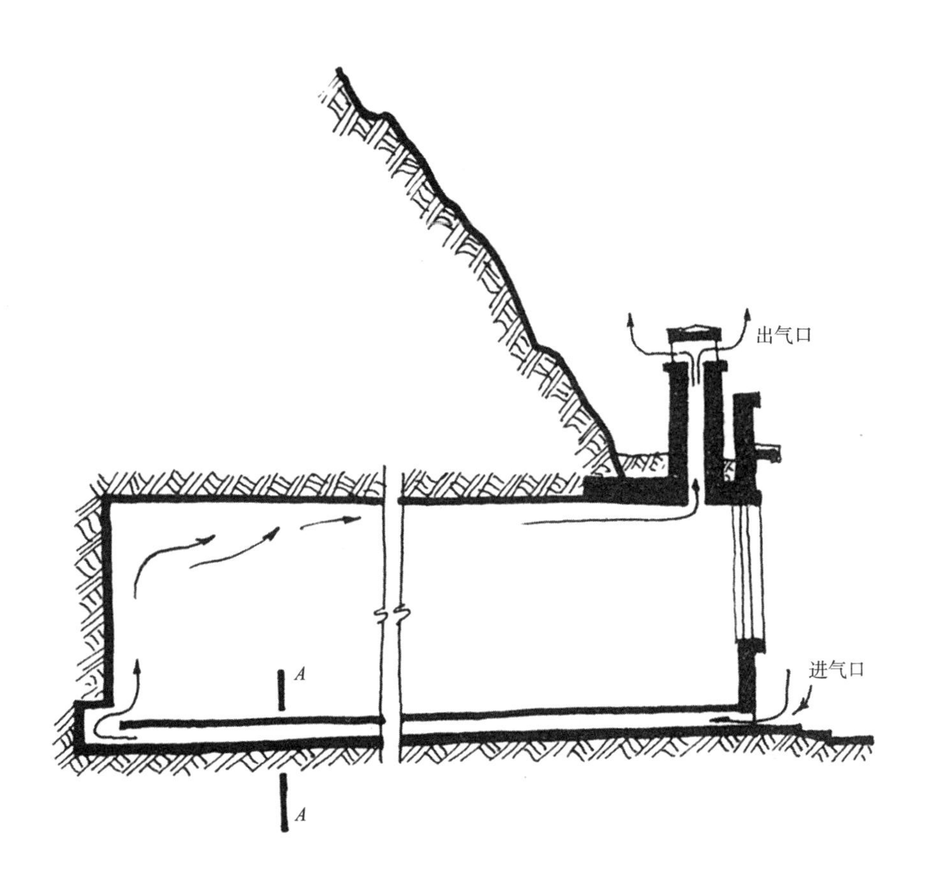

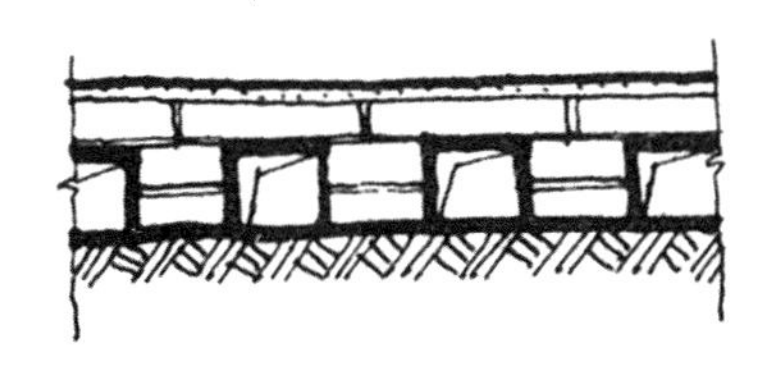

A—A 剖面

图 11-24　2 号窑剖面图

三孔窑温湿度比较　　表 11-8

窑洞编号	1	2	3
夏季窑内日平均温度	28℃	26℃	25℃
夏季窑内日平均湿度	82%	86%	94%
冬季窑内日平均温度	11.5℃	13℃	14℃
冬季窑内日平均湿度	50%	58%	62%
备　注			

实验窑洞 1981 年改建竣工，从 1981 年 7 月 ~ 1982 年 6 月，每日 8：00、14：00、20：00 时观察记录 3 次。

经过改进后的窑洞，无论是地沟通风窑，或吊顶通风窑均取得了一定的效果。

夏天缩小了窑内外温差，提高了窑内温度降低了湿度。未改进窑洞室内外温差高 10.5℃左右，住在窑内感觉太凉，而改造后的窑洞窑内外温差 5.5 ~ 7.5℃，窑内日平均温度 28℃，湿度在 70% ~ 86%，反映良好。

窑内有自然通风设施，窑内空气有一定换气次数，增加了窑内新鲜空气量、提高了空气品质，初步解决了通风不良，空气闭塞，湿闷等不良感觉。

地沟通风窑冬、夏季相对湿度均比吊顶通风窑小，而温度吊顶窑夏季低（或接近）冬季又高于地沟通风窑，从已测定的资料看，吊项通风窑比地沟通风窑更舒适些，但地沟通风窑排风口加以调节，可以获得同样的效果。未设置有组织自然通风的 3 号窑，由于地面加以处理，门窗也做了改进，仅窑内湿度而言也较老式窑洞有所改善，虽然有一定的成绩，但测定时间尚不够完整的一年，1982 年 7 月我们又调整了两个测点。但这两次时间较短，这是不足之处（表 11-8）。

经过这段时间的试验、测定、使我们对黄土窑洞的温湿度变化规律有些粗浅的认识，因此，我们认为：

新建和改建的窑洞，窑脸应大并尽量增大采光面积，这样不但窑内光线充足，而且阳光透过玻璃进入窑内，除部分损失外，大部分日射得热被窑体所吸收，并贮存于窑体内，冬夏季对窑内温度均有调节作用。

第十二章

窑洞民居的技术改造

一、黄土窑洞民居的技术改造是社会经济发展的必然趋势

随着社会生产、建筑技术的不断发展，我国城乡居民的生活居住条件，也必然会继续得到改善。在当前我国黄河中上游各省、区的黄土地区，居住着几千万人口，而建筑材料（特别是木材）、能源和经济力量都较贫乏。只有充分利用当地得天独厚的黄土资源，继承当地黄土窑洞民居的传统经验，改进和发展黄土窑洞建筑和其他类型的生土建筑，才是解决广大黄土地区民居问题的一个有效的途径。

因而，黄土窑洞能否适应现代化村镇生活需要？从本书各章所阐述的大量事实来看，答案是肯定的。

黄土窑洞民居建筑虽还存在着一定的局限性，但同时也具备较大的适应性和可塑性。可塑性越大，则适应能力越大，进而生命力就愈强。实际上陕西窑洞民居在长期的历史阶段中已适应过多种差异的自然环境、不断变化的生活需要和经济技术发展，保持了黄土窑洞的延续性。人们已经按照各自的需要和目的，塑造出类型纷繁的窑洞民居建筑。除了不同的规模、模型外还能够满足各种功能使用的需求。如居室、宿舍、办公、会议、营房、厨房、食堂、井房、粮仓、库房、地窖、磨房、机房甚至庙宇等等。这进一步说明，黄土窑洞这一建筑类型，再结合其他一些现代技术措施，几乎可以适应现代农村生活的各种功能需要。许多实例已说明人们巧妙地运用窑洞这种建筑体系，创造出环境优美、布局合理、具有浓郁的地方特色的农家院落和群体街坊。

因此，只要对它认真进行研究，进行科学化的改造，引入先进技术，改变原始落后状况，发扬其优良传统，进行综合治理是完全可以满足新农村住房现代化的需要的。

1983 年 4 月在兰州召开的中国建筑学会窑洞及生土建筑科研协调会认为，对窑洞及生土建筑的调研与革新试点，是关系到我国亿万村镇居民的大事。窑洞及生土建筑在历史上曾发挥了应有的作用。根据我国实际情况，在当前和今后一个相当长的时间内，黄土高原上很大一部分群众的居住问题还是靠窑洞来解决。尤其是在我国广大村镇经济日益发展，生活水平不断提高，农民建房热潮方兴未艾的今天，对窑洞进行技术改造试验，更具有很大的现实意义。这已是社会经济发展的必然趋势。

二、黄土窑洞民居技术改造的主要内容

1. 必须确认窑洞及生土建筑是一支现代化建筑体系。

其实从历史沿革中可以看到这种演变，这支现代穴居的建筑变形，一直沿袭保持着独特风格和传统，只是长期未被建筑学界所重视。事实上这些“没有建筑师的建筑”像人类其他生活、生产活动一样，也在发展，延续不衰。

窑洞建筑体系的特征：

“土尽其用”最优的用料体系。宅院全依靠黄土为主要建筑材料，使原状土形成窑体或用生土不加焙烧制成土坯及其他小构件。

采用“挖、凿”为特征的营造方式，以削减法则开发空间，在建筑理论上独成体系。

无结构构件，围护结构只是自然土体，由土壤地质构造决定其安全稳定。计算理论自成体系。

建筑造型既区别于地面房屋，也有别于地下建筑。有人称为地壳浅层空间开发型建筑，与近年来在国外发展的“掩土建筑”很相似。在构图理论上属于以内部空间为主的建筑类型。在构造和结构上除充分发挥土壤的特性外，绝不排斥适当地运用现代材料（如砖、石、水泥、钢筋、木材、玻璃等）。

2. 关于科学化、标准化和规范化问题的研究。

科学化是现代化的一项重要出发点和落脚点。必须引导、促成广大窑洞居住者逐步走向科学地设计、科学地营造（施工）、科学地维护管理，进而科学地使用，获得明显的效益。

应当有如下几个主要方面：

建筑理论及设计的科学化：

编制规范、确定指标、参数模数等。

平面布置、空间组织定型化。

建筑设备、构件体系的标准化、系列化。

建筑艺术的研究。

综合研究、设计计算的科学化：

多学科（土木工程、岩土工程、地质学、环境学、农田水利等）、多专业的综合研究。

基础理论、工程理论的研究和应用。

抗震安全理论的研究。

医学、生理卫生学在洞室建筑中应用的研究。

热工环境学、太阳能利用的研究。

材料、设备及其选用的科学化，如材料的物理力学、化学性质、设备的规格性能、效率等等。

施工管理维护的科学化。

其他。

三、新型窑洞建筑与规划方案设想

合理的规划与设计地下窑洞，巧妙地利用地壳浅层地下空间，将是更重要的节能、节地、保护环境，维持生态平衡的手段。

研究窑洞技术改造的目标和落脚点，应当是为广大农村和乡镇提供现代化的建筑与规划方案。下边仅就各地区几个有代表性的方案实例进行综述。

方案一、方案二

针对河南巩县和荥阳的自然条件和农民的生活习惯，以传统的靠崖窑洞为主，结合不同功能和不同地形设计两户窑洞民居方案。

● 两层靠崖式窑洞民居改进设计方案、窑房结合，由巩县、荥阳典型靠山窑民居发展而来。一户中以浅靠山窑为主，并有深型通透窑洞和居住房屋，院落分工明确。宜坐北朝南，多户并连修建，巩、荥两县一般冲沟地形皆能适应（图 12-1）。

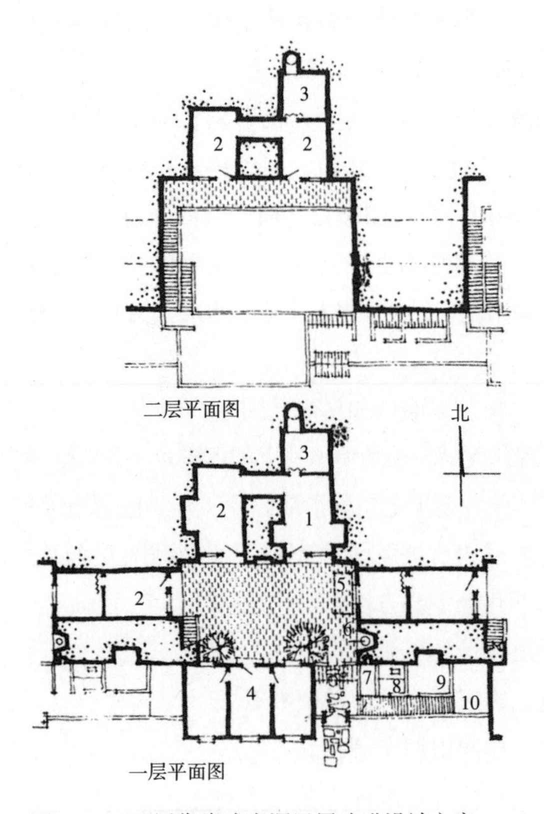

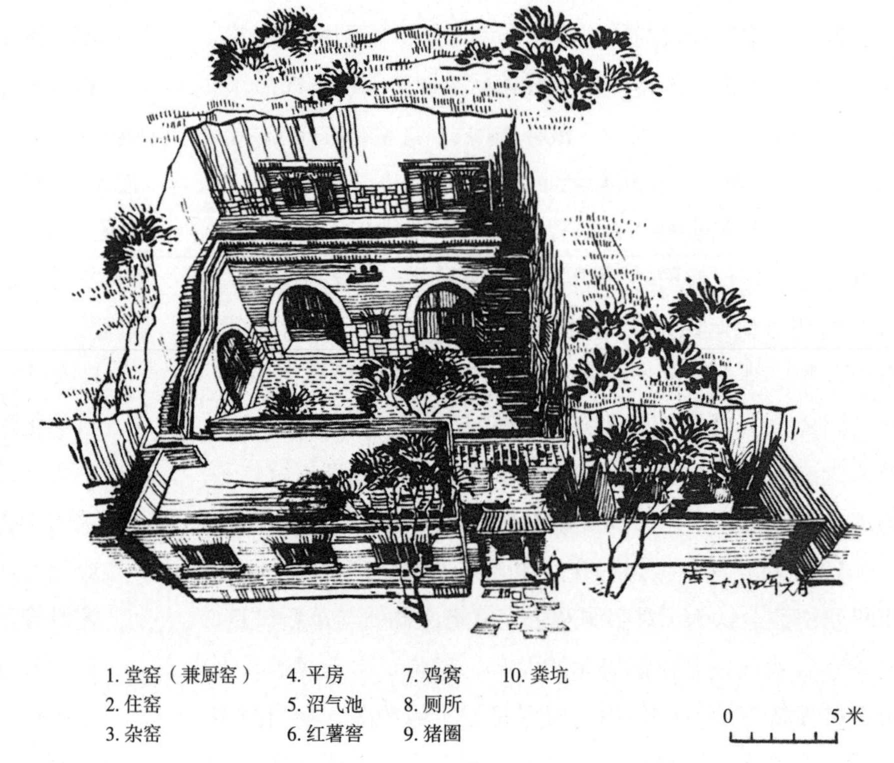

图 12–1　两层靠崖式窑洞民居改进设计方案一

●靠山天井窑洞民居改进方案，适于面向东、西的冲沟堑边、起伏不大或连续坡降的地形。户内以深型通透窑洞为主，并有居住房屋，院落分工明确（图 12-2、图 12-3）。

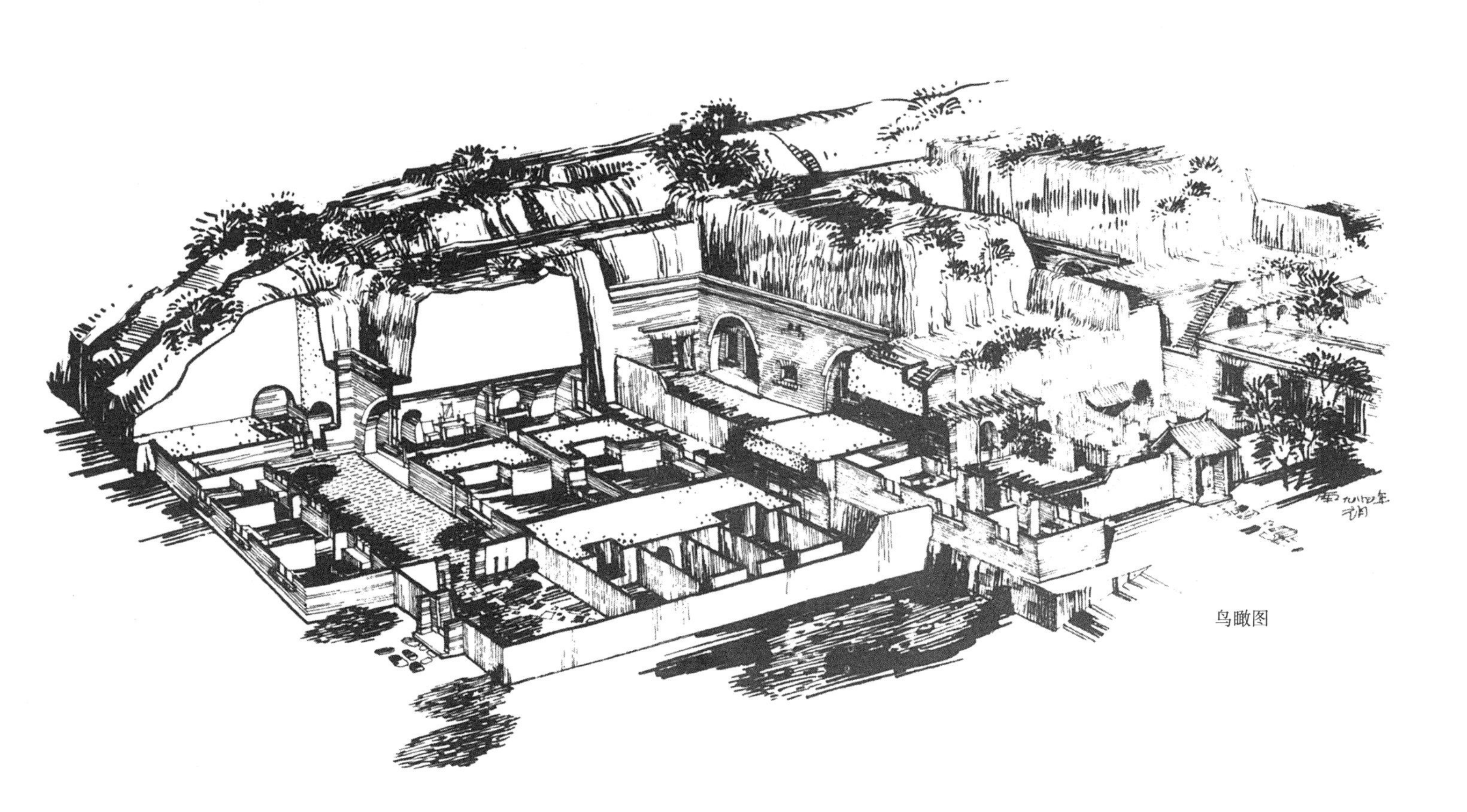

图 12–2　靠山式窑洞改进设计方案二（鸟瞰图）

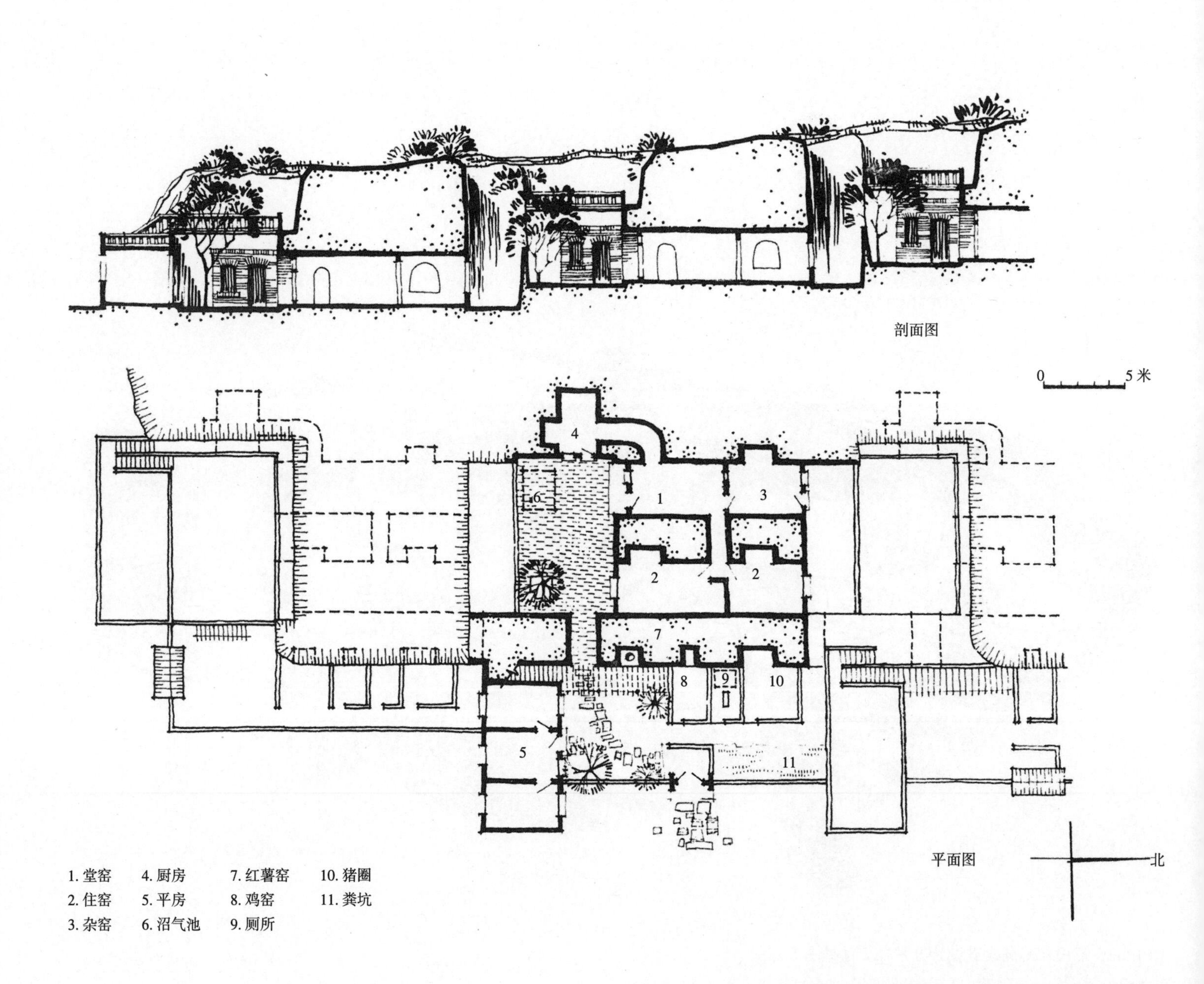

图 12-3　靠山式窑洞改进设计方案二（平面图、剖面图）

巩县有宋陵群和石窟寺、杜甫故里，荥阳县有虎牢关等古迹名胜。所以我们设想设计一组靠山天井式窑洞组群旅游旅馆方案、小型天井组合群体，为多个互不干扰的小天井活动空间，客房窑为通透窑洞，前后套间，带有成套卫生设备，并力图富有地方特色。

图 12-4 是下沉式窑洞巩县旅游宾馆的平面图。

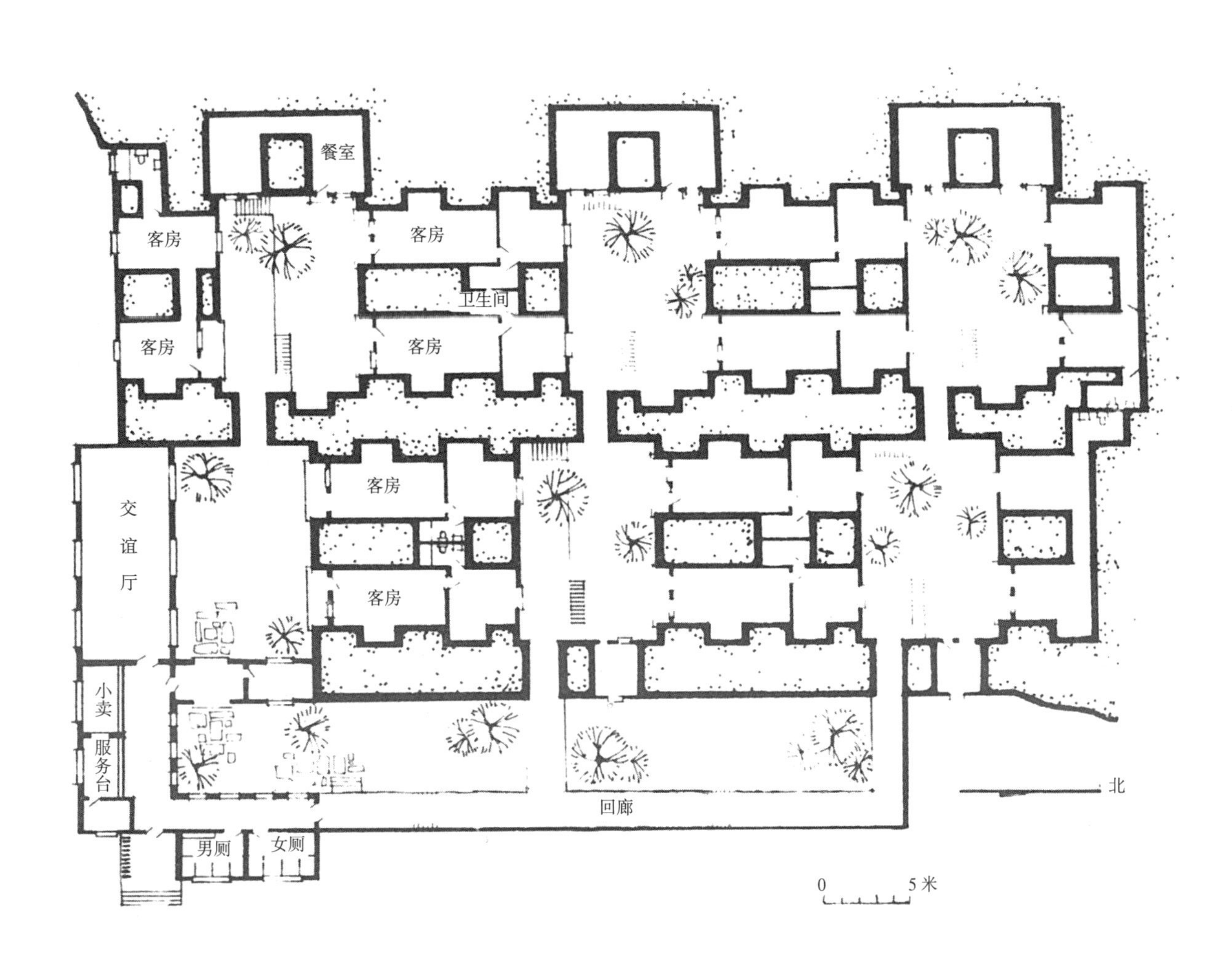

图 12–4　巩县旅游宾馆平面图

方案三　窑洞山村规划

规划设想原则：

按当地地形条件和传统习惯，仍以靠山窑洞民居为主，在地形允许的情况下，适当布置靠山式天井窑洞民居。发展台阶式窑洞山村和多层窑洞民居，用块状或带状代替线状村落，以紧凑布局大量节约用地。按当前群众的经济水平，每户应有建造少量房屋的宅基地。采用民居以窑洞为主，以房屋为辅的住宅构成形式。规划布局要创造条件保持冲沟地形和黄土节理构造不受天然和人为的因素破坏，特别是整理挖掘土体要顺应其物理特性和土体受力的合理性，既要充分利用黄土潜力，又须保证窑洞的安全可靠。按当前农村生活、生产与公共活动的要求组织交通和功能分区。方便群众，节约能源，发展公用事业，如集中供水、供电和分户利用沼气、太阳能设施。推进环境保护工作，提高卫生要求，防止可能的各种污染，保证高质量的生活环境。有组织地排除地面水和山洪、防止黄土的自然侵蚀与水土流失，创造稳定、安全的生活条件。

规划选址特点：

规划山村选址于荥阳县竹川西侧，西沟村北侧的一条冲沟内。竹川位于荥阳西部，已接近巩县，是一个小镇，近临汜河河谷西侧。汜河河谷两侧东西向冲沟密布，竹川镇坐落在冲沟前沿的第一阶地上，它与其西侧相连接的山村总称为“竹川”。

汜河河谷是一条基本为南北走向的带状平原，河谷宽阔，宽度约在 1 ～ 3 公里之间。这里土地肥沃，灌溉条件好，农民经济收入多。竹川镇集中着一批民居房屋，并有一些农村工业和文化、教育、医疗、商业、服务等设施，成为附近村庄的一处小型经济文化中心。规划村址冲沟内显得封闭，沟口东临竹川镇，面对河谷平原，有大片竹林，北有大型泉水“太溪池”，环境清幽，空间宽阔。历史上竹川被誉为当地的风景区，且紧临郑洛公路，东距郑州市上街区约十公里，交通方便。如经规划开发，可具一定的旅游价值。

当地黄土冲沟属早、中期发育、表层马兰黄土厚约 5 米，以下离石黄土有规律的含有钙质结核层，适于开凿窑洞。所以此处密布窑洞山村，长远的历史造就了一批富有经验的民间匠师和具备了一定的技术条件。窑洞是当地群众的传统居住形式，并且当前窑洞民居于此正在发展中。为此，笔者结合竹川的情况，提出一个窑洞山村规划方案（图 12-5）。

所规划的山村位于冲沟崖面上，窑洞民居坐西朝东和坐北朝南，朝向良好。占用崖面总长度 500 米左右，土崖坡度 70° ～ 80° 之间，冲沟内宽度最小处在 50 米以上，沟口视野更加宽阔。按三个台阶，即沟底，第一台阶和第二台阶布置山村的各类规划内容。主要道路在沟底，可行驶大型车辆和农业机械，并为夏季排洪主要迳流线。于村庄段内，路面与两侧土堑面一定高度内皆需护砌处理。临路高起约 2 ～ 3 米为第一阶，在此设与道路交通联系频繁的生产性和公共活动建筑及场地。再高起 8 ～ 10 米为第二阶，布置窑洞民居。

第一阶在村口较宽阔处，设打麦场和工具、车辆仓库等，并布置初级小学校和群众文娱活动室等。其建筑构成主要为房屋，少量窑洞要加大间距，增加窑腿厚度，以保证黄土节理不受影响。

第二阶，于冲沟朝南的堑面高约十三至十五米即是窑头山顶，布置十八户两层靠山窑民居 [方案一]，依地形自西至东逐渐下降。东侧堑面自南至北略有升高，布置三户靠山井院方案 [方案二]，井院地面按地形分层次逐步升高，窑顶土层控制在 8 ～ 20 米。靠北端面临竹园，布置天井式窑洞组群旅馆一处 [方案三]。总共居住 21 户，按平均每户 8 人，可居住总人数为 168 人和旅游旅馆一处。

民居以窑为主，规划设计中每户有三间住房的位置，门外有不少于十米的场院（包括道路）、场院和平屋顶为粮食晾晒场地。规划设计中将两户靠山窑民居之间留下土挟壁，天井窑院的长宽尺度皆在十米左右变化。由此规划各户间距皆不宜过近，以保持土体稳定，增强了住户的独立性，为宁静的生活环境创造了条件。按功能划分了院落。于外部的粪坑等污染源，应放在隐蔽的位置并用墙加以分隔，提高环境质量。

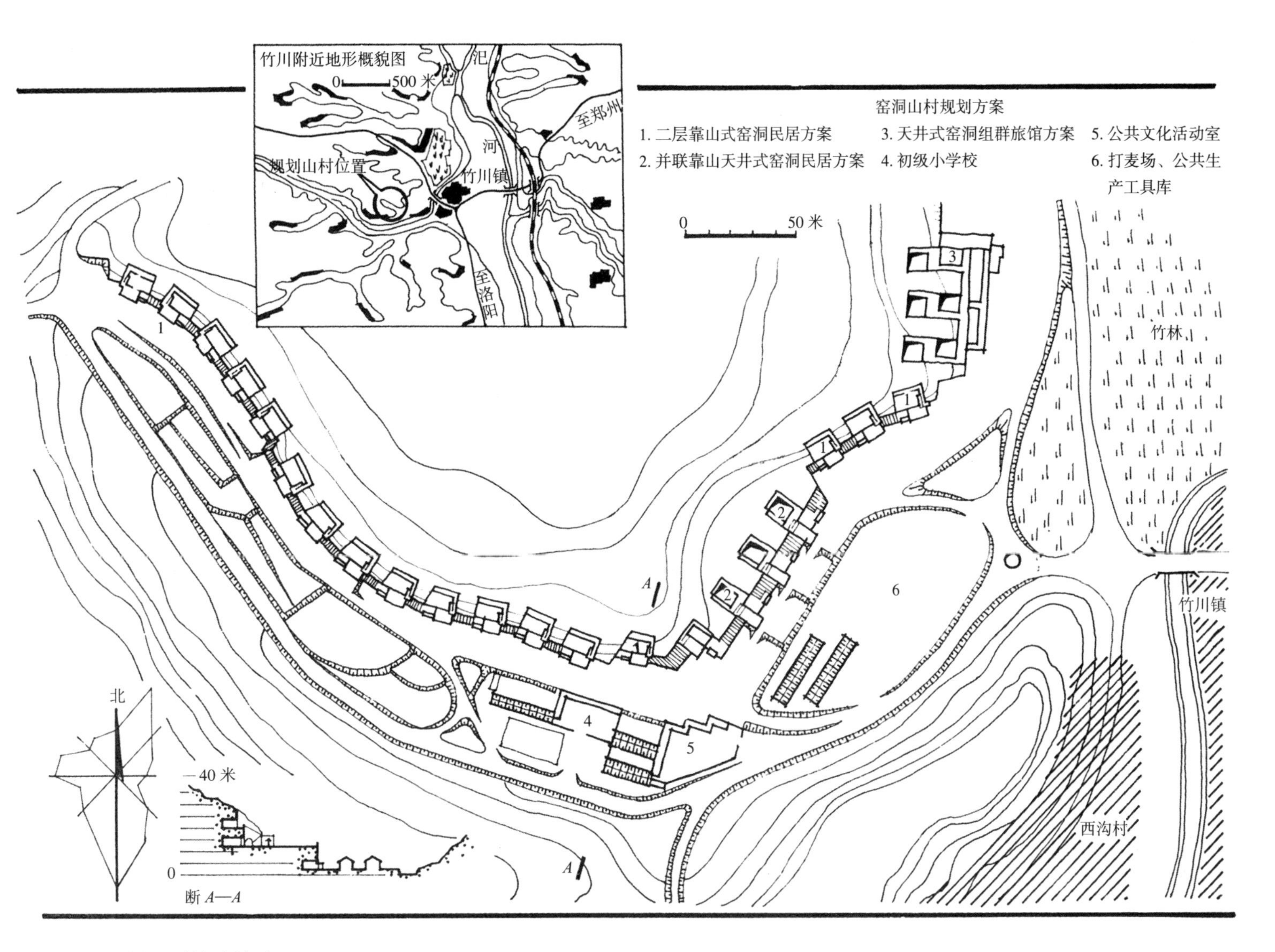

图 12-5　窑洞山村规划方案

因势利导，按自然地形规划排水方向，窑脸和土堑边易冲刷部分，用当地砖、石表砌，并做必要的跌水、陡坡、道路的保护措施。该山村集中使用竹川镇的高小以上教育，文化和医疗，商业、服务设施。按当前竹川已普遍使用电灯照明和电力碾米、磨粉、弹棉花等，并利用太溪池水提升灌溉。规划安排了生活和一些生产用电，并在山顶设水池，五户集中使用给水设施，不设排水以便积肥。分户设沼气池，以节约用煤。旅馆供给水并设完整的卫生设备。窑洞民居只占用沟底和无法耕作的冲沟边缘的土堑。原顶和沟底未占用部分（经平整后），皆可辟为耕地。

当前，郑州地区农村民居建设，像全国各地一样正在蓬勃发展，而黄土窑洞民居以其特有的优势已显现出新的活力，通过继承与革新，专业工作者与民间匠师密切配合，扩大影响，不断改进，必然从而获得日益显著的效果。

方案四　延安市纸坊沟大队窑洞新村

蟠龙乡纸坊沟大队位于延安市东 100 多华里，是一个三面环山的偏僻山村，自然条件很差。全大队 160 人、39 户，居住在离山村 2 里多远的依山修建的土窑洞中，分散零乱，土质不好，位置低洼，采光面积很小，日照条件太差，农民迫切要求改善居住条件。

规划与营建方式：

根据农民居住困难，队里土地少的情况，决定由大队统一规划，集体修建窑洞新村。修建工程从 1980 ~ 1981 年共修成砖拱窑洞 65 孔，配套小窑洞 61 孔，平均每户使用面积 76 平方米。共占地 15 亩，每户平均占地 0.385 亩，减去道路及公共占地 20%，每户庄基占地为 0.308 亩 / 户，（符合山区庄基占地 0.3 ~ 0.35 亩的标准）。

窑洞新村的规划与建设具有下列特点：

认真规划，合理布局。新村由大队统一规划建在本村山腰向阳坡面上，依山就势，排成八字形。平均每户四室两孔大窑洞，两孔小窑洞，独门独户，每户有前后院落、小果园、厕所、牲畜和家禽圈窝。新窑洞坚固适用、整齐美观、清洁卫生、宽敞明亮，将自来水引到新村。还计划在窑洞住宅全部建成后，在居住中心修建俱乐部，阅览室、医疗站，为进一步搞好居民文化福利事业创造更有利条件（图 12-6）。

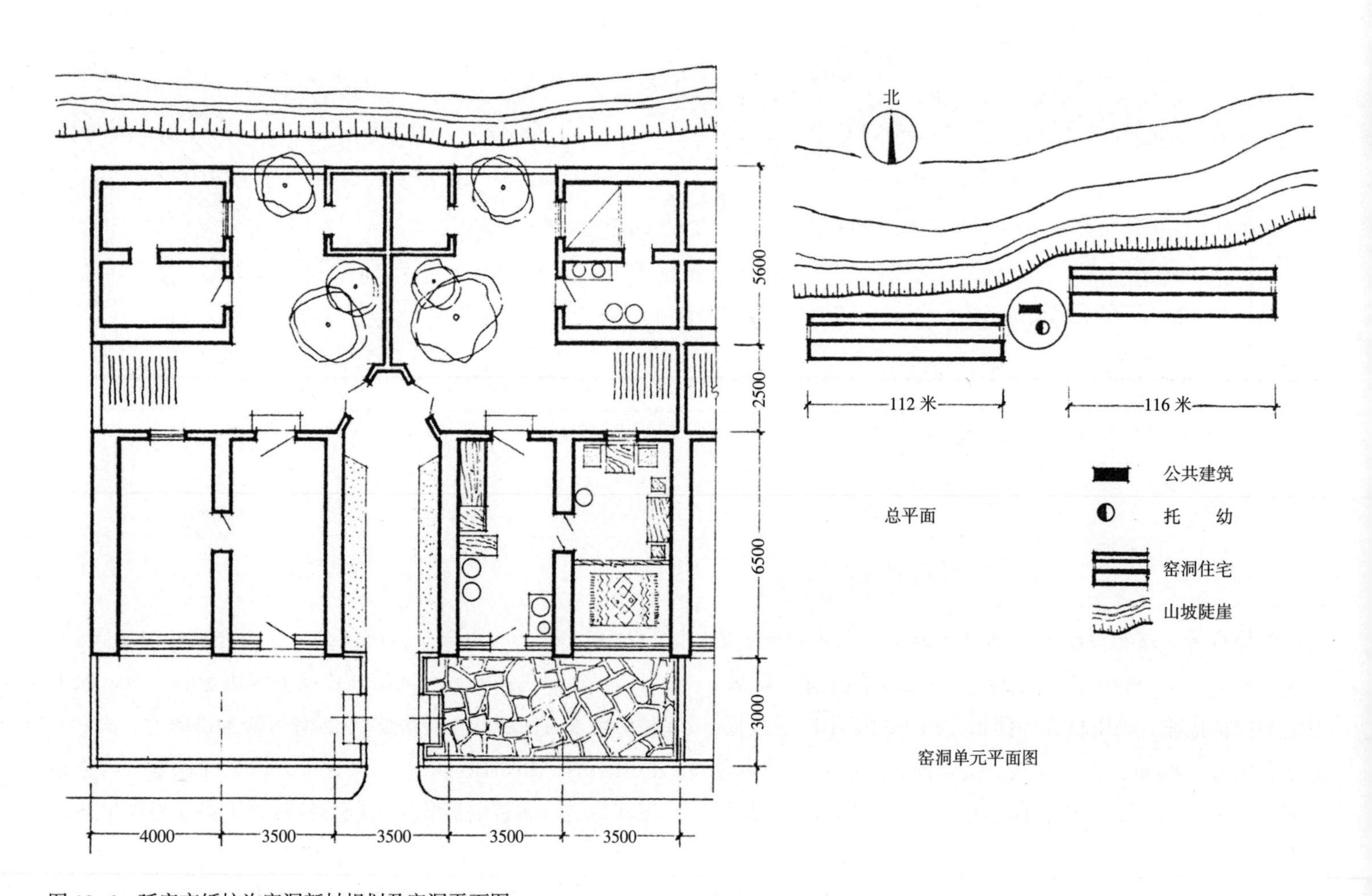

图 12–6　延安市纸坊沟窑洞新村规划及窑洞平面图

因地制宜，自力更生。在大队地区内无好石料，就自己动手烧砖，建造砖拱窑洞。除水泥木材外，其他建筑材料，全部由居民自筹。除请几名技工外，其余劳力全由队上承担，力求做到少花钱多办事。

统一施工，统一分配，回收资金。新村由集体修建，每孔窑洞300元售价卖给居民，回收资金，以便再建新窑洞。居民搬进新砖窑洞，旧土窑全部由大队收回，推平后改成良田。在黄土高原地区，这种黄土窑洞更新换代的更替方法，值得推广。

方案五 黄土原区窑洞村规划

陕西省乾县、乾陵乡张家堡村，位于乾陵的东南，距旅游区规划中预计开发的石马干路约150 ~ 200米，是旅游区远期规划的组成部分（图12-7）。

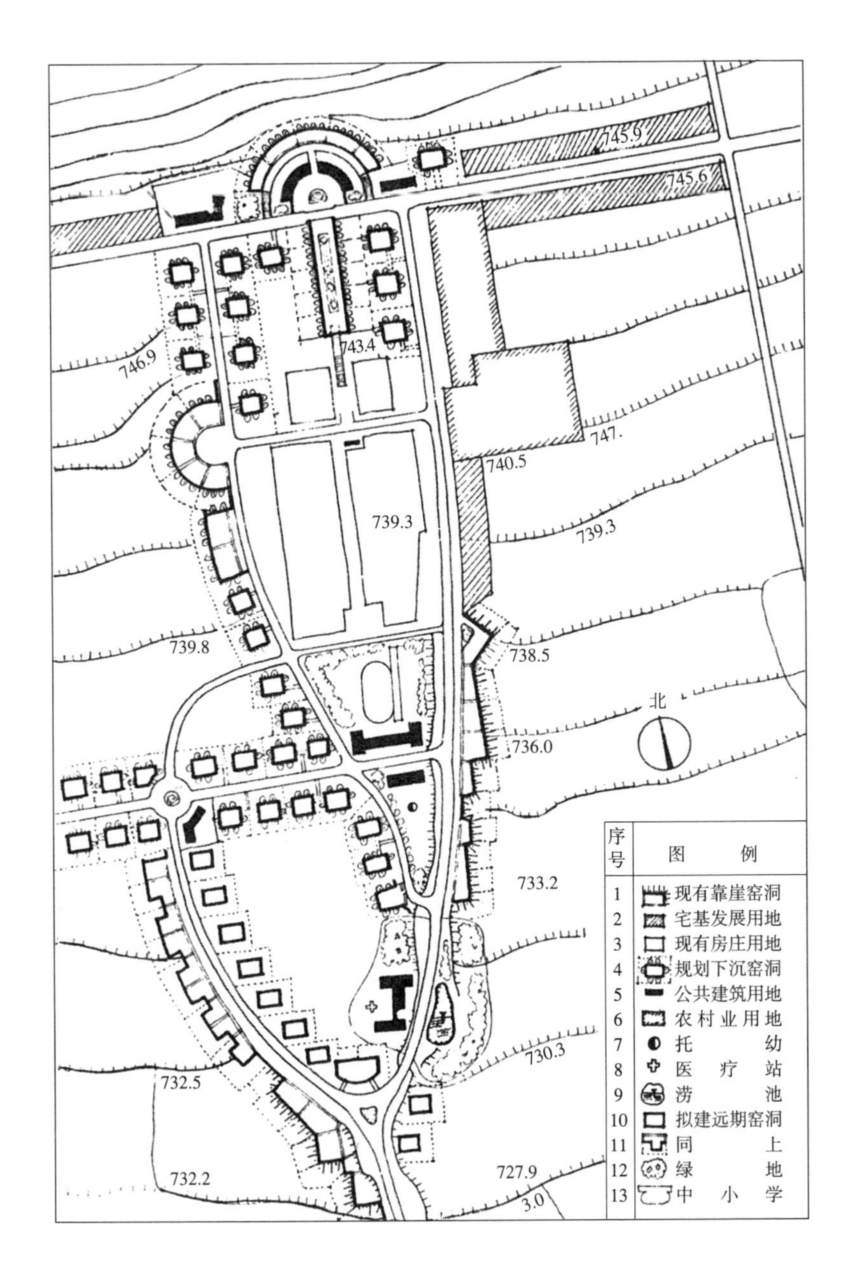

图12-7 乾县乾陵乡张家堡村规划方案

全村现分四个生产队，居民点较分散，最小的自然村只有 34 户；住窑洞的人家占总户数的 60%（表 12-1）。

规划方案的主导思想和意图：

合并居民点，将 3 队、4 队迁移；

因地制宜，采用下沉式窑洞为主结合地形配合一些靠崖式窑洞，在东西公路与张家堡大队现有街坊交叉口，做一段地下街巷；

东西公路，南北两侧预留住宅发展区；

靠公路的两侧设副业区；

通往乾陵石马道的新路，尽端为地下窑洞村落中心，采用中国园林的自由式布置；

现有街坊两端的三角洲设中、小学和托幼用地；

原有水池周围辟为公园，对岸设医院。

上述方案与实例仅是就本书作者的资料论述的。这类新窑洞的设计与规划方案，国内建筑界也有许多尝试。如西安冶金建筑学院 1979 级建筑学专业 13 名大学生，以乾县乾陵乡马家坡村为对象所作的窑洞的设计与规划方案，参加 UIA 主办的国际大学生竞赛，荣获优厚的“叙利亚建筑界奖”名列第三名。[①] 清华大学的几位老师和天津大学荆其敏老师创作的窑洞住宅方案在日本获奖。这说明窑洞现代化研究已在蓬勃发展。

1981 年张家堡大队基本情况统计表

表 12-1

<table>
<tr><th colspan="2">项　目</th><th colspan="2">一队
（张家堡）</th><th colspan="2">二队</th><th colspan="2">三队
（李家堡）</th><th colspan="2">四队
（韩家堡）</th><th>合计</th></tr>
<tr><td rowspan="2">户
数</td><td>住房</td><td rowspan="2">98
户</td><td></td><td rowspan="2">72
户</td><td>13 户</td><td rowspan="2">34
户</td><td>9 户</td><td rowspan="2">34
户</td><td>2 户</td><td rowspan="2">共 238 户其中住窑洞户 150 户占总户数 60%</td></tr>
<tr><td>住窑</td><td>14 户</td><td>59 户</td><td>25 户</td><td>32 户</td></tr>
<tr><td colspan="2">人　　口</td><td colspan="2">465 人</td><td colspan="2">320 人</td><td colspan="2">159 人</td><td colspan="2">190 人</td><td>1134 人</td></tr>
<tr><td colspan="2">农业劳力</td><td colspan="2">162</td><td colspan="2">120</td><td colspan="2">41</td><td colspan="2">65</td><td>388</td></tr>
<tr><td colspan="2">男</td><td colspan="2">97</td><td colspan="2">72</td><td colspan="2">20</td><td colspan="2">36</td><td>225</td></tr>
<tr><td colspan="2">81 年耕地面积</td><td colspan="2">1284 亩</td><td colspan="2">869 亩</td><td colspan="2">370 亩</td><td colspan="2">483 亩</td><td>3006 亩</td></tr>
<tr><td colspan="2">大　家　畜</td><td colspan="2">50 头</td><td colspan="2">35 头</td><td colspan="2">16 头</td><td colspan="2">33 头</td><td>124 头</td></tr>
</table>

① 详见建筑学报 1984 年第 5 期。

参考文献

[1] 王永焱，张宗祜，王凌等．中国黄土．西安：陕西人民美术出版社，1980，4.

[2] 聂树人．陕西自然地理．西安：陕西人民出版社，1981.

[3] 武伯论．西安历史述略．西安：陕西人民出版社，1981，10.

[4] 西北陕西省水利科学研究所．西北黄土的性质．西安：陕西人民出版社，1959.

[5] 张闻天．米脂县杨家沟调查．北京：人民出版社，1980，8.

[6] 罗文豹．中国的黄土地层与窑洞结构．河南省黄土窑洞调研论文集，1983，11.

[7] 李小强、杨建国．试谈中国古代穴居产生的背景与沿革．中国建筑学会窑洞及生土建筑第二次学术讨论会论文集，1982.

[8] 夏云，侯继尧．黄土窑洞综合治理的探讨．中国建筑学会窑洞及生土建筑第二次学术讨论会论文集，1982.

[9] 夏云，侯继尧．节能节地黄土窑洞实验研究．西安冶金建筑学院建筑系，1984，1.

[10] 菅荔君，严小婴等．河南黄土窑洞室内热环境及光环境调查研究．中国建筑学会窑洞及生土建筑第二次学术会论文集，1982.

[11] 太阳能与建筑．顾馥保译。北京：中国建筑工业出版社，1980，4.

[12] 侯继尧．陕西窑洞民居．建筑学报，1982（10）.

[13] 张驭寰．陇东窑洞．建筑学报，1982（3）.

[14] 杨鸿勋．试论中国黄土地带节约能源的地下居民点．建筑学报，1981（5）.

[15] 侯继尧、夏云．试论窑洞村落规划与地下窑洞的“扬”与“弃”．中国建筑学会窑洞及生土建筑第二次学术会论文集，1982.

[16] 赵树德．陕北黄土窑洞建造研究．中国建筑学会窑洞及生土建筑第一次学术会论文集，1981.

[17] 王浮．初探土窑洞的安全．中国建筑学会窑洞及生土建筑第一次学术会论文选集，甘肃省专集，1982，8.

[18] 南映景．“寒窑”前途浅议．中国建筑学会窑洞及生土建筑第一次学术会论文选集．甘肃省专集，1982，8.

[19] 任震英．为黄土高原的“寒窑”召唤春天．中国建筑学会窑洞及生土建筑第一次学术会论文选集，甘肃省专集，1982，8.

[20] 刘纯输．黄土窑洞民居建筑现代化的几个问题的讨论．中国建筑学会窑洞及生土建筑第一次学术会论文选集，1982，8.

[21] 肖体焕．为寒窑召唤春天．人民日报，1982 年 2 月 27 日．

[22] 肖体焕．延安窑洞考察记．人民日报，1983 年 6 月 4 日．

编后语

中国民居建筑历史传统悠久，在漫长的发展过程中，受地域、气候、环境、经济的发展和生活的变化等因素的影响，形成了各具风格的村镇布局和民居类型，并积累了丰富的修建经验和设计手法。

中华人民共和国成立后，我国建筑专家将历史建筑研究的着眼点从“官式”建筑转向民居的调查研究，开始在各地开启民居调查工作，并对民居的优秀、典型的实例和处理手法做了细致的观察和记录。在 20 世纪 80 年代 ~ 90 年代，我社将中国民居专家聚拢在一起，由我社杨谷生副总编负责策划组织工作，各地民居专家对比较具有代表性的十个地区民居进行详尽的考察、记录和整理，经过前期资料的积累和后期的增加、补充，出版了我国第一套民居系列图书。其内容详实、测绘精细，从村镇布局、建筑与地形的结合、平面与空间的处理、体型面貌、建筑构架、装饰及细部、民居实例等不同的层面进行详尽整理，从民居营建技术的角度系统而专业地呈现了中国民居的显著特点，成为我国首批出版的传统民居调研成果。丛书从组织策划到封面设计、书籍装帧、插画设计、封面题字等均为出版和建筑领域的专家，是大家智慧之集成。该套书一经出版便得到了建筑领域的高度认可，并在当时获得了全国优秀科技图书一等奖。

此套民居图书的首次出版，可以说影响了一代人，其作者均来自各地建筑设计研究机构，他们不但是民居建筑研究专家，也是画家、艺术家。他们具备厚重的建筑专业知识和扎实的绘图功底，是新中国第一代民居专家，并在此后培养了无数新生力量，为中国民居的研究领域做出了重大的贡献。当时的作者较多已经成为当今民居领域的研究专家，如傅熹年、陆元鼎、孙大章、陆琦等都参与了该套书的调研和编写工作。

我国改革开放以来，我国的城市化建设发生了重大的飞跃，尤其是进入 21 世纪，城市化的快速发展波及祖国各地。为了追随快速发展的现代化建设，同时也随着广大人民生活水平的提高，群众迫切地需要改善居住条件，较多的传统民居建筑已经在现代化的普及中逐渐消亡。取而代之的是四处林立的冰冷的混凝土建筑。祖国千百年来的民居营建技艺也随着建筑的消亡而逐渐失传。较多的专家都感悟到：由于保护的不善、人们的不重视和过度的追求现代化等原因，很多的传统民居实体已不存在，或者只留下了残破的墙体或者地基，同时对于传统民居类型的确定和梳理也产生了较大的困难。

适逢国家对中国历史遗存建筑的保护和重视，结合近几年国家下发的各种规划性政策文件，尤其是在"十九大"报告和国家颁布的各种政策中，均强调要实施乡村振兴战略，实施中华优秀传统文化发展工程。由此，我们清楚地认识到，中国传统建筑文化在当今的建筑可持续发展中具有十分重要的作用，它的传承和发展是一项长期且可持续的工程。作为出版传媒单位，我们有必要将中国优秀的建筑文化传承下去。尤其在当下，乡村复兴逐渐成为乡村振兴战略的一部分，如何避免千篇一律的城市化发展，如何建设符合当地生态系统，尊重自然、人文、社会环境的民居建筑，不但是建筑师需要考虑的问题，也是我们建筑文化传播者需要去挖掘、传播的首要事情。

因此，我社计划将这套已属绝版的图书进行重新整理出版，使整套民居建筑专家的第一手民居测绘资料，以一种新的面貌呈现在读者面前。某些省份由于在发展的过程中区位发生了变化，故再版图书中将其中的地区图做了部分调整和精减。本套书的重新整理出版，再现了第一代民居研究专家的精细测绘和分析图纸。面对早期民居资料遗存较少的问题，为中国民居研究领域贡献了更多的参考。重新开启封存已久的首批民居研究资料，相信其定会再度掀起专业建筑测绘热潮。

传播传统建筑文化，传承传统建筑建造技艺，将无形化为有形，传统将会持续而久远地流传。

中国建筑工业出版社

2017 年 12 月

图书在版编目（CIP）数据

窑洞民居 / 侯继尧，任致远，周培南，李传泽 .—北京：中国建筑工业出版社，2017.10
（中国传统民居系列图册）
ISBN 978-7-112-21018-3

Ⅰ.①窑… Ⅱ.①侯… ②任… ③周… ④李… Ⅲ.①窑洞—民居—建筑艺术—中国—图集 Ⅳ.① TU241.5-64

中国版本图书馆 CIP 数据核字（2017）第 173765 号

本书从窑洞民居产生的自然条件、历史沿革、分布于分类，各省（区）窑洞民居村落规划、建筑布局、单体空间处理，建筑构造与营建、节能和建筑艺术等分章节做了详细的论述。对农村建设的部门和从事村建设的技术人员具有一定的指导意义。适用于从事民居、建筑研究领域的专家、学者，各大高校的相关专业师生，各大建筑设计公司及个人工作室，各省新农村建设政府机构等 人员阅读。

责任编辑：张 华 唐 旭 孙 硕 李东禧
封面设计：王 显
封面题字：黄钟骏
版式设计：马江燕
责任校对：李欣慰 关 健

中国传统民居系列图册
窑洞民居
侯继尧 任致远 周培南 李传泽
*
中国建筑工业出版社出版、发行（北京海淀三里河路9号）
各地新华书店、建筑书店经销
北京京点图文设计有限公司制版
北京中科印刷有限公司印刷
*
开本：787×1092毫米 1/12 印张：25⅓ 插页：1 字数：452千字
2018年1月第一版 2018年1月第一次印刷
定价：85.00元
ISBN 978-7-112-21018-3
（30660）